本书由以下项目资助

国家自然科学基金重大研究计划“黑河流域生态-水文过程集成研究”重点支持项目
“基于水库群多目标调度的黑河复杂水资源系统配置研究”（91325201）

"十三五"国家重点出版物出版规划项目

黑河流域生态-水文过程集成研究

基于水库群多目标调度的黑河流域复杂水资源系统配置研究

蒋晓辉　黄　强　何宏谋　董国涛　解阳阳　等　著

科学出版社　龍門書局

北　京

内 容 简 介

本书针对黑河水资源管理的重大需求，以水库群调度和水资源配置为主线，创建了由水资源供需平衡模型、水库调度模型和地下水均衡模型等耦合形成的黑河流域水资源合理配置模型；分析评价了“97”分水方案的适应性，优化了“97”分水方案；构建了水资源调配方案集和综合评价方法，提出了有无黄藏寺水库中游地表水和地下水运用策略、中游闭口策略、狼心山以下水资源配置策略，分析了黑河尾闾东居延海合理水面面积，并对不同来水年的黄藏寺水库运用方式和大流量集中泄水方案进行了研究，研究成果可为黑河水资源管理提供技术支撑。

本书可供从事水资源调度、配置和管理的科研人员和技术人员使用，也可为相关专业的高等院校师生提供参考。

审图号：GS(2019)5275号

图书在版编目(CIP)数据

基于水库群多目标调度的黑河流域复杂水资源系统配置研究／蒋晓辉等著.—北京：龙门书局，2020.1

(黑河流域生态-水文过程集成研究)

“十三五”国家重点出版物出版规划项目　国家出版基金项目

ISBN 978-7-5088-5636-0

Ⅰ.①基…　Ⅱ.①蒋…　Ⅲ.①黑河-流域-水资源管理-研究　Ⅳ.①TV213.4

中国版本图书馆CIP数据核字（2019）第191385号

责任编辑：李晓娟／责任校对：樊雅琼

责任印制：肖　兴／封面设计：黄华斌

科学出版社 龍門書局 出版

北京东黄城根北街16号

邮政编码：100717

http://www.sciencep.com

中国科学院印刷厂 印刷

科学出版社发行　各地新华书店经销

*

2020年1月第　一　版　开本：787×1092　1/16

2020年1月第一次印刷　印张：20　插页：2

字数：480 000

定价：278.00元

《基于水库群多目标调度的黑河流域复杂水资源系统配置研究》撰写委员会

主　笔　蒋晓辉　黄　强　何宏谋　董国涛

　　　　解阳阳

成　员　(按姓氏笔画排序)

　　　　卢斌莹　杜得彦　杨旺旺　李　琦

　　　　何宏谋　张双虎　陈　丽　赵梦龙

　　　　赵梦杰　赵　焱　贾　丽　党素珍

　　　　黄　强　董国涛　蒋晓辉　楚永伟

　　　　解阳阳　廉耀康

总　序

20 世纪后半叶以来，陆地表层系统研究成为地球系统中重要的研究领域。流域是自然界的基本单元，又具有陆地表层系统所有的复杂性，是适合开展陆地表层地球系统科学实践的绝佳单元，流域科学是流域尺度上的地球系统科学。流域内，水是主线。水资源短缺所引发的生产、生活和生态等问题引起国际社会的高度重视；与此同时，以流域为研究对象的流域科学也日益受到关注，研究的重点逐渐转向以流域为单元的生态–水文过程集成研究。

我国的内陆河流域占全国陆地面积 1/3，集中分布在西北干旱区。水资源短缺、生态环境恶化问题日益严峻，引起政府和学术界的极大关注。十几年来，国家先后投入巨资进行生态环境治理，缓解经济社会发展的水资源需求与生态环境保护间日益激化的矛盾。水资源是联系经济发展和生态环境建设的纽带，理解水资源问题是解决水与生态之间矛盾的核心。面对区域发展对科学的需求和学科自身发展的需要，开展内陆河流域生态–水文过程集成研究，旨在从水–生态–经济的角度为管好水、用好水提供科学依据。

国家自然科学基金重大研究计划，是为了利于集成不同学科背景、不同学术思想和不同层次的项目，形成具有统一目标的项目群，给予相对长期的资助；重大研究计划坚持在顶层设计下自由申请，针对核心科学问题，以提高我国基础研究在具有重要科学意义的研究方向上的自主创新、源头创新能力。流域生态–水文过程集成研究面临认识复杂系统、实现尺度转换和模拟人–自然系统协同演进等困难，这些困难的核心是方法论的困难。为了解决这些困难，更好地理解和预测流域复杂系统的行为，同时服务于流域可持续发展，国家自然科学基金 2010 年度重大研究计划“黑河流域生态–水文过程集成研究”（以下简称黑河计划）启动，执行期为 2011~2018 年。

该重大研究计划以我国黑河流域为典型研究区，从系统论思维角度出发，探讨我国干旱区内陆河流域生态–水–经济的相互联系。通过黑河计划集成研究，建立我国内陆河流域科学观测–试验、数据–模拟研究平台，认识内陆河流域生态系统与水文系统相互作用的过程和机理，提高内陆河流域水–生态–经济系统演变的综合分析与预测预报能力，为国家内陆河流域水安全、生态安全以及经济的可持续发展提供基础理论和科技支撑，形成干旱区内陆河流域研究的方法、技术体系，使我国流域生态水文研究进入国际先进行列。

为实现上述科学目标，黑河计划集中多学科的队伍和研究手段，建立了联结观测、试验、模拟、情景分析以及决策支持等科学研究各个环节的“以水为中心的过程模拟集成研究平台”。该平台以流域为单元，以生态-水文过程的分布式模拟为核心，重视生态、大气、水文及人文等过程特征尺度的数据转换和同化以及不确定性问题的处理。按模型驱动数据集、参数数据集及验证数据集建设的要求，布设野外地面观测和遥感观测，开展典型流域的地空同步实验。依托该平台，围绕以下四个方面的核心科学问题开展交叉研究：①干旱环境下植物水分利用效率及其对水分胁迫的适应机制；②地表-地下水相互作用机理及其生态水文效应；③不同尺度生态-水文过程机理与尺度转换方法；④气候变化和人类活动影响下流域生态-水文过程的响应机制。

黑河计划强化顶层设计，突出集成特点；在充分发挥指导专家组作用的基础上特邀项目跟踪专家，实施过程管理；建立数据平台，推动数据共享；对有创新苗头的项目和关键项目给予延续资助，培养新的生长点；重视学术交流，开展“国际集成”。完成的项目，涵盖了地球科学的地理学、地质学、地球化学、大气科学以及生命科学的植物学、生态学、微生物学、分子生物学等学科与研究领域，充分体现了重大研究计划多学科、交叉与融合的协同攻关特色。

经过连续八年的攻关，黑河计划在生态水文观测科学数据、流域生态-水文过程耦合机理、地表水-地下水耦合模型、植物对水分胁迫的适应机制、绿洲系统的水资源利用效率、荒漠植被的生态需水及气候变化和人类活动对水资源演变的影响机制等方面，都取得了突破性的进展，正在搭起整体和还原方法之间的桥梁，构建起一个兼顾硬集成和软集成，既考虑自然系统又考虑人文系统，并在实践上可操作的研究方法体系，同时产出了一批国际瞩目的研究成果，在国际同行中产生了较大的影响。

该系列丛书就是在这些成果的基础上，进一步集成、凝练、提升形成的。

作为地学领域中第一个内陆河方面的国家自然科学基金重大研究计划，黑河计划不仅培育了一支致力于中国内陆河流域环境和生态科学研究队伍，取得了丰硕的科研成果，也探索出了与这一新型科研组织形式相适应的管理模式。这要感谢黑河计划各项目组、科学指导与评估专家组及为此付出辛勤劳动的管理团队。在此，谨向他们表示诚挚的谢意！

2018 年 9 月

前　言

在维持水资源利用的可持续性和生态系统整体性的条件下，支撑人口、资源、生态与经济协调发展，满足当代人和后代人在各个环节、层次的整个过程中的用水需求，核心是水资源的合理配置。由于水资源同时具有自然、社会、经济、生态、环境属性，其合理配置涉及多个决策层次，部门与地区等多个决策主体，近期与远期等多个决策时段，社会、经济、环境等多个决策目标，以及水文、工程、环境、市场、资金等多类风险，是一个高度复杂的多阶段、多层次、多目标、多决策主体的大系统优化问题。

本书以国家自然科学基金重大研究计划“黑河流域生态–水文过程集成研究”重点支持项目“基于水库群多目标调度的黑河流域复杂水资源系统配置研究”（91325201）的研究成果为基础，开展基于水库群多目标调度的黑河流域复杂水资源系统配置研究，为黑河流域水资源综合管理提供科技支撑。项目依据不同水平年的生态保护和社会经济发展需求，创建了由水资源供需平衡模拟模型与水库调度模型、地下水均衡模型等耦合形成的黑河流域水资源合理配置模型，应用于黑河流域地表水与地下水频繁转化复杂水资源系统中。通过对黑河“97”分水方案进行适应性评价和优化研究，在不同丰枯条件分水目标约束下，本书提出了黑河流域经济社会和生态协调发展的水资源调控措施，合理调配了黑河中游地区各县（区）的用水量，提出县级分水的地表水与地下水总量控制指标和各灌区的配水过程；合理配置了下游水量，给出关键控制断面与各生态恢复保护区的地表水分水指标和配水过程，为国家已经确定的流域生态目标和经济目标的全面实现提供技术支撑。

本书是在黄河水利科学研究院、西安理工大学、中国水利水电科学研究院和黑河流域管理局所完成的项目研究报告的基础上完成的。全书内容分为 10 章，各章的执笔人分工如下：

第 1 章　蒋晓辉

第 2 章　解阳阳　黄　强　董国涛

第 3 章　董国涛　廉耀康　何宏谋　赵梦龙　张双虎

第 4 章　蒋晓辉　楚永伟　张双虎　贾　丽　陈　丽　李　琦

第 5 章　解阳阳　蒋晓辉　黄　强　赵　焱　杨旺旺

第 6 章　蒋晓辉　董国涛　张双虎　赵　焱　杜得彦

第 7 章　蒋晓辉　楚永伟　何宏谋　卢斌萤　党素珍　赵梦杰

第 8 章　黄　强　解阳阳　蒋晓辉　杨旺旺

第 9 章　蒋晓辉　黄　强　解阳阳

第 10 章　蒋晓辉

本项科研工作是在“黑河流域生态–水文过程集成研究”专家组直接指导下完成的，感谢项目专家组程国栋院士、傅伯杰院士、康绍忠院士、夏军院士、宋长青教授、肖洪浪研究员、郑春苗教授和杨大文教授等专家对项目的关心和指导，感谢国家自然科学基金委的支持，感谢国家自然科学基金委冷疏影研究员对项目的关心和指导，感谢“黑河流域生态–水文过程集成研究”的其他项目组对本书的支持和帮助。在本书研究过程中，黑河流域管理局在资料收集和野外调研中给予了大力支持，水利部黄河水利委员会常炳炎教授级高级工程师、刘晓燕教授级高级工程师，黄河水利科学研究院王道席教授级高级工程师、姚文艺教授级高级工程师、时明立教授级高级工程师、江恩慧教授级高级工程师和余欣教授级高级工程师，西北大学城市与环境学院王宁练教授、李同昇教授、张卫峰老师、宋进喜教授、杨新军教授、马俊杰教授和刘康教授在项目研究过程中积极支持和帮助，谨此由衷致谢！

因作者水平有限，书中难免存在不妥之处，敬请读者批评指正。

作　者

2019 年 2 月 25 日

目　　录

第1章　绪　论

1.1 研究意义

黑河是我国西北地区较大的内陆河，流经青海、甘肃、内蒙古三省（自治区），黑河流域与毗邻的石羊河流域、疏勒河流域合称“河西走廊”。中游的张掖市，地处古丝绸之路和今日欧亚大陆桥之要地，素有“金张掖”之美誉；下游的额济纳旗边境线长500余千米，区内有重要的国防科研基地和酒泉卫星发射基地、居延三角洲地带的额济纳绿洲。额济纳绿洲既是阻挡风沙侵袭的天然屏障，也是当地人民生息繁衍、国防科研和边防建设的重要依托。黑河流域生态建设与环境保护，不仅事关流域内人民的生存和社会发展，还关系到西北、华北地区的环境质量，还关系到民族团结、社会安定、国防稳固。自20世纪60年代以来，由于流域中游地区人口增长和经济发展，用水量不断攀升，通过正义峡断面进入下游下泄水量越来越少，造成下游地区河湖干涸、地下水位下降、树木枯萎、草场退化、沙尘暴肆虐等生态环境问题进一步加剧，有“风起西伯利亚，沙起额济纳”之说，带来了一系列的社会、经济、民族团结和生态环境问题。因此，加强水资源科学管理，实现水资源科学分配，已经成为确保该地区经济社会发展和生态安全的重大关键技术问题。

取水许可总量、用水效率和纳污能力控制是我国实施最严格水资源管理的重要手段，也是不可逾越的“三条红线”，是协调经济社会与生态环境和谐关系，实现流域生态环境治理和社会经济发展“双赢”的唯一途径。为此，国务院先后于1992年和1997年批准了黑河干流水量分配方案，1999年批复成立水利部黄河水利委员会黑河流域管理局，2000年正式启动黑河省级分水工作。黑河干流水量分配的实施取得了显著的经济、社会和生态效益，流域群众的节水意识得到提高，黑河下游地下水位普遍抬升，以胡杨为主要标志的下游植被生态状况有所改善。

尽管黑河流域已连续16年成功调水，黑河中游的节水改造、下游生态环境得到了较大改善，但是黑河水资源统一管理、统一调度和综合治理工作仍然处于起步阶段，兼顾生态修复与经济发展的水资源优化配置问题仍未获根本解决，还面临很多问题，如：①灌溉和调水矛盾十分突出，中游耗水量大，难以完成国务院制定的分水指标。据统计，黑河中游20世纪80年代年平均耗水量为6.41亿m^3（莺落峡与正义峡水文断面水量差值），90年代为7.99亿m^3，而在国务院分水方案和《黑河流域近期治理规划》所要求的均值来水条件下，中游地区最大耗水量为6.3亿m^3。2003～2012年，中游耗水量年均超年度允许值

1.67 亿 m^3，造成正义峡下泄水量小于年度方案规定的指标，灌溉和调水矛盾愈加突出。②既定的生态输水方案缺乏具体的水量配置模式。虽然水利部门已提出正常来水年份保障正义峡下泄水量9.5 亿 m^3的分水方案，但该方案只给出了一个生态用水总量，而未给出该水量下的年内流量配置过程，也未考虑在生态输水时的水量沿程损失、输水时间安排、输水线路布局方式等，因此，在具体调度时针对性和可操作性不够强，难以实现精细调度。③未考虑社会经济用水与生态用水之间的相互协调。对水资源系统与社会-经济-生态复合系统的相互演变关系考虑不够，对水资源的生态价值研究滞后和缺乏生态价值与经济价值的统一度量研究，影响了水资源在生态需水与经济需水之间的合理配置。④黑河流域社会经济近年来发生了较大的变化，既有的水资源管理手段和策略存在一定不适应性。⑤管理体制不够完善。水资源管理职责不明确，各部门之间难以实现科学有效的综合协调，水资源管理多以经验管理为主，缺乏现代科技手段支撑，直接影响到对水资源管理的中长期规划做出科学合理的决策。

针对黑河流域水资源管理面临的实际问题，本书以水库群调度和水资源配置模型为核心，以多源观测数据为基础，利用多模型集成，旨在解决黑河流域水资源管理中的水量分配、用水效率、经济社会和生态协调、上中下游协调等诸多问题，提出复杂的水资源系统的调配方法。

1.2 国内外研究进展

1.2.1 水库群优化调度研究进展

水电站水库优化调度研究在国外已有较长的历史。美国学者 Little（1955）采用随机动态优化调度模型对水库调度问题进行研究，它标志着用系统科学方法研究水库优化调度的开始。Howard（1960）提出了动态规划与马尔可夫决策过程理论，使水库优化调度从理论上得到进一步完善，解决了以前模型很难达到多年期望效益最大和满足水库系统可靠性要求的理论性缺陷问题。Loucks 和 Falkson（1970）提出无折扣、马尔可夫决策规划模型的策略迭代法。Aslew（1974）用概率约束代替机会约束进行随机型模型研究。之后，随着系统科学理论在水库优化调度领域的不断发展，大量的研究成果不断问世，针对不同问题的水库优化调度模型也相继出现，尤其是在20 世纪70 ~80 年代研究成果更为丰富。Turgeon（1981）运用随机动态规划和逼近法解决了并联水库群水力发电系统的优化问题。Ahmed（2001）在水库调度过程中，首先对系统进行主成分分析，寻求一个降维模型，然后使用随机动态规划对降维模型求解，应用在加拿大魁北克省 LaGrande 河的水库系统中。Foufoula 和 Kitanidis（1988）提出了一个梯度动态规划算法，可以有效减少由于水库数目增加造成的“维数灾”。Karamouz 和 Vasiliadis（1992）提出了一个贝叶斯随机动态规划。20 世纪末期，智能算法在水库优化调度中逐步应用。

Oliveira 和 Loucks（1997）使用遗传算法生成水库群系统的调度规则等。Sharma 等（2007）用随机动态规划与遗传算法相结合求解了两并联水库的优化调度问题。Moeini 等（2011）运用模糊动态规划求解梯级电站群。Afshar 和 Shahidi（2009）把粒子群优化算法运用于水库群调度中。

在我国，水库群优化调度研究相对较晚。虽然早在 20 世纪 60 年代初吴沧浦曾提出了调节水库最优运行的动态规划模型，但比较深入的研究还是始于 80 年代。张勇传等（1981）利用大系统分解协调的观点，对两并联水电站水库的联合优化调度问题进行了研究。熊斯毅和邴凤山（1985）提出了水库群优化调度的偏离损失系数法，并在湖南柘溪-凤滩水电站水库群的最优调度中得到了应用。叶秉如等（1985）提出了一种空间分解算法，并将多次动态规划法和空间分解法分别用于研究红水河梯级水电站水库群的优化调度问题。胡振鹏和冯尚友（1988）提出了动态大系统多目标递阶分析的分解-聚合方法，在解决丹江口水库防洪与兴利两个目标的优化调度时也应用了该方法。吴保生和陈惠源（1991）提出了并联防洪系统优化调度的多阶段逐次优化算法。都金康和周广安（1994）针对上述吴保生等提出的方法寻优速度较慢的缺点，提出了一种简便高效的水库群防洪调度逐次优化方法。万俊和陈惠源（1996）提出了分解协调-聚合分解的构模思路并建立了求解水电站群的复合模型隅。解建仓等（1998）将大系统分解协调算法应用在黄河干流水库联合调度中。周晓阳和张勇传（2000）提出水库系统的辨识型优化调度方法，将实际调度问题描述为一个包括被测系统和调度模型类组成的辨识系统。梅亚东等（2007）应用 DP-DDDP 组合算法求解黄河上游梯级水电站群以兼顾保证出力要求的发电量最大模型。水库优化调度智能算法 21 世纪初在国内兴起。徐刚等（2005）将蚁群算法应用到水库优化调度中。张双虎等（2006）将遗传算法与系统模拟相结合，提出了基于模拟遗传混合算法制定梯级水库优化调度图的理论及方法。王少波等（2008）、申建建等（2009）、陈立华等（2011）、纪昌明等（2012）将粒子群优化算法与其他的智能算法的一部分理论相结合，通过充分利用不同算法的优势，达到求解过程中的组合最优。

随着经济和科学技术的发展，水电站建设规模不断扩大，流域甚至跨流域水电能源开发逐渐兴起，水库群联合调度的约束边界越加复杂多变，面对复杂程度越来越高的搜索空间，现行传统优化算法及智能优化算法在优化效率（时间）和求解质量上都显得“力不从心”，已无法满足现有科学研究和工程应用的需要。Rani 和 Moreira（2010）总结分析了已有研究中的水库系统调度模拟和最优化模型，指出并行计算方法将是未来水库调度模拟和优化的发展趋势之一，而将云计算技术和并行算法结合进行水库群优化调度研究是复杂水资源系统求解的研究前沿（Delipetrev et al., 2012; Wu and Khaliefa, 2012）。其基本思想是根据映射（map）和化简（reduce）原理将一个复杂的任务分解为多个较简单的子任务，然后将分解的各个子任务分别分配给多个计算结点并行求解，应用云计算的虚拟计算、虚拟存储、虚拟网络等特性，实现水资源调度系统的高效整合、共享、优化、处理与服务。

1.2.2 水资源合理配置研究进展

国外水资源合理配置研究起步比较早，20 世纪 20 ~ 40 年代末为水资源合理配置研究起步阶段，开展了分水协议、水库优化调度及水资源开发、利用情况的调查等工作（Becker and William W-G，1974）。50 ~ 80 年代末，为水资源合理配置研究迅速发展阶段。50 年代以后，随着计算机的发展，以模拟技术、线性规划、非线性规划和动态规划方法为基础的水资源系统分析得以迅速发展和广泛应用，水资源分配理论与方法的提出，强调水文学与水资源规划和管理的联系（Haimes et al.，1975；Antle and Capallo，1991；Loucks et al.，1981；Pearson and Walsh，1982；Buras，1972；William W- G，1985）。90 年代至今，为水资源合理配置理论与技术逐步完善阶段。可持续发展理论的提出和水质型缺水问题的产生，促使水资源从水量型配置走向水质型配置。此后，随着多目标优化算法进一步完善，遗传算法、模拟退火算法、模糊聚类等算法开始在区域、流域、跨流域水资源合理配置中应用（Willis and William W-G，1987；Afzal et al.，1992；Wong and Sun，1997；Neelakantan and Pundarikanthan，2000；Kucukmehmetoglu and Guldmann，2010；Teasley and McKinney，2011；Abed-Elmdoust and Kerachian，2012；Kucukmehmetoglu，2012）。

我国的水资源科学分配方面的研究始于 20 世纪 60 年代，虽然起步较迟，但发展很快。研究成果主要集中在水利工程控制单元的水资源合理配置研究、区域水资源合理配置研究、流域水资源合理配置研究和跨流域水资源合理配置研究（蔡喜明等，1995；卢华友等，1997；田峰巍和解建仓，1998；贺北方，1998；马斌等，2001；张颖等，2004；丁勇等，2007；Li et al.，2012）。

在研究方法上，尹明万等（2003）结合河南省水资源综合规划试点项目，在国内外首次建立了基于河道内与河道外生态环境需水量的水资源配置动态模拟模型，该模型反映了水资源系统的多水平年、多层次、多地区、多水源、多工程的特性，能够将多种水资源进行时空调控，实现动态配置和优化调度模拟有机结合的模拟模型；谢新民等（2003）采用现代的规划技术手段，包括可持续发展理论、系统论和模拟技术、优化技术等，建立了基于原水-净化水耦合配置的多目标递阶控制模型，通过 3 种配置模式和 750 多种配置方案的模拟计算和综合对比分析，给出了两种优先推荐的配置模式和 70 多个推荐配置方案；蒋云钟和鲁帆（2008）将水资源配置与水资源调度两个环节紧密结合，突出了面向水资源一体化管理的综合调配体系；Huang 等（2012）将地下水模型与地表水模型联合进行多目标水资源分配，并应用于中国北方的农业灌区；Huang 等（2013）将降水径流模型与多目标随机求解模型组合，应用于中国的塔里木盆地。

纵观国内外水资源配置研究成果，水资源配置理论和方法已取得了长足的进展，在研究方法上，模型由单一的数学规划模型发展为数学规划与模拟技术、向量优化理论等几种方法的组合模型；对问题的描述由单目标发展为多目标；研究对象的空间规模上，由最初的灌区、水库等工程控制单元水量的优化配置研究，扩展到不同规模的区域、流域和跨流域水量优化配置研究（Wang and Huang，2012）。

综上所述，水资源宏观管理与规划层面调控、人类经济社会的发展、大气环流影响，以及流域下垫面发生不同程度的变化，导致流域水循环发生动态变化，水资源配置如何适应这一变化，以及突破单一条件下水资源配置方案构建模式，实现径流预报模型、水库群调度模型、水文模型和地下水模型间的嵌套耦合是未来水资源配置的发展方向（Kucukmehmetoglu，2012；Yazdi and Neyshabouri，2012）。同时，如何实现水库群调度与水资源配置相统一，建立和求解非线性、高维、动态、复杂的水库群调度和水资源优化配置模型，是当前国际上迫切需要解决的难题和前沿问题（Frederick et al.，2013）。

1.3　需解决的关键问题

1.3.1　进行水资源合理配置，为流域社会经济发展目标和生态修复目标的实现提供科学依据

为解决黑河流域由于用水竞争所引起的下游地区生态退化、水事矛盾等相关问题，实现黑河流域治理目标主要有两大关键任务：①分别在黑河干流现状工程和黄藏寺水库建成运行的条件下，实现“97”分水方案；②通过中游水资源合理配置和高效利用实现9.5亿m^3水量的下泄目标，并在下游地区合理配置用好这部分水量，实现流域下游受损生态系统的有效修复，从而充分发挥其生态和社会经济服务功效。

国务院确定的黑河流域治理目标是保证下游的生态用水，逐步缓解其严重的生态退化问题。流域水资源管理重点是中游高强度用水地区的节水和水量合理配置，调整中游产业结构，抑制社会经济用水的过度增长，保证正义峡的下泄水量。因此，以国家需求为导向，在多年平均条件下保证正义峡断面下泄水量9.5亿m^3，并且对于不同的丰枯条件提出甘肃、内蒙古之间相应的分水目标。同时，合理分配黑河中游地区各县（区）的用水量，而且根据不同的社会经济发展指标更进一步地在各县（区）内部的各个灌区之间进行水资源的合理调配；合理配置下游的分水量，同样根据不同的生态保护和恢复目标更进一步地在下游各生态保护区之间进行水资源合理配置，从而促进国家已经确定的流域社会经济发展目标和生态修复目标的全面实现。各层次上的水资源调配都必须考虑地表水和地下水的联合运用。

1.3.2　评价“97”分水方案适应性、优化“97”分水方案，为更合理配置水资源提供技术支撑

黑河“97”分水方案实施以来，促进了中游的节水型社会建设，调整了经济结构和农业种植结构，有效提高了水资源利用效率，使进入下游绿洲的水量明显增加，缓解了流域生态环境恶化的趋势，流域生活、生产和生态用水初步得到了合理配置，但黑河生态环境

恢复和改善是一个长期而艰巨的过程。一方面，流域资源型缺水的基本特性并未改变；另一方面，在流域经济社会发展的大背景下，按照“92”分水方案和“97”分水方案，正义峡断面下泄水量与下泄指标尚存在一定的差距。特别是自2005年以来，黑河连年丰水，且连年与下泄指标有差距，2005～2014年正义峡年均下泄量与下泄指标相差2.09亿m^3，现行分水方案确实存在越是丰水年份，完成任务越是困难的技术特点。在黑河年、月水量调度工作会议上，现行分水方案优化和欠账问题偿还也成为甘肃、内蒙古两省（自治区）会议争论的焦点，加大了水量调度协调难度，为此流域机构做了大量协调工作，多次召开由两省（自治区）参加的正义峡断面累积欠账协调会议。造成正义峡断面下泄水量欠账的原因除了缺乏黄藏寺水库等骨干水利调蓄工程、中游耗水量增加等影响因素外，水量分配方案的不适应也是产生欠账的主要原因之一。

近年来，特别是2011年以来，每年“两会”期间，全国人大代表和政协委员围绕现行分水方案调整和正义峡断面下泄欠账偿还问题已提出多个建议和提案，要求解决相关问题。另外，随着水量调度工作的深入，下游用水户对水量调度的过程控制也提出了更高的要求，用水需求的时机和时间都有所扩展。因此，本书认为有必要分析中游适宜的用水规模和下游生态需水情况，提出黑河“97”分水方案水量分配优化方案，为优化配置水资源提供技术支撑。

1.4 研究内容及技术路线

1.4.1 研究内容

本书的研究目标是，针对黑河水资源管理的重大需求，以水库群调度和水资源配置为主线，集成并耦合经济社会生态需水模型、耗水模型、经济社会生态效应评估模型和流域水文过程模拟模型，建立流域水资源调配评价指标体系，提出科学合理的流域水资源配置方案，完善“97”分水方案，为黑河流域水资源管理提供技术支撑。

本书研究内容主要有：①建立黑河流域经济社会需水指标体系、水资源总量控制指标体系和黑河下游生态恢复指标体系；②研究黑河上游梯级水库群多目标调度方式；③建立流域尺度的多水源、多用户、多工程的水资源配置模型，制订合理配置方案；④分析“97”分水方案的技术特点，论证不同来水组合条件下分水方案实现的可能性，对“97”分水方案进行进一步完善和优化研究。

1.4.2 技术路线

1）采用计量经济学理论对该区域的经济发展进行回归预测，步骤包括：建立模型、估计模型中的参数、检验估计的模型和应用模型进行定量分析。采用指标预测的方法，构建社会经济需水量模型，通过区域经济社会发展预测模型获得社会经济发展指标；利用统计分析历史资料，并考虑未来产业调整和节水型社会等限制，综合分析获得各行业用水户的需水定额指标，最后通过经济发展指标和需水定额指标预测黑河流域用水需求量，以及各行业、地区的用水需求量。

2）结合生态监测结果，采用热平衡法、水量平衡法、鲍恩比能量平衡法等，分析其在不同生长期内对地下水条件的要求。研究胡杨、柽柳、梭梭等典型植物种的单株耗水规律。考虑既定的黑河下游绿洲生态建设目标，研究在实现目标时应维持的干流沿岸、支流、尾闾、荒漠等不同区域的地下水位条件和相应的地下水补给量，分析黑河下游植被生态需水量及其时空分布过程。

3）在收集和分析梯级水库基本资料的基础上，以黑河中下游经济社会用水、生态用水及电力电量为约束条件，采用大系统分解协调方法建立黑河上游梯级水库群多目标中长期调度模型，该模型能够满足可扩展性和可移植性要求，适应新电站建成加入计算要求，并可根据中下游水资源配置的结果和水文–生态过程的评价对库群调度进行调整和修正。

4）考虑丰、平、枯 3 个典型年，以调控准则、供水模式、工程措施为基础，综合考虑黑河流域综合治理规划、水权制度、流域产业城市发展规划、土地利用和绿洲规模变化、气候变化、水利工程调度六方面控制约束条件，构建黑河流域水资源配置模型方案集。以流域综合治理规划、水权制度等为依据建立分水方案、总量控制、用水效率方案集，以流域产业城市发展规划、土地利用和绿洲规模变化设定不同供水比例方案集，不同气候模式下设定来水预报方案集。交叉组合方案及合理性分析，筛选出满足综合控制约束条件下的配置方案集。

5）分析水资源配置模型中不同约束条件（发展规划、水权制度、流域产业城市发展规划、土地利用和绿洲规模变化、气候变化、水利工程调度等）对黑河流域水量分配及对三条红线的影响，构建水资源配置模型：首先，根据黑河中下游流域、河网、控制节点、用水水源、用水水户及它们之间相互关系的供水和退水路线建立模型水平衡图；其次，对这些元素的属性进行赋值，如用水户各时间段的用水量、河道的过水能力等；最后，设置配置模型规则库，包括供水规则（地表水供水、地下水供水、污水回用）、需水规则、外调水规则等，形成规则库，以便对水资源模拟配置的模型模拟进行调控与约束；根据项目的需求可选择模拟和优化模型进行运行，在分析流域经济社会及生态需水、水资源总量控制、生态保护指标等多目标控制条件下，选出满意方案，实现黑河中下游地区的水资源合理配置。

6）深入归纳总结分水方案的技术特点，结合 2000 年以来中下游地区用水规律变化的新情况、新问题，判断分水方案中主要技术特点与变化情况的适应性，为分水方案的细化提供支持，研究适应分水方案技术特点的调度方法和措施，以解决实际调度中的困难局面。

7）以“97”分水方案为基本依据，在现状无工程控制、来水无预报的条件下，以实现年度水量调度目标为准则，考虑全线闭口的调度措施，按照现行调度线进行逐日滚动修正调度操作，提出年度莺落峡、正义峡的水量、分水任务完成情况、中游闭口时间等指标；再考虑水库调度情况下不同来水组合分水方案的完成情况。通过对不同来水组合情况下调度关键指标的比较，论证实现分水方案的可行性。

8）分水曲线的进一步优化。针对莺落峡来水量在 12.9 亿～19 亿 m^3，以“97”分水方案为基本依据，维持“97”分水方案的权威性，通过对不同来水组合条件的分析，以“97”分水方案为平衡中心线，在有利来水组合情况下，允许年度调度目标在“97”分水方案右下方一定区域内运行；不利来水组合条件下，允许年度调度目标在“97”分水方案左上方一定区域内运行。研究提出有利和不利来水组合条件下，允许在右下方或左上方一定区域内运行的定量范围；研究提出有利和不利来水组合条件下，年度水量调度结算具体办法和规则。提出当莺落峡来水大于 19 亿 m^3 或小于 12.9 亿 m^3 时对应分水曲线需要外延部分的具体处理办法。

具体研究技术路线如图 1-1 所示。

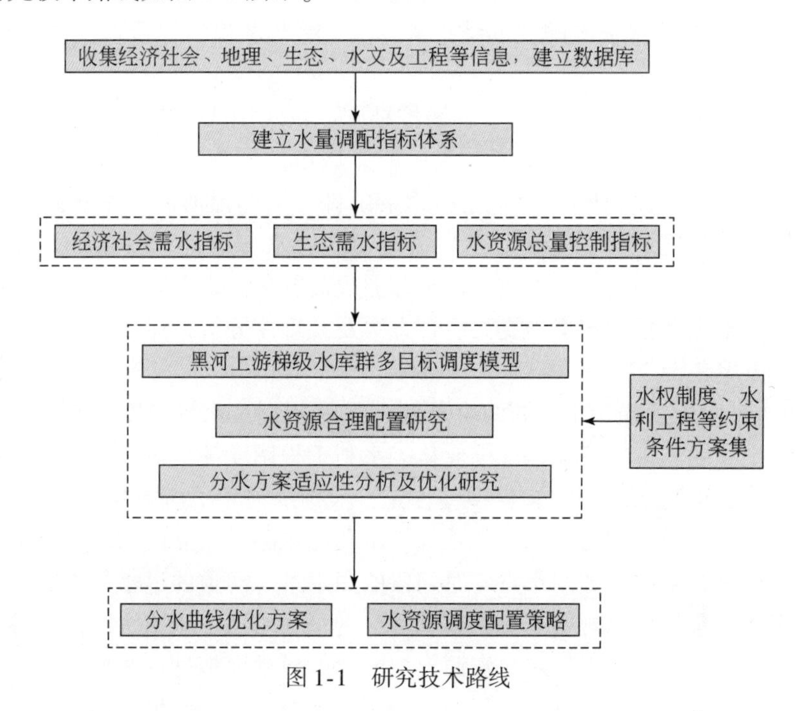

图 1-1　研究技术路线

1.4.3　研究区域

本书研究范围为黑河流域的东部水系即黑河干流，如图 1-2 黑河流域图中黄色区域所示。上游山区为地表径流形成区，径流量的大小受降水、融冰及森林植被覆盖度等影响，径流年内分配不均匀，年际变化较大，但变幅比单一降水补给型小。中游走廊平原区为径流利用区，下游尾闾湖段为径流消耗区。

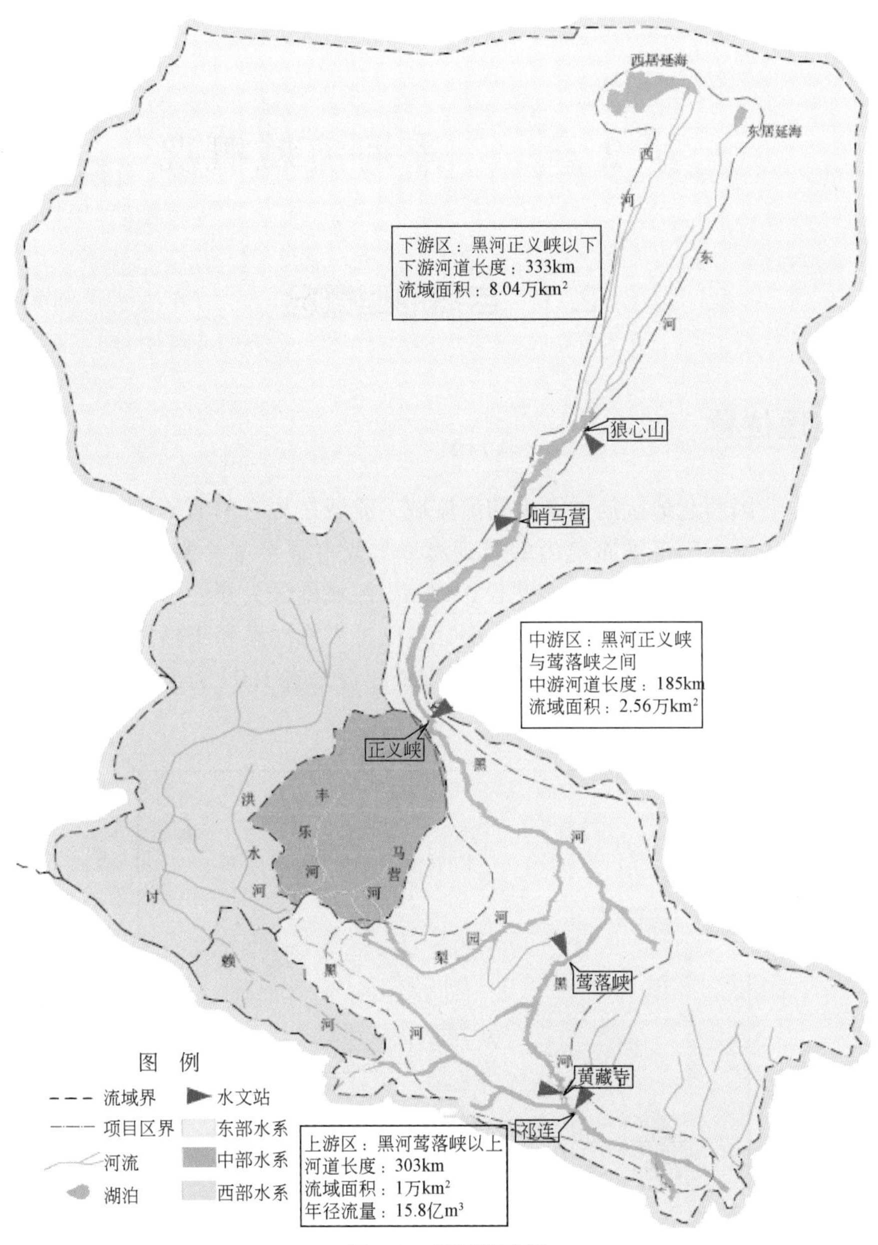
西居延海
东居延海
西
河
东
河
下游区：黑河正义峡以下
下游河道长度：333km
流域面积：8.04万km²
狼心山
哨马营
中游区：黑河正义峡
与莺落峡之间
中游河道长度：185km
流域面积：2.56万km²
正义峡
黑
河
洪
水
河
丰
乐
河
马
营
河
讨
赖
河
梨
园
河
黑
河
莺落峡
黑
河
黄藏寺
祁连
图　例
流域界
水文站
项目区界
东部水系
河流
中部水系
湖泊
西部水系
上游区：黑河莺落峡以上
河道长度：303km
流域面积：1万km²
年径流量：15.8亿m³

图 1-2　黑河流域图

第2章 黑河流域概况

2.1 自然地理概况

2.1.1 地理位置

黑河流域是我国西北地区第二大内陆河流域，流域东与石羊河流域相邻，西与疏勒河流域相接，北至内蒙古额济纳旗境内的居延海，与蒙古国接壤，流域范围为98°～102°E，37°50′～42°40′N，东西宽390km，南北长510km。流域南部为祁连山山地，中部为走廊平原，北部为低山山地和阿拉善高平原，并部分与巴丹吉林沙漠和腾格里沙漠接壤。黑河流域总面积14.29万km^2，其中甘肃省6.18万km^2，青海省1.04万km^2，内蒙古自治区约7.07万km^2（图2-1）。

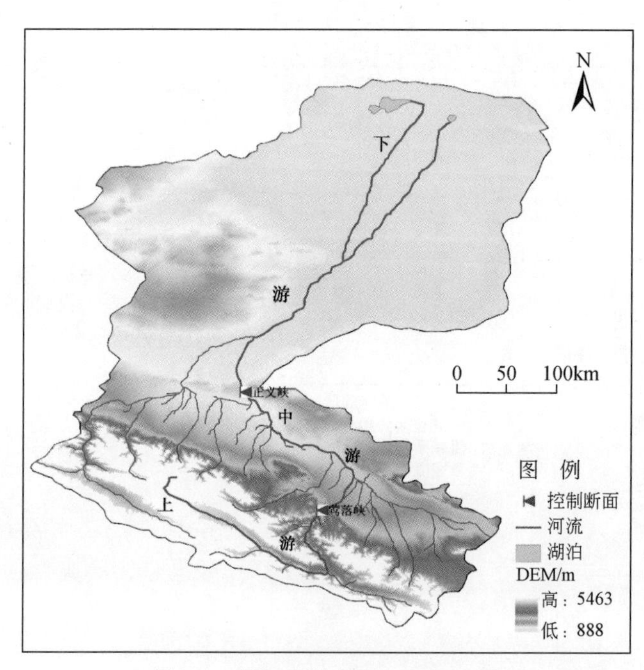

图2-1 黑河流域高程（DEM）图

按行政管辖区域看，黑河流域横跨青海省海北州，甘肃省张掖市、酒泉地区和嘉峪关市，以及内蒙古阿拉善盟，计三省、五地（州）、十县（区、旗），区内交通较为方便，主要交通干线兰新铁路、甘新公路横贯流域平原南部，各县、乡之间均有正式公路相通。

2.1.2 自然环境

黑河发源于祁连山北麓中段，上游分东西两支，东岔俄博河又称八宝河，西岔野牛沟。两支汇于黄藏寺后称为甘州河，流程 90km 至莺落峡进入走廊平原，始称黑河。

黑河出山口莺落峡以上为上游，河长 303km，区间面积 1.0 万 km^2。上游河道两岸山高谷深，河床陡峻，气候阴湿寒冷，植被较好，多年平均气温不足 2℃，年降水量 350mm，是黑河流域的产流区；莺落峡至正义峡为中游，河长 185km，区间面积 2.56 万 km^2，两岸地势平坦，光热资源充足，但干旱严重，年降水量仅有 140mm，多年平均温度 6～8℃，年日照时数长达 3000～4000h，年蒸发能力达 1410mm，人工绿洲面积较大，部分地区土地盐碱化严重；正义峡以下为下游，河长 333km，区间面积 8.04 万 km^2，除河流沿岸和居延三角洲外，大部分为沙漠戈壁，年降水量只有 47mm，多年平均气温在 8～10℃，极端最低气温低于-30℃，极端最高气温超过 40℃，年日照时数 3446h，年蒸发能力高达 2250mm，气候非常干燥，属极端干旱区，风沙危害十分严重，为我国北方沙尘暴的主要来源区之一。黑河流域气象要素特征值见表 2-1。

表 2-1 黑河流域气象要素特征

位置		祁连山			走廊高平原		高原
地区		东部	中部	西部	张掖	酒泉	额济纳
气温/℃	年均	0.7	3.6	-3.1	7	7.3	8.2
	极高	30.5	32.4	28.4	38.6	38.4	43.1
	极低	-31.1	-27.6	-39.6	-28.7	-31.6	-37.6
≥10℃年积温		785	1631	233.3	2896.6	2954.4	—
降水量/mm	年均	340.8	386.9	238.8	193.3	73.5	47.3
	6～9 月	253.6	257.8	186.1	136.5	53.7	30.7
年均蒸发量/mm		867.1	980.3	1017.1	1324.6	1704.8	2248.8
干燥指数		2.5	2.5	4.3	6.8	23.2	82
无霜期日数/d		60	123	11	153	161	130
年均风速/(m/s)		2	2.5	2.1	2.2	2.4	4.2
≥8 级风日数/d		29.9	7	54.4	14.9	17	88

据张掖、酒泉等气象站 30 多年气象、降水量等资料统计分析，降水量、气温的年际变化较大，但没有明显的升降趋势，具有周期性变化，一般 4～6 年为一个循环小周期，10 年左右为一个循环大周期。

2.1.3 河流概况

黑河流域有35条小支流，除个别小河沟发源于流域东部的大黄山外，其他均发源于祁连山地区，其中汇水面积大于100km²的河流有17条。随着流域社会经济用水的不断增加，部分支流逐步与干流失去地表水力联系，从而形成东、中、西三个独立的子水系。其中西部子水系包括讨赖河、洪水河等，归宿于金塔盆地，面积2.1万km²；中部子水系包括马营河、丰乐河等，归宿于高台盐池-明花盆地，面积0.6万km²；东部子水系即黑河干流水系，包括黑河干流、梨园河及20多条沿山小支流，面积11.6万km²，本书研究的区域就是黑河的东部子水系。黑河流域水系分布见图2-2，黑河流域各支流径流量特征见表2-2。

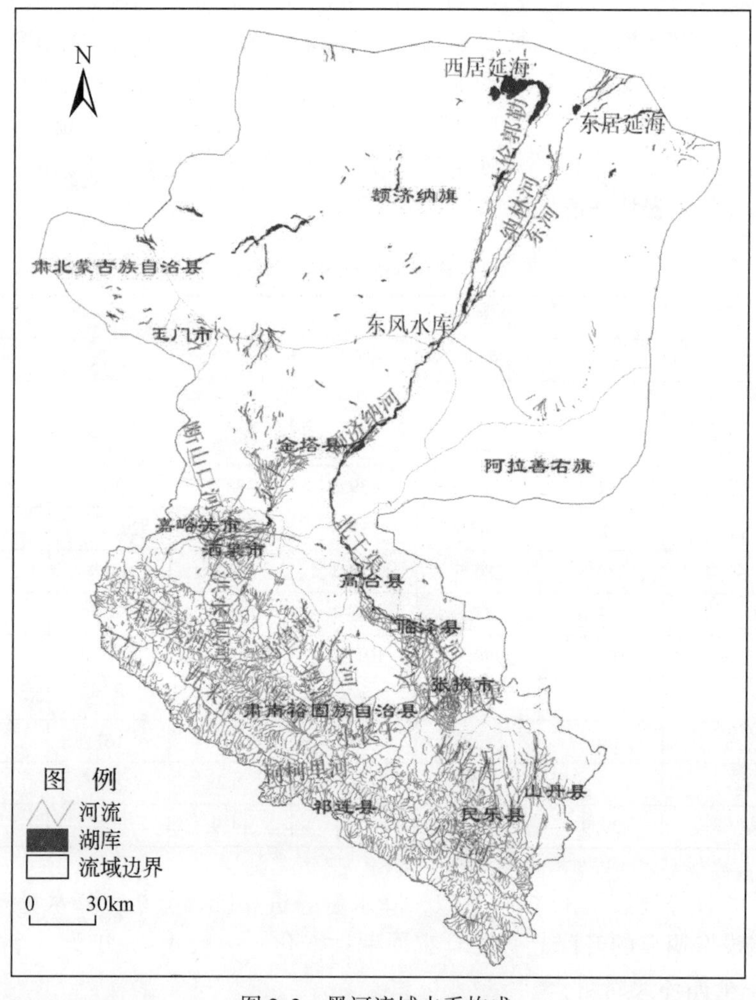

图2-2 黑河流域水系构成

表 2-2 黑河流域各水系支流径流特征

水系	序号	河名	集水面积/km^2	年径流量/亿 m^3	水系	序号	河名	集水面积/km^2	年径流量/亿 m^3
东部水系	1	瓷窑口沟	14	0.008 2	东部水系	21	大瓷窑河	220	0.136
	2	流水口沟	42	0.047 3		22	梨园河	2 240	2.50
	3	三十六道沟	43	0.028 1		23	大河	25	0.051 4
	4	寺沟	73	0.107		24	摆浪河	211	0.409
	5	马营河	1 143	0.74		25	水关河	67.3	0.126
	6	白石崖沟		0.404		26	石灰关河	68.1	0.126
	7	后稍沟		0.114		27	黑大板河	33.7	0.505
	8	大香沟		0.066 3			浅山区		0.749
	9	小香沟		0.037 9	中部水系	28	马营河	619	1.16
	10	童子坝沟	331	0.738		29	黄草坝沟	49.3	0.031 1
	11	洪水河	578	1.26		30	榆林坝沟	52.5	0.043 6
	12	山城河	112	0.056		31	涌泉坝沟	75	0.066
	13	海湖坝河	146	0.483		32	丰乐河	568	0.988
	14	小都麻河	101	0.174		33	观山河	135	0.165
	15	大都麻河	217	0.858			浅山区		0.095
	16	柳家坝河	23	0.05	西部水系	34	红山河	117	0.148
	17	马蹄河	26	0.085		35	洪水河	1581	2.51
	18	酥油河	147	0.448		36	讨赖河	6 683	6.23
	19	大野口河	102	0.145			浅山区		0.118
	20	黑河	10 009	16.10					
								合计	38.1069

2.1.4 地质地貌

黑河流域内地势复杂多变，山地、平原相间排列，依次呈现有规律的展布，形成区内独特的自然地理景观。南部为祁连山区，属于上游，地势高亢，沟谷深切，山体走向大体为 NWW—SEE 向，海拔均在 3000～4500m，主峰“祁连山”最高达 5547m。位于祁连山与北山山地之间的河西走廊，属流域中游，位于祁连山山前倾斜平原和断凹陷中心地带，其东西长 350km，南北宽 20～50km，海拔为 1400～1700m，地形由南向北倾斜，总的地势西高东低，南高北低，坡降 4‰～25‰，为绿洲、荒漠平原、戈壁、沙漠断续分布；走廊北山山系的龙首山、合黎山、大小黑山和马鬃山构成中、下游的分界线。流域下游南起走廊北山山系，北达中蒙边境，属阿拉善高原与额济纳盆地，其东部为巴丹吉林沙漠，西部是马鬃山东麓的剥蚀低山和戈壁。黑河纵贯高平原中部，形成冲积湖积平原绿洲，其地势开阔平坦，微向北东倾斜，海拔 900～1200m，坡降 1‰～3‰；北端居延海一带为最低区，海拔 900m 左右。黑河流域上中游 DEM 见图 2-3。

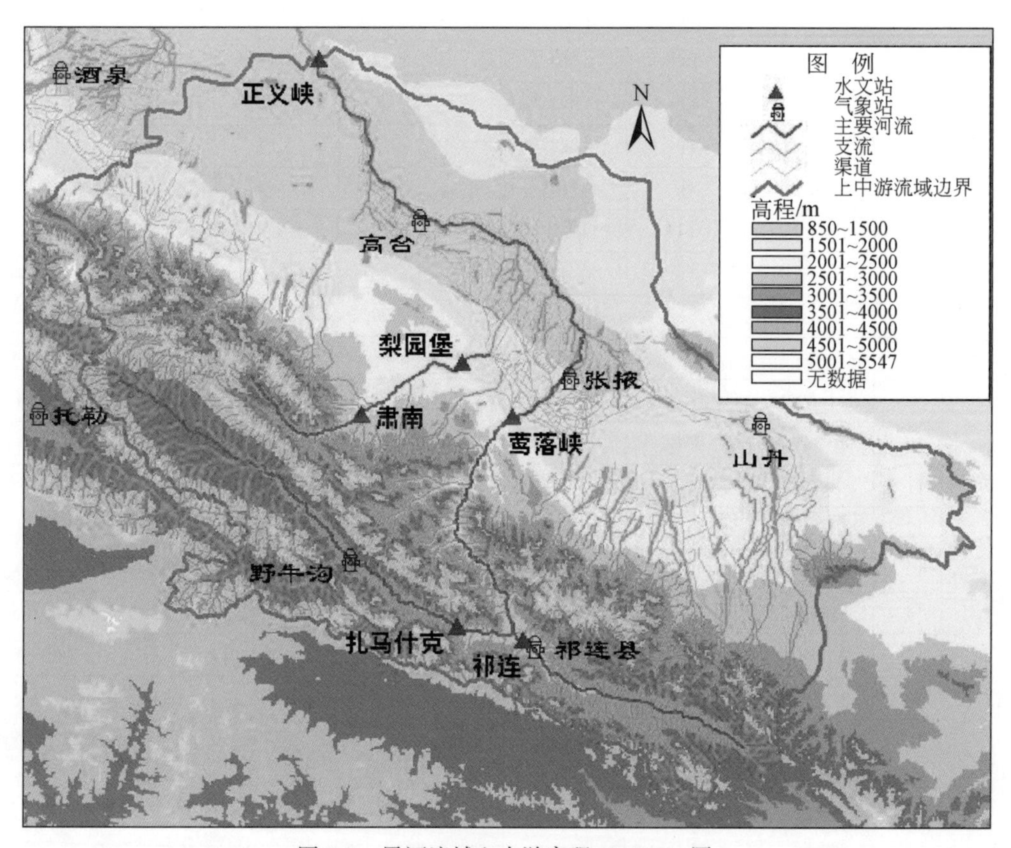

图 2-3　黑河流域上中游高程（DEM）图

从区内地质构造上来看，黑河流域上游祁连山区南部受祁连山构造控制。中游张掖-酒泉盆地内大型洪积扇构成洪积扇型倾斜平原和前缘的细土平原，地质构造上具有山前拗陷或山间断陷性质，其南缘与祁连山多为断层相接，该压性断裂与祁连山麓中新生界褶皱一起构成一个阻水屏障。新近系或白垩系构成盆地基底，其上沉积了数百米乃至千余米巨厚的洪积-冲积相第四系松散物质，其间赋存着丰富的地下水。北部金塔盆地属边缘断陷类型，盆地边缘亦分布巨大断裂，基底为新近系，与南盆地比较，第四系沉积厚度较小，一般小于 400m，并受基底断块升降运动所控制。下游额济纳盆地为阿拉善台隆凹陷，其间发育的北东、北西及北北东向构造，将其分割成规模不等的棋盘格式地块，构成凹陷与隆起相间的特征。第四纪以来，区域地壳活动比较稳定，额济纳平原是缓慢隆起带内的沉降区，其相对沉降幅度较小但不均匀。

2.1.5　土壤植被

黑河流域土壤可划分为 21 种土类，其中地带性土类 16 种，非地带性土类 5 种，其空间分布受地形、气候和植被的影响，具明显的垂向空间带谱分异特征。上游祁连山区主要包括高山寒冷荒漠土壤系列、高山草甸土壤系列、山地草甸草原土壤系列、山地草原土壤系列和山地森林土壤系列形成的分布区，主要土类有寒漠土、高山草甸土、高山灌丛草甸土、高山草原土、亚高山草甸土、亚高山草原土、灰褐土、山地黑钙土、山地栗钙土、山地灰钙土等；中游土壤以灰棕漠土、风沙土和灌耕土为主，其中灰棕漠土为地带性土。除这些地带性土类外，受次生作用力影响，区内还发育有灌淤土（绿洲灌溉耕作土）、盐土、潮土（草甸土）、沼泽土和风沙土等非地带性土壤。在下游额济纳旗境内，以灰棕漠土为主要地带性土壤，受水盐运移条件和气候及植被影响，非地带性分布硫酸盐盐化潮土、林灌草甸土及盐化林灌草甸土、碱土、草甸盐土、风沙土及龟裂土等。黑河流域土壤分布见图 2-4。

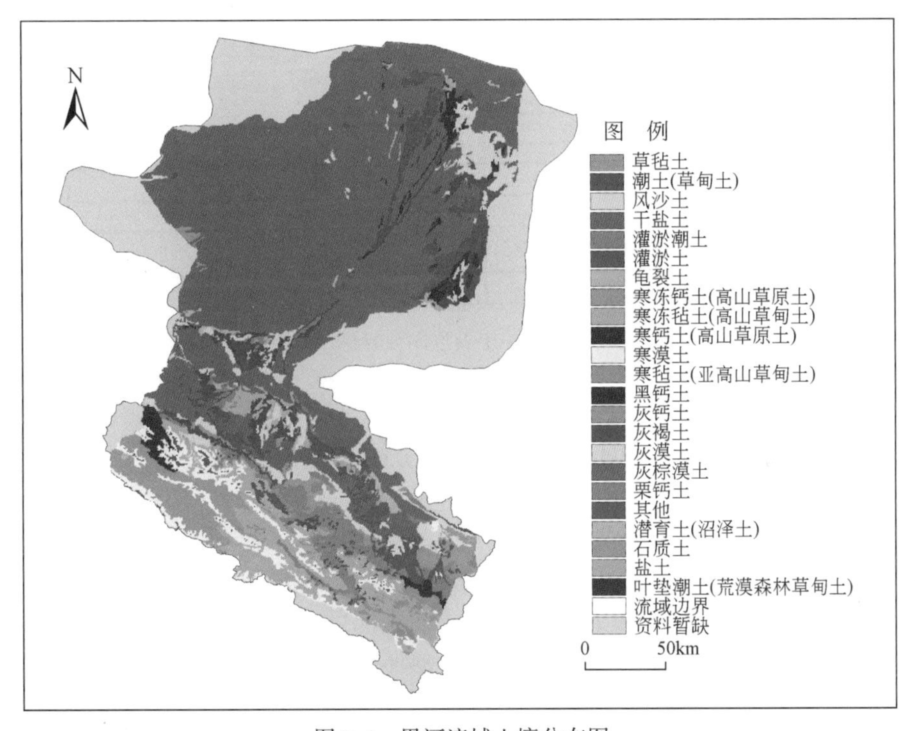

图 2-4　黑河流域土壤分布图

受水热条件的影响，流域植被在水平方上自东南向西北呈现规律性变化，自上而下大体可分为森林、灌丛、草原及荒漠四个植被带，且垂直带谱分明。上游海拔较高，分布有山地森林和灌木林，海拔 4000 ~ 4500m 为高山垫状植被带，3800 ~ 4000m 为高山草甸植被带，3200 ~ 3800m 为高山灌丛草甸带，2800 ~ 3200m 为山地森林草原带，对于调蓄径流，涵养水源有重要作用。流域中、下游地带性植被为温带小灌木、半灌木荒漠植被。受径流性水资源和人类活动影响，中游山前冲积扇下部和河流冲积平原上分布有灌溉绿洲栽培农作物和林木，呈现以人工植被为主的景观。另外中游还分布一些以泡泡刺和红砂为主的荒漠灌丛，以及芦苇和香蒲等湿地植被。在河流下游两岸、三角洲上与冲积扇缘的湖盆洼地一带，呈现荒漠绿洲景观，植物以戈壁成分占优势，如红砂、梭梭、泡泡刺、霸王柴、膜果麻黄、松叶猪毛菜、合头藜、短叶假木贼、蒙古沙拐枣等；河滩林和灌丛有胡杨、沙枣、柽柳及盐湿草甸种芨芨草、盐生草等；在沼泽和树旁生长有芦苇、香蒲、狗尾草等。

黑河流域地质、土壤空间分异情况见图 2-5。

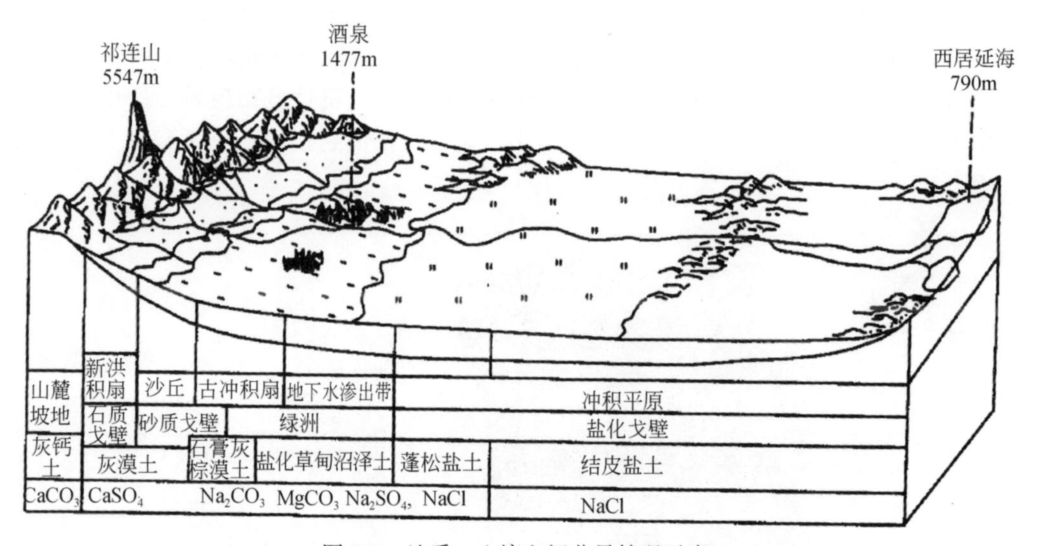

图 2-5　地质、土壤空间分异情况示意

2.2　社会经济概况

根据流域内各地 2012 年国民经济统计年鉴，黑河东部水系 2012 年总人口为 136.77 万人。总人口中，上、中、下游总人口分别为 8.45 万人、78.8 万人和 4.24 万人，其中农业人口分别为 6.21 万人、49.13 万人和 2.64 万人。由此可见，人口主要分布在中游。

国内生产总值 287.04 亿元，其中中游 202.89 亿元；工业增加值 88.07 亿元，其中中游 46.12 亿元，占 52.37%；农业增加值 3.26 亿元，其中中游为 52.71 亿元，占 83.32%；粮食总产量为 72.60 万 t，其中中游甘州、临泽、高台三县（区）为 68.83 万 t。棉花产量 1.13 万 t，油料产量 74 万 t。大（小）牲畜共计 288.69 万头，其中中游 168.03 万头，占 58.20%。黑河流域社会经济情况详见表 2-3。

表 2-3　2012 年黑河流域主要社会经济指标统计表

分区		总人口/万人	农村人口/万人	GDP/亿元	工业增加值/亿元	农业增加值/亿元	粮食产量/万 t	棉花产量/万 t	油料产量/万 t	牲畜/万头
上游	祁连	5.06	3.94	13.22	3.44	2.89	0.28		0.11	65.28
	肃南	3.39	2.27	22.02	12.16	3.14	2.43		0.02	32.95
	小计	8.45	6.21	35.24	15.60	6.03	2.71	0.00	0.13	98.23

续表

分区		总人口/万人	农村人口/万人	GDP/亿元	工业增加值/亿元	农业增加值/亿元	粮食产量/万 t	棉花产量/万 t	油料产量/万 t	牲畜/万头
中游	甘州	51.05	30.05	131.17	29.14	29.55	38.98		0.32	93.91
	临泽	13.52	8.83	35.69	8.56	10.48	14.53	0.07	0.03	31.56
	高台	14.42	10.25	36.02	8.43	12.68	15.32	0.46	0.18	42.56
	小计	78.80	49.13	202.89	46.12	52.71	68.83	0.53	0.53	168.03
下游	鼎新	2.43	2.35	3.59	0.55	3.04	0.86	0.51	0.08	16.02
	额济纳	1.81	0.29	45.32	25.80	1.48	0.20	0.09		6.41
	小计	4.24	2.64	48.91	26.35	4.52	1.06	0.60	0.08	22.43
合计		91.49	57.98	287.04	88.07	63.26	72.60	1.13	0.74	288.69

注：①数据来源为流域各地 2012 年国民经济统计年鉴和 2012 年水利综合统计年报；②因东风场区属涉密区域，该表中未统计

2.3 水资源基础评价

2.3.1 降水和气温

(1) 降水和气温资料外延

根据气象资料收集情况，黑河流域有 5 个站点的气象资料不够要求的时间长度。其中，野牛沟站缺少 1957～1959 年气象资料，金塔站缺少 1957～1988 年气象资料，梧桐沟站仅有 1965～1988 年气象资料，吉诃德站仅有 1958～1986 年气象资料，额济纳旗缺少 1957～1958 年气象资料。为了分析黑河流域气候变化特征，有必要对以上站点的气象资料进行外延。

气象资料外延采用相邻站点实测资料，通过多元回归分析方法模拟得到 5 个站点的气象数据。具体如下：野牛沟站资料由托勒站和祁连站资料负责外延，金塔站资料由酒泉站和鼎新站资料负责外延，吉诃德站和额济纳旗站互为对方提供外延资料，资料拟合度以模拟数据序列和实测数据序列线性相关系数的平方（R^2）表示：

$$R^2 = \frac{\left[\sum_{i=1}^{n}(x_i^{\text{obs}} - x_{\text{avg}}^{\text{obs}})(x_i^{\text{sim}} - x_{\text{avg}}^{\text{sim}})\right]^2}{\sum_{i=1}^{n}(x_i^{\text{obs}} - x_{\text{avg}}^{\text{obs}})^2 \sum_{i=1}^{n}(x_i^{\text{sim}} - x_{\text{avg}}^{\text{sim}})^2} \tag{2-1}$$

式中，n 为序列长度；x_i^{obs}（$i=1$，…，n）为实测值；x_i^{sim}为模拟值；$x_{\text{avg}}^{\text{obs}}$为实测均值；$x_{\text{avg}}^{\text{sim}}$为模拟均值。

图 2-6 和图 2-7 分别展示了野牛沟、金塔和吉诃德 3 个站点年降水和年均气温资料模拟和外延结果。可以看出，以上 3 个站点年均气温数据的模拟效果整体优于年降水量数

据，吉诃德站年降水数据的拟合效果相对较差。此外，本书还利用相邻站点（包括域外站点）模拟了梧桐沟站的气象资料，拟合效果很差，最大拟合度不超过 0.3，故外延资料不可信。

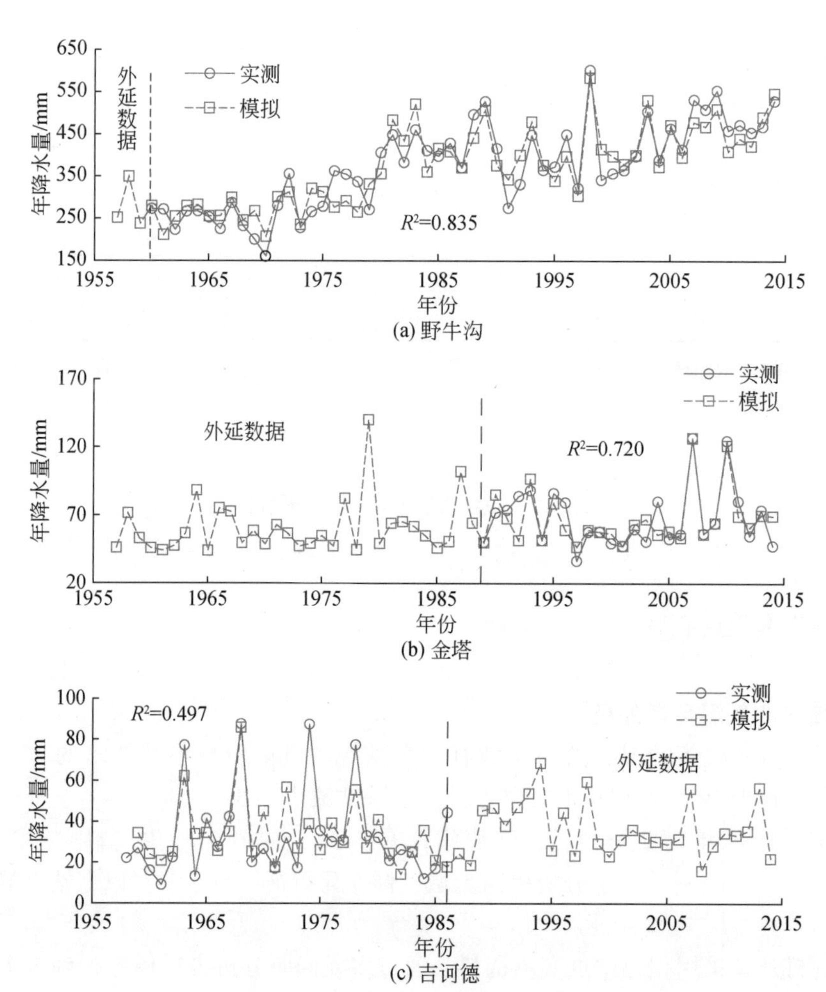

(a) 野牛沟

(b) 金塔

(c) 吉诃德

图 2-6　黑河流域野牛沟、金塔和吉诃德站年降水量数据外延

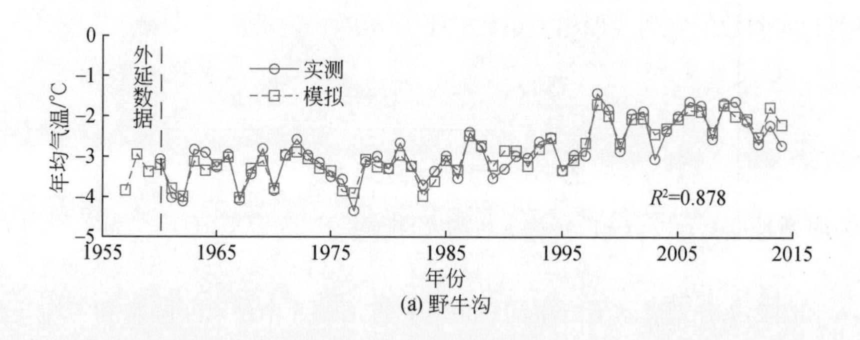

(a) 野牛沟

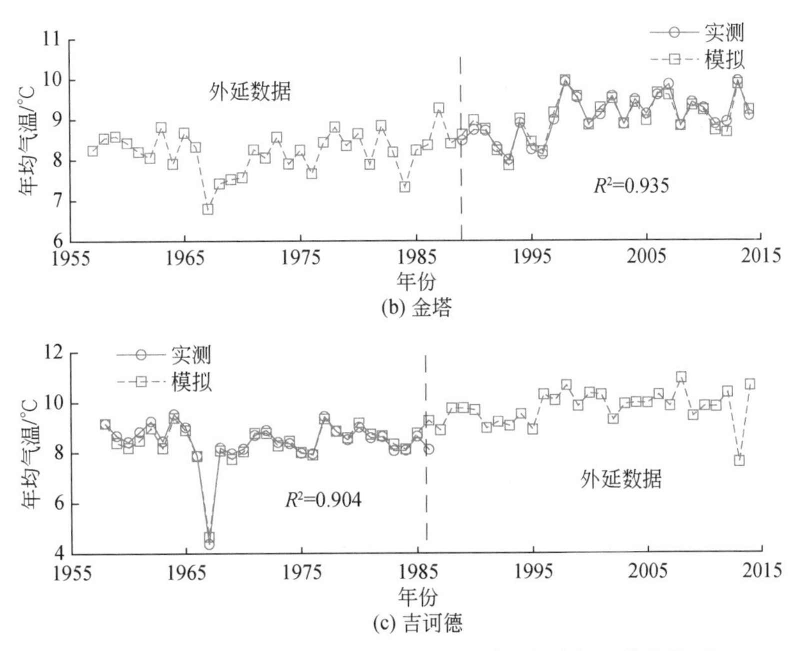

图 2-7 黑河流域野牛沟、金塔和吉诃德站年均气温数据外延

(2) 降水和气温空间分布

根据黑河流域各气象站年降水量和年均气温的历史和外延数据，得到黑河流域降水量和气温空间分布特征，如图 2-8 和图 2-9 所示。

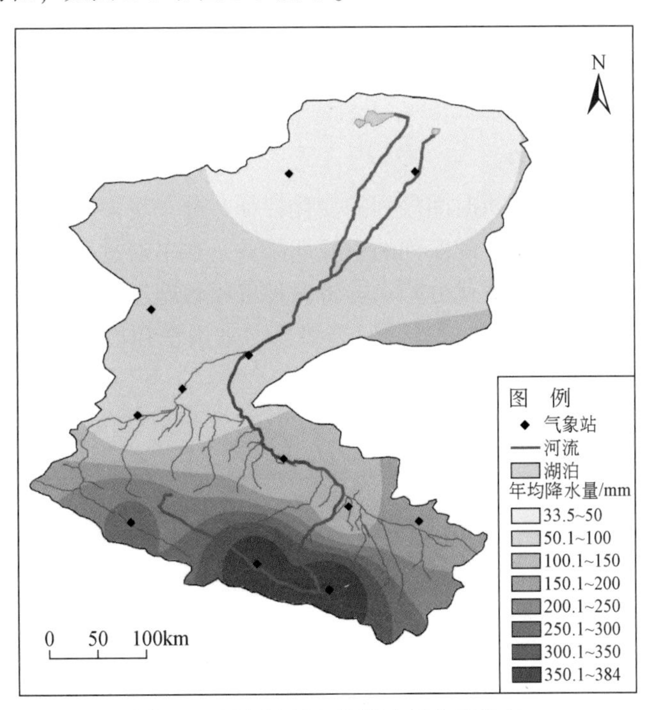

图 2-8 黑河流域年均降水量空间分布

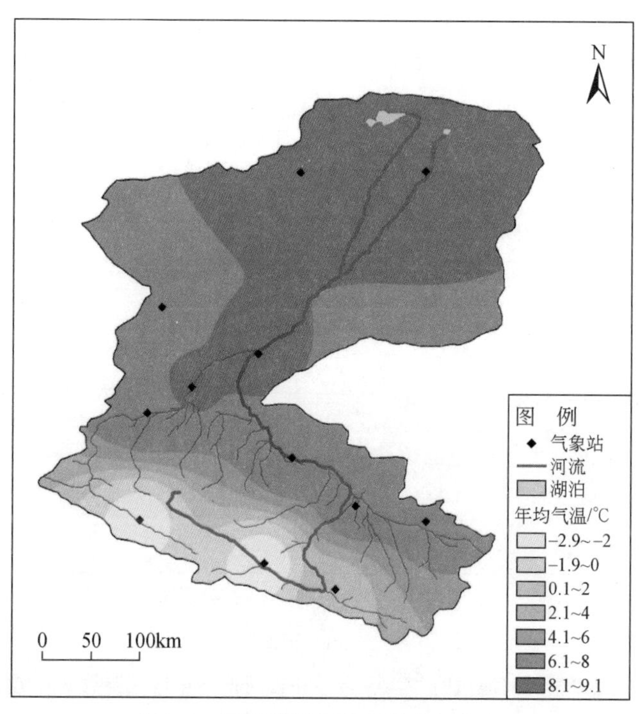

图 2-9 黑河流域年均气温空间分布

黑河整个流域多年平均降水量为 110mm，多年平均气温为 6.6℃，属于我国寒区旱区。黑河流域上游多年平均降水量为 284mm，多年平均气温为 0.4℃；中游多年平均降水量为 112mm，多年平均气温为 7.6℃；下游多年平均降水量为 41mm，多年平均气温为 8.8℃。由图 2-9 和图 2-10 看出，黑河流域年降水量自上游往下游逐渐减少，年均气温自上游往下游逐渐升高。

（3）降水和气温时间变化

分段线性拟合可以有效辨析时间序列的变化特征，分段越多越能反映时间序列的局部波动特征，分段越少越能体现时间序列的中长期趋势。本书通过分段线性拟合确定黑河流域年降水和年均气温时间序列最优分割点，将两种气象数据序列分割成 3 段（每段子序列长度不少于 11 年），利用 M-K 法检验分段趋势性，采用秩和检验法检验分割点前后均值变异性。

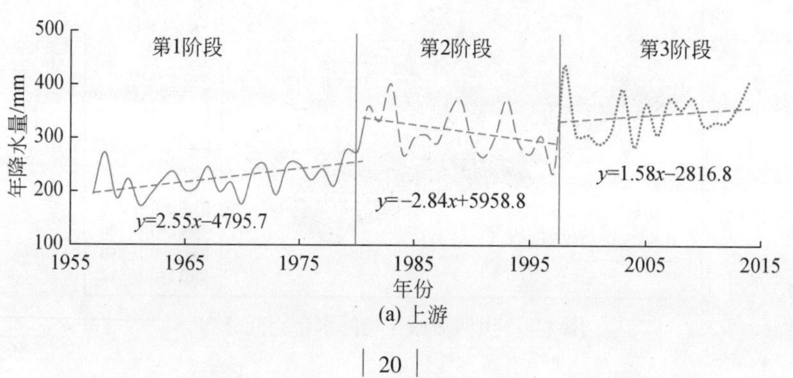

(a) 上游

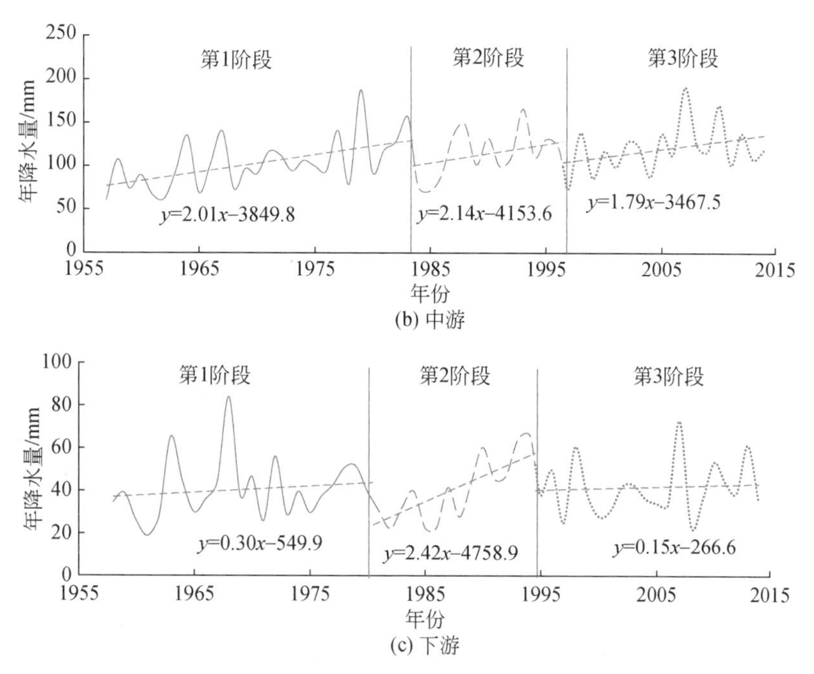

(b) 中游

(c) 下游

图 2-10 黑河流域分区年降水量随时间变化特征

黑河流域上游年降水时间序列最优分割点为 1980 年和 1997 年，中游年降水序列最优分割点为 1983 年和 1996 年，下游年降水序列的最优分割点为 1980 年和 1994 年。黑河流域各分区年降水时间序列的分段线性拟合结果如图 2-10 所示。在 95% 的置信度水平下，黑河流域各分区年降水时间序列的变异诊断结果如表 2-4 所示。

表 2-4 黑河流域分区年降水量序列变异诊断

流域位置	第 1 阶段	第 1 分割点	第 2 阶段	第 2 分割点	第 3 阶段
上游	1957 ~ 1980 年	1980 年	1981 ~ 1997 年	1997 年	1998 ~ 2014 年
	趋势显著	均值变异显著	趋势不显著	均值变异显著	趋势不显著
中游	1957 ~ 1983 年	1983 年	1984 ~ 1996 年	1996 年	1997 ~ 2014 年
	趋势显著	均值变异不显著	趋势不显著	均值变异不显著	趋势不显著
下游	1958 ~ 1980 年	1980 年	1981 ~ 1994 年	1994 年	1995 ~ 2014 年
	趋势不显著	均值变异不显著	趋势显著	均值变异不显著	趋势不显著

黑河流域上游年降水量在 1957 ~ 1980 年呈显著增加趋势，在 1980 年后均值显著增加，在 1981 ~ 1997 年无明显趋势，在 1997 年后均值再次显著增加，在 1998 ~ 2014 年无明显趋势。中游年降水量在 1957 ~ 1983 年有显著增加趋势，随后没有发生显著的趋势和均值变异。下游年降水量在 1981 ~ 1994 年有明显增大趋势，但在前后两个阶段并未出现明显的趋势和均值变异。就整体趋势而言，黑河流域上游和中游年降水量都有明显增加，其中上游尤为突出，而下游年降水量没有显著趋势。

黑河流域上游年均气温序列最优分割点为 1986 年和 1997 年，中游年均气温序列最优分割点为 1970 年和 1996 年，下游年均气温序列最优分割点为 1969 年和 1995 年。黑河流域各分区年均气温时间序列的分段线性拟合结果如图 2-11 所示。在 95% 的置信度水平下，黑河流域各分区年均气温时间序列的变异诊断结果如表 2-5 所示。

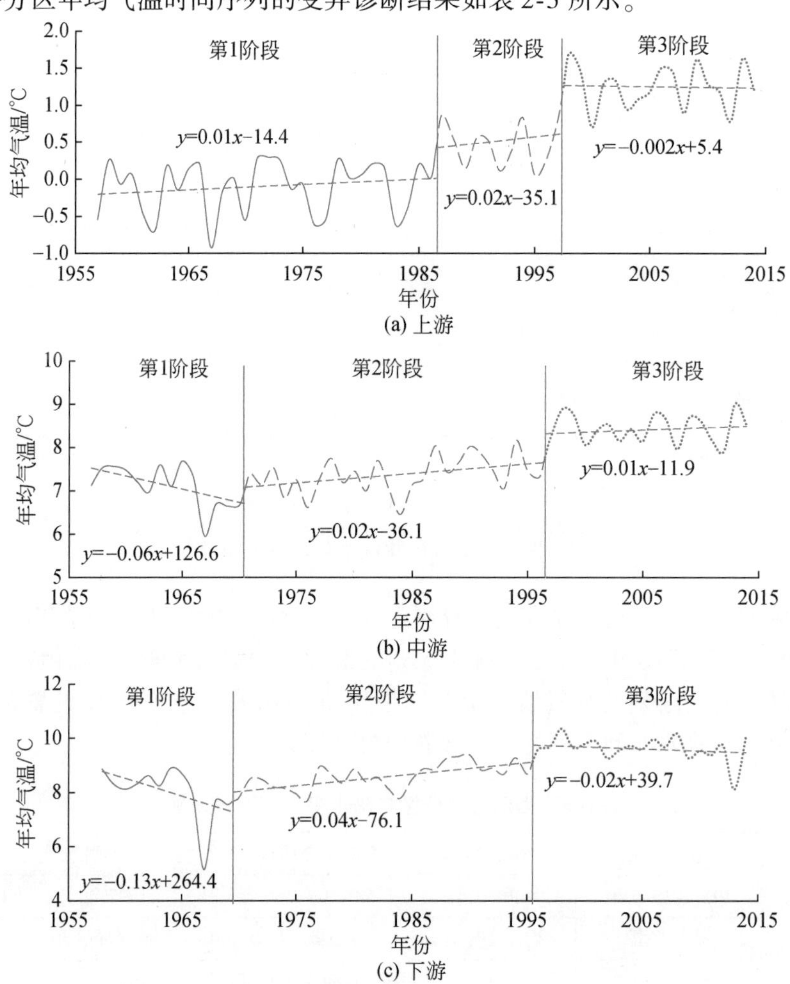

图 2-11 黑河流域分区年均气温随时间变化特征

表 2-5 黑河流域分区年均气温序列变异诊断

流域位置	第 1 阶段	第 1 分割点	第 2 阶段	第 2 分割点	第 3 阶段
上游	1957～1986 年	1986 年	1987～1997 年	1997 年	1998～2014 年
	趋势不显著	均值变异显著	趋势不显著	均值变异显著	趋势不显著
中游	1957～1970 年	1970 年	1971～1996 年	1996 年	1997～2014 年
	趋势显著	均值变异不显著	趋势不显著	均值变异显著	趋势不显著
下游	1958～1969 年	1969 年	1970～1995 年	1995 年	1996～2014 年
	趋势显著	均值变异不显著	趋势显著	均值变异显著	趋势不显著

由图 2-11 和表 2-5 看出，黑河流域上游年均气温分别在 1986 年和 1997 年各发生一次均值变异，均值变异前后没有出现明显趋势。中游年均气温在 1957 ~ 1970 年显著降低，在 1970 年后未出现均值变异，在 1971 ~ 1996 年无明显趋势，在 1996 年发生一次均值增加，在 1997 ~ 2014 年没有明显趋势。下游年均气温在 1958 ~ 1969 年明显下降，在 1969 年后没有发生均值变异，在 1970 ~ 1995 年显著升高，在 1995 年后发生均值增加，随后没有出现明显趋势。总体而言，黑河流域寒区气候暖化迹象突出，上游、中游和下游年均气温在 1957 ~ 2014 年都显著升高，整个流域 20 世纪 90 年代中期以后的年均气温比之前的年均气温高出约 1.2℃。

2.3.2　水面蒸发

(1) 水面蒸发计算

黑河流域水面蒸发实测资料有限，在已有的实测水面蒸发资料基础上，本书采用彭曼公式模拟各气象站点水面蒸发，通过泰森多边形法合成，计算流域面上水面蒸发。彭曼水面蒸发计算公式如下：

$$E_0=\frac{\Delta}{\Delta+\gamma}\frac{R_n-G}{\lambda}+\frac{\gamma}{\Delta+\gamma}\frac{6.43\ (1+0.536u_2)\ (e_s-e)}{\lambda} \tag{2-2}$$

式中，E_0为水面蒸发量，mm/d；Δ 为饱和水汽压与温度曲线斜率，kPa/℃；γ 为干湿球常数，kPa/℃；R_n为水面净辐射，MJ/(m^2 · d)；G 为水体热通量，MJ/(m^2 · d)；u_2为水面 2m 高处日均风速，m/s；e_s-e 为空气饱和水汽压差，kPa；λ 为蒸发潜热，MJ/dm^3。

在式 (2-2) 中，G 在日尺度下可以忽略不计。R_n经验计算公式如下：

$$\frac{R_n}{R_0}=a\frac{S}{S_0}+b \tag{2-3}$$

式中，R_0为天文日辐射总量，MJ/(m^2 · d)；S 为实际日照时数，h；S_0为理想日照时数，h；a 和 b 为无量纲经验系数。

天文日辐射总量和理想日照时数计算公式如下：

$$R_0=2fI_0\ (\omega\sin\theta\sin\delta+\cos\theta\cos\delta\sin\omega) \tag{2-4}$$

$$S_0=4\arcsin\left(\sqrt{\frac{\sin\ [\pi/4+\ (\theta-\delta+\varphi)\ /2]\ \sin\ [\pi/4+\ (\theta-\delta-\varphi)\ /2]}{\cos\theta\cos\delta}}\right) \tag{2-5}$$

式中，f 为日地距离修正系数；I_0为太阳辐射常数，MJ/(m^2 · d)；ω 为日落时角，弧度；θ 为地理纬度，弧度；δ 为太阳赤纬，弧度；φ 为蒙气差，弧度。

黑河流域梧桐沟和吉诃德站缺乏足够气象资料，故不再对该两站水面蒸发进行计算。图 2-12 展示了黑河流域其他气象站点 2001 年 1 月至 2010 年 12 月的月水面蒸发模拟效果，月序号自 2001 年 1 月开始算起，各站月水面蒸发拟合度在 0.95 ~ 0.99。因此，本书可以利用式 (2-2) 和式 (2-3) 及率定的经验系数模拟黑河流域历史水面蒸发过程。

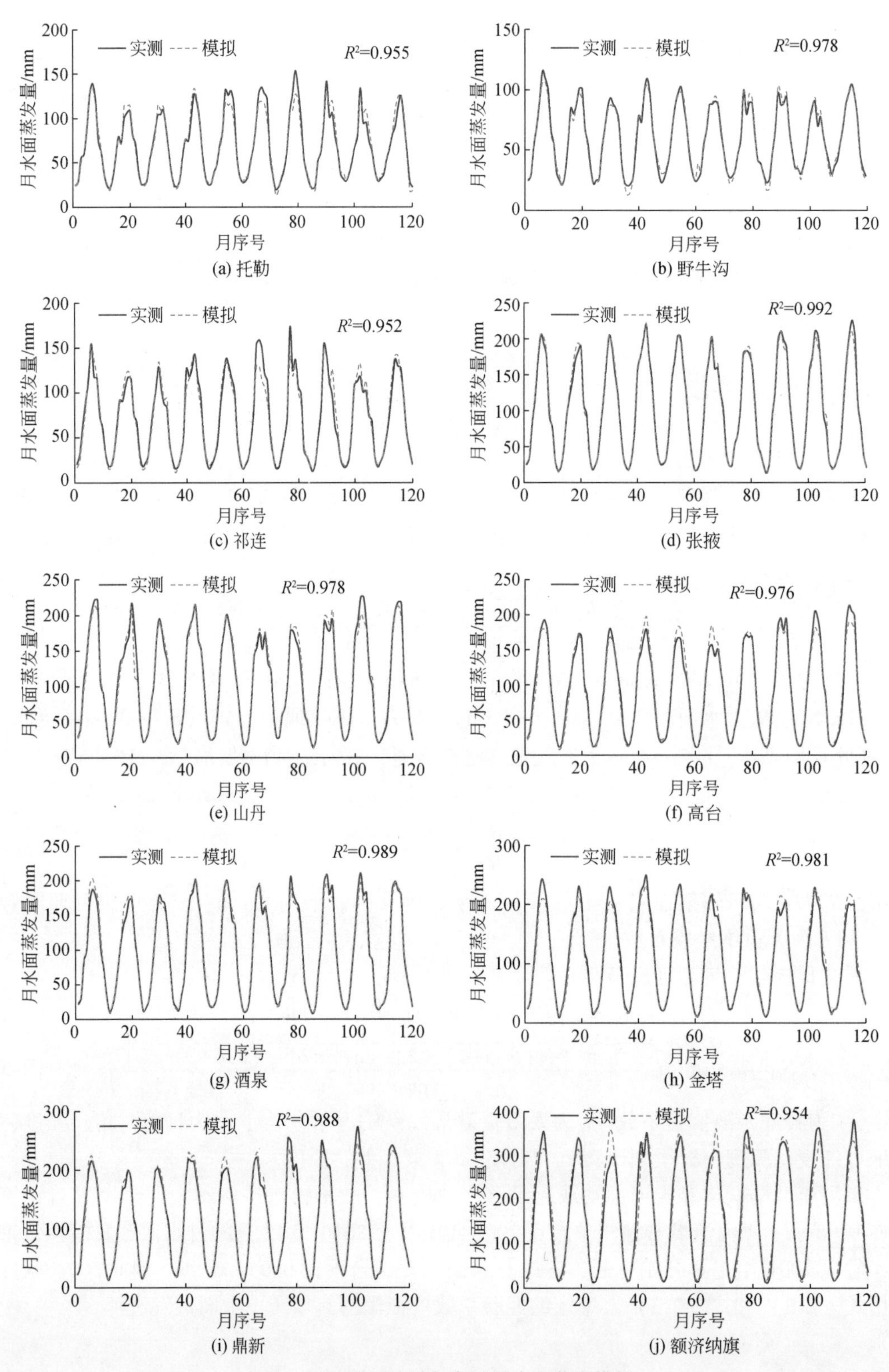

图 2-12　黑河流域气象站月水面蒸发模拟

(2) 水面蒸发资料外延

为了便于分析黑河上、中游年水面蒸发时空特征，本书利用相邻站点计算水面蒸发数据对野牛沟和金塔两站水面蒸发资料进行外延，结果如图 2-13 所示。由拟合度可知，野牛沟站计算水面蒸发数据拟合效果相对金塔站较差。

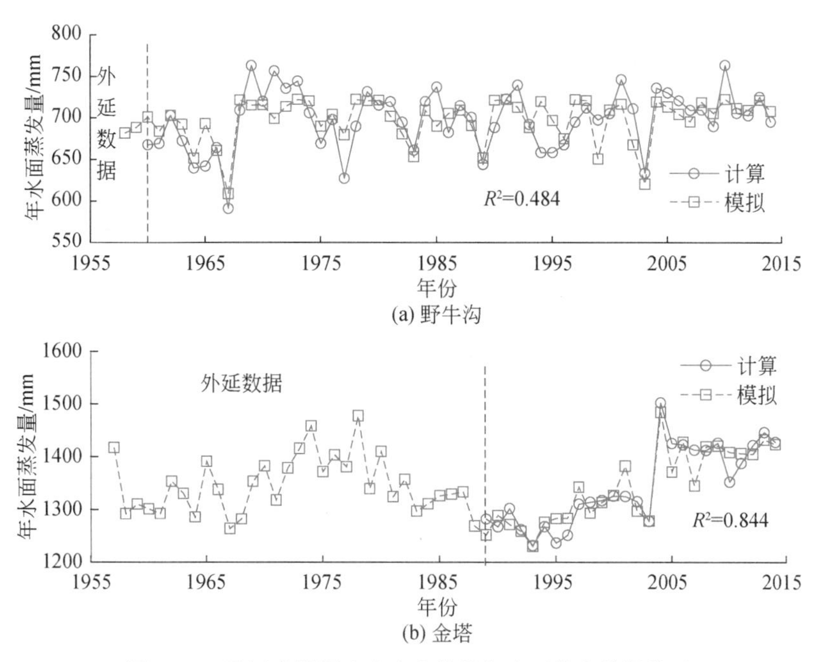

图 2-13　黑河流域野牛沟和金塔站年水面蒸发数据外延

(3) 水面蒸发特征分析

黑河流域年均水面蒸发空间分布如图 2-14 所示。从该图可以看出，黑河流域年均水面蒸发与年均气温空间分布特征基本一致，都是自上游往下游逐渐增加。黑河流域上游年均水面蒸发约为 891mm，中游年均水面蒸发约为 1221mm。黑河流域下游年均水面蒸发最大，其中鼎新站年均水面蒸发约为 1372mm，额济纳旗站年均水面蒸发约为 2081mm。

黑河流域各分区年水面蒸发时间序列变化特征如图 2-15 所示。在置信度为 95% 的水平下，黑河流域年水面蒸发序列变异诊断结果如表 2-6 所示。黑河流域下游梧桐沟和吉诃德站没有足够长度的年水面蒸发资料，其年水面蒸发特征分析将以额济纳旗为代表站。

通过分段线性拟合，黑河流域上游年水面蒸发序列最优分割点分别为 1968 年和 1996 年。该分区年水面蒸发在 1958 ~ 1968 年没有显著趋势，在 1968 年后均值明显增加，在 1969 ~ 1996 年呈显著下降趋势，在 1996 年后均值再次增加，随后没有出现显著趋势。中游年水面蒸发序列最优分割点为 1978 年和 1992 年。该分区年水面蒸发在 1957 ~ 1978 年未出现明显趋势，在 1978 年后均值显著减少，在 1979 ~ 1992 年无显著趋势，在 1992 年后均值又显著增加，在 1992 ~ 2014 年呈明显增加趋势。

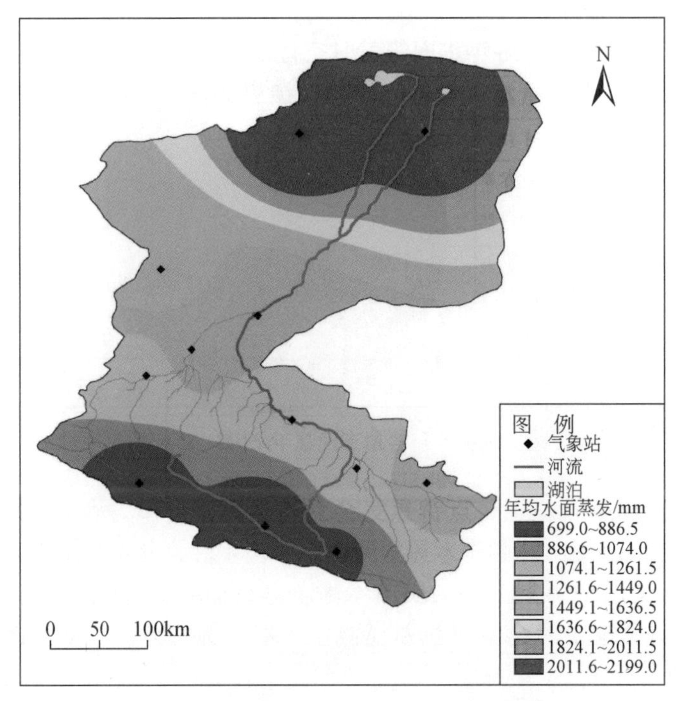

图 2-14 黑河流域年均水面蒸发空间分布

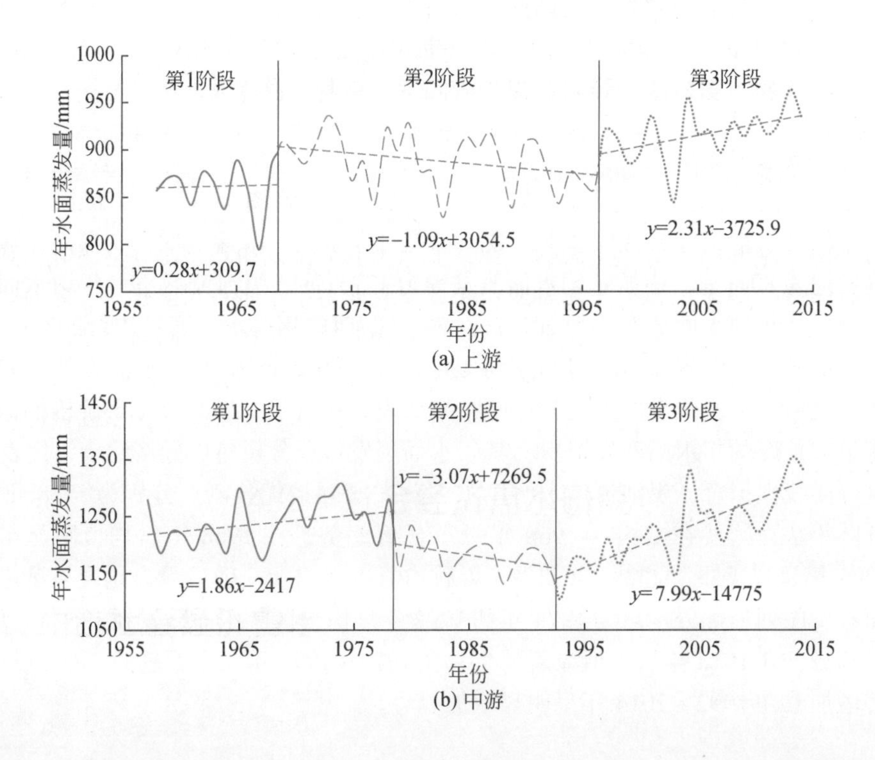

(a) 上游

(b) 中游

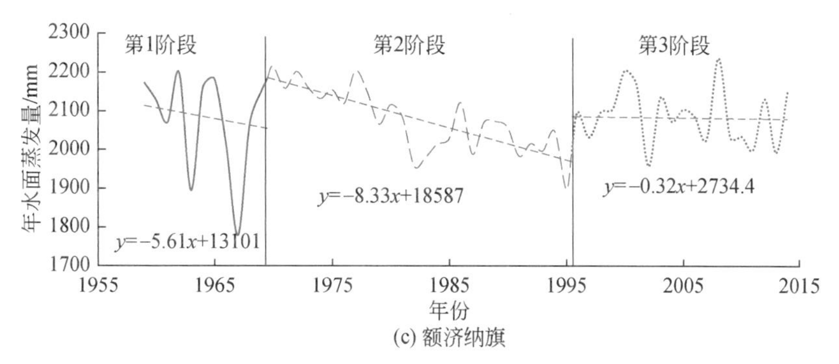

(c) 额济纳旗

图 2-15　黑河流域分区年水面蒸发量随时间变化特征

额济纳旗站年水面蒸发序列最优分割点分别为 1969 年和 1995 年。该站年均水面蒸发在 1970 ~ 1995 年呈显著下降趋势，在其他时间阶段没有明显趋势，且在 1969 年和 1995 年均未发生明显均值变异。就整体趋势而言，上游年水面蒸发显著增加，中游和额济纳旗站年水面蒸发均无明显趋势。

表 2-6　黑河流域分区年水面蒸发序列变异诊断

流域位置	第 1 阶段	第 1 分割点	第 2 阶段	第 2 分割点	第 3 阶段
上游	1958 ~ 1968 年	1968 年	1969 ~ 1996 年	1996 年	1997 ~ 2014 年
	趋势不显著	均值变异显著	趋势显著	均值变异显著	趋势不显著
中游	1957 ~ 1978 年	1978 年	1979 ~ 1992 年	1992 年	1993 ~ 2014 年
	趋势不显著	均值变异显著	趋势不显著	均值变异显著	趋势显著
额济纳旗	1959 ~ 1969 年	1969 年	1970 ~ 1995 年	1995 年	1996 ~ 2014 年
	趋势不显著	均值变异不显著	趋势显著	均值变异不显著	趋势不显著

2.3.3　黑河上游径流特征

(1) 时空分配

黑河扎马什克站以上流域、祁连以上流域和扎祁–莺落峡区间流域（扎马什克和祁连站以下至莺落峡）的集水面积占黑河流域上游面积的比例分别为 0.46、0.24 和 0.30，3 个分区多年平均产流比例分别为 0.46、0.28 和 0.26。扎马什克站以上流域年均产流比和集水面积比一致，祁连站以上流域年均单位面积产流量比扎祁–莺落峡区间流域的高出近 30%。

黑河上游 3 个分区各旬多年平均产流比例如图 2-16 所示。扎马什克站以上流域多年旬均产流比例在 1 月上旬至 4 月上旬间不断增加，在 4 月逐渐下降，在 5 ~ 12 月间相对稳定。祁连站以上流域多年旬均产流比例除在 3 月下旬至 6 月上旬间有个先增后减的过程之外，其他旬相对稳定。扎祁至莺落峡区间流域多年旬均产流比例在 1 月上旬至 4 月上旬间不断下降，在4月中旬至6月上旬逐渐回升，在其后各旬基本稳定下来。根据黑河流域上游各分区多年旬均产流比例，可以更加准确地计算黑河上游各级水电站水库的旬均入流量。

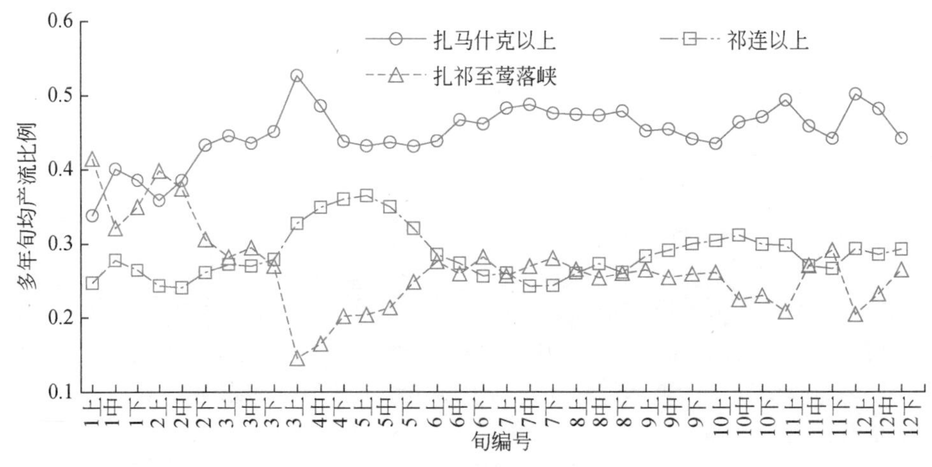

图2-16　黑河流域上游不同分区年内产流分配比例

（2）丰枯划分

径流年内丰枯转移分析有利于初步判断年调节水库蓄水期和供水期。通过径流距平和指数随年内时序的变化过程，可以有效确定流域水文年和丰、枯水期（刘赛艳等，2017）。黑河流域上游是主要产流区，故以莺落峡站为代表计算黑河年内丰、枯水期，如图2-17所示。丰水期为5月下旬至10月上旬，枯水期为10月中旬至次年5月中旬，水文年为当年5月下旬至次年5月中旬。

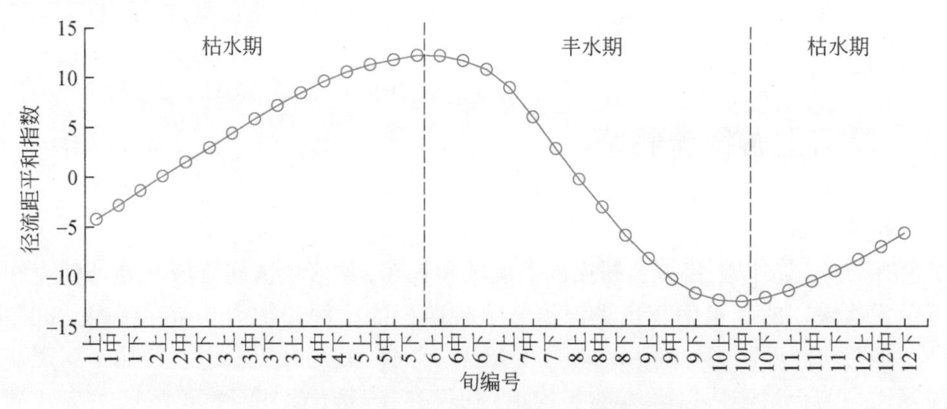

图2-17　莺落峡站年内径流丰枯水期

莺落峡站年径流序列多年均值为16.15亿m^3，利用P-Ⅲ曲线对经验点据进行拟合，拟合度达0.98，如图2-18所示。根据理论频率曲线，莺落峡站特丰年（$P=10\%$）、偏丰年（$P=25\%$）、平水年（$P=50\%$）、偏枯年（$P=75\%$）和特枯年（$P=90\%$）的年径流量分别为19.78亿m^3、17.85亿m^3、15.92亿m^3、14.19亿m^3和12.82亿m^3。

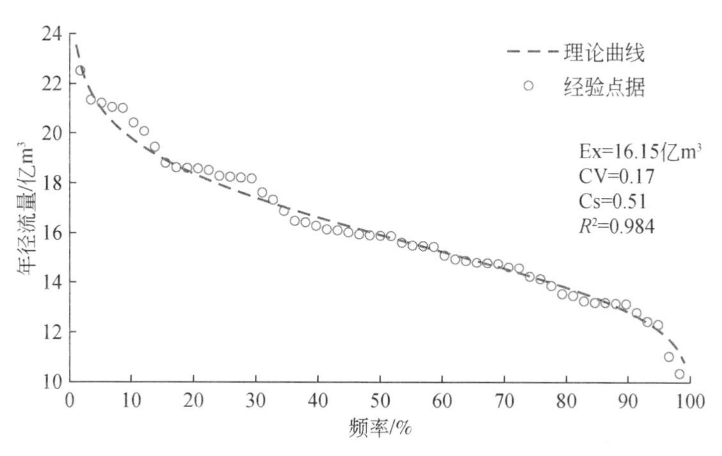

图 2-18　莺落峡站年径流序列频率曲线

(3) 周期识别

给定显著性水平 $\alpha=0.05$，利用 MWCA 方法对莺落峡站年径流序列周期成分进行多轮识别，第 1 轮只识别原始序列的最显著周期，以后每轮只识别上轮剩余成分的最显著周期，直至无显著周期出现。经过两轮周期识别后，发现莺落峡站年径流序列主要存在 22 年和 6 年两个最显著周期，如图 2-19 和图 2-20 所示，其中上层子图为时域覆盖图，下层子图为时频中心分布图。

在图 2-19（a）中，MWCA 方法也识别出 9 年周期成分，但在第 2 轮识别中并未出现，说明 9 年周期成分蕴含在 22 年周期成分中。在图 2-19（b）和图 2-20（b）中，22 年和 6 年周期成分的时频中心都出现了中断，表明两个周期成分的波形随时间发生一定改变。当不计周期成分波形变化时，可以得到 22 年和 6 年周期成分的一般波动过程，如图 2-21 所示。

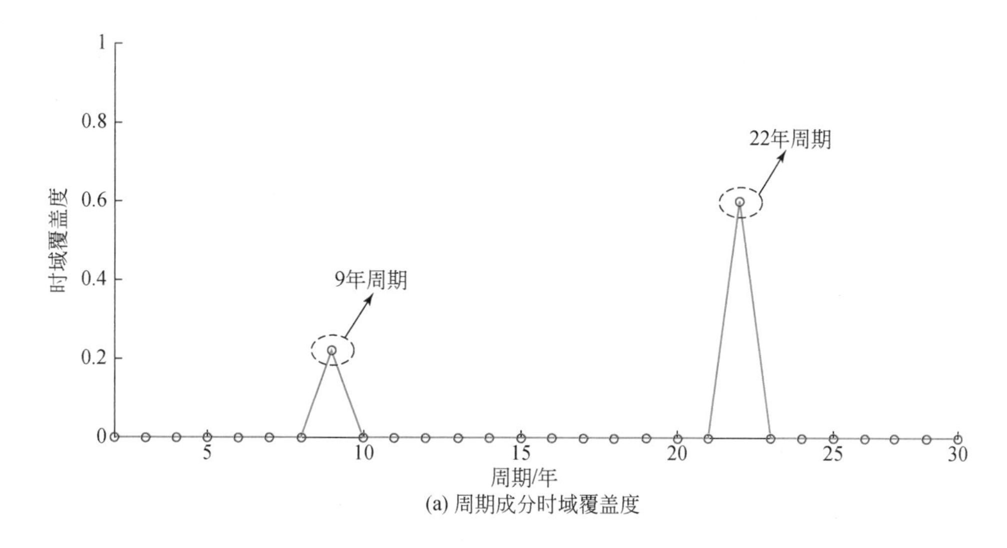

(a) 周期成分时域覆盖度

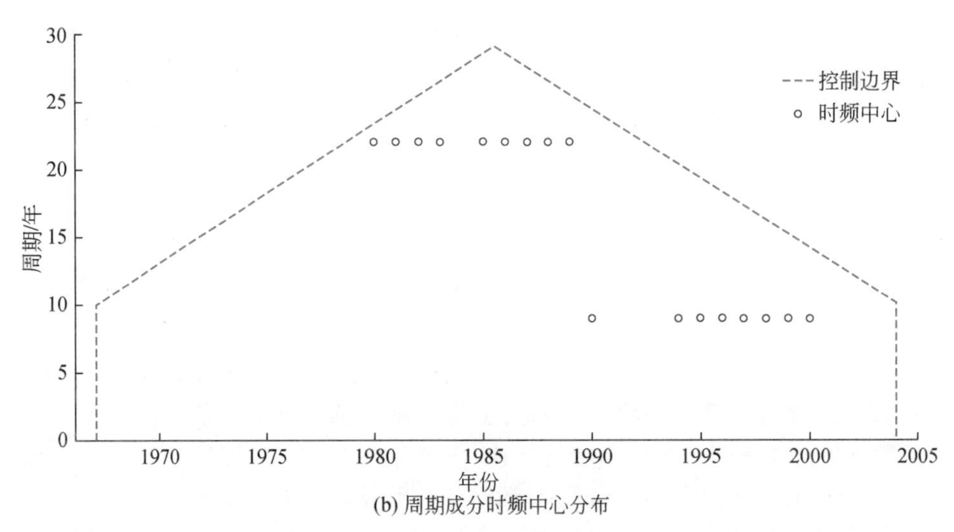

(b) 周期成分时频中心分布

图 2-19　第 1 轮基于滑动窗相关分析法的莺落峡站年径流周期识别

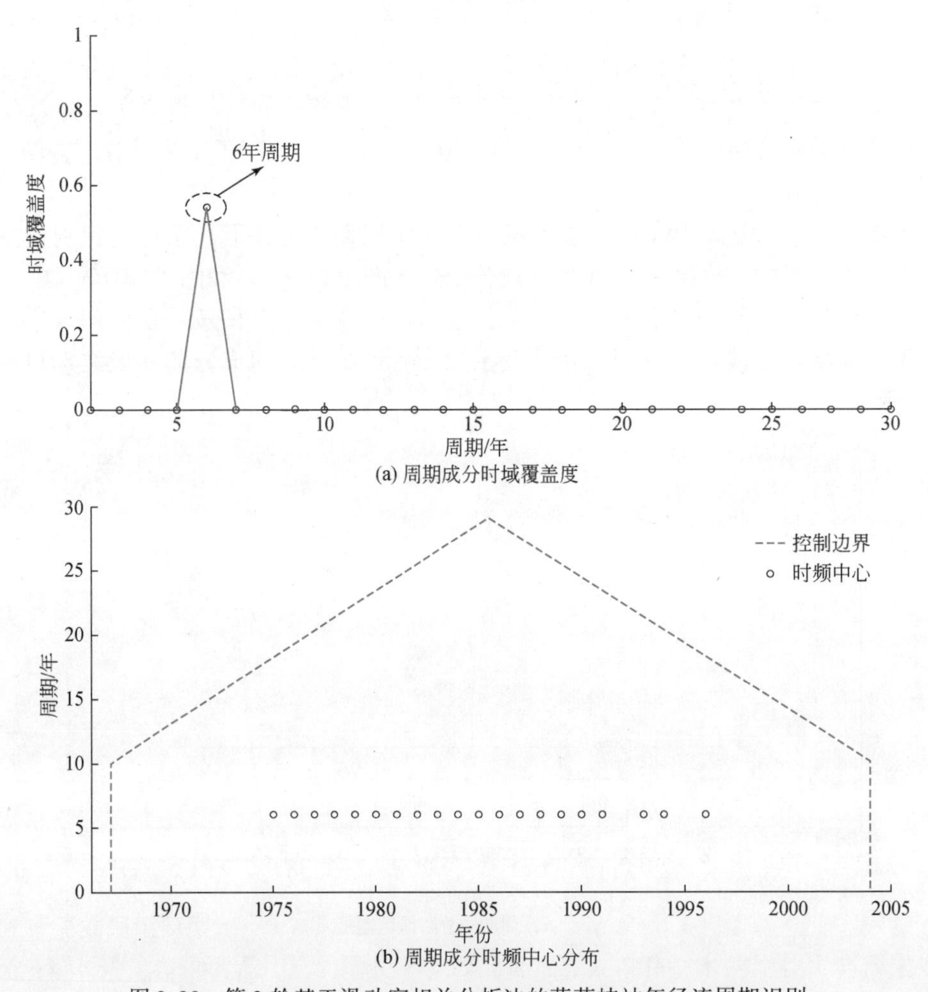

(b) 周期成分时频中心分布

图 2-20　第 2 轮基于滑动窗相关分析法的莺落峡站年径流周期识别

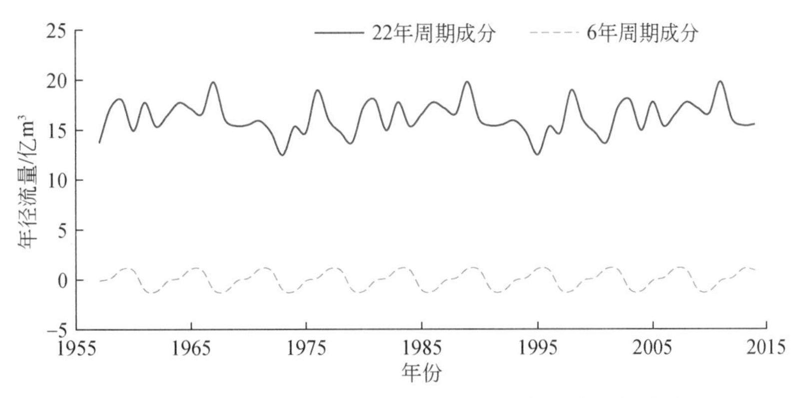

图 2-21 莺落峡站年径流序列 22 年和 6 年周期成分一般波动过程

侯红雨等（2010）利用方差分析法研究了莺落峡站年径流变化周期，也得出黑河上游年径流存在 22 年和 6 年的显著周期。从遥相关角度看，太阳活动（如太阳黑子数和太阳磁场）具有 10～11 年、21～22 年、5～6 年的显著变化周期（占腊生等，2006），对黑河上游年径流的变化周期有一定影响。

（4）变异诊断

为了更突显变异成分，本书将黑河流域莺落峡站年径流序列中的显著周期成分剔除，通过分段线性拟合确定剩余成分的最优分割点；在显著性水平 $\alpha=0.05$ 时，利用 M-K 法、秩和检验法分别检验分割点前、后子序列的趋势性和均值变异性；采用斜截诊断法判断趋势和跳跃在均值变异中的作用。

在图 2-22（a）中，莺落峡站年径流序列剩余成分最优分割点为 1971 年和 1999 年。图 2-22（b）和（c）分别展示了子序列 1 和 2、子序列 2 和 3 之间的趋势和跳跃情况。1957～1971 年子序列 1 和 1972～1999 年子序列 2 都没有明显趋势，2000～2014 年子序列 3 具有显著趋势，剩余成分 1971 年后和 1999 年后均值两次显著增加。在图 2-22（b）中，子序列 2 相比子序列 1 均值增加 1.6 亿 m^3，其中斜率项和截距项分别为−0.4 亿 m^3 和 2.0 亿 m^3，表明 1957～1999 年跳跃成分造成均值变异。在图 2-22（c）中，子序列 3 相比子序列 2 均值增加 1.5 亿 m^3，其中斜率项和截距项分别为 3.2 亿 m^3 和−1.7 亿 m^3，表明 1972～2014 年趋势成分引起均值变异。

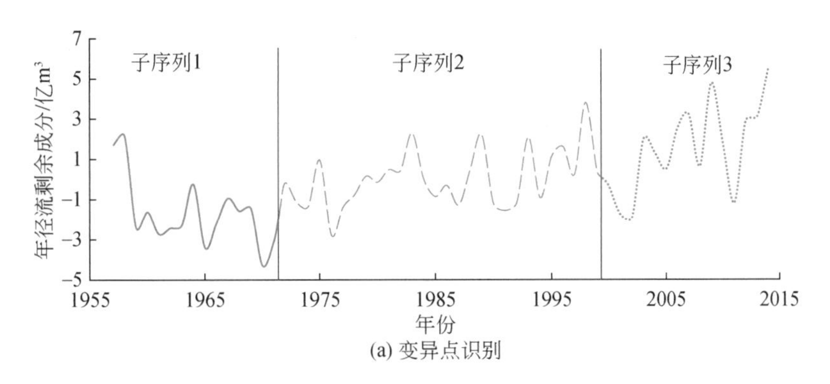

(a) 变异点识别

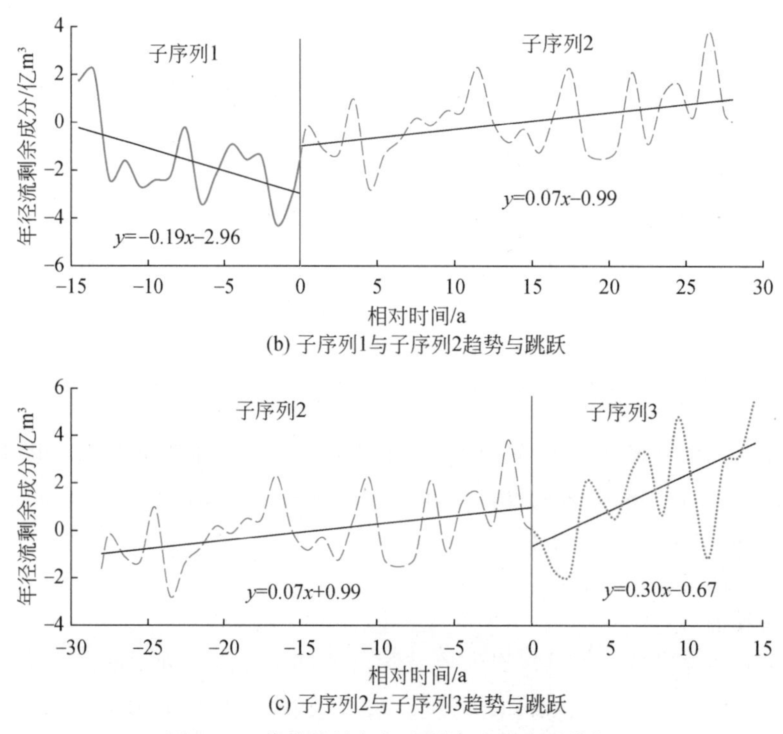

(b) 子序列1与子序列2趋势与跳跃

(c) 子序列2与子序列3趋势与跳跃

图 2-22　莺落峡站年径流剩余成分变异分析

综上所述，1957～2014 年莺落峡站年径流序列均值发生了两次显著变异，1971 年后为跳跃型变异，1999 年后为趋势型变异。

利用交叉小波变换分析莺落峡站年径流与黑河流域上游年降水、年均气温和年水面蒸发之间的相关性，如图 2-23 所示。在 2-23（a）中，黑河流域上游年降水和莺落峡站年径流主要在 1989～2000 年和 1995～2004 年分别具有 1～2 年和 3～6 年的正相关共振周期。在图 2-23（b）中，年均气温和年径流在 1964～1970 年存在 2 年左右的负相关共振周期，在 1983～1994 年存在 2～4 年的负相关共振周期，在 1995～2003 年存在 3～5 年的正相关共振周期。在图 2-23（c）中，年水面蒸发与年径流主要在 1978～1990 年和 1986～1993 年分别具有 5～7 年和 2～4 年的负相关共振周期。

根据前面研究结果，黑河流域上游年降水均值、年均气温均值和年水面蒸发均值及莺落峡站年径流均值都在 20 世纪 90 年代后期显著增加。黑河流域上游年降水量和年均气温的增加是莺落峡站年径流增加的重要原因。

从图 2-23 的分析结果可知，黑河流域上游年降水、年均气温和莺落峡站年径流在 20 世纪 90 年代后期呈现显著正相关关系。黑河流域上游降水是莺落峡站年径流的直接来源，不难理解前者增加引起后者增加的原因。

在 20 世纪 90 年代中期之前，黑河流域上游年均气温与莺落峡站年径流呈负相关关系，其原因在于气温升高促进了蒸发，进而减少了径流来源。黑河流域上游分布大量的冰川和多年冻土（王宁练等，2009；王庆峰等，2013），推断 90 年代中期以后年均气温升高

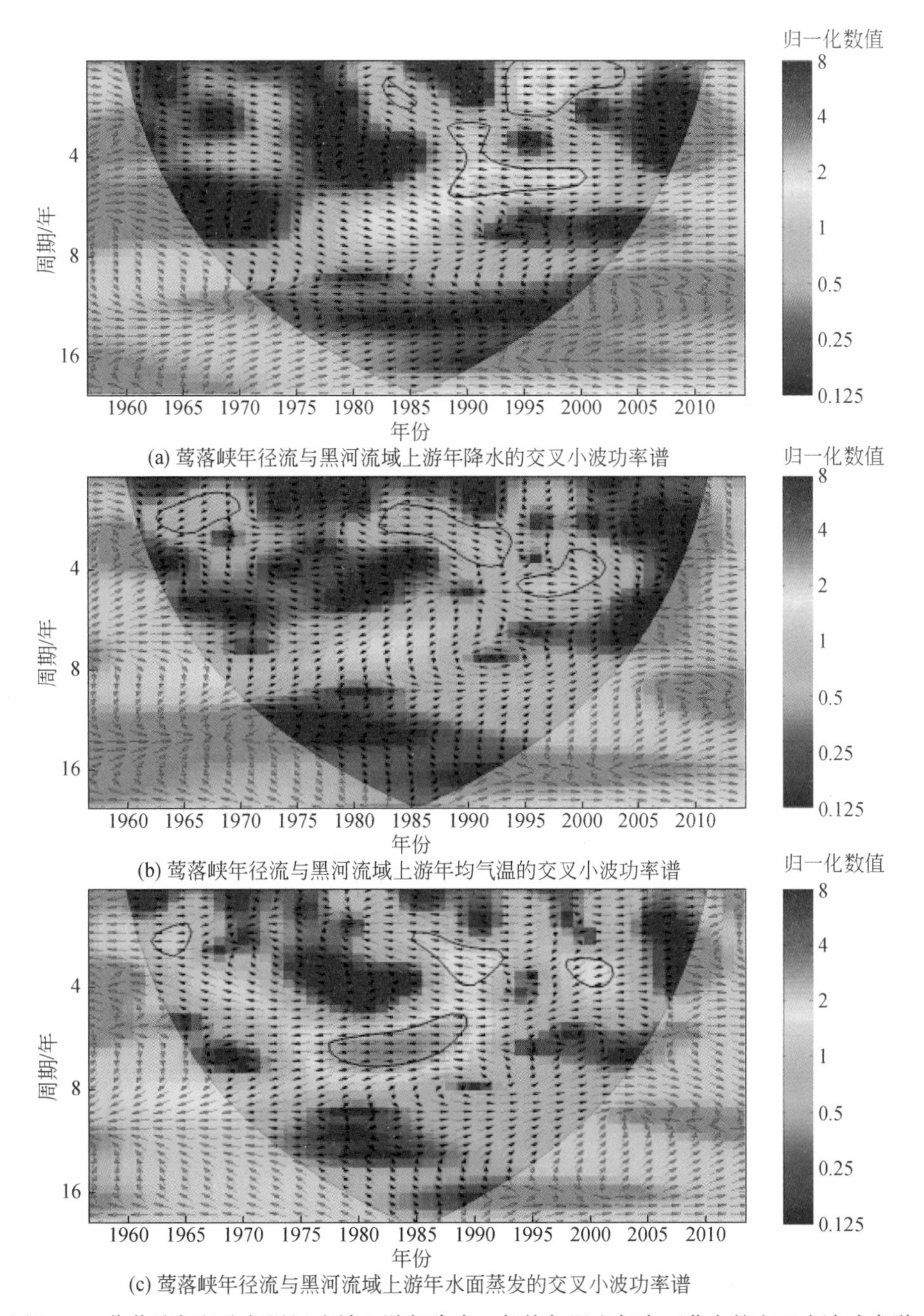

(a) 莺落峡年径流与黑河流域上游年降水的交叉小波功率谱

(b) 莺落峡年径流与黑河流域上游年均气温的交叉小波功率谱

(c) 莺落峡年径流与黑河流域上游年水面蒸发的交叉小波功率谱

图 2-23 莺落峡年径流与黑河流域上游年降水、年均气温和年水面蒸发的交叉小波功率谱

超出某一临界点，使冰川和多年冻土加速融化，对莺落峡站年径流的补给量高于气温升高造成的蒸发损失量。

莺落峡站近 10 年年径流一直处于丰水状态，随着气温升高、冰川萎缩和多年冻土消融，未来年径流可能呈现减小趋势，但该站年径流丰水状态持续时间尚无法准确预测。吴志勇等（2010）基于 SRES A2 和 SRES B2 气候情景，得出 2011 ~ 2040 年黑河流域上游年降水、年最高/最低气温和年蒸发会继续增加，而莺落峡站年均径流量相应减少。在黑河流域上游生态水文过程耦合机理与模型研究中，清华大学杨大文教授基于未来气候情景 RCP4.5 预估未来 50 年莺落峡站年径流呈现先增加后减少的趋势（程国栋等，2014）。

（5）干支流水量关系分析

梨园堡站年径流量多年均值为 2.43 亿 m³，约占莺落峡站年径流量多年均值的 15%。梨园堡站和莺落峡站年径流量相关系数达 0.78，如图 2-24 所示。因此，黑河干流上游年径流和梨园河年径流具有较好的线性相关性，也表明黑河干流上游年径流和梨园河年径流具有良好的丰枯同步性。

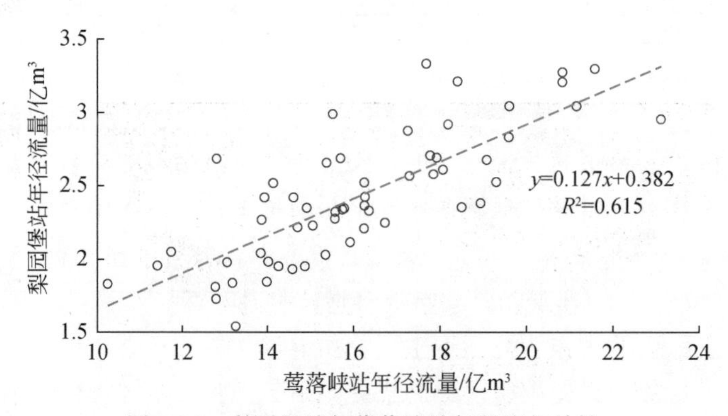

图 2-24　梨园堡站与莺落峡站年径流相关性

2.3.4　黑河干流水资源总量

黑河流域水资源包括地表水资源量和地下水资源量，其中地表水资源量即为河川径流量，据表 2-2 结果可知，全流域多年平均地表水资源量为 37.03 亿 m³。研究区各县（市、区、旗）地表水分布情况见表 2-7。

表 2-7　黑河流域各县（市、区、旗）地表水资源量分布

县（市、区、旗）	计算面积/km²	地表水资源/亿 m³	
		入境水量	自产水量
甘州	3 692	16.10	0.080
临泽	2 755	12.80	0.012
高台	4 400	10.50	0.023
祁连	15 700	0.00	23.22
额济纳	143 000	4.38	0.00

注：表中临泽县和高台县的地表水资源量含黑河重复量

地下水资源计算分山区和平原区两个单元进行统计，其中山区地下水大部分补给了山区河川径流，山丘区地下水资源量多年平均为14.85 亿 m³，平均每年转化为河水的基流量达13.6 亿 m³，占山区地下水径流排泄量的91.6%；沿河谷冲积层、断裂和裂隙以潜流和泉水形式流出山体的地下水有1.25 亿 m³，占山区地下径流排泄量8.4%；平原区水资源地下水资源补给项包括河道入渗、渠系田间入渗、地下径流、降水及凝结水入渗等，多年平均总补给量35.862 亿 m³，扣除南北盆地间重复计算量和井灌回归量，地下水资源量23.205 亿 m³。其中，河床入渗，渠系、田间入渗量与地表水重复计算，不重复地下水资源只有降水、凝结水入渗补给和地下径流两项，合计为2.44 亿 m³，占地下水资源的10.1%，见表2-8。

综上所述，按地表水资源量和不重复的地下水资源量统计，黑河流域水资源总量为39.47 亿 m³，其中东部水系26.81 亿 m³，中部水系2.55 亿 m³，西部水系10.11 亿 m³。

表 2-8　黑河流域平原区地下水资源综合补给量

<table>
<tr><th colspan="4" rowspan="2">项目名称</th><th colspan="5">地下水资源综合补给量/(亿 m³/a)</th></tr>
<tr><th>河床入渗</th><th>渠系、田间入渗</th><th>地下径流</th><th>降水、凝结水入渗</th><th>合计</th></tr>
<tr><td rowspan="4">南盆地</td><td rowspan="3">张掖盆地</td><td rowspan="2">山丹盆地</td><td>大马营盆地</td><td>0.150</td><td>0.317</td><td>0.082</td><td>0.003</td><td>0.636</td></tr>
<tr><td>新河盆地</td><td>0.018</td><td>0.387</td><td>0.004</td><td>0.000</td><td>0.409</td></tr>
<tr><td colspan="2">张掖盆地</td><td>5.168</td><td>8.642</td><td>0.700</td><td>0.399</td><td>14.809</td></tr>
<tr><td colspan="3">酒泉盆地</td><td>3.854</td><td>5.641</td><td>0.463</td><td>0.222</td><td>10.180</td></tr>
<tr><td rowspan="3">北盆地</td><td colspan="3">金塔鸳鸯池盆地</td><td>0.172</td><td>1.910</td><td>0.731</td><td>0.237</td><td>3.050</td></tr>
<tr><td colspan="3">金塔鼎新池盆地</td><td>0.967</td><td>0.480</td><td>0.091</td><td>0.017</td><td>1.555</td></tr>
<tr><td colspan="3">额济纳盆地</td><td>4.620</td><td>0.503</td><td>0.000</td><td>0.100</td><td>5.123</td></tr>
<tr><td colspan="4">地下水总补给量（含重复）</td><td>14.949</td><td>17.654</td><td>2.071</td><td>0.188</td><td>35.862</td></tr>
<tr><td colspan="4">地下水资源量（扣除重复）</td><td>9.241</td><td>11.527</td><td>1.249</td><td>1.188</td><td>23.205</td></tr>
</table>

2.3.5　地表水资源量及特点

1. 地表水资源量

黑河流域不同系列的地表水资源评价结果见表2-9。其中1945 年7 月～1987 年6 月42 年系列为《黑河干流（含梨园河）水利规划报告》和1992 年国务院批准的黑河干流水量分配方案采用的系列，该系列黑河流域出山口地表水资源总量为24.75 亿 m³，其中莺落峡站多年平均径流量为15.8 亿 m³；1956 年7 月～1980 年6 月24 年系列为甘肃省农业区划采用的系列，该系列出山口地表水资源总量为25.10 亿 m³，其中莺落峡站多年平均径流量为16.0 亿 m³；1956 年7 月～2000 年6 月44 年系列为《黑河水资源开发利用保护规划》采用的系列，该系列出山口地表水资源总量为25.11 亿 m³，其中莺落峡站多年平均径流量为16.19 亿 m³。

表 2-9　不同系列黑河流域多年平均地表水资源总量评价成果表（单位：亿 m^3）

系列	有测站河流	无测站河流	浅山区	出山口
1945 年 7 月～1987 年 6 月	—	—	—	24.75
1956 年 7 月～1980 年 6 月	21.86	2.39	0.85	25.10
1956 年 7 月～2000 年 6 月	21.94	2.44	0.73	25.11

注：本书采用《黑河水资源开发利用保护规划》成果

2. 地表水资源特点

（1）径流以降水补给为主

上游祁连山区降水较多，又有冰川融水补给，下垫面为石质山区且植被良好，是黑河径流形成区。祁连山出山口以上径流量占全河天然水量的 88.0%。

上游山区，多年平均气温-3.1～3.6℃，蒸发弱，潜在蒸发量 1000～1500mm，降水相对充沛，年降水量 200～500mm，局部高山地区年降水可达 600mm 以上。山区气候随高度分异明显，随海拔的增高，降水量增大，气温降低，在海拔 4000m 以上，降水主要以冰雪的方式积存。山区气候除具有垂直分异的特征外，还具有水平分异特征，山区东部主要为黑河干流源区，降水量最大为 400～600mm。

流域多年平均降水量 126 亿 m^3，其中 77.0% 消耗于蒸散发，大约有 22.6% 转化为地下水和地表水资源。河源地区冰川覆盖面积约 110km^2，年补给河流的冰川融水量约 1.0 亿 m^3，仅占河川径流量 4.5%，其余 95.5% 的径流量由降水补给。

（2）径流年际变化平稳

河川径流受冰川补给的影响，径流年际变化相对不大，干流莺落峡站多年平均年径流 15.8 亿 m^3，最大年径流 23.2 亿 m^3（1989 年），最小年径流 11.2 亿 m^3（1973 年），年径流的最大值与最小值之比为 2.1，年径流变差系数 CV 值仅为 0.2 左右，见图 2-25。

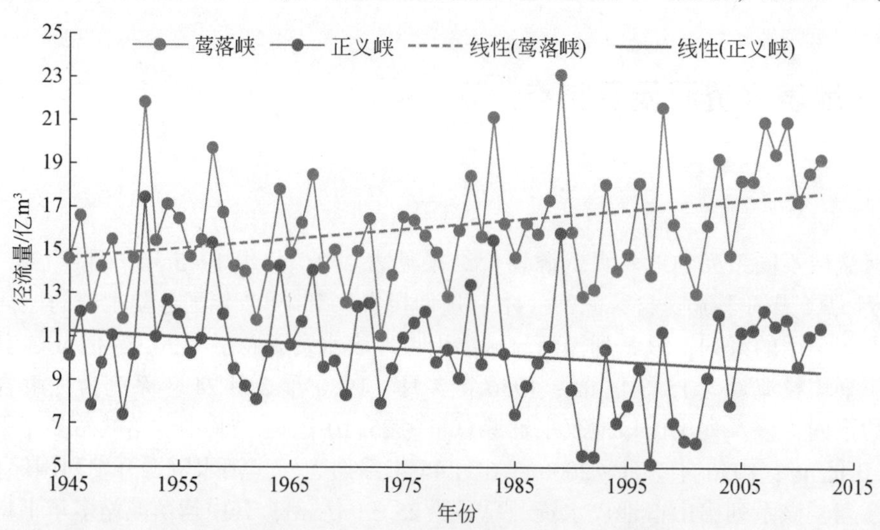

图 2-25　莺落峡、正义峡断面历年年径流变化过程线

对莺落峡 1945 ~ 2012 年的径流量序列进行线性回归，见图 2-26。

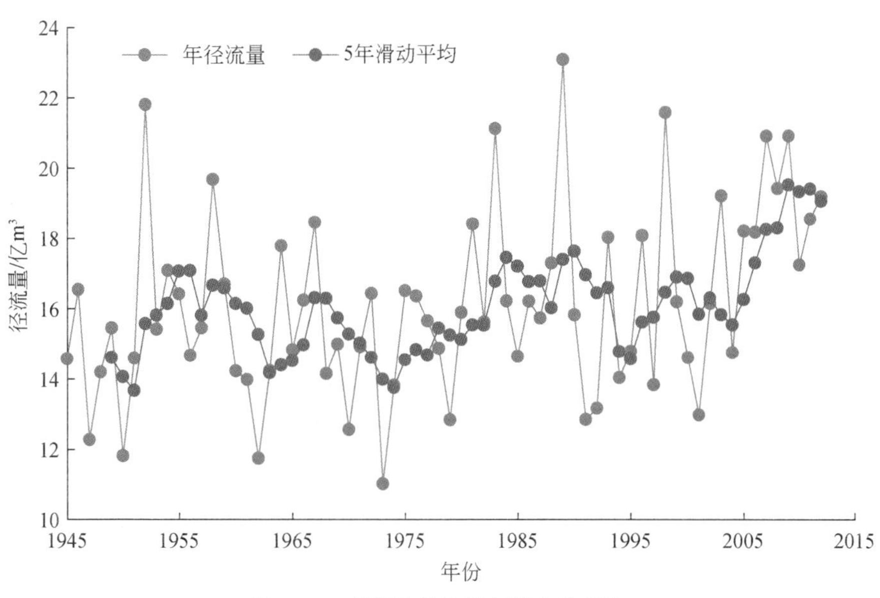

图 2-26 莺落峡径流量年际变化规律

由图 2-26 可以看出，莺落峡径流量变化趋势为增加趋势，增率为 0.44 亿 m^3/10a，正义峡径流量变化趋势为减少趋势，减率为 0.30 亿 m^3/10a，调水以来，特别是 2005 ~ 2012 年，正义峡径流量呈增加趋势。

从莺落峡站 1945 ~ 2012 年径流年际变化 5 年滑动趋势线可以看出，莺落峡径流丰水年和枯水年交替出现，丰枯转化较为平衡。

莺落峡站 1945 ~ 2012 年年径流量累积距平曲线见图 2-27。由该图可以看出，莺落峡站年径流变化过程可分为 5 个阶段，1957 ~ 1959 年为丰水段，1960 ~ 1979 年为枯水段，1980 ~ 1989 年为丰水段，1990 ~ 2001 年为平水段，2002 ~ 2012 年为丰水段。

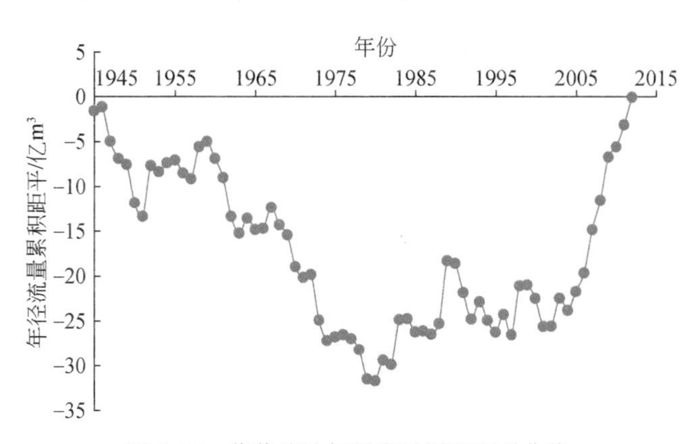

图 2-27 莺落峡站年径流量累积距平曲线

研究结果表明，黑河上游地区径流丰枯呈现周期性交替变化，多次出现连续丰水段或连续枯水段，丰水年与枯水年发生的概率相当。

黑河流域年径流极值变化幅度较小而且较均匀，最大与最小比值一般在 2.0 左右。径流量的多年变化，既有与降水相同的一面，又由于有下垫面的作用而变化更大。径流的周期变化与年降水的周期变化基本是相应的，在置信水平为 95% 的情况下，没有显著周期存在。

(3) 径流年内分配不均

受降水条件、河流补给类型、流域自然地理特征和人类活动的影响，黑河流域径流年内分配极不均匀。

采用 1945 年 7 月 ~2012 年 12 月 68 年实测径流系列，统计莺落峡建站以来不同时期的逐月径流量，可以看出，莺落峡断面多年平均（1945 年 7 月 ~2012 年 12 月）实测径流量为 16.10 亿 m^3，径流主要集中在年内的 6 ~9 月，莺落峡断面不同时期径流量的月分配情况见图 2-28。

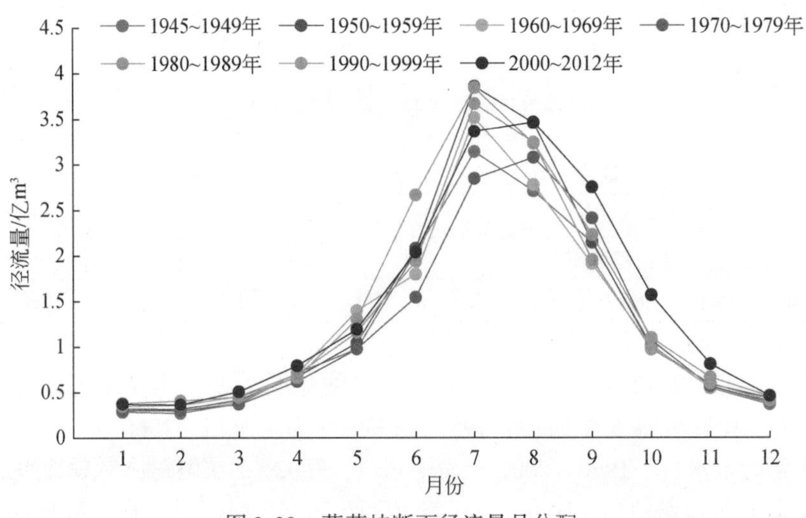

图 2-28　莺落峡断面径流量月分配

从图 2-28 中可以看出，莺落峡断面各个时期径流量的月分配变化不大。总体上，莺落峡站各个年代径流年内分配均呈明显的“单峰型”分布，其径流量 1 ~2 月处于低值，3 月开始上升，7 月达到极大值，8 月有所减少，直至 12 月再次达到低值。其径流量主要集中在汛期（5 ~10 月），该时段径流量占到全年径流量的 80% 以上（变化范围为 81.7%~92.0%），超过非汛期径流量的 4 倍。径流量连续最大 2 个月（7 ~8 月）径流量是连续最小 2 个月（1 ~2 月）的 4 倍左右，连续最大 4 个月降水量占年降水量 73.3% 以上，连续最枯 5 个月降水量占年降水量的 10% 以下。

3. 近年来径流变化特点分析

黑河干流莺落峡至正义峡之间为中游地区，除梨园河外基本无区间地表径流加入。梨园河为梨园河灌区、沙河灌区供水，部分水量加入黑河干流。因此，莺落峡、梨园堡、正义峡三个水文站的径流量变化基本反映研究区内的地表水资源量变化。

(1) 径流年际变化分析

根据对莺落峡站 2001 ~2012 年径流系列统计，该时段多年平均径流量为 17.91 亿 m^3，比多年径流系列均值 15.8 亿 m^3 偏大 2.11 亿 m^3。该系列中有 10 年径流量大于 15.8 亿 m^3，其中 2005 ~2012 年连续 8 年偏丰，8 年平均径流量为 18.96 亿 m^3，比多年径流系列均值 15.8 亿 m^3 偏大 20.0%。以上分析说明，2001 年以来黑河径流变化总体上表现为偏丰，2005 年以来表现为连续偏丰。

该时段正义峡站平均年径流量为 10.46 亿 m^3，较多年均值（10.10 亿 m^3）偏大 0.36%、较 1991 ~2000 年系列均值（7.55 亿 m^3）偏大 61.58%。

梨园堡站 2012 年径流量比 2000 年增加 0.29 亿 m^3，该时段梨园堡站平均年径流量为 2.54 亿 m^3，较多年均值偏大 7%。其中，2012 年径流量较多年均值偏大 13%，2000 年径流量较多年均值偏大 0.4%。

(2) 径流年内变化分析

黑河水量调度以后莺落峡断面径流年内分配情况同 20 世纪 90 年代比较变化不大。对莺落峡水文站 2000 ~2012 年各月平均径流量进行统计分析，径流量的年内分配呈现明显的“单峰型”分布。

莺落峡水文站径流主要集中在 5 ~10 月，这 6 个月径流量占全年径流量的 82.39%，为非汛期径流量的 4 倍。对 2012 年和 2000 年不同时段径流量进行对比分析发现，2012 年径流量 1 ~4 月较 2000 年同期减少 0.29 亿 m^3，5 ~6 月较 2000 年同期增加 0.21 亿 m^3，7 ~9 月较 2000 年同期增加 4.43 亿 m^3，10 ~12 月较 2000 年同期增加 0.32 亿 m^3，7 ~9 月变化最大。

梨园堡水文站径流量的年内分配表现为相似的“单峰型”分布，且汛期径流量所占比例更大，5 ~10 月的径流量占年径流总量的 91% 以上。经对 2012 年和 2000 年不同时段径流量对比分析：2012 年径流量 1 ~4 月、5 ~6 月较 2000 年同期减少 0.08 亿 m^3，7 ~9 月径流量增加 0.24 亿 m^3，10 ~12 月较 2000 年同期增加 0.10 亿 m^3。

2.3.6 地下水资源量

地下水资源主要指与大气降水和地表水体有直接水力联系的浅层地下水，包括山丘区地下水资源和平原区地下水资源。研究区地下水主要由出山河水补给，占地下水总补给量的 75%~90%，盆地降水入渗补给量占 10%~25%。出山河水通过三种方式补给盆地地下水，包括山前垂直入渗补给、细土带河流侧渗补给和灌溉入渗补给。

(1) 山丘区地下水资源量

黑河中游山丘区多年平均地下水资源计算结果见表 2-10。

表 2-10　黑河中游山丘区多年平均地下水资源量　　（单位：万 m³）

县（区）	基流量	山前侧向出流量	地下水资源量	与地表水不重复量
甘州	64	3990	4054	3990
临泽	62	1850	1912	1850
高台	0	1370	1370	1370
合计	126	7210	7336	7210

（2）平原区地下水资源量

黑河流域平原区的地下水包含着重复计算量。根据《黑河水资源开发利用保护规划》等相关成果，黑河流域地下水资源的可开采量为 6.71 亿 m³，研究区地下水资源的可开采量为 4.80 亿 m³。其中甘州区为 2.00 亿 m³，临泽县为 1.30 亿 m³，高台县为 1.50 亿 m³。黑河流域平原区的地下水资源量中，除了少量的降水入渗补给量外，其余全部为地表水的转化补给量。

2.3.7　地表水与地下水的转化

受构造–地貌的制约，黑河地下水与河水之间形成有规律的、大数量的反复转化过程。在山区，地下水在流出山体以前，绝大部分都排泄于河谷而转化为河水；在平原区，河水在洪积扇裙带大量渗漏转化为地下水，地下水在扇缘和细土平原复又呈泉溢出地表纳入河床而转化为河水，河水进入下游盆地再度渗漏而转化为地下水。

（1）山区地下水与河水

南部祁连山是挽近地质构造的上升区，上升幅度达数千米，地势高亢，降水也比较丰富。强烈的构造侵蚀作用使这里的水系极为发育，这些水系是山区侵蚀基准面以上地下水的主要排泄通道，山巅地下水在向山缘运动过程中，绝大多数都就近排泄于沟谷而转化为河水。同时，因山缘阻水带的存在，使山区地下径流在流出山体以前，绝大部分排泄于河流，小部分只能沿河谷冲积层、断裂和裂隙以潜流和泉的形式流出山体，而这部分水量据调查约有 1.27 亿 m³（表 2-11），占山区地下水排泄总量的 14%（表 2-12）。

表 2-11　黑河干流中游沟谷潜流量统计表

地段	沟谷潜流量/(万 m³/a)
马营河–摆浪河	3 280.63
梨园河–大兹窑	1 778.27
黑河–海潮坝	3 950.97

续表

地段	沟谷潜流量/(万 m^3/a)
洪水河-童子坝	1 118.9
白石崖-后稍沟	2 524.35
合计	12 653.12

表 2-12　黑河中游（干流）山区地下水转化为河水统计表

河名	出山径流量/(亿 m^3/a)	基流量/(亿 m^3/a)	基流量/径流量/%
黑河	15.8	6.277	39.73
梨园河	2.23	0.558	25.02
洪水河	1.17	0.331	28.29
大都麻河	0.84	0.236	28.10
酥油河	0.42	0.146	34.76
马营河	1.14	0.326	28.60
童子坝河	0.74	0.208	28.11
合计	22.34	8.082	36.18

若以河水基流量作为山区地下水转化的河水量，山区地下水每年转化为河水的量达 8.082 亿 m^3，约占出山河水量的 36.2%。

(2) 中游扇裙带河水与地下水

河流出山口进入中游盆地，流经透水性极强的山前洪积扇裙带，大量渗漏转化为地下水使得径流量小于 0.5 亿 m^3/a 的河流渗失殆尽，较大的河流也将渗失 32%~34%。

(3) 中游扇缘带地下水与河水

扇裙带地下水沿地形坡降向细土平原运动，至扇缘和与之毗邻的细土平原，由于含水层导水性的变化，地下水沿沟壑呈泉大量溢出地表，汇集成泉沟，而转化为河水。

受河水渗入补给的制约，泉水的分布与河流关系密切。因此，可将泉水归属于该河流。黑河流域从东至西分布有马营河泉域、童子坝河泉域、黑河-梨园河泉域、山水河泉域。据 1984 年调查显示，黑河干流中游地区（不含马营河泉域）泉水资源量为 12.78 亿 m^3（其中 6.49 亿 m^3 为河床的地下水溢出量）。1996 ~ 1998 年各县（市、区）调查报告显示，黑河中游泉水资源量为 10.75 亿 m^3/a。据现状调查估算，泉水资源量约 8.6 亿 m^3/a，其中扇缘带 4.0 亿 m^3/a，河床带 4.6 亿 m^3/a。由此可见，泉水资源的衰减是比较迅速的。

(4) 中游细土带引灌河水与地下水

黑河中游细土带农业比较发达，灌溉水源以引河水及泉水为主，引灌水通过渠系进入田间，部分为作物生长所消耗，部分渗入转化为地下水。

据各县（市、区）调查计算结果，通过渠系入渗每年有5.26亿m^3引灌水转化为地下水，通过田间入渗每年有1.44亿m^3转化为地下水，合计有6.7亿m^3转化为地下水。

（5）中游细土带河床地下水与河水

黑河中游细土带河床，是一个不易发现的地下水与河水转化的场所。这里河流切割含水层，且河水位低于地下水位而成为地下水排泄的天然场所。在河流出口（正义峡）处基岩裸露，致使中游盆地第四系孔隙水至此全部溢出而转化为河水。每年通过河床有近5亿m^3地下水转化为河水。河水进入下游，再度渗漏而转化为地下水。

综观黑河地下水与河水的相互转化，在山区，地下水转化为河水，占出山河水量的36%；至中游，河水通过河床、渠系、田间转化为地下水，占地下水补给量的80%，而地下水在扇缘带以泉形式、在河床以潜流形式转化为河水的量占地下水排泄总量的73%，至下游，近70%的河水转化为地下水。地下水与河水间这种大数量的转化过程是河流-含水层系统所固有的特征。

2.4 水资源开发利用评价

2.4.1 水利工程状况

黑河流域开发历史悠久，自汉代即进入了农业开发和农牧交错发展时期，汉、唐、西夏年间移民屯田，唐代在张掖南部修建了盈科、大满、小满、大官、加官等5渠，清代开始开发高台、民乐、山丹等地灌区。中华人民共和国成立以来，特别是20世纪60年代中期以来，为满足地方经济社会发展的需要，黑河流域（尤其是中游地区）进行了较大规模的水利工程建设，目前已经形成了以中小型水库为骨干，井灌、提灌为补充，渠道、条田相配套的水利建设格局。

1. 黑河干流中游水利工程布局

（1）地表水引水工程

截至2012年年底，引水口门经合并改造后，黑河干流与梨园河引水口门减少到49处，其中黑河干流上的引水工程42处，梨园河上的引水口门7处，如图2-29、表2-13所示。

甘州区引水工程4处，其中引水枢纽两处，分别是龙渠电站引水枢纽和草滩庄引水枢纽，草滩庄引水枢纽分为东总干渠、西总干渠和泄洪闸。各灌区供水关系为：龙渠电站引水枢纽上的龙洞分水闸、东总干渠上的马子干渠向上三灌区供水，盈科干渠为盈科灌区供水，大满干渠为大满灌区供水，西洞干渠和龙洞干渠为西浚灌区供水。

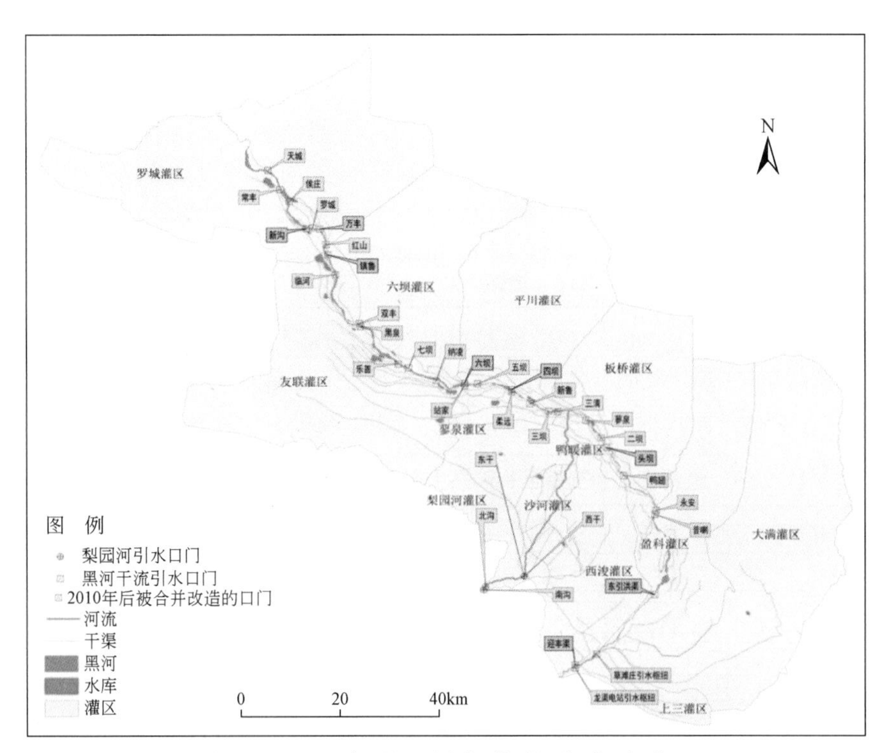

图 2-29　2012 年黑河干流与梨园河直引口门位置

表 2-13　2012 年黑河干流直引口门统计表

区域	水源名称	序号	引水口门名称	渠道名称	灌区名称
甘州	黑河干流	1	龙渠电站引水枢纽	龙洞分水闸	盈科、大满、上三灌区
		2	草滩庄引水枢纽	马子干渠	西浚灌区
		3	西洞	西洞干渠	
		4	龙洞	龙洞干渠	—
临泽	黑河干流	1	蓼泉	蓼泉干渠	蓼泉灌区
		2	新鲁	新鲁干渠	
		3	二坝	二坝干渠	平川灌区
		4	三坝	三坝干渠	
		5	四坝	四坝干渠	板桥灌区
		6	昔喇	昔喇干渠	
		7	头坝	头坝干渠	鸭暖灌区
		8	鸭翅	鸭翅干渠	
		9	永安	永安干渠	—
		10	暖泉	暖泉干渠	

续表

区域	水源名称	序号	引水口门名称	渠道名称	灌区名称
高台	黑河干流	1	三清	三清干渠	友联灌区
		2	柔远	柔远干渠	
		3	站家	站家干渠	
		4	纳凌	纳凌干渠	
		5	定宁	定宁干渠	
		6	丰稔	丰稔渠	
		7	新开	新开渠	
		8	永丰	永丰渠	
		9	镇江	镇江渠	
		10	胭脂	胭脂渠	
		11	乐善	乐善干渠	
		12	黑泉	黑泉干渠	
		13	双丰	双丰干渠	
		14	小坝	小坝干渠	六坝灌区
		15	五坝	五坝干渠	
		16	六坝	六坝干渠	
		17	七坝	七坝干渠	
		18	临河	临河干渠	罗城灌区
		19	镇鲁	镇鲁干渠	
		20	红山	红山干渠	
		21	罗城	罗城干渠	
		22	万丰	万丰干渠	
		23	新沟	新沟干渠	
		24	侯庄	侯庄干渠	
		25	常丰	常丰干渠	
		26	天城	天城干渠	
		27	赵家沟	赵家沟干渠	
		28	杨家沟	杨家沟渠	

续表

区域	水源名称	序号	引水口门名称	渠道名称	灌区名称
梨园河灌区	梨园河	1	东干	梨东干渠	梨园河灌区
		2	西干	梨西干渠	
		3	五眼	五眼渠	
		4	九眼	九眼渠	
		5	红卫	红卫渠	
		6	五泉	五泉引水枢纽	进水闸为私人修建沙河灌区
		7	黄家湾	—	

临泽县有引水口门 17 处，其中黑河干流上 10 处，梨园河上 7 处，各灌区供水关系为：永安、暖泉、鸭翅向鸭暖灌区供水，昔喇和头坝为板桥灌区供水，蓼泉和新鲁向蓼泉灌区供水，二坝、三坝和四坝向平川灌区供水。

高台县有引水口门 28 处，均从黑河干流引水。其中，各灌区供水关系为：三清、柔远、站家、纳凌、定宁、丰稔、新开、永丰、镇江、胭脂、乐善、黑泉、双丰、小坝、为友联灌区供水，五坝、六坝、七坝为六坝灌区供水，临河、镇鲁、红山、罗城、万丰、新沟、侯庄、常丰、天城、赵家沟和杨家沟为罗城灌区供水。

梨园河西干、东干、五眼、九眼、红卫向梨园河灌区供水。

(2) 地下水供水工程

根据《黑河水资源开发利用效率评估》报告研究成果，2012 年甘州、临泽、高台三县（区）农业机井数量为 9297 眼。其中，甘州区 3194 眼，2012 年设计开采量 3.08 亿 m^3；临泽县 1751 眼，2012 年设计开采量 0.74 亿 m^3；高台县 4352 眼，2012 年设计开采量 2.25 亿 m^3。详见表 2-14。

表 2-14　2010 年、2012 年各灌区农业机井情况统计

县（区）	灌区名称	2010 农业机井数量/眼	2012 农业机井数量/眼	设计年开采量/亿 m^3
甘州	大满灌区	1133	1153	1.04
	盈科灌区	1189	1209	1.14
	西浚灌区	849	862	0.90
	上三灌区	23	23	0.01
	小计	3194	3247	3.10

续表

县（区）	灌区名称	2010 农业机井数量/眼	2012 农业机井数量/眼	设计年开采量/亿 m³
临泽	梨园河灌区	376	390	0.20
	平川灌区	284	294	0.17
	板桥灌区	187	190	0.01
	鸭暖灌区	97	97	0.03
	蓼泉灌区	603	623	0.22
	沙河灌区	204	204	0.12
	小计	1751	1798	0.77
高台	友联灌区	3544	3629	2.18
	六坝灌区	262	267	0.07
	罗城灌区	546	556	0.10
	小计	4352	4452	2.35
合计		9297	9497	6.22

(3) 蓄水工程

经过2000多年的垦殖开发，黑河流域的水利工程建设已有相当的规模，对当地工农业生产和促进区域经济发展起到了显著的作用。

由于干流缺乏骨干调蓄工程，每年5~6月河道来水不能满足灌溉需求，造成“卡脖子”旱。因此，甘临高三县（区）修建了大量的山区水库、平原水库或引水工程。截至2012年，甘临高三县（区）共有中小型水库20座，其中从黑河干流补水的水库18座，从梨园河补水的水库两座。分别供水给甘州区的大满灌区，临泽县的平川灌区与梨园河灌区，以及高台县的友联、六坝和罗城灌区。

2. 黑河下游鼎新灌区水利工程布局

黑河鼎新灌区的主要水源是黑河地表水资源。灌区水利设施有：引水口门一处（大墩门引水枢纽，有效灌溉面积15.8万亩①，设计灌溉面积14万亩）；小型水库11座（其中小一型9座，分别为北河湾、沙枣墩、红沙墩、芨芨墩、高腰墩、焦家大湖、清河湾东、清河湾西、海湾；小二型2座，分别为军民和黄鸭池），总库容3677万 m³；干渠3条，总长111.2km，各类建筑物159座；支渠34条，总长134.5km，各类建筑物771座；斗渠315条，总长154.4km；农渠1984条，总长792km。灌区内共有农灌机井1170眼。

① 1亩≈666.7m²

3. 黑河下游额济纳绿洲水利工程布局

下游额济纳旗除了现有19条天然河道外，目前已修建了大量的水利枢纽和渠道工程。自2001年以来，重点建设了内蒙古输水渠、狼心山分水枢纽工程和灌区生态水利工程配套。内蒙古输水渠自大墩门至狼心山分水枢纽，全长156km；狼心山分水枢纽是黑河下游东西河的控制性分水枢纽，工程于1979年建成，由11孔分水闸和红旗闸组成，其中东河分水闸9孔，设计流量270m³/s，西河分水闸包括两孔分水闸和红旗闸，设计分水能力228m³/s，狼心山分水闸设计总过水能力为498m³/s。

截至2011年，狼心山以下已建成河渠、干渠、分干渠28条，支渠106条，总流量1414.7m³/s，渠道总长度1408.5km，其中：河渠、干渠、分干渠长度1147.2km，支渠长度261.3km；衬砌总长度231.1km；水闸400个，跌水陡坡30个，农桥20座。其中：东干渠总长度109.7km，全部衬砌，支渠17条，长度39.5km，水闸35座；东河灌域干渠总长度583.4km，支渠81条，长度210km，衬砌长度121.4km，水闸260座；西河灌域干渠总长度454.1km，支渠8条，长度11.8km，无衬砌，水闸105座（表2-15）。

表2-15　额济纳绿洲现有渠道工程统计表

工程名称		上级渠道	长度/km	支渠		衬砌/km	水闸/座
				条	长度/km		
一、东干渠		黑河	109.7	17	39.5	109.7	35
二、东河灌域		—	583.4	81	210	121.4	260
分干渠	东河渠	黑河	121	—	—	—	1
	纳林河渠	东河渠	122.1	2	3.5	0.3	15
	铁库里分干渠	东河渠	39.7	16	44.5	50.1	46
	一道河渠	东河渠	62.9	2	18.9	—	19
	二道河分干渠	一道河渠	27.2	16	39.6	24.3	40
	三道河渠	一道河渠	49.4	2	6.4	—	8
	四道河分干渠	东河渠	37.9	20	47.1	14.6	48
	六道河分干渠	昂茨河分干渠	12.4	12	21.1	19.4	7
	昂茨河分干渠	四道河分干渠	34.9	5	14.7	12.7	30
	昂茨河渠	东河渠	57	—	—	—	29
	班布尔河分干渠	东河渠	18.9	6	14.2	—	3
三、西河灌域		—	454.1	8	11.8	—	105

续表

工程名称		上级渠道	长度/km	支渠		衬砌/km	水闸/座
				条	长度/km		
分干渠	西河渠	黑河	108.7	—	—	—	10
	乌兰艾立格河渠	西河渠	83.9	1	1.2	—	20
	哈特台河渠	西河渠	21.4	1	8	—	3
	哈亚日陶来枢纽右二分干渠	西河渠	6.1	—	—	—	7
	库伦哈那枢纽右一分干渠	西河渠	2.6	2	0.3	—	4
	库伦哈那枢纽左一分干渠	西河渠	1.3	2	0.7	—	4
	聋子河渠	西河渠	54	—	—	—	17
	安都河渠	聋子河渠	55.4	—	—	—	22
	马特格尔河上段渠道	西河渠	6.7	—	—	—	2
	马特格尔河下段渠道	乌兰艾立格河渠	14	—	—	—	7
	孟克图枢纽引水渠	西河渠	2	—	—	—	1
	穆林河渠	西河渠	88.9	—	—	—	2
	托格若格枢纽右三分干渠	西河渠	3.7	—	—	—	1
	厢根宝勒格枢纽右四分干渠	西河渠	4	2	1.6	—	4
	厢根宝勒格枢纽左四分干渠	西河渠	1.4	—	—	—	1
合计			1147.2	106	261.3	231.1	400

4. 黑河干流水库规划和建设情况

有关部门曾多次对黑河干流进行查勘和规划，但由于各时期的开发任务和工作深度不同而有所差异，甚至相互矛盾，都未得到国家有关部门的正式批复。按开发目标不同进行划分，具有较大影响的规划主要有以下成果。

1957～1960年，原水电部西北院在以开发黑河水电为目标的基础上提出了《黑河流域梯级开发研究报告》。该报告在黑河干流黄藏寺-莺落峡河段选择了11个水电站坝址，分别为黄藏寺、三道黑沟、臭牛沟、三道湾、松木沟、大孤山、石羊岭（小孤山）、西流水、莺落峡及龙渠一、二级，其中具有调节能力的为黄藏寺和大孤山，其余的为径流式或引水式电站。该报告尽管未得到国家有关部门的正式批复，但仍对日后黑河干流黄藏寺-莺落峡河段的水电开发产生了较大影响。在此基础上，甘肃省水电设计院又对开发方案进行了优化研究，最终确定在黑河干流黄藏寺-莺落峡河段共规划八级梯级水电站，分别为黄藏寺、宝瓶河、三道湾、二龙山、大孤山、小孤山、龙首二级（西流水）和龙首一级

(龙首)。目前该河段已建和在建的水电站，均以此规划报告为前期工作依据。

为实施黑河水量统一管理调度和满足生态建设需要，并为中游灌区进一步节水改造创造条件，2001 年水利部组织黄河水利委员会等有关单位完成了《黑河流域近期治理规划》，同年 8 月得到国务院的正式批复，该报告推荐黄藏寺和正义峡作为黑河干流骨干工程。

2002 年年初，水利部要求黄河水利委员会尽快提出黑河干流骨干工程建设选点意见。根据水利部的要求和黄河水利委员会的统一安排，黄河水利委员会勘测规划设计研究院组织开展了黑河干流骨干工程布局规划工作，于 2002 年 12 月提出《黑河干流骨干工程布局规划报告》。该报告围绕黑河干流骨干工程的开发任务，对黑河上游黄藏寺、大孤山坝址进行了多方案技术经济比较，推荐黄藏寺作为黑河上游控制性骨干工程。水规总院于 2003 年 3 月对该报告进行了审查，基本同意该报告。表 2-16 为黑河干流梯级水电站开发情况汇总。

表 2-16　黑河干流梯级水电站开发情况汇总

项目名称	建设地点	工程规模	开工时间	项目进展	总库容/万 m^3
黄藏寺	青海省祁连县	大型	2016 年 3 月	建设中	44 100
三道黑沟	甘肃省肃南县	中型	—	发电	2 650
臭牛沟	甘肃省肃南县	小型			
三道湾	甘肃省肃南县	小型	2004 年 10 月	发电	700
松木沟（二龙山）	甘肃省肃南县	小型	2004 年 11 月	发电	无调节
大孤山	甘肃省肃南县	中型	—	2010 年发电	60
小孤山	甘肃省肃南县	小型	2003 年 12 月	2005 年底发电	140
西流水	甘肃省张掖市	中型	2002 年 6 月	2004 年 8 月发电	8 620
龙首一级	甘肃省张掖市	中型	1999 年 4 月	2001 年 5 月发电	1 300
地盘子	青海省祁连县	小型	2003 年	发电	无调节
老虎嘴	青海省祁连县	小型	2004 年	发电	无调节
高楞	青海省祁连县	小型	2004 年	发电	无调节
钠子峡	青海省祁连县	大型	—	规划中	25 000
二珠龙	青海省祁连县	大型	—	规划中	24 500
油葫芦	青海省祁连县	大型	—	规划中	16 862
边麻	青海省祁连县	小型	—	规划中	—
高大板峡	青海省祁连县	小型	—	规划中	—
柳沟台	青海省祁连县	小型	—	规划中	—
赖都滩	青海省祁连县	小型	—	规划中	—
油葫芦沟	青海省祁连县	小型	—	规划中	—
草大板	青海省祁连县	小型	—	规划中	—
扎玛什	青海省祁连县	小型	—	规划中	—
拉东峡	青海省祁连县	小型	—	规划中	—

2.4.2 现状供用水

根据黑河流域各地 2012 年水利统计年报，黑河流域现状 2012 年各部门总用水量 254 824 万 m^3（表2-17），其中农田灌溉用水量 215 355 万 m^3，人工生态环境用水量 23 588 万 m^3，工业用水量8126 万 m^3，生活用水量 7755 万 m^3。

表 2-17　2012 年黑河流域各部门用水量表　　（单位：万 m^3）

分区			生活用水量	工业用水量	农田灌溉用水量	人工生态用水量	总用水量	天然生态用水量
上游	合计		915	807	1 785	286	3 793	—
	祁连		582	236	1 145	106	2 069	—
	肃南		334	571	640	180	1 725	—
中游	合计		5 918	6 099	207 086	9 050	228 153	46 500
	山前灌区	小计	1 784	2 550	46 604	265	51 203	6 500
		山丹	841	1 950	12 465	—	15 256	—
		民乐	943	600	34 139	265	35 947	—
	黑河干流	小计	4 135	3 549	160 482	8 785	176 951	40 000
		甘州	2 653	2 152	76 758	2 671	84 234	—
		临泽	713	614	38 209	3 421	42 957	—
		高台	769	783	45 515	2 693	49 760	—
下游	合计		921	1 220	6 484	14 252	22 877	89 474
	鼎新灌区		177	125	6 080	4 835	11 217	19 400
	额济纳旗		744	1 095	404	9 417	11 660	70 074
流域合计			7 755	8 126	215 355	23 588	254 824	135 974

注：林牧渔业用水包括在生态用水中

从流域用水量的地区分布看，用水量主要集中在黑河中游地区，各部门总用水量为 228 153 万 m^3，占流域总用水量的 89.5%，其中农田灌溉用水量 207 086 万 m^3，人工生态环境用水量 9050 万 m^3，工业用水量 6099 万 m^3，生活用水量 5918 万 m^3；下游区用水量 22 877 万 m^3，占流域总用水量的 9.0%；上游区用水量 3793 万 m^3，占流域总用水量的 1.5%。

2012 年，各部门总耗水量 178 594 万 m^3（表2-18）。从表2-18 中可以看出，流域内农业耗水量为 156 893 万 m^3；人工生态耗水量 15 611 万 m^3；工业及生活耗水量 6090 万 m^3。按区域分布，上游耗水量 2016 万 m^3，占流域总耗水量的 1.1%，中游耗水量 161 502 万 m^3，占 90.4%，下游耗水量 15 074 万 m^3，占 8.4%。

表 2-18　2012 年黑河流域各部门耗水量表　　　　（单位：万 m^3）

分区			生活耗水量	工业耗水量	农田灌溉耗水量	人工生态耗水量	总耗水量	天然生态耗水量
上游	合计		412	258	1160	186	2 016	—
	祁连		262	76	744	69	1 151	—
	肃南		150	183	416	117	866	—
中游	合计		2 663	1 952	150 930	5 957	161 502	46 500
	山前灌区	小计	803	816	32 623	170	34 412	6 500
		山丹	378	624	8 726	—	9 728	—
		民乐	424	192	23 897	170	24 683	—
	黑河干流	小计	1 861	1 136	118 308	5 787	127 092	40 000
		甘州	1 194	689	56 586	1 759	60 228	—
		临泽	321	196	28 168	2 254	30 939	—
		高台	346	251	33 554	1 774	35 925	—
下游	合计		414	390	4 802	9 468	15 074	89 474
	鼎新灌区		80	40	4 499	3 191	7 810	19 400
	额济纳旗		335	351	303	6 278	7 267	70 074
流域合计			3 490	2 600	156 893	15 611	178 594	135 974

注：林牧渔业用水包括在生态用水中

2.5　本章小结

本章介绍了研究区自然地理、经济社会、水资源总量及水资源开发利用状况，分析了流域降水、蒸发、气温和径流变化规律和趋势。

1）对黑河流域气象资料进行了外延和模拟，分析了年降水、年均气温和年水面蒸发的时空特征。黑河流域年降水自上游往下游逐渐减少，而年均气温和年水面蒸发自上游往下游逐渐增加。黑河流域上、中游年降水都具有显著增加趋势，下游无明显趋势。黑河流域上、中、下游年均气温都有显著升高趋势，20 世纪 90 年代中期是一个重要的转折点。黑河流域上游年水面蒸发出现明显增加趋势，中、下游年水面蒸发无明显趋势。

2）分析了黑河流域上游和支流梨园河的径流变化特征，初步统计了黑河中游断面流量水深关系和下游相邻断面流量关系。通过研究得出，黑河上游年径流具有 22 年和 6 年显著周期，梨园河年径流具有 17 年和 19 年显著周期；黑河上游年径流均值在 20 世纪 90 年代后期显著增加，主要由降水增加和气温升高引起；支流梨园河年径流 80 年代后期以来具有显著增加趋势；黑河中游断面旬均流量和旬均水深具有明显的对数函数关系；黑河下游相邻断面流量具有良好的线性关系。

第3章 分水方案实施前后水资源配置格局变化及与经济社会生态匹配度分析

3.1 分水方案概述

1992年12月，国家计划委员会（简称“国家计委”，现为国家发展和改革委员会）在“关于《黑河干流（含梨园河）水利规划报告》的批复”（计国地〔1992〕2533号）中，批准了多年平均情况下的黑河干流水量分配方案（简称“92”分水方案），即在近期，当莺落峡多年平均河川径流为15.8亿m^3，正义峡下泄水量9.5亿m^3；远期要采取多种节水措施，力争正义峡下泄10亿m^3。

“92”分水方案批复后，方案的可操作性较差，需要进一步提出现状工程条件下黑河水量分配方案。1997年12月，水利部以水政资（1997）496号文《关于实施〈黑河干流水量分配方案〉有关问题的函》函告甘肃省和内蒙古自治区人民政府，《黑河干流水量分配方案》已经国务院审批，该方案简称（黑河）“97”分水方案。

由于黑河横跨青海、甘肃、内蒙古三省（自治区），上、中、下游经济结构、用水习惯等方面差异较大，用水矛盾十分尖锐，利益调整极为复杂，流域管理中的一些突出问题很难解决。因此，必须加强流域管理体制建设，建立起权威、高效、协调的流域管理体制，实现流域管理与行政区域管理相结合。

2000年7月，黑河干流水量统一管理和调度开始实施。多年来，黑河干流水量统一调度主要按照年总量控制、莺落峡断面至正义峡断面分水线平行移动、逐月滚动修正原则，编制年度水量调度方案，方案每年修改一次。水量调度方案包括年水量调度预案和月水量调度计划两部分。

3.1.1 年度水量调度预案的制订

年度水量调度预案的制订是根据上年度莺落峡断面年来水总量，以及正义峡断面年实际下泄水量计算正义峡断面年下泄水量偏离值，按照正义峡断面年际间下泄水量“多退少补”的水量结算规则，结算上年度正义峡断面下泄水量偏离值，如1999～2000年正义峡少下泄水量0.1亿m^3，在2000～2001年正义峡水量结算时补上；而2000～2001年正义峡多下泄水量1.05亿m^3，则记入2001～2002年正义峡下泄指标。同时，对莺落峡年来水量进行预估，其中前期莺落峡来水量按实测值计算，余留期则采用多年均值。然后根据莺落峡年来水量预估值推算正义峡断面年下泄水量结算值，正义峡断面年下泄水量$Q_{正}$推算公式：

当 $Q_{莺} \leqslant 14.2$ 时，$Q_{正}=Q_{莺}-A$；

当 $14.2<Q_{莺}<15.8$ 时，$Q_{正}=B+(Q_{莺}-14.2)\times 1.9/1.6$；

当 $15.8<Q_{莺}<17.1$ 时，$Q_{正}=C+(Q_{莺}-15.8)\times 1.4/1.3$；

当 $17.1<Q_{莺}$ 时，$Q_{正}=D+(Q_{莺}-17.1)\times 2.3/1.9$。

式中，$Q_{莺}$为莺落峡断面年来水量；$Q_{正}$为正义峡断面年下泄水量；A、B、C、D 为系数（$A=6.6$；$B=7.6$；$C=9.5$；$D=10.9$）。单位均为亿 m^3。

下游鼎新灌区和东风场区的水量是以正义峡实际年下泄总水量为基础，按同倍比缩放法计算（单位：亿 m^3）：

$$鼎新灌区分配引水量=正义峡下泄水量\times 0.9/9.5$$

$$东风场区分配引水量=正义峡下泄水量\times 0.6/9.5$$

3.1.2 月水量调度计划的制定

黑河水量调度方式是实行年度总量控制，夏秋灌期（7 月 1 日 ~ 11 月 10 日）逐月调控及全年监督的调度方式。因为 7 月 1 日 ~ 11 月 10 日黑河来水较多，该时期来水占全年水量的 63.3%，中游用水量也大，调控余地相对较大，因此该时段定为关键调度期。在每年关键调度期，按照月计划、旬调整的原则，滚动修正各月调度指标。关键调度期月水量调度计划制订：首先对莺落峡断面年来水量进行滚动预估，主要是预估余留期的来水量：基于 7 月、8 月底以前的实测资料，余留期来水按 30%~35% 保证率考虑。基于 9 月底以前实测资料，年来水量的丰枯已基本定局，但预估值的大小对于完成年度目标影响较大，余留期保证率按 25% 考虑。

在年内的 3 ~6 月（春夏灌溉期），来水量较小，而中游地区用水量较大，水量分配以中游供水为主，正义峡断面下泄水量会出现偏离。在关键调度期逐月水量调控中，逐步减少正义峡断面水量的偏离值。一般情况下，7 月返还前期欠泄水量的 40% 以上，8 月要求达到 50%~60%。到 9 月，中游灌区作物大都进入成熟期，需水较少，是实施“全线闭口、集中下泄”的最佳时机。在目前黑河上游尚无骨干调蓄工程的情况下，为了完成正义峡断面下泄指标并输水进入东居延海，正义峡断面必须有较长时间和较大流量下泄。每年 9 月上旬 ~10 月中旬的冬灌用水高峰期间，根据来水等情况实施“全线闭口、集中下泄”措施，力争完成全年下泄水量指标。

当黑河干流水量调度遇到特殊困难，调度方案难以实施，并将危及特别重要的供水任务时，可实行“非常调度期”水量调度。

根据国家防总的要求，按照分步实施、逐步到位的原则，用三年时间实现国务院批复的分水方案，即当莺落峡断面多年平均来水 15.8 亿 m^3 条件下，正义峡断面下泄水量指标，由调度前的下泄 7.3 亿 m^3 增长到 2000 年的 8.0 亿 m^3、2001 年的 8.3 亿 m^3、2002 年的 9.0 亿 m^3、2003 年的 9.5 亿 m^3，自 2004 年开始转入正常调度（表 3-1）。

表 3-1　莺落峡不同保证率来水时正义峡分配水量表　　（单位：亿 m³）

项目		保证率/%				多年平均
		10	25	75	90	
全年	莺落峡来水	19.0	17.1	14.2	12.9	15.8
	正义峡分配水量	13.2	10.9	7.6	6.3	9.5

3.2　分水方案实施以来水量调度总体情况

从黑河 2000 年开始实施水量调度以来，依据黑河干流关键调度期“全线闭口、集中下泄”原则，调水模式大致可以划分为三个阶段：第一阶段，2000～2003 年，调水开始实施，全线闭口措施处于尝试阶段，正义峡下泄指标有所变化，未形成较为固定调水模式；第二阶段，2004～2009 年，调水进入比较成熟阶段，每年 7 月中旬、8 月中旬、9 月初至 10 月底，三个时间段施行全线闭口集中下泄措施，从 2002 年以后调度时间基本固定，调水效果较好；第三阶段，2010 年以来，该阶段为适应中游种植结构变化，以及提高正义峡下泄水量，加强了春季调度，延长了春季调度闭口时长，提高了春季正义峡下泄水量；同时，将 8 月闭口时间从中旬改为 8 月下旬开始，并实施 8 月～10 月三个月连续调度，直到 10 月 25 日左右闭口结束。调度年主要水文断面来水情况见表 3-2。

表 3-2　2000～2015 年主要水文断面年径流量统计表　　（单位：亿 m³）

调度年份	莺落峡来水量		正义峡下泄水量				
	来水量	距平	均值条件下泄指标	当年下泄指标	实际下泄量	偏离值	累计偏差
1999～2000	14.62	-1.181	8	6.604	6.468	-0.136	-0.136
2000～2001	13.13	-2.673	8.3	5.334	6.476	1.142	1.006
2001～2002	16.11	0.312	9	9.329	9.226	-0.103	0.903
2002～2003	19.03	3.226	9.5	13.24	11.61	-1.63	-0.727
2003～2004	14.98	-0.819	9.5	8.534	8.546	0.012	-0.715
2004～2005	18.08	2.283	9.5	12.09	10.49	-1.6	-2.315
2005～2006	17.89	2.088	9.5	11.86	11.45	-0.41	-2.725
2006～2007	20.65	4.851	9.5	15.23	11.96	-3.27	-5.995
2007～2008	18.87	3.074	9.5	13.04	11.82	-1.22	-7.215
2008～2009	21.30	5.486	9.5	15.98	11.98	-4	-11.22
2009～2010	17.45	1.651	9.5	11.32	9.565	-1.755	-12.97
2010～2011	18.06	2.259	9.5	12.06	11.27	-0.79	-13.76

续表

调度年份	莺落峡来水量		正义峡下泄水量				
	来水量	距平	均值条件下泄指标	当年下泄指标	实际下泄量	偏离值	累计偏差
2011 ~ 2012	19.35	3.551	9.5	13.62	11.13	-2.49	-16.25
2012 ~ 2013	19.53	3.726	9.5	13.73	11.91	-1.82	-18.07
2013 ~ 2014	21.90	6.141	9.5	16.71	13.02	-3.69	-21.76
2014 ~ 2015	20.66	4.857	9.5	15.21	12.78	-2.43	-24.29

2000 年以来的调水，取得了很好的效果，对下游生态恢复具有重大意义。调度 16 年来，共计实施“全线闭口、集中下泄”措施 46 次、918d，限制引水措施 9 次、59d，洪水期水量调度措施 6 次、34d。黑河上游莺落峡断面累计来水 291.61 亿 m^3，年均 18.23 亿 m^3，高于多年平均来水量 2.43 亿 m^3；正义峡断面累计实际下泄水量 169.7 亿 m^3，年均 10.61 亿 m^3。但根据“97”分水方案要求的下泄指标推算，16 年正义峡断面累计少下泄水量 24.19 亿 m^3，占应下泄水量的 12.5%。

根据黑河干流莺落峡、正义峡 2000 ~ 2012 年径流资料分析，与正义峡年度目标下泄水量相比，正义峡断面实际下泄水量普遍偏小（图 3-1）。

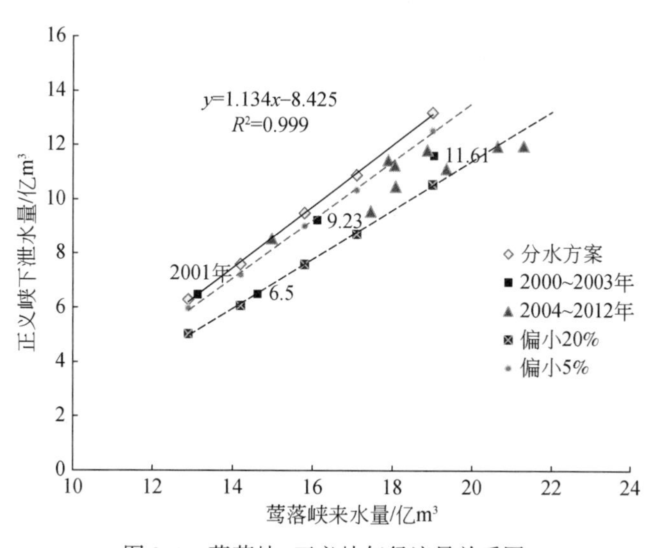

图 3-1 莺落峡-正义峡年径流量关系图

其中，正常调度期间 2004 ~ 2012 年只有两年（2004 年、2006 年）偏小，在 5% 以内，有四年偏小超过 5%，有两年偏小超过 20%（2007 年、2009 年）。

通过 2003 年以来莺落峡来水量、正义峡下泄量统计分析（表 3-2）可知，调度以来，莺落峡来水量都很大，除 2003 ~ 2004 年莺落峡来水量为 14.98 亿 m^3 外，其他年度来水量均超过了 17 亿 m^3，超过了 25% 保证率下莺落峡来水量。

3.3 分水方案实施以来水资源配置变化分析

3.3.1 调水前后黑河中游水资源变化分析

1. 中游年耗用水量变化分析

将1956~2015年莺落峡、正义峡的实测径流量及区间耗水量统计于表3-3中，通过数据分析可以看出，其中20世纪50~60年代区间平均耗水量分别为3.89亿m^3、4.41亿m^3，变幅不大，70年代区间耗水量较60年代小，主要是由于该时段属枯水段，莺落峡断面平均来水14.51亿m^3，同时该时段灌溉期来水比例也偏小，80年代莺落峡-正义峡区间耗水量激增至6.41亿m^3，较50~70年代增加2亿~2.52亿m^3，莺落峡90年代来水量15.85亿m^3，属于平水期，在来水较80年代少1.59亿m^3的情况下，区间耗水增加1.66亿m^3。正义峡径流随着中游用水增加而呈减少趋势。进入21世纪，莺落峡的来水量增多，正义峡的下泄量较90年代有所增加，区间耗水量有所减少。

表3-3 不同年代区间莺落峡、正义峡实测径流量及区间耗水量统计表

（单位：亿m^3）

年代区间	莺落峡来水量	正义峡下泄量	中游区间耗水量
1956~1959	16.64	12.75	3.89
1960~1969	15.08	10.67	4.41
1970~1979	14.51	10.56	3.95
1980~1989	17.44	11.03	6.41
1990~1999	15.85	7.78	8.07
2000~2009	17.5	9.96	7.54
2010~2015	19.49	11.61	7.88

表3-3及表3-4基本反映了20世纪50年代末期至21世纪初期莺落峡-正义峡区间耗水量的变化规律。可以看出，黑河中游的耗用水量整体呈现增长的趋势，而20世纪90年代是黑河中游地区耗用水量最多的几年，也是耗用水量增长最快的一个时期，2000年之后耗水量开始下降，原因是黑河“97”分水方案的实施限制了中游的地表取水；同时，黑河中游地区对农业种植结构进行了调整，采用了一些行之有效的节水灌溉措施，提高灌区水资源利用效率和管理模式，实行定额用水，使黑河中游的耗用水量得以减少并日趋平稳。但黑河中游整体耗用水量仍比较多，主要原因是上游的来水颇丰，中游灌溉面积增加较多。

表 3-4　2000 ~ 2015 年莺落峡、正义峡径流量及中游耗水量统计表

（单位：亿 m^3）

年份	莺落峡来水量	正义峡下泄量	中游区间耗水量
2000	14.62	6.5	8.12
2001	13.13	6.48	6.65
2002	16.11	9.23	6.88
2003	19.03	11.61	7.42
2004	14.98	8.55	6.43
2005	18.08	10.49	7.59
2006	17.89	11.45	6.44
2007	20.65	11.96	8.69
2008	18.87	11.82	7.05
2009	21.30	11.98	9.32
2010	17.45	9.57	7.88
2011	18.06	11.3	6.79
2012	19.35	11.13	7.22
2013	19.53	11.91	7.62
2014	21.90	13	8.88
2015	20.66	12.78	7.88
总计	291.61	169.76	120.86

2. 中游水量配置情况

由于人口增长和绿洲农业的快速发展，黑河中游用水量持续增加，导致黑河下游可用水量减少，生态环境急剧恶化。为了遏制黑河下游的生态恶化，2000 年起实施黑河分水，增加了向下游的调水量。黑河分水给中游的绿洲农业带来了严峻的考验。2002 年水利部在张掖市启动了全国第一个节水型社会建设试点，以缓解黑河分水后张掖市的水资源紧张局面。

由图 3-2 可知，2000 年黑河的中游水量分配农业占 94.9%，而生态水量的配置只有 0.04%，农业用水挤占了大量的生态用水，使中游的生态环境持续恶化。同时，农业灌溉用水方式较为粗放，用水不合理，灌溉用水效率低下，造成大量的水资源严重浪费。

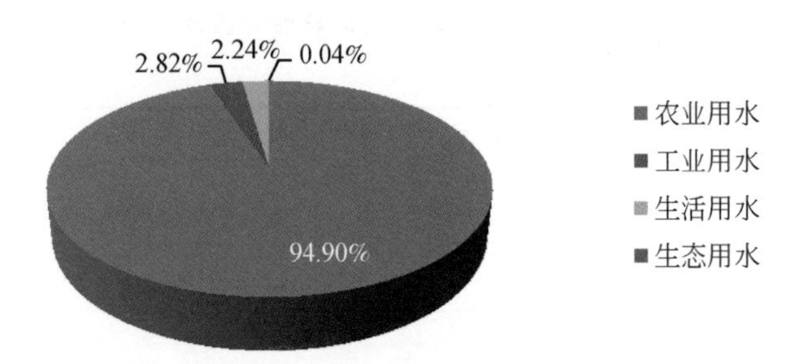

图 3-2　2000 年黑河中游水量配置比例

由图 3-3 可知，2011 年黑河中游对农业的水量配置占总水量的 67.85%，而生态用水占到了总分配水量的 26.26%。这是由于张掖湿地生态保护项目的建成，需要大量的生态用水以维持生态环境，所以生态水量的配置比例相比 2000 年增加许多。同时，中游的节水改造项目的实施，灌溉方式以及农业整体的配置日趋完善，使得农业灌溉用水效率增高，更多的水量配置到生态用水，对中游的生态恢复起到了积极的作用。

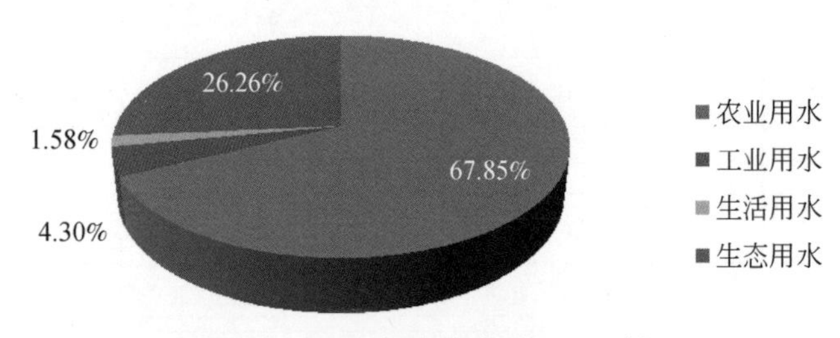

图 3-3　2011 年中游水量配置比例

3. 调水前后黑河中游地下水资源变化分析

中游地下水主要由出山河水补给，占地下水总补给量的 75%~90%，盆地降水入渗补给量占 10%~25%。出山河水通过三种方式补给盆地地下水，包括山前垂直入渗补给、细土带河流侧渗补给和灌溉入渗补给。

地下水位的变化程度直接影响了中游植被的生长，对中游的生态环境恢复起着至关重要的作用。

黑河调水及近期治理后地下水位的变化情况一直备受关注，地下水位的变化程度直接影响到中游植被的生长，因此对地下水位的评价及分析十分重要。

（1）甘州区各灌区地下水位变化分析

甘州区地下水位观测井主要分布在黑河沿岸的井灌区，总数达到 23 眼，观测井的布设数与各灌区井数呈正比，其中大满灌区 5 眼，盈科灌区 15 眼，西浚灌区 3 眼，上三灌区由于无灌溉井而未布设观测井（选用与灌区相近的王其闸观测井数据）。监测方法是每 10d 观测一次，每月观测 3 次，全年共采集数据 804 个，每次采集的原始数据及时进行高程换算，并绘制水位动态曲线图，对每个灌区的资料进行综合分析、整理。详细情况见表 3-5。

表 3-5　甘州区调水与治理前后各灌区地下水位变化情况　　（单位：m）

项目	年份	大满灌区		盈科灌区		西浚灌区		上三灌区	
		平均水位	比上年度升降	平均水位	比上年度升降	平均水位	比上年度升降	平均水位	比上年度升降
调水治理前	1995	1465. 196	—	1451. 742	—	1436. 969	—	1468. 670	—
	1996	1464. 978	-0. 218	1451. 555	-0. 187	1436. 823	-0. 146	1468. 270	-0. 400
	1997	1464. 660	-0. 318	1451. 268	-0. 287	1436. 677	-0. 147	1467. 610	-0. 660
	1998	1464. 430	-0. 230	1451. 259	-0. 009	1436. 327	-0. 350	1466. 950	-0. 660
	1999	1464. 368	-0. 062	1451. 057	-0. 202	1436. 350	0. 023	1466. 770	-0. 180
	差值	-0. 828	—	-0. 685	—	-0. 619	—	-1. 900	—
	平均升降	-0. 166	—	-0. 137	—	-0. 124	—	-0. 380	—
调水治理后	2000	1463. 860	-0. 508	1450. 525	-0. 532	1435. 750	-0. 600	1465. 850	-0. 920
	2001	1463. 358	-0. 502	1450. 027	-0. 498	1434. 937	-0. 813	1464. 910	-0. 940
	2002	1462. 956	-0. 402	1449. 581	-0. 446	1434. 347	-0. 590	1464. 860	-0. 050
	2003	1462. 512	-0. 444	1449. 246	-0. 335	1434. 147	-0. 200	1465. 580	0. 720
	2004	1461. 922	-0. 590	1448. 905	-0. 340	1434. 073	-0. 073	1464. 810	-0. 770
	2005	1462. 100	0. 178	1450. 273	1. 367	1434. 347	0. 273	1465. 250	0. 440
	2006	1462. 137	0. 037	1450. 532	0. 259	1434. 382	0. 035	1465. 308	0. 058
	2007	1462. 318	0. 181	1450. 128	-0. 404	1434. 417	0. 035	1465. 419	0. 111
	2008	1462. 226	-0. 092	1449. 417	-0. 711	1434. 342	-0. 075	1465. 354	-0. 065
	2009	1462. 105	-0. 121	1449. 617	-0. 200	1434. 296	-0. 046	1465. 304	-0. 050
	2010	1461. 948	-0. 157	1449. 718	0. 101	1434. 652	0. 356	1465. 356	0. 052
	2011	1461. 452	0. 496	1449. 651	-0. 067	1435. 614	0. 962	1465. 399	0. 043
	2012	1461. 211	0. 241	1449. 869	0. 218	1435. 475	-0. 139	1465. 402	0. 003
	差值	-1. 683	—	-1. 588	—	-0. 875	—	-1. 368	—
	平均升降	-0. 129	—	-0. 122	—	-0. 067	—	-0. 105	—

注：在“比上年度升降”列中，正数代表上升，负数代表下降，“—”代表数据暂缺

从表 3-5 中可以看出，1995 ~ 1999 年黑河调水工程实施前，大满、盈科、西浚三个灌区的地下水位变化幅度都较小，5 年时间地下水位下降 0. 619 ~ 0. 828m，年平均下降大致在 0. 124 ~ 0. 166m，按划分标准属于缓慢下降区。在 2000 ~ 2012 年 13 年治理期，大满灌区地下水位下降的最多，平均每年以 0. 129m 的速度下降，下降值达到了 1. 683m；盈科灌区地下水位平均每年以 0. 122m 的速度下降，下降值达到了 1. 588m；西浚灌区地下水位平均每年以 0. 067m 的速度下降，下降值达到了 0. 875m。进一步分析下降速度最快的是 2000 ~

2002 年，年降幅达到了 0.402 ~ 0.813m。造成这一状况的主要原因是：黑河调水与治理工程的实施使河道渗漏减少；同时黑河调水使灌区引水量减少达 40%，田间渗漏补充地下水减少；机井建设 2002 年 70 眼、2003 年 148 眼，对地下水位下降产生影响，但影响较小，地下水位年降幅由 2002 年的 0.402 ~ 0.590m 减小为 2003 年的 0.200 ~ 0.444m，降幅变缓，且降幅比 2000 年与 2001 年都小，因此打井影响地下位变化有限。上三灌区无机井，无观测数据，需根据临近井的观测分析，其地下水位变化随整体下降。总体而言，近期调水治理工程实施以来，甘州区地下水位降幅减小，对生态环境并无不利影响。

（2）临泽县各灌区地下水位变化分析

全县各灌区地下水水位变化情况详见表 3-6。从表 3-6 中可以看出，1995 ~ 1999 年黑河调水工程实施前，各个灌区的地下水位呈波动性变化，且变幅都较小，5 年时间地下水位下降 0.006 ~ 0.854m，年平均下降大致 0.001 ~ 0.171m，下降速度极其缓慢，基本属于稳定范围。2000 ~ 2012 年 13 年治理期间，蓼泉灌区的地下水位平均每年以 0.078m 的速度下降，下降值为 1.012m，是临泽县下降值最大的灌区，且各灌区近年地下水位均有上升的趋势，说明自 2009 年之后，农业用水量得到了一定控制。总体而言，临泽县各灌区地下水位下降值都比较小，按划分标准属于缓慢下降区，对生态环境没有产生不利影响。

（3）高台县各灌区地下水位变化分析

高台县地下水位观测井主要分布在黑河沿岸，总数达到 25 眼，对 3 个灌区的观测资料进行综合分析整理。其中，剔除了不连续或 2003 年新增的观测井 14 眼，保留了具有代表性的 11 眼观测井数据进行分析，高台县治理前后地下水位变化情况见表 3-7。

从表 3-7 可以看出，1995 ~ 1999 年 3 个灌区的地下水位变幅都较小。5 年地下水位下降 0.193 ~ 0.428m，年平均下降大致在 0.039 ~ 0.093m，下降速度极其缓慢，属于基本稳定范围。2000 年调水期，高台县各灌区地下水位有所回升，各灌区地下水位比 1999 年上升 0.004 ~ 0.159m，主要是由于高台县处于黑河中游调水区末端濒临于下游输水区，所以地下水位在调水阶段得到补充。2000 年调水治理工程实施以来，友联灌区地下水位平均每年以 0.154m 的速度下降，地下水位下降 2.001m。六坝灌区和罗城灌区由于受黑河水量的补给，六坝灌区平均每年以 0.034m 的速度下降，罗城灌区平均每年以 0.095m 的速度下降。进一步分析可知，2002 年各灌区地下水位均比 2001 年有所上升，上升值为 0.079 ~ 0.520m，主要由于黑河来水期水量比较充足，地下水得到一定的补充。总体而言，调水工程实施后，高台县地下水位下降速度有所减缓，地下水位相对稳定。

黑河调水治理工程实施以来局部地下水位下降的原因：①黑河调水与治理工程的实施使远离干流的河道因衬砌而渗漏减少，地下水补充减少；②黑河调水使灌区引水量减少达 40%，田间渗漏补充地下水减少；③机井建设对地下水位下降有影响。

而局部地下水位回升的原因：①节水工程效果已经逐渐产生效益，地下水超采得到控制；②根据地震部门调查，2003 年山丹、民乐两地发生地震之后，该区所处的地震带发生变化，使得地下水位回升。

表 3-6 临泽县调水与治理前后各灌区地下水位变化情况

（单位：m）

项目	年份	梨园河		沙河		蓼泉		平川		鸭暖		板桥	
		平均水位	比上年度升降	平均水位	比上年度升降	平均水位	比上年度升降	平均水位	比上年度升降	平均水位	比上年度升降	平均水位	比上年度升降
调水治理前	1995	1422.593	—	1424.709	—	1366.016	—	1371.785	—	1397.312	—	1392.769	—
	1996	1422.490	-0.103	1424.675	-0.034	1365.819	-0.197	1371.613	-0.172	1396.998	-0.514	1392.855	-0.513
	1997	1422.287	-0.203	1424.629	-0.046	1365.785	-0.034	1371.516	-0.097	1396.484	-0.514	1392.342	-0.513
	1998	1422.217	-0.070	1424.580	-0.049	1365.608	-0.177	1371.420	-0.096	1395.994	-0.490	1391.908	-0.434
	1999	1422.167	-0.050	1424.540	-0.040	1365.845	0.238	1371.779	0.359	1396.458	0.464	1392.193	0.285
	差值	-0.426	—	-0.169	—	-0.171	—	-0.006	—	-0.854	—	-0.576	—
	平均升降	-0.085	—	-0.034	—	-0.034	—	-0.001	—	-0.171	—	-0.115	—
调水治理后	2000	1422.153	-0.013	1424.515	-0.025	1365.759	-0.086	1371.488	-0.291	1395.941	-0.517	1392.019	-0.175
	2001	1422.143	-0.010	1424.525	0.010	1365.710	-0.049	1371.431	-0.057	1395.878	-0.063	1391.806	-0.213
	2002	1422.123	-0.020	1424.509	-0.016	1365.446	-0.246	1370.933	-0.498	1395.429	-0.448	1391.664	-0.142
	2003	1422.108	-0.015	1424.454	-0.055	1365.506	0.060	1370.786	-0.148	1395.448	0.018	1391.697	0.033
	2004	1422.132	0.024	1424.452	-0.002	1365.440	-0.065	1370.946	0.160	1395.050	-0.398	1391.453	-0.244
	2005	1422.120	-0.012	1424.460	0.008	1365.420	-0.020	1370.920	-0.026	1395.260	0.210	1391.550	0.097
	2006	—	—	—	—	1364.959	-0.461	1370.913	-0.007	1395.306	0.046	1391.732	0.182
	2007	—	—	—	—	1364.937	-0.022	1370.931	0.018	1395.332	0.026	1391.739	0.007
	2008	—	—	—	—	1364.926	-0.011	1370.954	0.023	1395.391	0.059	1391.724	-0.015
	2009	—	—	—	—	1364.913	-0.013	1370.970	0.016	1395.445	0.054	1391.703	-0.021
	2010	1412.350	—	1419.841	—	1364.895	-0.018	1370.516	-0.454	1395.761	0.316	1392.080	0.337
	2011	1412.320	-0.030	1419.870	0.029	1364.807	-0.088	1370.538	0.022	1395.873	0.112	1392.117	0.037
	2012	1412.314	-0.006	1419.720	-0.150	1364.814	0.007	1370.812	0.274	1395.506	-0.367	1391.814	-0.303
	差值	-0.082	—	-0.201	—	-1.012	—	-0.968	—	-0.952	—	-0.42	—
	平均升降	-0.010	—	-0.025	—	-0.078	—	-0.074	—	-0.073	—	-0.032	—

注：在“比上年度升降”列中，正数代表上升，负数代表下降，“—”代表数据暂缺

表 3-7　高台县调水与治理前后各灌区地下水位变化情况　　（单位：m）

项目	年份	友联灌区		六坝灌区		罗城灌区	
		平均水位	比上年度升降	平均水位	比上年度升降	平均水位	比上年度升降
调水治理前	1995	1342.897	—	1340.689	—	1300.496	—
	1996	1342.716	-0.142	1340.587	-0.102	1300.452	-0.044
	1997	1342.574	-0.142	1340.496	-0.091	1300.318	-0.134
	1998	1342.811	0.237	1340.702	0.206	1300.324	0.006
	1999	1342.430	-0.381	1340.350	-0.352	1300.303	-0.021
	差值	-0.428	—	-0.339	—	-0.193	—
	平均升降	-0.093	—	-0.069	—	-0.039	—
调水治理后	2000	1342.434	0.004	1340.509	0.159	1300.412	0.109
	2001	1341.916	-0.518	1340.033	-0.476	1300.015	-0.397
	2002	1341.995	0.079	1340.553	0.520	1300.242	0.227
	2003	1341.576	-0.419	1339.937	-0.616	1300.246	0.004
	2004	1340.976	-0.600	1339.642	-0.295	1299.926	-0.320
	2005	1340.815	-0.161	1339.870	0.228	1299.969	0.043
	2006	1340.399	-0.416	1339.773	-0.097	1298.944	-1.025
	2007	1340.642	0.225	1339.529	-0.244	1299.010	0.066
	2008	1340.094	-0.530	1339.389	-0.140	1299.778	0.768
	2009	1340.027	-0.067	1339.211	-0.178	1298.915	0.137
	2010	1340.103	0.076	1339.323	0.112	1298.036	-0.879
	2011	1340.053	-0.050	1339.492	0.619	1298.022	-0.014
	2012	1340.429	0.376	1339.458	-0.034	1298.071	0.049
	差值	-2.001	—	-0.442	—	-1.232	—
	平均升降	-0.154	—	-0.034	—	-0.095	—

注：在“比上年度升降”列中，正数代表上升，负数代表下降，“—”代表数据暂缺

总体而言，黑河调水及近期治理工程的实施，有效遏制了地下水位快速下降的趋势，对生态环境并未产生不利影响。

（4）地下水位变化动态分析

基岩裂隙水和碎屑裂隙孔隙水分布于黑河中游周围的山区，第四纪孔隙水也分布于其中。祁连山山前洪积扇的中上部的含水层只有一层，洪积扇的中下部的含水层有多层。黑河中游区域主要由偏东南的张掖盆地和偏西北的酒泉东盆地组成，由于地质构造不同，两个盆地的地下水的储存条件也有很大区别。总体上看，中游区域从山前到盆地内部，地下水埋深由深变浅，北部有泉水出露。

随着地表水补给的减少，黑河流域地下水位处于持续轻微的动态变化过程之中。依据

观测资料，黑河中游地区下降幅度自南部山前向北部细土平原逐步递减，即越靠近上游地下水位下降幅度越大。由于地下水资源不断减少引起泉水资源大幅度削减，致使主要由泉水组成进入下游的地表水量逐年减少。根据年均下降值将地下水位多年变化过程分为中速下降、缓慢下降和基本稳定 3 种分区，见表 3-8。

表 3-8　地下水位多年变化分区划分标准

变化分区	年均下降值/(m)
中速下降	0.5 ~ 1.0
缓慢下降	0.1 ~ 0.5
基本稳定	-0.1 ~ 0.1

扇群带的地下水，水位埋深变化剧烈：扇顶地带，地下水埋深 200 ~ 500 多米，近山侧地下水埋深 100 ~ 300m；扇中地带，酒泉东盆地的地下水埋深为 100 ~ 250m，张掖盆地的地下水埋深为 50 ~ 100m；扇缘地带，酒泉东盆地的地下水埋深有 80 ~ 200m，张掖盆地的地下水埋深仅 10 ~ 20m。在细土平原地带，酒泉东盆地的地下水埋深在北半部为 1 ~ 5m、南半部达 10 ~ 50m，而张掖盆地的地下水埋深多小于 5m；黑河干流附近埋深浅区域有成片的泉水出露；含水层垂直向上呈现多层，上部为潜水，下部为承压水。

3.3.2　调水前后黑河下游水资源变化情况分析

黑河下游地区地处阿拉善高原，多年平均降水量不足 40mm，而水面蒸发量却高达 3700mm，气候极度干旱，生态环境脆弱，区内绝大部分为戈壁荒漠，绿洲断续分布。从古至今，下游绿洲都以黑河来水得以补给生存。20 世纪 50 年代以来，随着经济社会的发展和人类活动的加强对黑河流域造成了一定的破坏，使黑河来水逐渐减少，下游的额济纳绿洲河道断流、湖泊干涸、地下水位下降、天然林草覆盖率大幅度降低，土地荒漠化和沙漠化程度越来越严重，已经影响到北方广大地区生态环境，给西部大开发战略的实施，以及国防科研、稳固边疆均带来负面影响。

黑河流域分水是黑河流域近期综合治理项目中的重要举措之一，通过减少中游灌溉引水，向下游增泄生态用水来改善下游生态环境及缓和流域水事矛盾。“97” 分水方案中确定了莺落峡断面多年平均来水及 25%、75%、90% 保证率来水时正义峡断面的下泄水量指标，并根据径流年内分配特点和中游灌溉引水过程，又将年内划分为三个时段并规定了各时段的水量分配指标，其他保证率来水时，正义峡下泄水量指标则按以上保证率直线内插求得。通过 “97” 分水方案的实施，进入下游的水量增多，正义峡断面的下泄水量较统一调度前发生了显著变化。

1. 正义峡下泄水量不同年代对比

通过对莺落峡和正义峡 1945 ~ 2012 年径流系列统计分析可知（图 3-4），20 世纪 50 ~

70 年代莺落峡-正义峡径流量关系点都在分水方案的上部，到了 80 年代，莺落峡对应的正义峡下泄水量点分布在分水方案两边但偏下较多，90 年代、2000 年后莺落峡-正义峡年径流量关系点基本都在分水方案的下部。

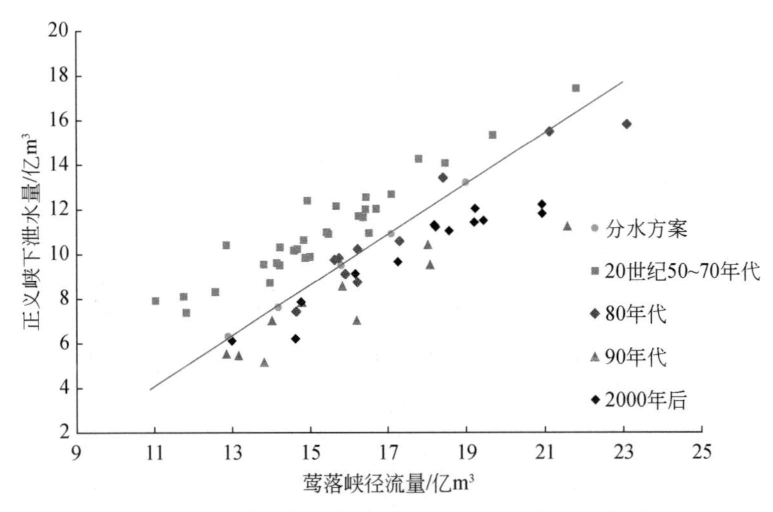

图 3-4　不同年代莺落峡-正义峡年径流量响应关系

横轴变化可以反映不同年代莺落峡来水量的丰枯，纵轴变化可以反映正义峡断面下泄水量较分水方案要求下泄指标偏多或者偏少。由图 3-4 可知，20 世纪 50～70 年代莺落峡来水量基本在 16 亿 m³左右变化，正义峡断面下泄水量较多年份超额完成分水方案要求的下泄指标任务。到了 80～90 年代，除了个别偏丰年份外，莺落峡年径流量较 1980 年以前没有显著变化，中游地区受到人类活动影响逐渐显著，通过正义峡断面的年径流量不断减小。2000 年之后，一方面莺落峡来水量持续偏丰，平均年径流量为 17.65 亿 m³，使得正义峡下泄指标任务偏大；另一方面通过“全线闭口，集中下泄”措施使得正义峡断面下泄水量增多，在图 3-4 中表现为，相对于 90 年代，相同的莺落峡年径流量，正义峡径流量对莺落峡的响应点更靠近分水方案曲线。

上述分析表明，20 世纪 50～70 年代正义峡实际下泄水量满足“97”分水方案中要求的下泄指标，80 年代只有部分年份满足下泄指标要求，90 年代中游地区受人类活动影响较大，正义峡下泄水量进一步减小，此时正义峡下泄水量难以满足下泄指标要求。2000 年后，除了 2001 年、2004 年外，其余年份正义峡下泄水量均不能达到“97”分水方案要求的下泄指标。

通过不同年代正义峡下泄水量历史对比可知（表 3-9），20 世纪 50～90 年代正义峡断面年均下泄水量分别为 11.91 亿 m³、10.67 亿 m³、10.56 亿 m³、11.03 亿 m³、7.78 亿 m³，呈现不断减少的趋势。特别是进入 90 年代后，正义峡下泄水量均值只有 7.78 亿 m³，较 80 年代减少了 3.25 亿 m³。2000 年后黑河干流通过实施水量统一调度，2000～2009 年正义峡年均下泄水量为 9.94 亿 m³，较 90 年代增加了 2.16 亿 m³。

表 3-9　正义峡断面不同年份下泄水量　　　　（单位：亿 m^3）

年份	1950	1951	1952	1953	1954	1955	1956	1957	1958	1959	平均值
来水量	7. 37	10. 16	17. 41	10. 98	12. 67	12. 00	10. 23	10. 90	15. 33	12. 02	11. 91
年份	1960	1961	1962	1963	1964	1965	1966	1967	1968	1969	平均值
来水量	9. 50	8. 72	8. 10	10. 30	14. 25	10. 63	11. 70	14. 06	9. 60	9. 87	10. 67
年份	1970	1971	1972	1973	1974	1975	1976	1977	1978	1979	平均值
来水量	8. 30	12. 39	12. 54	7. 91	9. 54	10. 94	11. 64	12. 15	9. 83	10. 40	10. 56
年份	1980	1981	1982	1983	1984	1985	1986	1987	1988	1989	平均值
来水量	9. 10	13. 40	9. 74	15. 47	10. 22	7. 41	8. 73	9. 81	10. 57	15. 80	11. 03
年份	1990	1991	1992	1993	1994	1995	1996	1997	1998	1999	平均值
来水量	8. 56	5. 53	5. 46	10. 42	7. 02	7. 84	9. 53	5. 15	11. 23	7. 03	7. 78
年份	2000	2001	2002	2003	2004	2005	2006	2007	2008	2009	平均值
来水量	6. 21	6. 12	9. 13	12. 04	7. 86	11. 21	11. 31	12. 22	11. 51	11. 81	9. 94

从正义峡历年径流量变化过程线（图 3-5）可以进一步看出，1945～1950 年正义峡年径流量有下降趋势，1950～1980 年正义峡年径流量基本上都大于多年平均值，1980～1990 年正义峡年径流量起伏变化较大，在多年平均值附近波动，1990～2000 年径流量基本都小于多年平均值，2000 年后正义峡径流量大部分略大于多年平均径流量，较 20 世纪 90 年代显著增加。

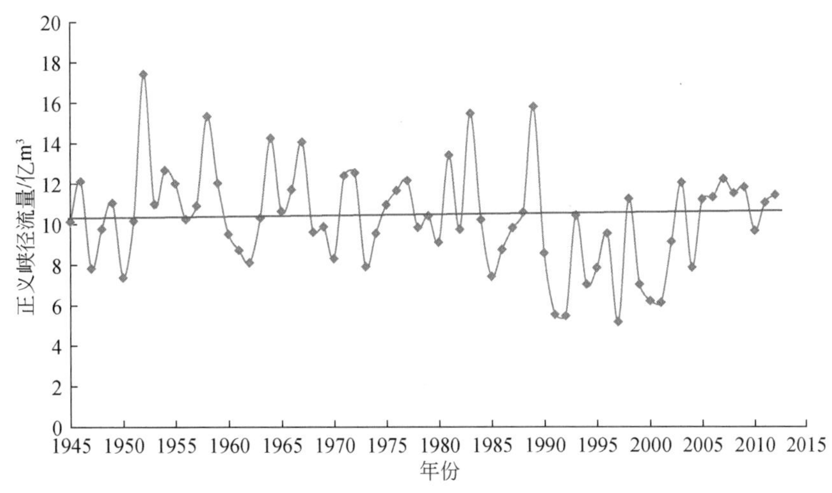

图 3-5　正义峡历年径流量变化过程

红线为多年平均值

对莺落峡和正义峡1945～2012年径流系列统计，选取莺落峡特丰年、丰水年、平水年、枯水年、特枯年对应的正义峡下泄水量代表点，将代表点点在莺落峡-正义峡径流量关系图上，通过与“97”分水方案莺落峡-正义峡径流量关系线比较，可以更加直观地发现：无论是特丰年、丰水年，还是平水年、枯水年、特枯年，20世纪50～70年代莺落峡对应的正义峡径流量点都分布在分水方案上部，80年代的点分布在两边，90年代、2000年后均在下部（图3-6～图3-10）。

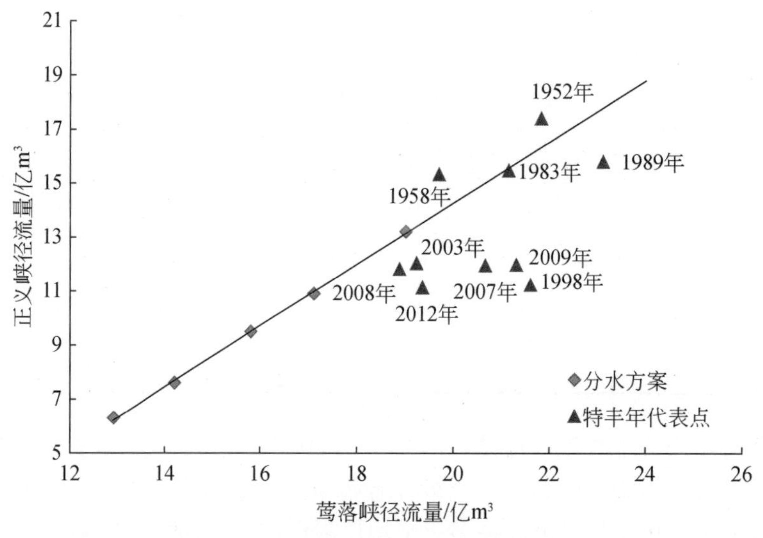

图3-6 莺落峡特丰年对应的正义峡径流量

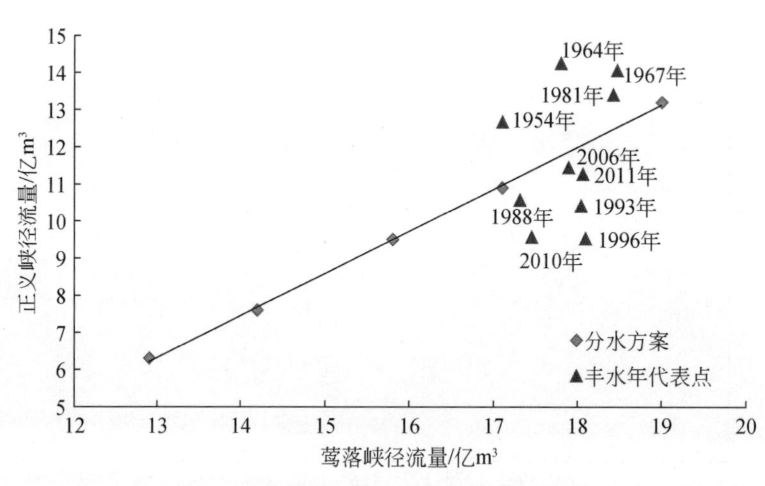

图3-7 莺落峡丰水年对应的正义峡径流

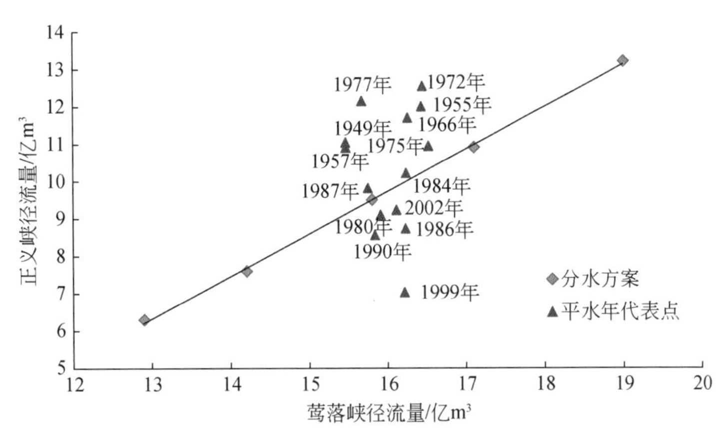

图 3-8　莺落峡平水年对应的正义峡径流量

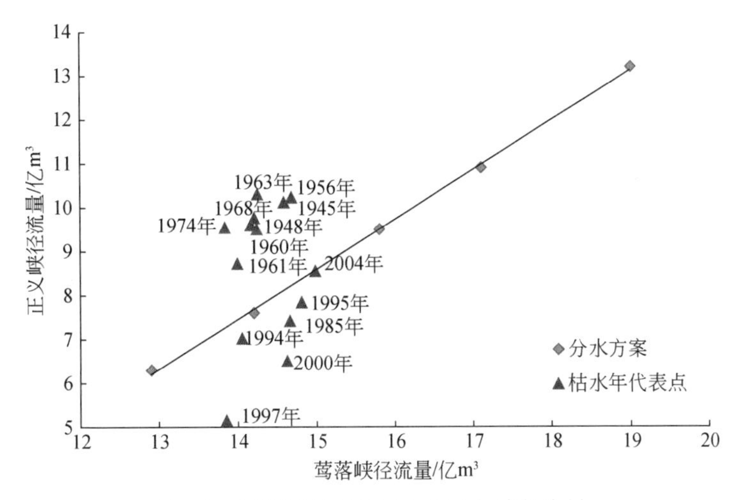

图 3-9　莺落峡枯水年对应的正义峡径流量

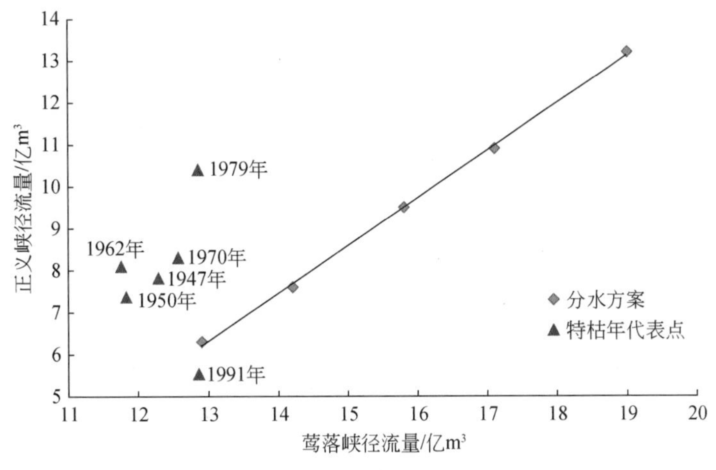

图 3-10　莺落峡特枯年对应的正义峡径流量

2. 分水方案实施后正义峡增泄水量

1）调度指标对比法。如图 3-11 所示，根据莺落峡断面与正义峡断面年水量调度关系，计算出 2000 ~ 2012 年正义峡断面下泄水量的调度指标值，计算结果见表 3-10。

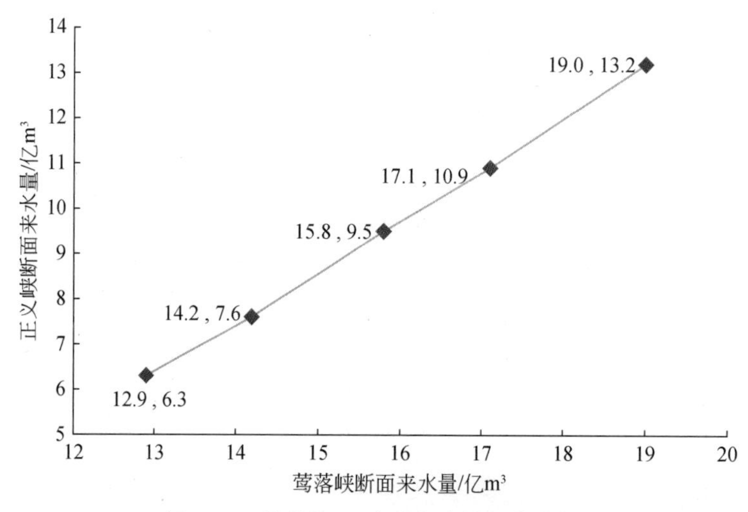

图 3-11　莺落峡-正义峡年水量调度线图

表 3-10　调度指标对比法增泄水量计算结果表　　（单位：亿 m³）

年份	制度方案后未实施调水年份（1995 ~ 1999 年）	调水年份（2000 ~ 2012 年）
正义峡下泄水量累积欠账	13. 15	16. 16
正义峡下泄水量年均欠账	2. 63	1. 34
年均增泄水量	1. 29	

“97”分水方案是根据 1994 年之前的水文资料制订的，2000 年后黑河干流水量统一调度管理后，进入正义峡断面的水量相对于 20 世纪 90 年代显著增多。通过比较调水前后正义峡实际下泄水量相对下泄指标的差值，得到正义峡的增泄水量。调水和近期治理前黑河中游耗水量增大，下泄水量减少，调水和近期治理有效遏制了黑河中游耗水量增大的趋势。通过计算，年均增泄水量平均值 1. 29 亿 m³ 为黑河调水和近期治理以后正义峡断面增泄的水量。

2）多元线性回归模型法。采用多元线性回归分析，研究一个随机变量或被解释变量 Y 与多个解释变量（$X_1 \sim X_n$）之间相互依存的关系，并利用统计分析方法以及函数对这种关系的变化规律等进行分析解读，并加以形式化描述。

根据黑河调水的实际，构建多元线性回归模型，定量分析正义峡增泄水量。PAX 多元线性回归模型综合考虑中游降水量 P、中游耕地面积 A、莺落峡来水量 X 等影响正义峡下泄水量的主要因素。PAX 多元线性回归模型是基于最小二乘法原理，在古典统计假设下的进行最优无偏估计。

PAX 多元线性回归模型为

$$Y_i' = \beta_0 + \beta_1 \times P_i + \beta_2 \times A_i + \beta_3 \times X_i$$

式中，Y_i'为无调水和近期治理工况下正义峡断面第 i 年下泄水量；β_i 为模型参数（$i=0$，1，2，3）；P_i 为中游降水量；A_i 为中游耕地面积；X_i 为莺落峡来水量。

利用 1990 ~ 1999 年中游的降水量、耕地面积及莺落峡来水量资料，运用多元线性回归方法预测无调水和近期治理工况下正义峡断面下泄水量。在 MATLAB 统计工具箱中，使用函数 regress 实现多元线性回归，具体调用格式为：［b，bint，r，rint，stats］ = regress（y，x，alpha）。

通过分析求解，得到多元线性回归方程：

$$Y' = 3.9399 - 0.0019P - 0.0313A + 0.7784X$$

其中，相关系数 $R^2=0.8862$，$F=15.5802>F_\alpha$（1，$n-2$） = 5.32，对应的 $p=0.0031$，$a=0.05$，这说明模型从整体上来说是显著的。

从表 3-11 中可看出，模型计算与实际数据比较接近，差值都比较小，相对误差一般都在 10% 以内。故此模型可以客观合理的反映无调水和近期治理工况下正义峡断面下泄水量。

根据 2000 ~ 2012 年中游的降水量、耕地面积及莺落峡来水量资料，计算得到无调水和近期治理工况下正义峡断面下泄水量及相对误差，结果见表 3-11。

表 3-11　PAX 模型计算结果分析表　　（单位：亿 m^3）

年份	正义峡实测下泄水量 Y	模型计算 Y'	差值
2000	6.5	6.44	0.06
2001	6.48	4.99	1.49
2002	9.23	7.26	1.97
2003	11.61	9.44	2.17
2004	8.55	6.27	2.28
2005	10.49	8.69	1.8
2006	11.45	8.41	3.04
2007	11.96	10.11	1.85
2008	11.82	8.81	3.01
2009	11.98	10.68	1.3
2010	9.57	7.55	2.02
2011	11.27	8.05	3.22
2012	11.13	9.06	2.07
平均值	10.16	8.14	2.02

实施调水的 13 年（2000 ~ 2012 年），正义峡断面实测径流量的均值为 10.16 亿 m^3，PAX 模型计算的均值为 8.14 亿 m^3，两者差值为 2.02 亿 m^3，即调水和近期治理后正义峡每年平均增泄的水量为 2.02 亿 m^3。

3）BP 人工神经网络预测法。BP 人工神经网络的结构是由 3 个神经元层组成，分别为输入层、隐含层和输出层。其中，输入层各神经元负责接收来自外界的输入信息，并传递给中间层各神经元；中间层是内部信息处理层，负责信息变换；最后一个隐含层传递到输出层各神经元的信息，经进一步处理后，完成一次学习的正向传播处理过程，由输出层向外界输出信息处理结果。当实际输出与期望输出不符时，进入误差的反向传播阶段。误差通过输出层，按误差梯度下降的方式修正各层权值，向隐含层、输入层逐层反传。通过连续的正向传播和反向传播，最终使输出值与实际值达到允许值，BP 神经网络模型方建立完成。输入层与隐含层之间的传递函数一般采用 S 型变换函数，隐含层与输出层之间的传递函数一般采用纯线性变换函数。BP 神经网络能映射各影响要素之间未知的函数关系，其中心思想是调整权值使网络总误差最小。

BP 人工神经网络预测径流模型的网络的输入向量为：2000～2012 年的中游地区降水量、耕地面积、莺落峡来水量。

网络的目标向量为：2000～2012 年的正义峡径流量。

网络的输入样本为：1990～1999 年的中游地区降水量、耕地面积、莺落峡来水量。

网络的目标样本为：1990～1999 年的正义峡径流量。

经过神经网络模型的计算，将预测与实测径流值对比，得到正义峡增泄水量为 2.03 亿 m^3，这与多元线性回归模型法计算得到的增泄水量非常接近（表 3-12）。

表 3-12　BP 人工神经网络预测　（单位：亿 m^3）

年份	正义峡实测下泄水量 Y	BP 神经网络预测 Y'	差值
2000	6.5	7.23	-0.73
2001	6.48	6.41	0.07
2002	9.23	6.91	2.32
2003	11.61	10.36	1.25
2004	8.55	6.06	2.49
2005	10.49	6.28	4.21
2006	11.45	7.56	3.89
2007	11.96	10.48	1.48
2008	11.82	8.43	3.39
2009	11.98	9.06	2.92
2010	9.57	10.31	-0.74
2011	11.27	8.55	2.72
2012	11.13	7.94	3.19
平均值	10.16	8.12	2.03

4）正义峡增泄水量。调度指标对比法是以国务院批复的分水方案为标准，比较直观地反映出调水后正义峡增泄水量，思路清晰，计算简便。PAX多元线性回归模型综合考虑中游降水量、中游耕地面积、莺落峡来水量等影响正义峡下泄水量的主要因素，结合了黑河流域的实际，能动态地反映调水前后正义峡断面下泄水量随莺落峡断面来水量及中游降水、耕地变化的关系，结果客观合理。BP人工神经网络预测径流模型能很好地对历史数据进行非线性拟合，从而实现对正义峡径流量的预测。综合三种方法的计算结果，取三者的变化范围1.29亿~2.03亿 m^3 作为2000~2012年正义峡断面年均增泄水量。

3. 狼心山下泄水量及水量配置

1）表3-13给出了1988~2012年狼心山水文站年来水量过程。从表中数据来看，20世纪90年代，狼心山断面来水量总体上呈递减趋势，尽管年与年之间数据存在波动，有的年份波动还比较大，年均来水量为3.77亿 m^3。自2000年实施分水以来，狼心山断面来水量有明显增加，2000~2009年的平均为5.02亿 m^3。2010年以来，狼心山断面来水量仍有进一步增加的趋势，平均为5.41亿 m^3。总体来看，分水后（2000~2012年）的平均来水量为5.11亿 m^3。

表3-13　黑河狼心山断面历年来水量（1988~2012年）　（单位：亿 m^3）

年份									1988	1989	平均
来水									5.30	10.80	8.05
年份	1990	1991	1992	1993	1994	1995	1996	1997	1998	1999	平均
来水	5.83	2.80	1.83	5.18	2.67	3.81	5.03	2.11	5.24	3.22	3.77
年份	2000	2001	2002	2003	2004	2005	2006	2007	2008	2009	平均
来水	2.83	2.18	4.83	7.46	3.55	5.08	6.29	6.43	7.06	6.63	5.02
年份	2010	2011	2012								平均
来水	4.78	6.17	5.27								5.41

从植物用水角度考虑，在分水前（1990~1999年）年均来水量3.77亿 m^3 的情况下，各时段的来水分布相对不均匀，植物生长关键期来水量为1%，汛期、冬四月和其他时段分别占30%、45%、24%（图3-12）；在分水后（2000~2012年）年均来水量5.29亿 m^3 的情况下，植物用水关键期来水增加到4%，汛期、冬四月和其他时段分别占41%、24%、31%（图3-13）。在分水后整个生长季（4~9月）的水量约为45%，相对于分水前的31%有了明显增加，但在植物用水关键期（4~6月）的来水量仍是严重不足的，这与正义峡断面相同时段的来水量年内分配是不一致的，说明狼心山来水量年内分配还不尽合理。

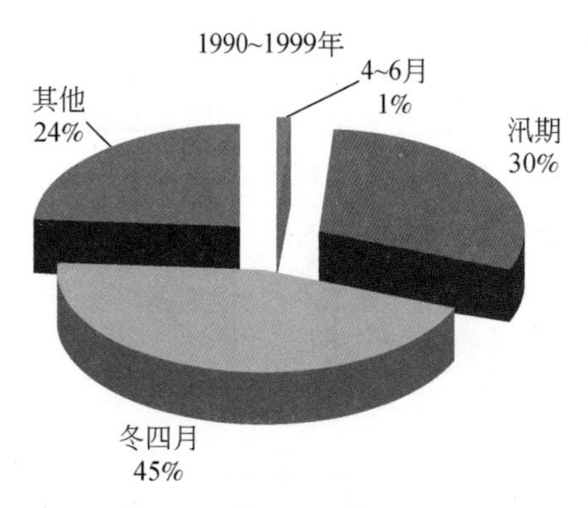

图 3-12　分水前狼心山断面来水量构成

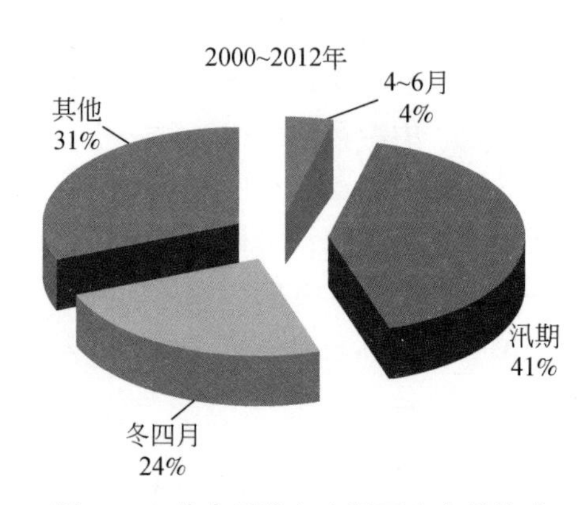

图 3-13　分水后狼心山断面来水量构成

2）图 3-14 是东西河 2005 ~ 2015 年下泄水量，东河累计下泄水量 47.57 亿 m^3，西河累计下泄水量 19.27 亿 m^3，东河下泄水量占狼心山下泄总量的 71.2%，西河下泄水量占狼心山下泄总量的 28.8%。

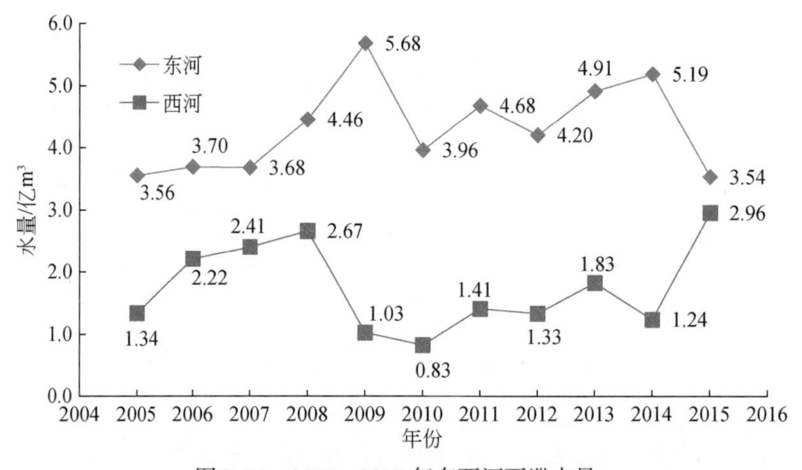

图 3-14　2005 ~ 2015 年东西河下泄水量

3）东居延海入湖水量。黑河流域天然湖泊较少，仅在额济纳旗境内存有东居延海和西居延海，为黑河干流的尾闾湖泊。历史上，两湖均为淡水湖，20 世纪 50 年代以前，额济纳河是一条常流河，随着黑河中游下泄水量的减少，到 60 年代每年只有春汛和秋汛两次泄水，春汛一般只持续一个月，秋汛一般也不超过两个月，其余时间河道断流。到 80 年代，一般只有秋汛供水。90 年代以来秋季供水期一般只有 7 ~ 10d，几乎变成全年断流的沙河。水量减少的直接结果是赖以生存的荒漠河岸植物的大量衰亡，尾闾湖泊干枯，河床及湖滨地带大量的细沙颗粒物随即变为沙漠化的源泉。同时，造成相同补给来源的地下水位多年呈下降趋势，加上人为破坏，固沙植物大量死亡退化，原固定、半固定的沙丘变为流动沙丘，沙漠化面积在较短的时间内迅速扩大。

据考古和遥感资料，黑河的终端湖居延海在历史上其水面曾达 720km^2，以后逐渐分化为嘎顺诺尔和索果诺尔主体湖群。1928 年冬，中瑞西北考察队测得湖中最大水深为

2.0m，1932 年湖面略大，水域面积按当时所测地图量算约有 190km^2，而东居延海最大水深约 4.12m，水域面积约 35km^2；1941 年国民党政府在东、西河分岔口堵塞东河水口，使上游来水泄入西河，据董正钧 1944 年调查，当时西居延海水深 2 ~ 9m，水域面积 350km^2，东居延海水深约 4.1m，水域面积约 58.4km^2（董正钧，2012）。直到 1958 年中科院调查队测得两湖仍保持水域面积分别为 267km^2 和 35.5km^2。西居延海在 1960 年尚有水面 213km^2，于 1961 年秋全部干涸至今，已成龟裂盐壳地和砾漠覆盖区；据 1972 年卫星相片资料量算，东居延海面积约 61km^2，1975 年 4 月的资料卫星相片测算的面积减小为 33km^2，而在 1979 年（据 1980 年中国水文地质调查报告），当时的水域面积约 43km^2，且在 1973 年和 1980 年出现几次干枯现象；到 1982 年时，水域面积缩减为 32.32km^2，水深 1.4 ~ 1.8m，计算湖中蓄水量为 3640 万 m^3（陈隆亨和曲耀光，1988），据刘亚传（1992）实地考察，1985 年东居延海面积为 35km^2，1986 年干涸；20 世纪 90 年代初，据 1990 年 9 月 8 日 TM 遥感影像测算的东居延海水域面积仍有 38.02km^2，之后在 1992 年完全干涸，居延海从此成为历史（表 3-14）。

表 3-14　分水前黑河下游主要湖泊水域面积变化情况　　（单位：km^2）

湖泊	西居延海	资料来源	东居延海	资料来源
20 世纪 30 年代	190（1932 年）	中瑞西北考察报告	35（1932 年）	中瑞西北考察报告
40 年代	350（1942 年）	董正钧，1944	58.4（1942 年）	董正钧，1944
50 年代	267（1958 年）	据 1:5 万地形图量算	35.5（1958 年）	据 1:5 万地形图量算
60 年代	213（1960 年）	据 1:5 万地形图量算	35（1960 年）	据 1:5 万地形图量算
70 年代	干涸	—	33（1975 年）	刘亚传，1992
80 年代	干涸	—	35（1985 年）	刘亚传，1992
90 年代	干涸	—	38.02（1990 年）	据 1990 年航片测算

自 2000 年起，国务院授权水利部黄河水利委员会对黑河干流正式实施水资源统一调度与管理。于 2002 年 7 月 17 日 17:00，黑河水流到达干涸 10 年之久的东居延海，这是首次通过人工调水实现黑河干流全线通水。2002 ~ 2004 年，东居延海几度进水又几度干涸；自 2004 年调水进入东居延海以来，截至 2012 年 11 月 11 日，已实现了东居延海连续八年多不干涸，累计进水量 6.1916 亿 m^3，最大水域面积达到 42.8km^2（表 3-15）。

表 3-15　2002 ~ 2012 年度东居延海进水情况表

年份	次数	进水起止时间	天数/d	进水量/亿 m^3	最大湖面积/km^2	备注
2002	1	7 月 17 日 ~ 7 月 30 日	14	0.2350	23.66	
	2	9 月 22 日 ~ 10 月 20 日	29	0.2574	23.80	
2003	1	8 月 14 日 ~ 9 月 3 日	18	0.3018	26.80	
	2	10 月 18 日 ~ 10 月 28 日	11	0.1229	31.5	

续表

年份	次数	进水起止时间	天数/d	进水量/亿 m^3	最大湖面积/km^2	备注
2004	1	8月20日~8月30日	11	0.1513	25.2	2002年7月17日17:00东居延海首次进水
	2	9月21日~11月2日	43	0.3707	35.7	
2005	1	7月17日~7月28日	12	0.1180	27.1	
	2	8月19日~8月26日	8	0.0500	27.2	
	3	9月22日~10月7日	16	0.2000	33.9	
2006	1	4月16日~4月29日	14	0.0136	29.8	
	2	7月21日~8月4日	15	0.2800	35.3	
	3	8月22日~8月30日	9	0.1000	37.2	
	4	9月28日~10月19日	22	0.2976	38.6	
2007	1	4月26日~4月28日	3	0.0067	36.0	
	2	7月17日~7月31日	15	0.2100	37.5	
	3	9月15日~10月18日	34	0.3800	39.0	
2008	1	8月4日~8月22日	19	0.1750	35.8	
	2	9月18日~10月28日	41	0.3721	40.5	
2009	1	2月25日~2月28日	3	0.06	38.8	
	2	9月10日~10月24日	44	0.5072	42.0	
2010	1	3月26日~3月28日	2	0.0500	41.4	
	2	7月15日~7月24日	9	0.0989	39.8	
	3	9月23日~10月22日	29	0.3311	40.0	
2011	1	3月27日~3月29日	4	0.01	—	
	2	5月1日~5月6日	6	0.0386	38.2	
	3	8月23日~10月20日	58	0.8316	42.7	
2012	1	3月下旬	1	—	—	
	2	5月1日	1	—	—	
	3	8月19日~10月15日	57	0.6221	42.3	

3.3.3 调水对下游地下埋深的影响

从1988~2015年的地下水位埋深情况的统计资料（表3-16）的数据来看，在额济纳的东、西河流域的地下水埋深升降幅显示出河流的下段区域高于上段区域。从额济纳长期观测井均地下水埋深不同年代的变化可以看出，除了西河中段的地下水埋深在调水之后有略微的下降以外，其他位置均有上升，即分水以后，地下水位的埋深整体开始回升，区域的地下水得到了有效的补给，地下水埋深开始恢复上升。

表 3-16　调水前后额济纳东、西河区地下水埋深年平均变化　　（单位：m）

年份	西河上段	西河中段	西河下段	东河上段	东河中段	东河下段
1988～2000 年	3.08	2.08	3.56	2.31	2.70	4.93
2001～2015 年	3.41	2.01	4.33	2.33	2.71	6.40
差值	0.33	-0.07	0.77	0.02	0.01	1.47

（1）地下水位埋深的时间变化

利用现有（1988～2015 年）地下水埋深长期观测资料和定期地下水位调查点调查资料，对地下水埋深的时空变化进行分析，确定地下水埋深的年际、年内变化过程及空间分布，地下水埋深观测点位置如图 3-15 所示。

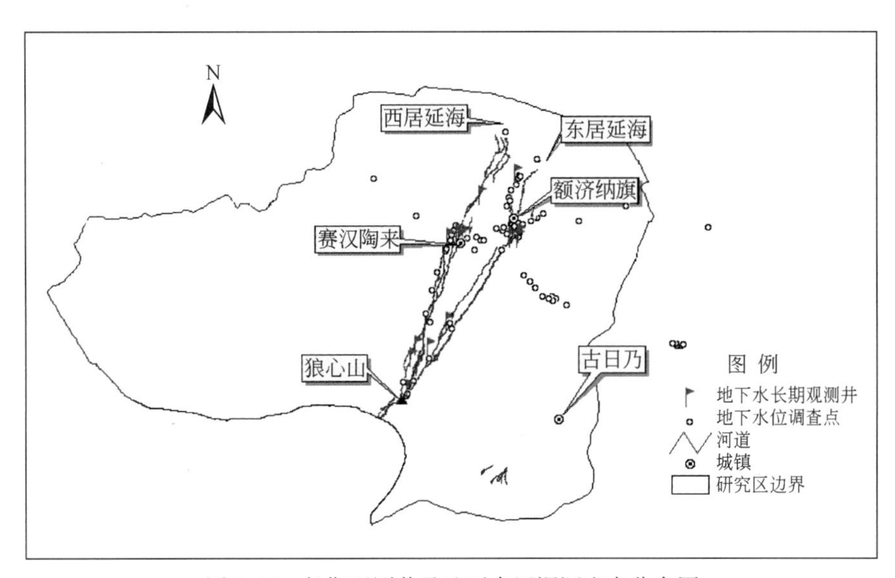

图 3-15　长期观测井及地下水埋深调查点分布图

东河区域按照空间位置的不同共选择有代表性的长期观测井 8 眼。其中，东河区上段有 1 号井、5 号井、33 号井；东河区中段有 26 号井、27 号井、25 号井、42 号井；东河区下段只有 6 号井；西河区域按照空间位置的不同共选择有代表性的长期观测井 7 眼，自上而下依次为上段 3 号井和 4 号井；中段 16 号井、15 号井、13 号井和 14 号井；下段 51 号井；两河共计长期观测井 15 眼，主要为潜水井，只有东河区上段的 33 号井、下段的 6 号井和西河区中段的 13 号井为深水井。各个水井的位置信息见表 3-17。

表 3-17　长期观测井位置及类型

位置		观测井号	位置描述	类型
东河	上段	1	狼心山水文站门前	潜水井
		5	狼心山二站井	潜水井
		33	老牧场场部	深井

续表

位置		观测井号	位置描述	类型
东河	中段	26	吉社社部西园子内井	潜水井
		27	吉社张孝良树园子井	潜水井
		25	吉社张孝良园子井	潜水井
		42	吉社张孝良家门前	潜水井
	下段	6	苏社策克嘎查	深井
西河	上段	3	狼心山七号井	潜水井
		4	狼心山八号井	潜水井
	中段	16	塞社建国营	潜水井
		15	塞社花花队沙枣树园	潜水井
		13	塞社花花队三百亩大地	深井
		14	塞社花花队队部树园	潜水井
	下段	51	赛汗淖尔嘎查布嘎机土井	潜水井

1）地下水埋深的年代变化。表3-18为近28年（1988～2015年）来的地下水埋深。根据表3-18计算得出地下水埋深变化。分水前，1988～1999年东河的地下水埋深上、中、下段则分别下降了0.34m、0.85m和0.73m；西河上段地下水埋深上、中、下段则分别下降了0.93m、0.23m、0.45m。自黑河分水后，2015年该区域的地下水埋深与1999年相比有一定幅度的回升。其中，东河的地下水位上、中段则分别上升了0.02m和0.14m，下段下降了1.34m；西河上段和下段地下水位则分别下降了0.25m和0.35m，中段上升了0.12m。

表3-18　额济纳绿洲东、西河区分段地下水埋深　　（单位：m）

时期	地下水埋深			地下水埋深		
	东河上段	东河中段	东河下段	西河上段	西河中段	西河下段
1988年	2.03	2.00	4.27	2.27	1.90	3.21
1999年	2.37	2.85	5.00	3.20	2.13	3.66
2015年	2.35	2.71	6.34	3.45	2.01	4.01
平均	2.25	2.52	5.20	2.97	2.01	3.62

在额济纳绿洲的东河上段、中段和西河中段地下水埋深呈先下降后上升而东河下段和西河上段、下段持续下降，下降幅度则表现为河流的下段区域最高（图3-16）。

从额济纳绿洲长期观测井平均地下水埋深不同年代的变化（图3-16）可以看出，从20世纪80年代开始研究区平均地下水埋深呈下降趋势，90年代地下水位最低。2000年分水以来，部分区段地下水埋深开始回升，即通过几年来的分水，区域地下水得到有效补给，开始恢复上升。

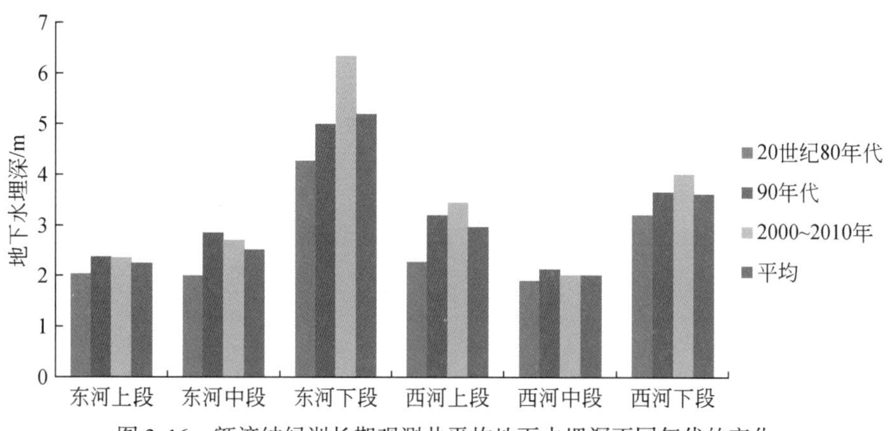

图 3-16　额济纳绿洲长期观测井平均地下水埋深不同年代的变化

2）地下水埋深的年际变化。图 3-17 和图 3-18 直观地表达了额济纳东河区和西河区 15 眼地下水观测井逐年地下水位埋深的变化。总体而言，1988～2015 年黑河下游额济纳东、西河区潜水地下水位埋深整体呈先下降后上升的趋势，而承压地下水位埋深（6 号井、33 号井）持续下降。

潜水地下水埋深大致在 1999 年以前呈现下降趋势，在 1999 年以后呈上升趋势，说明潜水地下水埋深受地表径流补给作用明显，而承压地下水埋深受其影响不显著。

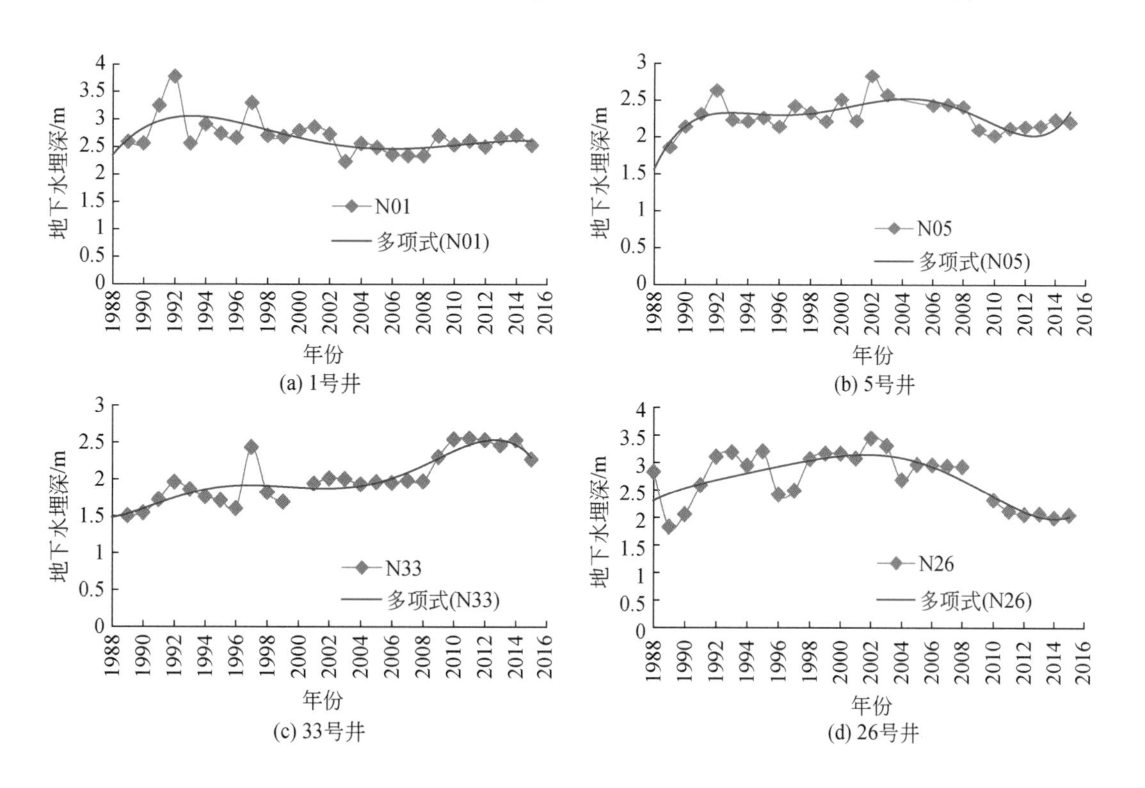

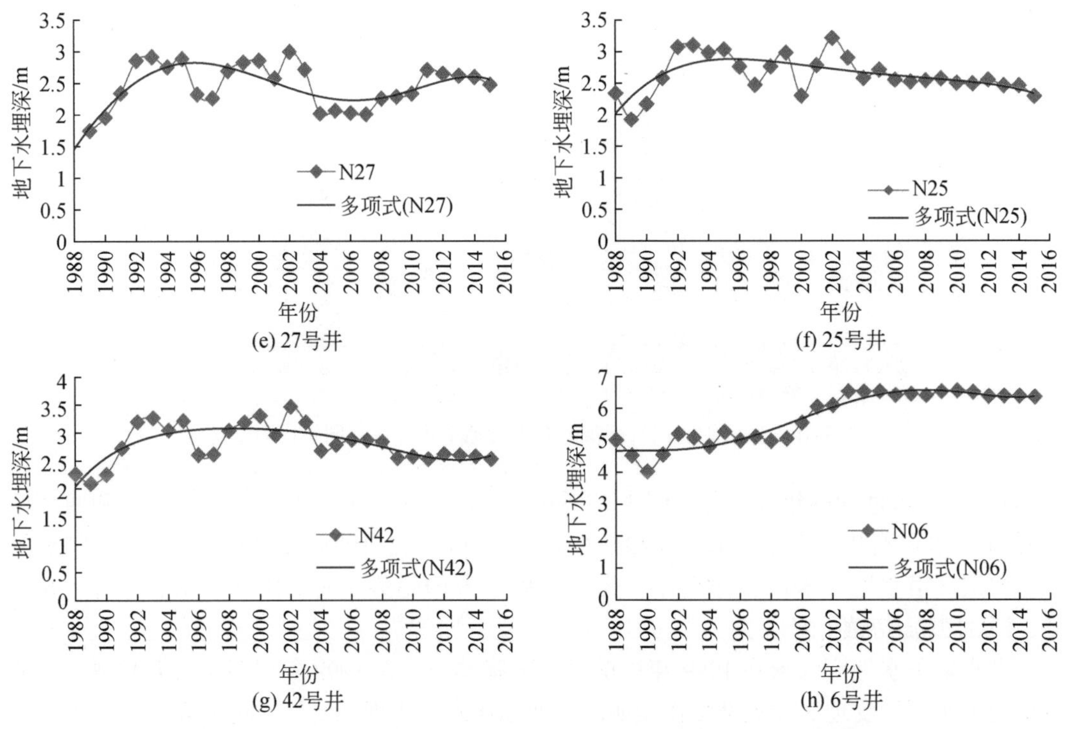

(e) 27号井 (f) 25号井

(g) 42号井 (h) 6号井

图 3-17 黑河下游额济纳东河区观测井地下水位埋深逐年变化情况

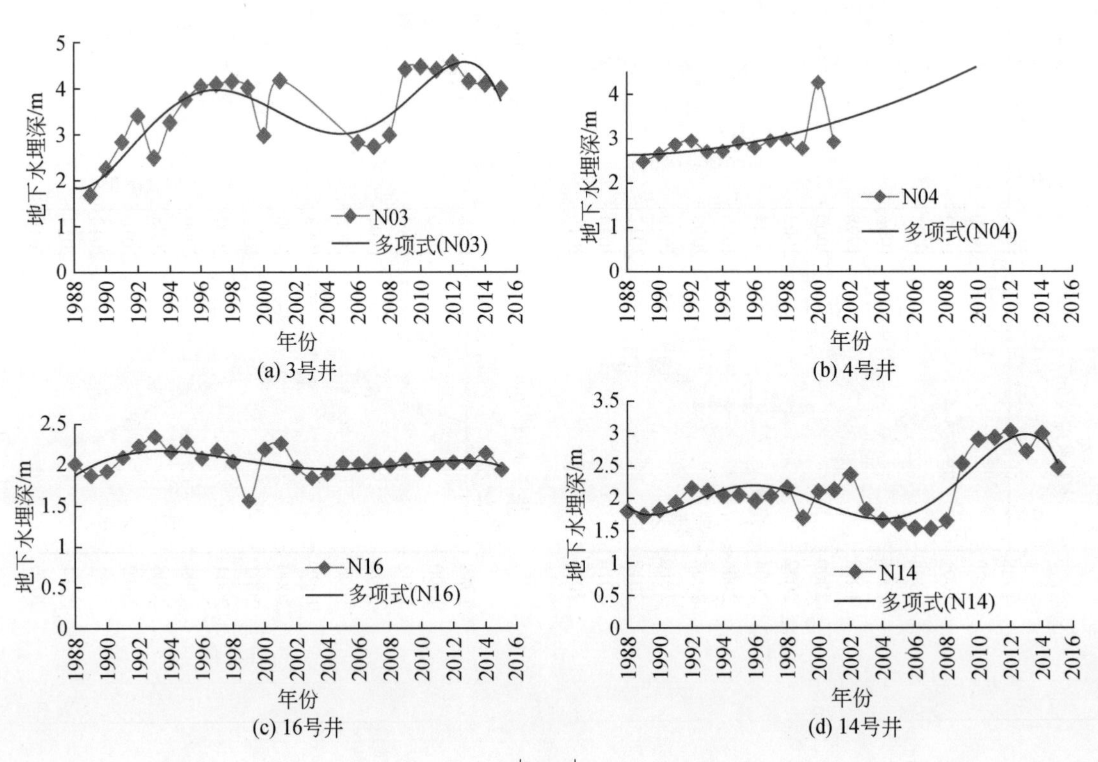

(a) 3号井 (b) 4号井

(c) 16号井 (d) 14号井

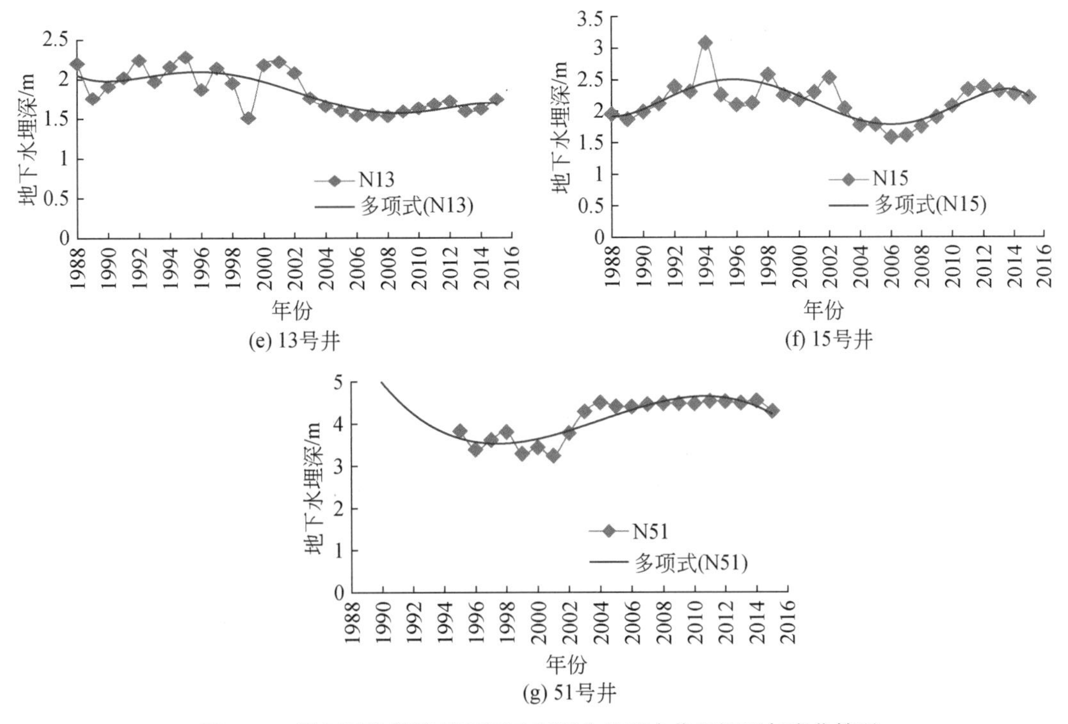

图 3-18　黑河下游额济纳西河区观测井地下水位埋深逐年变化情况

东河上段的 1 号井多年平均地下水埋深 2. 69m，最大埋深 4. 75m，最小埋深 1. 25m，峰谷相差 3. 50m，分水后地下水埋深抬升 0. 34m，而 5 号井和 33 号井均有不同程度的下降，总体而言变化不大。

东河中段 26 号井多年平均地下水埋深 2. 88m，最大埋深 3. 84m，最小埋深 1. 02m，峰谷相差 2. 82m，分水后地下水埋深下降 0. 26m，而 27 号井和 25 号井呈抬升趋势，总体来讲东河中段的地下水埋深抬升了 0. 06m。

东河下段整体下降约 1. 47m。西河上段地下水位平均下降约 0. 33m，西河核心部，即西河中段赛汉陶来附近地下水略微出现上升，约为 0. 27m，西河下段地下水埋深下降约 0. 77m。

总体来讲，东河上段变化不大，西河上段仍在下降，而两河的中段均呈上升趋势，下段均呈下降趋势，尤其是东河下段的下降趋势更为明显。

(2）地下水埋深的空间变化

基于 1990 ~ 2015 年的长期定位地下水观测数据，选择 1990 年、1999 年、2015 年三年作为分析地下水位的空间变化特征。分别将 1990 年、1999 年、2015 年各地下水埋深原始数据在 ArcView 中利用 Spatial Analyst 空间分析模块进行反距离（IDW）空间插值（1000m×1000m），三期的空间插值结果见图 3-19 ~ 图 3-21。

由图 3-19 可以看出，1990 年额济纳绿洲地下水埋深的空间分布大致呈现出以下变化特点：东、西两河附近地下水埋深小于远离河道区域；沿东河从上段到下段区域地下水埋深的变化呈现出先减小后增加的趋势，最后到东居延海地区地下水位最高，而位于额济纳旗附近的绿洲核心地带到东居延海之间的戈壁区域地下水埋深最大，为3.5～4m。

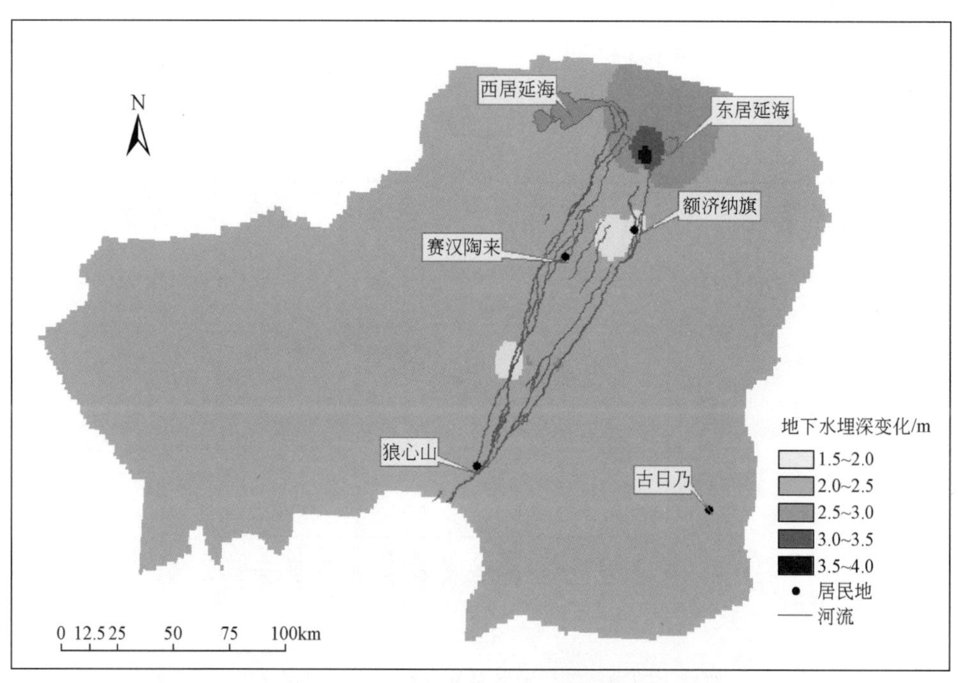

图3-19　黑河下游额济纳地区1990年地下水位埋深变化

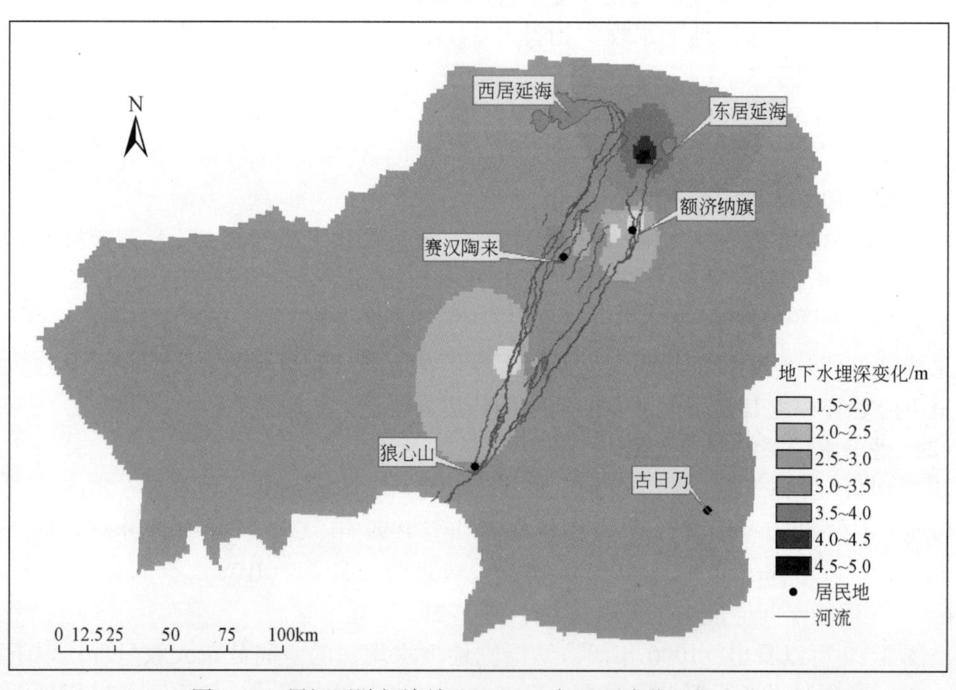

图3-20　黑河下游额济纳地区1999年地下水位埋深变化

1999 年及 2015 年额济纳绿洲地下水埋深空间分布详见图 3-20 和图 3-21。

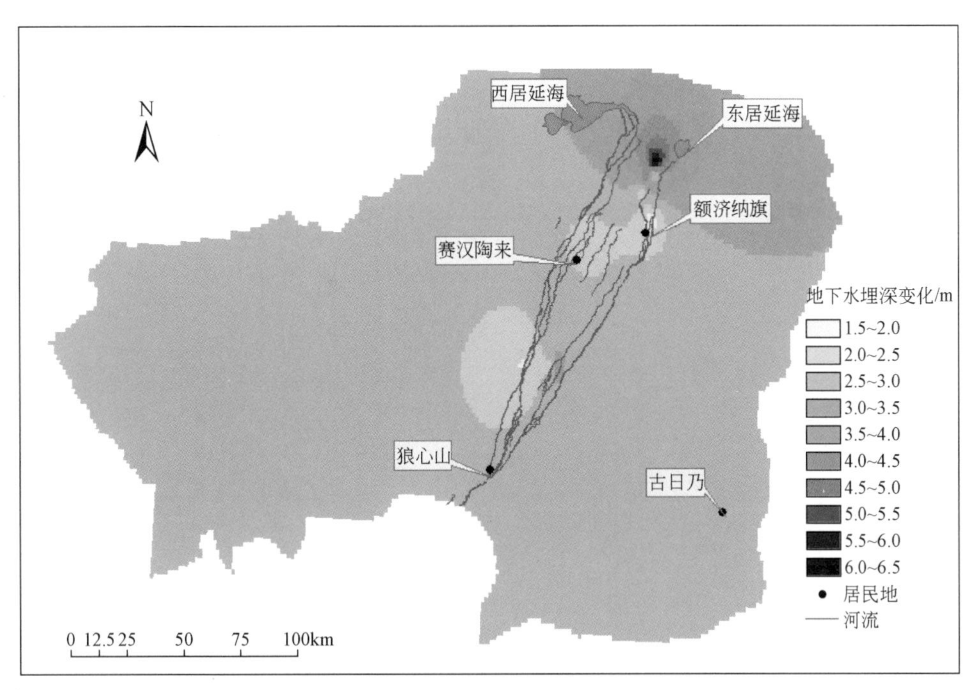

图 3-21　黑河下游额济纳地区 2015 年地下水位埋深变化

西河自上段至中段再至下段地部分，同样表现出，从狼心山到赛汉陶来再至西居延海区域，地下水埋深先减小后增加，地下水埋深在赛汉陶来区域达到最小，为 1.5 ~ 2.0m，而在戈壁区至西居延海部分地下水埋深最大，为 3 ~ 3.5m；东河东南部古日乃地区地下水埋深在 1 ~ 2m 范围内波动；而西河以西的西戈壁地区地下水埋深为 2.5 ~ 4m。

西戈壁以西的区域，包括西南部的马鬃山地区，由于地下水埋深观测资料缺乏，进而影响到该部分地下水埋深插值结果，考虑到该区域不是绿洲变化的主要区域，在此不做分析。

对黑河下游额济纳绿洲 1990 ~ 2015 年地下水位埋深分布，主要在 ArcView 环境下利用空间分析（Spatial Analyst）模块进行分析，将 1990 年、1999 年、2015 年地下水埋深图进行空间叠加，从而可以得到额济纳绿洲 1990 ~ 2015 年的地下水埋深的空间变化分布图。其中，图 3-22 ~ 图 3-24 分别为额济纳绿洲 1990 ~ 1999 年、1999 ~ 2015 年和 1990 ~ 2015 年的不同地下水埋深区间面积变化图及面积变化统计结果。

由图 3-22 可以看出，首先 1990 ~ 1999 年研究区域地下水位下降，其中发生变化面积最大的区间是 0 ~ 0.5m，其变化面积为 4.08 万 km^2，主要发生在狼心山至两河上段区域、古日乃地区、赛汉陶来至东河间的中戈壁，以及额济纳旗政府以南-古日乃以北的东戈壁区、东居延海附近；其次，水位埋深增大面积较大的区间是 0.5 ~ 1m，面积约为 1.52 万 km^2，主要位于西河中段赛汉陶来附近、额济纳旗政府周围、西河下段部分区域，以及旗政府以北东居延海以南的小部分戈壁地区；接着，地下水埋深增加 1 ~ 2m 的区间，面积约为

0.78 万 km²，主要发生在西河最下段区域及西居延海周围；最后，水位埋深增加 2～2.5m 的区间，面积共计 0.06 万 km²，主要发生在西居延海周围的核心区域。

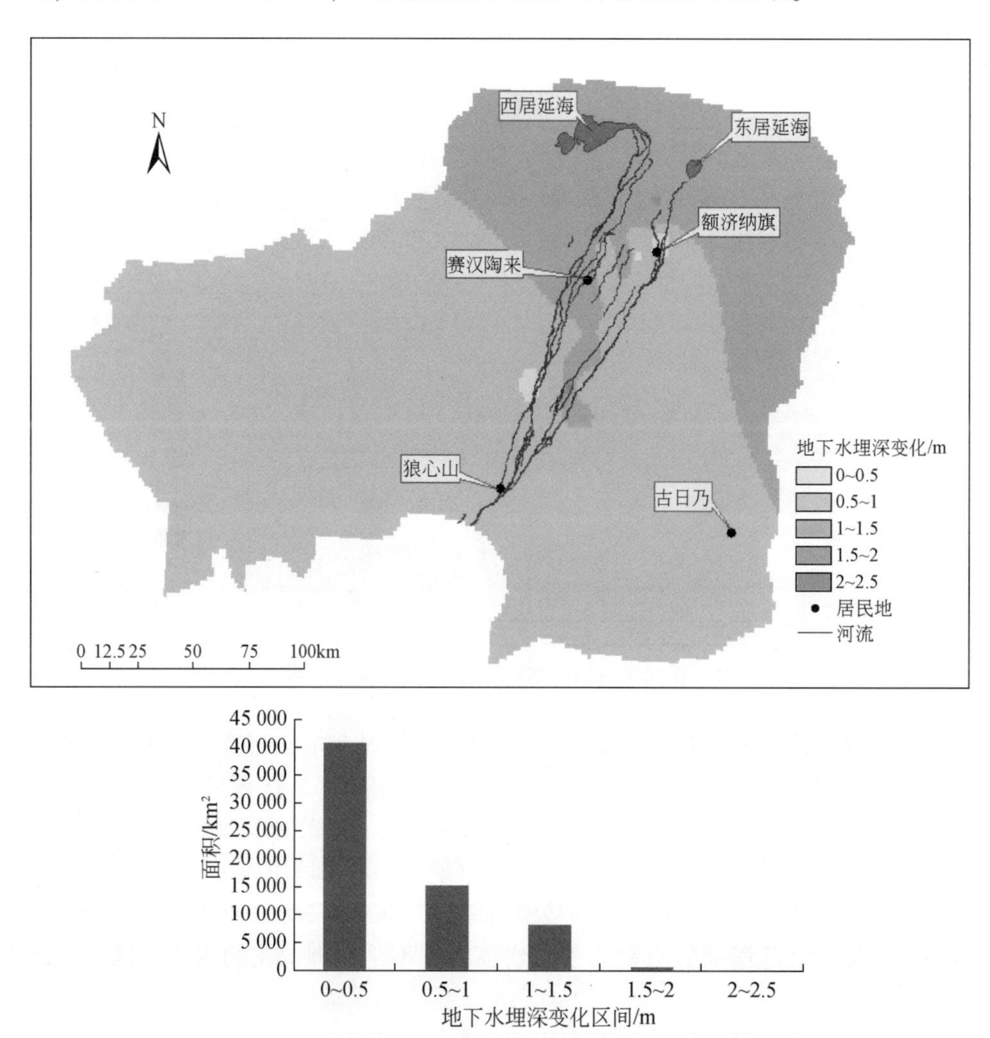

图 3-22　1990～1999 年黑河下游额济纳地区地下水位埋深变化及面积统计

由图 3-23 可以看出，在 1999～2015 年研究区域地下水埋深有些区域增大，有些区域减少。其中，发生变化面积最大的区间是-1～0.5m，即地下水埋深减小，其变化面积为 3.81 万 km²，主要发生在两河上中段区域，东河以东和古日乃以西，东、西居延海周围，西戈壁；其次水位埋深增大面积较大的区间是-0.5～0m，即地下水埋深减小，面积约为 1.69 万 km²，主要位于古日乃至进素土海子一带、额济纳旗政府以北东居延海以南的戈壁地区和两河中段间的中戈壁部分地区；地下水埋深增加的区间为 0～0.5m，面积约为 1.21 万 km²，主要发生在西居延海周围。

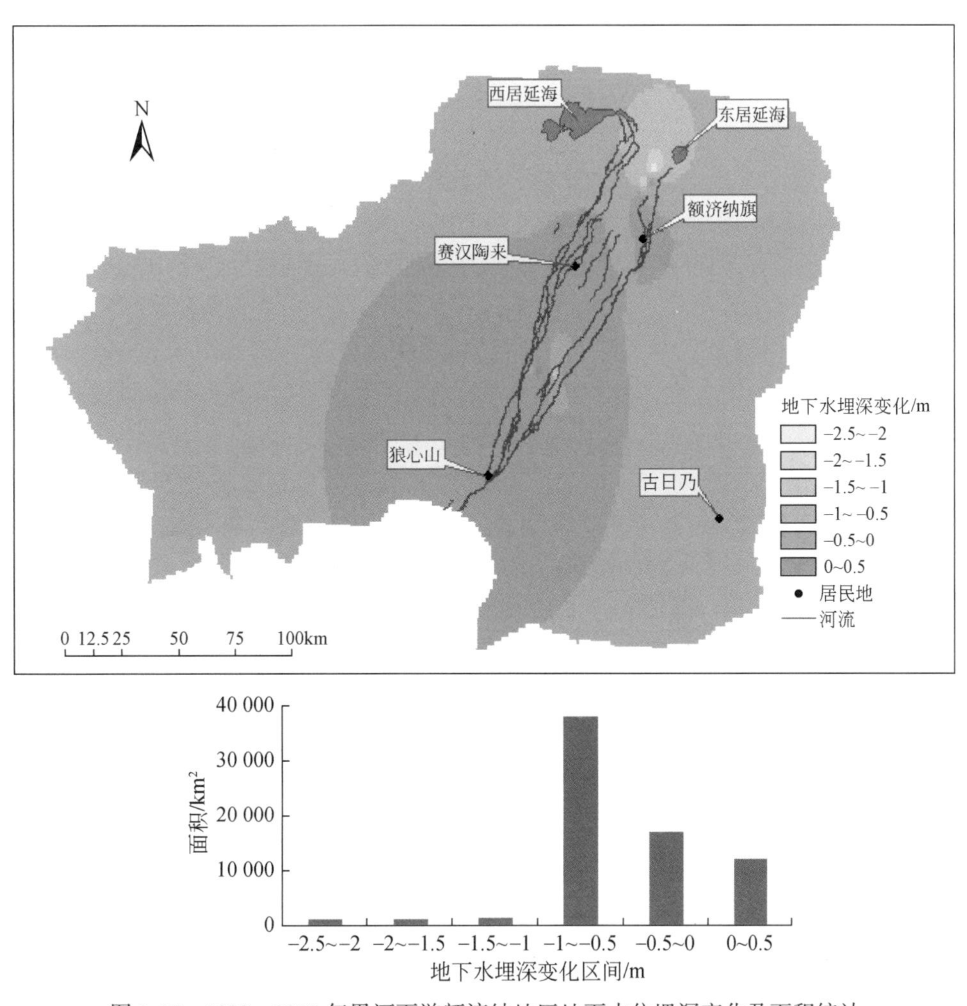

图 3-23　1999 ~ 2015 年黑河下游额济纳地区地下水位埋深变化及面积统计

由图 3-24 可以看出，在 1990 ~ 2015 年研究区域地下水位整体上下降，有局部区域水位上升。其中水位埋深变化面积最大的区间是 0 ~ 0.5m，其变化面积为 4.21 万 km²，主要发生两河上段区域、东河上中段以东的东戈壁、古日乃地区、赛汉陶来至东河间的中戈壁，以及额济纳旗政府以南-古日乃以北的东戈壁区；其次水位埋深增大面积较大的区间是 0.5 ~ 1m，面积约为 3.21 万 km²，主要位于西河下段至西居延海之间广大区域，额济纳旗政府周边区域、旗政府以北东居延海以南的戈壁区域；地下水埋深增加 1 ~ 1.5m 的区间，面积约为 0.38 万 km²，主要发生在两河最下段区域以及额济纳旗政府以北居延海以南的戈壁部分区域；水位埋深减小的区间-0.5 ~ 0m，面积约为 0.18 万 km²，主要发生在东河上段部分区域。

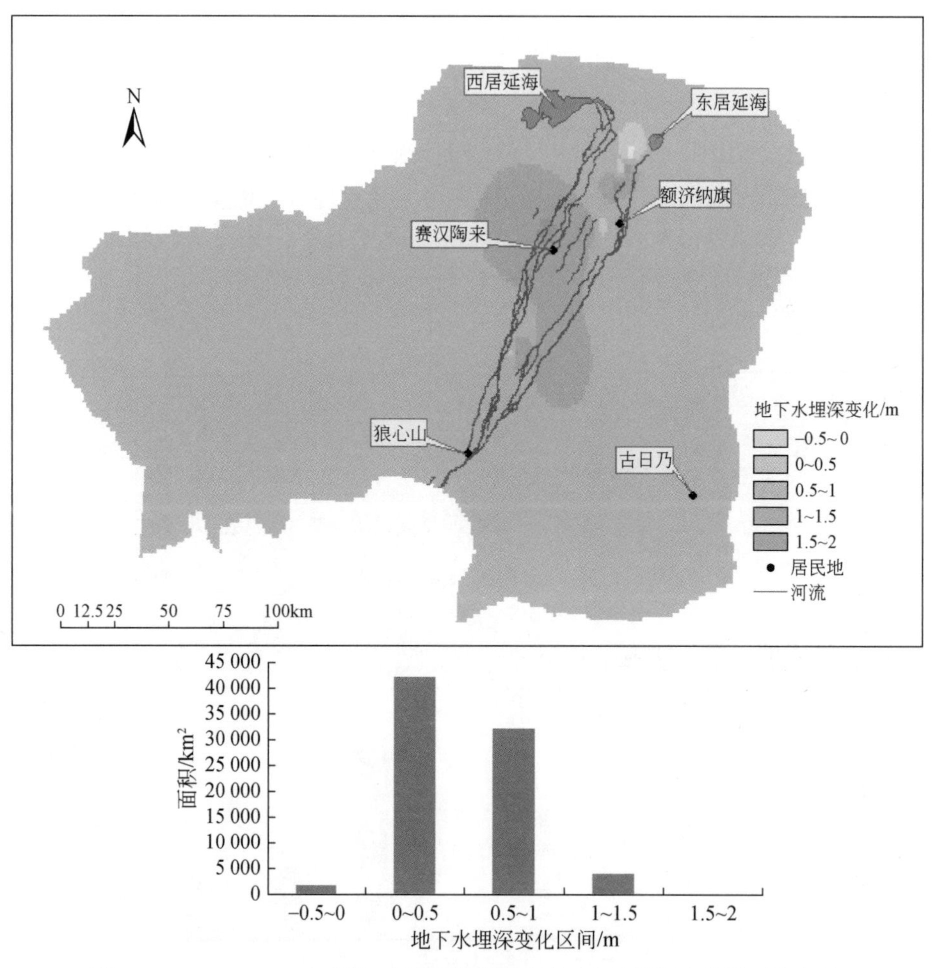

图 3-24　1990～2015 年黑河下游额济纳地区地下水位埋深变化及面积统计

综上所述，地下水的年际变化表现为：从 20 世纪 80 年代开始研究区平均地下水埋深呈现下降的趋势，到 90 年代，地下水埋深达到最大，2000 年以来，地下水位开始回升。地下水埋深的季节变化表现为：地下水埋深最小值出现的月份主要集中在 2～5 月，其中最多发生的月份是 4 月；地下水埋深最大值出现的月份最多出现在 8 月、9 月，此时植被蒸散最强，缺水也最为严重。

地下水位的空间变化表现为：1990～2015 年，地下水埋深空间变化强烈。其中，1990～1999 年地下水位整体以下降变化为主；1999～2015 年大部分区域地下水位回升，局部区域地下水不变或者下降较小。

3.4　统一调度以来流域经济社会变化分析

黑河流域自 2000 年实行水资源统一调度，流域的经济社会发生了显著变化，尤其是中下游变化巨大。

3.4.1 中游经济社会分析

国内生产总值（GDP）通常作为衡量一个区域经济发展水平的指标。通过产业结构调整，黑河中游地区第二、第三产业迅速发展，GDP 15 年间翻了近 6 倍（图 3-25）。农民的纯收入是反映区内农业经济发展状况的重要指标，通过经济作物种植比例的增加，农民人均纯收入由 2000 年的 0.29 万元以每年 9% 左右的速度提高到 2015 年的 1.12 万元，说明了农业经济发展态势良好。通过 15 年的流域综合治理和产业结构的调整，作为区内用水主体的第一产业比例下降显著，中游地区产业结构由 2000 年第一、第二、第三产业的比例为 41：27：32 到 2007 年比例为 30：36：34 再到 2015 年比例为 25：27：48，产业结构一步步优化，结构调整成效显著，区域经济结构发展更加健康（图 3-26）。

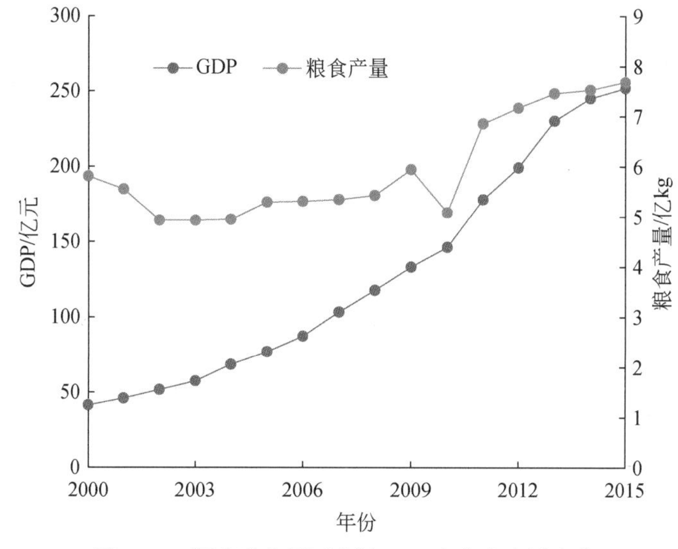

图 3-25　调水以来黑河中游 GDP 和粮食产量变化

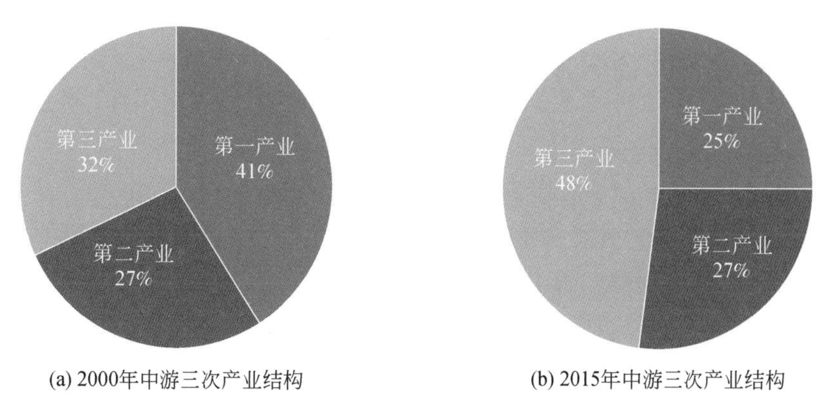

图 3-26　调水以来黑河中游三次产业结构变化

张掖市是中国重要的商品粮基地，粮食生产是农业生产的重点，粮食总产量可以反映该地区的农业发展状况。虽然2002年和2003年中游地区退耕还林还草的比例很大；但是通过农业内部产业结构的调整，压缩了水稻、小麦种植面积，增加了玉米的种植，粮食总产量稳步增长（图3-25）。

根据2000~2015年张掖市年鉴统计数据，自2000年以来，根据中游年末常住人口统计，其人口由2000年的78.33万人增加到2010年的82.75万人，增加了4.42万，增长了5.64%；但是2011年年末统计人口比2010年减少3.95万人，之后人口又缓慢上升，至2015年年底，人口数为79.49万人，比2000年增加1.16万人。黑河中游三县（区）人口结构表现为农村人口多，城镇人口少。2015年，其乡村人口比例为55.28%，城镇人口比例为44.72%，2000~2015年，城镇人口比例从20.4%上升到44.72%，城镇化率有所改善，城镇人口明显上升，农村人口比例由79.6%下降到55.28%，城镇化水平有所提高，但是农村人口依旧占大多数（图3-27）。

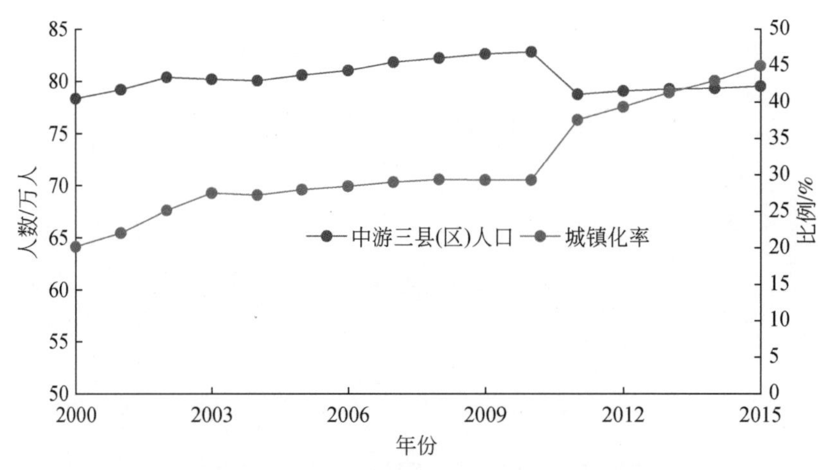

图3-27　调水以来黑河中游人口及城镇化率变化

3.4.2　下游经济社会分析

（1）下游金塔县鼎新灌区

统计2006~2013年下游金塔县的鼎新灌区数据，得到表3-19。由表3-19可见，鼎新灌区人口结构表现为农村人口多，非农业人口少；农业人口逐步下降，非农业人口逐步上升，但变化幅度都不大。2006~2013年，虽城镇化水平有所提高，但是农村人口依旧占绝大多数。农作物播种面积略有下降。地区农业趋向于发展经济作物，农业总产值不断提高，粮食产量提高缓慢变幅不大。

表 3-19　鼎新灌区发展概况

项目	单位	2006 年	2007 年	2008 年	2009 年	2010 年	2011 年	2012 年	2013 年
总人口	人	24 998	25 272	25 390	25 523	25 116	25 252	25 162	25 062
非农业人口	人	763	749	753	776	815	853	849	841
农作物播种面积	亩	82 023	82 988	86 844	81 804	82 066	81 139	81 464	81 965
粮食产量合计	t	5 595.7	6 482.8	10 558	12 694.2	11 523.5	7 362	8 621	7 635
农业总产值	万元	29 927.9	33 627.8	25 252.94	35 703.5	49 237.6	54 927.8	64 189.1	69 610.6

(2) 下游额济纳地区

统计下游额济纳旗数据得到表 3-20。自调水以来，下游额济纳旗 GDP 迅猛发展，从 2000 年的 1.44 亿元增长到 2014 年的 49.19 亿元，翻了 34 倍多。第一、第二、第三产业的比例由 2000 年的 29∶31∶40 到 2007 年的 6∶51∶43 再到 2014 年的 3∶58∶39，产业结构调整成效显著，区域经济实力不断增强，几乎与发达国家产业结构比例水平持平。非农业人口比例由 2000 年的 66% 到 2014 年的 70%，说明本地区城镇化水平很高。

表 3-20　额济纳旗经济社会概况

年份	GDP/亿元				全旗总人口/人	非农业人口/人
	第一产业	第二产业	第三产业	合计		
2000	0.42	0.44	0.58	1.44	16 263	10 738
2001	0.44	0.59	0.66	1.68	16 510	10 796
2002	0.45	0.67	0.78	1.90	16 617	11 021
2003	0.49	1.19	1.10	2.77	16 694	11 131
2004	0.44	3.58	2.62	6.64	16 874	11 286
2005	0.52	4.19	3.34	8.05	16 888	11 356
2006	0.62	5.38	4.52	10.52	17 023	11 319
2007	0.76	7.19	6.05	14.01	17 240	11 553
2008	0.94	11.45	8.03	20.42	17 135	11 718
2009	1.05	16.77	9.57	27.40	17 108	11 738
2010	1.19	18.52	11.82	31.53	17 288	11 955
2011	1.38	24.52	14.00	39.89	17 649	12 277
2012	1.48	26.94	15.49	43.91	18 062	15 197
2013	1.64	27.61	17.88	47.13	18 030	12 847
2014	1.68	28.45	19.06	49.19	18 276	12 778
2015	1.69	17.41	22.00	41.10	18 130	12 774

续表

年份	农牧民人均纯收入/元	农作物总播种面积/亩	粮食作物、棉花和蜜瓜总产量/t	出入境人数/人	进出口贸易额/万美元
2000	2 765	23 141	8 632	33 417	3 374. 2
2001	2 906	19 959	7 396	49 131	4 461. 2
2002	3 037	24 828	17 897	44 761	5 752. 7
2003	3 347	35 086	14 230. 1	14 380	2 210. 35
2004	3 857	41 876	22 350	114 647	17 360
2005	4 444	45 354	41 917	125 218	17 540
2006	5 000	66 582	77 559	26 685	1 608
2007	5 792	77 994	97 345	26 149	1 484
2008	7 094	70 040	96 870	32 811	6 679. 3
2009	7 830	69 982	121 562	164 341	16 916
2010	9 162	67 197	104 219	284 196	44 193
2011	10 572	67 646	104 175	299 632	71 259
2012	12 158	67 673	110 061. 5	240 306	59 235. 91
2013	13 708	66 529	112 207. 84	195 313	34 005. 42
2014	15 353	73 207. 5	125 637. 91	239 065	151 998. 5
2015	16 505	77 043	133 885. 6	260 091	132 166

农作物产量增长迅速，由2000年的8632t增加到2014年的12 5637. 91t，以每年7800多吨的速度增加。额济纳棉花、蜜瓜等高效益、市场前景好的农作物播种面积增加迅速，由2000年的23 141亩增加到2014年的73 207. 5亩，农牧民纯收入由2765元增长到15 353元，人均年纯收入实际增幅13%，高于全国平均增幅水平。额济纳多年来始终坚持“口岸兴旗”发展战略，随着经济社会的发展，年出入境人数和进出口贸易额尽管个别年份有波动，但总体来看呈增长趋势。

2015年农业生产稳中有增，种植结构进一步优化。全旗农作物播种面积77 043亩，同比增长5. 24%，相较于2000年面积增加了3倍多。其中：2015年粮食作物播种面积4500亩，同比减少123亩，粮食总产量1841. 64t；棉花播种面积970亩，同比减少12 200亩，棉花总产量291t；蜜瓜播种面积61 324. 5亩，同比增加6514. 5亩，总产量133 885. 6t。

3. 5　统一调度以来流域生态环境变化分析

3. 5. 1　中游各县（区）不同时期生态环境动态变化遥感分析

本书结合遥感数据并根据林地面积、草地面积、耕地面积、水域面积及土地退化面积等指标来评价调水与治理影响效果，具体分析调水及近期治理对各类指标的影响。

（1）林地面积

表 3-21 为林地分布面积遥感数据。由表 3-21 可知，自 1987 年以来，中游地区在 20 世纪 80 年代后期尚有人工林地面积 75.63km^2，到 2000 年人工林地面积减少至 45.76km^2，减少了 29.87km^2，年均减少 2.29km^2；自 2000 ~ 2015 年治理以来，人工林地面积由 45.76km^{2}增加到 84.64km^2，新增人工林地面积 38.88km^2，年均增加人工林地面积 2.59km^2，人工林地面积增加趋势明显。与人工林地生态相反，天然林面积呈现明显的递减趋势。中游地区在 80 年代后期尚有天然林地面积 109.12km^2，到 2000 年天然林地面积下降为 39.13km^2，减少了 69.99km^2，年均减少 5.38km^2。2000 ~ 2015 年治理以来，天然林地面积减少 2.07km^2，年均减少 0.14km^2，减少趋势相对调水前有所缓解。

表 3-21　调水前后林地生态分布面积变化遥感调查　　（单位：km^2）

县（区）	生态类型	1987 年	2000 年	2015 年	1987 ~ 2000 年变化	2000 ~ 2015 年变化
甘州	天然林地	53.98	9.99	10.57	-43.99	0.58
	人工林地	48.5	19.23	16.54	-29.27	-2.69
临泽	天然林地	39.73	22.8	20.82	-16.93	-1.98
	人工林地	12.43	23.46	25.95	11.03	2.49
高台	天然林地	15.41	6.34	5.67	-9.07	-0.67
	人工林地	14.7	3.07	10.15	-11.63	7.08
合计	天然林地	109.12	39.13	37.06	-69.99	-2.07
	人工林地	75.63	45.76	84.64	-29.87	38.88

（2）草地面积

流域草地生态分布面积要远大于森林分布面积，是植被生态的主体。草地的生态作用和效益极为重要，具有涵养水分、保持水土、改良土壤、培肥地力、净化空气和美化环境等功能，也是畜牧业发展的物质基础。中游调水及近期治理对草地生态的影响必然十分重视。下文以面积为指标来评价草地影响效果。

中游地区草地面积占总土地面积的 6.88%。其中，高覆盖草地面积较少，仅占土地面积的 0.29%，低覆盖草地占 6.59%。对比调水前后中游地区草地分布面积遥感数据如表 3-22所示。

1987 年以来，中游地区草地面积呈现大幅度递减态势，低覆盖草地分布面积由 1122.52km^{2}减少到 2000 年的 797.71km^2，13 年间减少了 324.81km^2，年均减少 24.99km^2。2000 ~ 2015 年，低覆盖草地面积由 797.71km^{2}减少到 689.28km^2，减少了 108.43km^2，年均减少 6.78km^2。与此同时，1987 ~ 2000 年，高覆盖草地分布面积出现大幅度减少，减少面积为 33.01km^2，年均减少 2.54km^2，2000 ~ 2015 年调水治理以后，高覆盖草地由 19.86km^2 增加到 30.74km^2，增加了 10.88km^2，年均增加 0.68km^2。草地分布面积的增加主要是由于沙漠化面积的减少及退耕还林还草工程的实施。

表 3-22　调水前后草地生态分布面积变化遥感调查　（单位：km^2）

县（区）	生态类型	1987 年	2000 年	2015 年	1987 ~ 2000 年变化	2000 ~ 2015 年变化
甘州	低覆盖草地	718.49	549.66	494.01	-168.83	-55.65
	高覆盖草地	32.04	2.93	3.21	-29.11	0.28
临泽	低覆盖草地	238.73	141.6	105.39	-97.13	-36.21
	高覆盖草地	0.66	5	6.21	4.34	1.21
高台	低覆盖草地	165.3	106.45	89.88	-58.85	-16.57
	高覆盖草地	20.17	11.93	21.32	-8.24	9.39
合计	低覆盖草地	1122.52	797.71	689.28	-324.81	-108.43
	高覆盖草地	52.87	19.86	30.74	-33.01	10.88

（3）耕地面积

为评价治理对耕地面积的影响，本书采用遥感技术对中游耕地分布面积进行分析，表 3-23 所示为中游耕地遥感分布面积，1987 年耕地面积为 1661.95km^2，2000 年为 1838.28km^2，比 1987 年面积增加了 176.33km^2，年均增加 13.56km^2。调水后 2015 年耕地面积为 2129.83km^2，与 2000 年相比增长了 291.55km^2，年均增长 18.22km^2，说明治理后耕地面积增长趋势加剧。

表 3-23　中游各地区耕地分布面积变化遥感调查　（单位：km^2）

生态类型	1987 年	2000 年	2015 年	1987 ~ 2000 年变化	2000 ~ 2015 年变化
甘州	905.04	952.54	1061.35	47.50	156.31
临泽	381.79	416.89	504.04	35.10	122.25
高台	375.12	468.85	564.44	93.73	95.59
合计	1661.95	1838.28	2129.83	176.33	291.55

（4）未利用地面积

本书将土地退化指标概括为人工用地和未利用地。采用遥感技术对中游土地退化分布面积进行分析，表 3-24 为裸地分布面积遥感数据。

表 3-24　调水前后土地退化面积变化遥感调查表　（单位：km^2）

县（区）	生态类型	1987 年	2000 年	2015 年	1987 ~ 2000 年变化	2000 ~ 2015 年变化
甘州	未利用地	1605.71	1602.77	1544.4	-2.94	-58.37
	人工用地	114.51	122.61	134.29	8.1	11.68
临泽	未利用地	1953.83	2124.22	2001	170.39	-121.22
	人工用地	31.43	52.90	56.60	21.47	3.7

续表

县（区）	生态类型	1987 年	2000 年	2015 年	1987～2000 年变化	2000～2015 年变化
高台	未利用地	2857.54	2847.12	2780.24	-10.42	-66.88
	人工用地	23.50	33.98	51.28	10.48	17.30
合计	未利用地	6417.08	6574.11	6325.64	157.03	-248.47
	人工用地	169.44	209.49	242.17	40.05	32.68

黑河流域土地沙漠化问题一直备受关注，为了解黑河调水及近期治理对土地沙漠化的影响，下面对中游裸地面积进行调查评价。如表 3-24 所示，中游地区自 1987 年以来未利用地面积由 6417.08km^2 增加到 2000 年的 6574.11km^2，增加了 157.03km^2，年均增加 12.08km^2，人工用地面积由 1987 年的 169.44km^2 增加到 2000 年的 209.49km^2，增加了 40.05km^2，年均增加 3.08km^2。

治理以来，未利用地面积由 2000 年的 6574.11km^2 减少到 2015 年的 6325.64km^2，减少了 248.47km^2，年均减少 15.53km^2。而人工用地面积由 2000 年的 209.49km^2 增加到 242.17km^2，增加了 32.68km^2，表现出未利用地和人工用地面积增加缓慢的态势。这与中游地区大规模长期进行的封沙治沙有关，是沙漠化治理取得显著成就的具体表现。

2015 年以来，受近期治理影响，未利用地和人工用地面积增加缓慢，主要是因为治理以来，来水期水分充足，离黑河流域调水区较近的区域有些原本干旱的地方水分得到补充，有效地减缓了沙漠扩张的趋势。

（5）水域面积

流域内自然与人工水域类型主要包括湖泊、水库、坑塘、河渠、滩地等，这些水域面积变化揭示了流域人类活动和气候条件对区域水环境的影响程度。直接用水体包括所有水域内的类型，利用遥感技术解译出水域分布面积见表 3-25。

表 3-25　调水前后水体生态分布面积变化遥感调查　（单位：km^2）

县（区）	1987 年	2000 年	2015 年	1987～2000 年变化	2000～2015 年变化
甘州	139.86	89.46	58.92	-50.40	-30.54
临泽	58.22	47.00	28.77	-11.22	-18.23
高台	81.27	53.86	81.54	-27.41	27.68
合计	279.35	190.32	169.23	-89.03	-21.09

流域湖泊水域变化在 20 世纪 50 年代后期就已开始，并迅速发展，到 80 年代后期，大量天然湖泊干涸消失。中游地区湖泊水域主要分布于南部山区，俗称“海子”。黑河中游流域总的水体面积由 1987 年的 279.35km^2 减少到 2000 年的 190.32km^2，减少了 89.03km^2，到 2015 年面积为 169.23km^2，比 2000 年减少了 21.09km^2，与治理前相比水体减少率有所减缓。

综合中游水体面积变化，黑河调水及近期治理实施后中游地区的水体面积仍在减少，主要是由于为了减少水库蒸发促进节水工程更有效地实施，近期治理工程废除了部分平原水库；另外，水域面积在调水前已经在逐年减少。

3.5.2 黑河下游典型区绿洲变化情况遥感分析

1. 东、西河区

从表3-26的遥感调查统计可以看出，黑河下游东、西河区调水和治理前后胡杨林面积及覆盖度、草地面积及覆盖度、灌木林植被面积及覆盖度、未利用地面积等均有变化。高覆盖度胡杨林面积2015年比1999年增加了10.19km^2，中覆盖度胡杨林面积减少了7.57km^2，低覆盖度胡杨林面积增加了8.22km^2；高覆盖草地面积2015年比1999年增加了20.91km^2，中覆盖度草地面积增加了28.80km^2，低覆盖度草地面积增加了16.69km^2；高覆盖灌木林面积2015年比1999年增加了79.74km^2，中覆盖度灌木林面积减少了2.25km^2，低覆盖灌木林面积减少了4.49km^2；未利用地面积2015年比1999年减少了205.45km^2。上述遥感数据表明，黑河调水和治理以来，东、西河地区的生态环境有了较大的改善，以胡杨林、草地、灌木林为主的绿洲面积增加150.24km^2，长势也比调水前有了一些改善，未利用地面积也比调水前有所减少。黑河下游的东、西河区是黑河下游绿洲的核心区，绿洲生态环境的改善说明黑河下游16年调水和14年治理使下游生态环境继续恶化的趋势得到了遏制。

表3-26　东、西河区调水前后生态环境变化遥感调查表

类型	1987年面积/km^2	1999年面积/km^2	2015年面积/km^2	1999年比1987年增加量		2015年比1999年增加量	
				面积/km^2	增长率/%	面积/km^2	增长率/%
耕地	24.67	37.16	60.78	12.49	50.63	23.62	63.56
高覆盖度胡杨林	128.46	125.69	135.88	-2.77	-2.16	10.19	8.11
中覆盖度胡杨林	156.76	130.70	123.13	-26.06	-16.64	-7.57	-5.79
低覆盖度胡杨林	139.08	101.57	109.79	-37.51	-26.97	8.22	8.09
高覆盖度灌木林	301.47	243.09	322.83	-58.38	-19.37	79.74	32.80
中覆盖度灌木林	644.47	552.33	550.08	-92.14	-14.30	-2.25	-0.41
低覆盖度灌木林	165.32	166.46	161.97	1.14	0.69	-4.49	-2.70
高覆盖度草地	453.47	477.32	498.23	23.85	5.26	20.91	4.38
中覆盖度草地	1 665.95	1 534.83	1 563.63	-131.12	-7.87	28.80	1.88
低覆盖度草地	1 276.12	1 319.71	1 336.40	43.59	3.42	16.69	1.26
城镇用地	11.90	12.94	20.67	1.04	8.74	7.73	59.74
水体	209.30	166.63	210.50	-42.67	-20.39	43.87	26.33

续表

类型	1987 年面积 /km²	1999 年面积 /km²	2015 年面积 /km²	1999 年比 1987 年增加量		2015 年比 1999 年增加量	
				面积/km²	增长率/%	面积/km²	增长率/%
未利用地	52 853.44	53 141.99	52 936.54	288.55	0.55	-205.45	-0.39
合计	58 030.41	58 030.42	58 030.43	—	—	—	—

2. 两湖区

从表 3-27 的遥感调查表可以看出，黑河下游两湖区调水和治理前后水体面积、草地面积及覆盖度、灌木类植被面积及覆盖度、未利用地面积等均有变化。在黑河调水实施以前，东、西居延海已干枯多年，2015 年 7 月的遥感调查表明，高覆盖草地面积 2015 年比 1999 年增加了 3.12km²，中覆盖度草地面积增加 7.76km²，低覆盖度草地面积增加了 19.79km²；高覆盖度灌木林面积 2015 年比 1999 年增加了 6.01km²，中覆盖度灌木林面积增加了 12.49km²，低覆盖度灌木林面积增加了 15.08km²；未利用地面积 2015 年比 1999 年减少了 11.16km²。黑河调水 16 年来，两湖区生态受益最明显，尤其是东居延海地区，不但在 2015 年常年保持较大的水面面积，四周的生态环境也有了极大改善，枯死多年的芦苇、芨芨草等长势良好，以草地、灌木林为主的绿洲面积增加了 64.25km²。

表 3-27　两湖区调水前后生态环境变化遥感调查表

类型	1987 年面积 /km²	1999 年面积 /km²	2015 年面积 /km²	1999 年比 1987 年增加量		2015 年比 1999 年增加量	
				面积/km²	增长率/%	面积/km²	增长率/%
高覆盖度灌木林	9.36	7.51	13.52	-1.85	-19.76	6.01	80.03
中覆盖度灌木林	30.32	31.26	43.75	0.94	3.10	12.49	39.96
低覆盖度灌木林	47.39	45.41	60.49	-1.98	-4.18	15.08	33.21
高覆盖度草地	2.56	1.90	5.02	-0.66	-25.78	3.12	164.21
中覆盖度草地	4.09	2.18	9.94	-1.91	-46.70	7.76	355.96
低覆盖度草地	23.45	19.07	38.86	-4.38	-18.68	19.79	103.78
水体	267.03	260.41	270.16	-6.62	-2.48	9.75	3.74
未利用地	448.23	464.84	453.68	16.61	3.71	-11.16	-2.40
合计	832.43	832.58	895.42	—	—	—	—

3.5.3 下游生态环境景观变化分析

本书以中科院地理空间数据云 2000 年、2015 年两个时期的 Landsat 卫星遥感影像作为源数据。解译辅助材料包括黑河下游相关地区地形图、行政区划图及林业调查数据。基于

ENVI 和 ArcGIS 软件对原始影像进行波段合成、投影变换、几何校正、直方图匹配、增强、裁剪等预处理之后，对景观类型信息进行解译。采用非监督分类的方法，将土地利用/覆盖类型分为耕地、林地、草地、水体、城镇、未利用地等类型。得到初步分类结果后，结合林业调查数据、野外调查，记录进行类别定义、合并子类等人机交互分类。

对分类数据进行矢量化，合并单元斑块后，转化为栅格图，使用景观分析软件 Fragstats 计算景观格局指数，计算斑块类型面积（CA）、斑块类型所占比例（PLAND）、斑块个数（NP）、斑块平均大小（MpS）、面积加权的平均形状因子（AWMSI）、面积加权的平均斑块分形指数（AWMPFD），景观水平上选择香农多样性指数（SHDI）、香农均匀度指数（SHEI）、聚集度指数（AI）、面积加权的平均形状因子（AWMSI）、面积加权的平均斑块分形指数（AWMPFD）、景观破碎度指数（FN）等指标。

1. 下游地区景观水平上的景观变化分析

从表 3-28 可以看出，在景观水平上，下游斑块个数的显著增加和斑块平均面积（AREAMN）的明显减少，说明下游的景观更为破碎；景观形状指数（LSI）在下游显著增加。景观分维数（PAFRAC）略有降低。并且受人为影响加大，景观形状趋于复杂，破碎度加大。聚集度指数在下游降低，说明斑块在下游呈分散发展。蔓延度指数（CONTAG）有所降低，是由于下游地区景观要素类型空间分布不均衡，未利用地占绝对优势并且比例有所下降，其他斑块类型的优势度增加，景观更加破碎。香农多样性指数和香农均匀度指数均增加，说明了景观多样性水平提高，异质性增加，景观中斑块优势度在减少，斑块类型在景观中趋于均匀分布，生态环境向着多样化和均匀化方向发展。这与下游地区耕地、林地、草地、城镇用地面积增加，未利用地面积减少，进而导致各景观类型所占比例差异减少有关。

表 3-28　黑河下游地区两个时期景观在景观级别上的景观指标

年份	NP/个	AREAMN/万亩	LPI/%	LSI	PAFRAC	AI	CONTAG/%	SHDI	SHEI
2000	3785	0.69	80.68	35.9	1.50	98.45	83.32	0.52	0.29
2015	4403	0.59	79.65	37.6	1.49	98.37	81.90	0.56	0.31

2. 下游地区类型水平上的景观变化分析

从表 3-29 可以看出，在黑河下游地区，最大的景观类型为未利用地、草地和林地，2015 年分别占下游总面积的 91.27%、6.06% 和 2.38%，其次为水体、耕地和人工用地。2000～2015 年，耕地、城镇用地、草地、水体和林地比例均有不同程度的提高，其中耕地和城镇比例有较大的增长；未利用地比例下降，下降比例为 0.33%。在下游地区，主要优势的景观类型依然是未利用地，对景观整体结构、功能及过程起主导作用；总体而言，两个时期不同景观类型的斑块面积、数量有明显增减，景观格局变化比较明显，黑河配水措施及人为活动对下游景观特征变化的影响较为显著。

表 3-29　黑河下游地区两个时期景观在斑块类型级别上的景观指标

指标	年份	耕地	林地	草地	水域	人工用地	未利用地
CA/km^2	2000	38.38	1 211.89	3 613.62	216.17	12.29	54 885.95
	2015	51.37	1 304.54	3 630.20	225.67	20.32	54 702.72
PLAND/%	2000	1.04	2.33	7.32	1.40	0.21	87.68
	2015	1.67	2.50	7.23	1.78	0.24	86.57
LPI/%	2000	0.17	0.05	0.41	0.17	0.05	80.68
	2015	0.31	0.20	0.27	1.19	0.05	79.65
PAFRAC	2000	1.46	1.57	1.51	1.71	1.38	1.44
	2015	1.38	1.58	1.51	1.57	1.41	1.42
AI/%	2000	94.15	89.20	92.33	93.06	91.53	99.36
	2015	94.46	89.28	92.00	93.02	91.57	99.37
IJI	2000	93.48	66.87	57.10	75.24	71.92	55.54
	2015	90.87	74.65	64.31	73.67	76.55	58.30
COHESION	2000	98.61	96.91	98.85	99.75	96.53	99.99
	2015	98.58	97.76	98.59	99.75	96.46	99.99

最大斑块指数（LPI）是各类型中的最大斑块面积与景观总面积之比，可用其量化类型水平上最大斑块占整个景观的比例，是一种简单的优势度衡量法。在下游，未利用地的LPI远远大于其他类型，达79.65%，水域为1.19%，其他都低于1%，表明未利用地是下游地区景观的基质类型。耕地、林地和水域的LPI增加，草地和未利用地LPI减少，城镇用地LPI不变，说明耕地、林地和水域的斑块面积扩大，在景观中的优势增加。草地和未利用地的面积在缩小、空间被分割。

景观分维数（PAFRAC）用于度量斑块或景观类型的复杂程度，对于具有分形结构的景观，其缀块性在不同尺度上应表现出很大的相似性，如果分维数在某一尺度域上不变，那么该景观在这一尺度范围可能具有结构的自相似性。分维数大小反映了人类活动对景观的影响，一般为1～2。分维数越接近1，斑块的自相似性越强，斑块形状越有规律。斑块的几何形状越趋于简单，说明斑块受人为干扰的程度越大。下游地区林地的分维数最大，耕地和城镇用地分维数值最低，说明耕地和城镇用地在人类的强烈干预之下，形状规则、简单。在变化趋势上，下游地区的耕地、未利用地分维数减少，林地、水域和城镇用地分维数增加，表明耕地、未利用地的斑块形状趋于简单，受人类活动影响较大，而林地、水域和城镇用地的斑块形状变得较为复杂。

聚集度指数（AI）反映景观中不同斑块类型的非随机性或聚集程度，可反映景观组分的空间配置特征。如果一个景观由许多离散的小斑块组成，其聚集度的值越小；当景观中以少数大斑块为主或同一类型斑块高度联结时，聚集度的值则越大。下游地区未利用地的AI值最大，其次是耕地、水域、草地、城镇，林地斑块的AI值最小。从变化趋势看，下游地区的耕地和城镇用地AI值均有较大的增加，其中下游地区草地的聚集度下降明显，是草地破碎化的结果。

散布与并列指数（IJI）是描述景观分离度的指数之一，其取值越小，说明与该景观类型相邻的其他类型越少，当 IJI = 100 时，说明该类型与其他所有类型完全、等量相邻。在中游地区，城镇用地的 IJI 最低，邻接类型最少。耕地的 IJI 在下游区域中最高，说明耕地的空间邻接分布复杂，相邻景观类型最多。

斑块结合度指数（COHESION）是对各斑块类型的物理连通性的描述。未利用地的 COHESION 最高，接近 100，城镇用地最低，说明未利用地是区域最主要的景观类型，连通性最好，城镇用地的分布则相对分散，空间连接性较低。从变化趋势来看，下游地区水域和未利用地的连通性无变化，林地的连通性增大，耕地、草地和城镇用地降低，其中草地降低显著。这是其他类型零星土地转化为林地，而草地支离破碎的结果。

3.5.4 下游生态 NDVI 变化分析

NDVI 可以表示植被覆盖度的变化，表 3-30、图 3-28 可反映额济纳绿洲不同生态分区不同时段 NDVI 变化情况，从其中可以看到，黑河下游额济纳 1981 ~ 2015 年 NDVI 先减少后增加，2000 ~ 2005 年 NDVI 值最低，这是在黑河调水初期几年，植被恢复响应滞后，2006 ~ 2015 年 NDVI 值增大，植被盖度显著增加，超过了 20 世纪 80 年代的水平。从各生态分区来看，除昂茨河生态区、班布尔河区和西居延海区外，其他各生态分区 NDVI 均比调水前有所增加，优于 80 年代的植被盖度，说明调水以来绿洲恢复面积虽然没有达到 80 年代的水平，但大部分区域植被盖度已经优于 80 年代的水平。

表 3-30　黑河下游额济纳绿洲各主要生态分区不同时段 NDVI 变化情况

生态分区	1981 ~ 1990 年	1991 ~ 1999 年	2000 ~ 2005 年	2006 ~ 2015 年
黑河下游额济纳	0.105	0.104	0.100	0.109
昂茨河生态区	0.222	0.223	0.194	0.202
班布尔河区	0.185	0.190	0.158	0.168
东大河生态区	0.216	0.217	0.208	0.234
东河上游区	0.104	0.105	0.099	0.104
东河中游区	0.069	0.069	0.068	0.070
东居延海区	0.062	0.063	0.058	0.079
建国营区	0.091	0.094	0.090	0.101
西居延海区	0.072	0.076	0.076	0.073
铁库里生态区	0.168	0.166	0.160	0.173
西河上中游区	0.130	0.132	0.126	0.138
中戈绿洲区	0.070	0.070	0.069	0.079

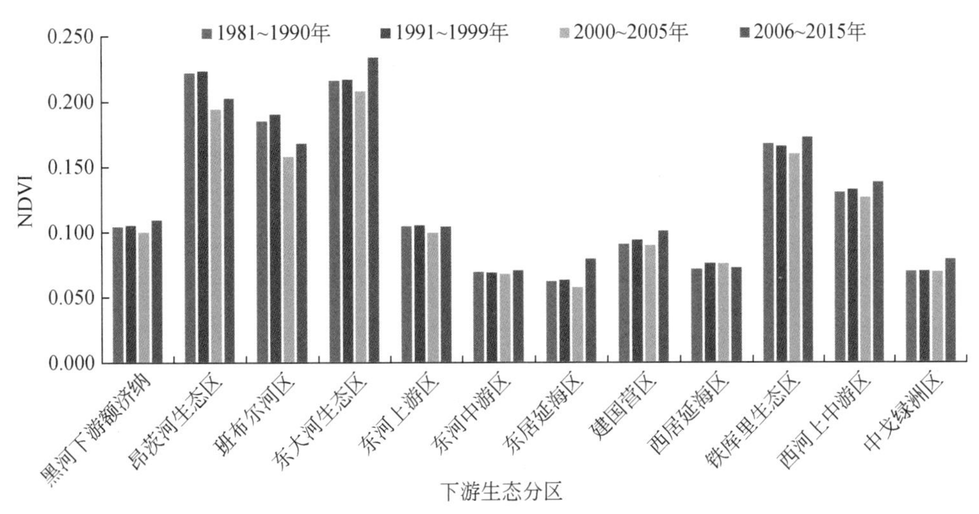

图 3-28 黑河下游额济纳绿洲各主要生态分区不同年代 NDVI 变化情况

3.5.5 下游生态效果综合评价

黑河流域治理的效果如何，最好的指标就是黑河下游生态恢复情况，下面对照黑河流域治理前后各项指标，分析黑河下游生态变化情况。

从表 3-31 可知，黑河流域水量调度统一实施的举措，对生态产生了较大的正面影响。黑河下游额济纳绿洲退化趋势得到有效遏制，林草植被和野生动物种类增多，覆盖度明显提高，生物多样性增加；黑河下游额济纳旗地下水埋深多年来持续下降的趋势得到初步遏制，并在局部地区略有回升；黑河下游以草地、胡杨林和灌木林为主的绿洲面积增加，胡杨生长量响应均以 2000 年为拐点，离河道越近生长量越大；水量调度以来，东居延海进水后四周的生态环境有了极大的改善，再现了居延海碧波荡漾的壮美景象；调水与治理后，封育和灌溉过的植被覆盖度、伴生植物种数、产草量等指标都有不同程度增加。

表 3-31 黑河下游治理前后各生态指标对比

指标体系			治理前（1999 年）	治理后（2015 年）
林地	面积/km^2	胡杨林面积	357.96	368.8
		灌木林面积	993.45	1 091.05
	胡杨林	平均株高/m	9	13
		幼苗株数/(株/m^2)	0.2	2.2
		郁闭度/%	35	75
	灌木林	平均株高/m	1.4	1.6
		株数/(株/m^2)	1.1	3
		郁闭度/%	32	65

续表

指标体系		治理前（1999 年）	治理后（2015 年）
草地面积/km^2	高覆盖度草地	492.98	530.07
	中覆盖度草地	1 585.20	1 587.06
	低覆盖度草地	1 363.02	1 345.78
耕地分布面积/km^2		38.38	81.37
未利用地分布面积/km^2		54 885.95	54 672.72
水体面积/km^2		427.04	480.66
聚集度指数		98.46	98.35
香农多样性指数		0.52	0.57
地下水埋深/m	额济纳绿洲	2.87	2.52
	东西河上游	2.92	2.23
	赛汉陶来	2.22	1.50
	吉日格朗图	3.09	2.11
狼心山以下地下水埋深小于 1m 的面积/km^2		93.60	1 009.25
狼心山以下地下水埋深小于 2m 的面积/km^2		221.10	1 703.90
狼心山以下地下水埋深小于 3m 的面积/km^2		1 187.3	1 585.7
狼心山以下地下水埋深小于 5m 的面积/km^2		4 461.9	6 324.4
胡杨个体对调水响应		—	—
距河道 100m 距离的胡杨生长量/mm		14.2	18.9
距河道 200m 距离的胡杨生长量/mm		—	8.8
距河道 500m 距离的胡杨生长量/mm		12.3	19.2
距河道 1000m 距离的胡杨生长量/mm		10.8	11.3
东居延海对调水响应		—	—
东居延海四周	优势植物	柽柳	芦苇、红砂
	覆盖度/%	13	37
	伴生植物	白刺	柽柳、黑枸杞
	状态	65% 枯死	—
丰富度指数		0.7	0.9
治理工程对植被的影响		—	—
七道桥胡杨林围栏封育（调查面积 400m^2）	株数	6	69
	均高/m	6.3	10.56
	郁闭度/%	0.05	0.82

续表

指标体系		治理前（1999年）	治理后（2015年）
胡杨林引水灌溉（调查面积1600m^2）	郁闭度/%	0.1	0.6
	均高/m	13	19
	平均胸径/cm	37	83
	植物种类	1	4
动物种类		—	天鹅、白额雁、卷羽鹈鹕、黄鸭、遗鸥、黄羊、黑鹳

3.6 流域水量与经济社会生态匹配度分析

黑河流域是我国西北干旱区典型的资源型缺水区域，水资源短缺不但影响该区域生态安全和经济发展，同时也深刻影响着该区域生态的演变过程。黑河流域历史上重视中游河西走廊地区农业灌溉的大力发展，忽视了黑河中下游之间水量的分配，对黑河流域下游土地荒漠化、生态环境恶化有很大的影响，随着流域灌区用水、中下游来耗水量的不断变迁，受制于水资源的下游绿洲及生态环境不断恶化，沙漠化扩张严重，并成为北方沙尘源区之一。自2000年实施黑河水量统一调度以来，区域生态环境得到初步改善，有效遏制了下游生态环境恶化趋势，使流域水资源在空间配置上逐步趋于合理，取得了一定的生态效益和社会效益。但是，随着流域社会经济、人口规模的不断发展，中游地区耗水量居高不下，生活、生产和生态用水配置仍有待完善，社会经济稳定发展缺乏总体考虑。另外，对黑河流域水资源开发利用及其与社会发展之间的关系认知不足，也制约着流域之间水资源的科学配置和下游的生态修复。

3.6.1 基于数列的匹配度计算方法

关于水资源与经济社会匹配度方面的研究较多。左其亭等（2014）提出一种基于数列的匹配度计算方法，该方法直接对水资源利用与经济社会匹配度进行量化分析，通过匹配度的计算反映现存问题，为水资源调配、管理及地区综合发展提供理论支撑。此处采用该方法分析黑河中下游水资源量与人口、社会发展之间以及流域内区域之间的匹配度，找出黑河水资源配置现存的问题，为更好地规划利用有限的黑河水资源提供技术支持。

（1）空间和时间上的匹配度计算方法

假设需要分析计算变量X和Y的匹配度，在研究空间和时间上有K个单元，各个单元变量X和Y的值分别为（x_1，y_1），（x_2，y_2），…，（x_k，y_k）。可以用下列方法计算得到不

同单元 X 和 Y 的匹配度：

1）可以对 K 个单元的 X 值 x_1，x_2，…，x_k 从小到大进行排序，对应的序号为 n_1，n_2，…，n_k（最小为1，最大为 K）。同样，对 K 个单元的 Y 值 y_1，y_2，…，y_k 从小到大进行排序，对应的序号为 m_1，m_2，…，m_k（最小为1，最大为 K）。

如果 X 值越大而 Y 值也越大时，两个变量越匹配，则匹配度计算公式为

$$a_i = 1 - \frac{|n_i - m_i|}{K-1} \quad (i=1,\ 2,\ \cdots,\ K) \tag{3-1}$$

可以根据序号的差异来度量变量之间的匹配度。当 $n_i = m_i$ 时，完全匹配，匹配度 $a_i = 1$，反之，当 n_i 与 m_i 序号相差越大时，匹配越差，匹配度 a_i 越接近于0。

如果 X 值越大而 Y 值越小时，两个变量越匹配，则匹配度计算公式为

$$a_i = 1 - \frac{|n_i + m_i - K - 1|}{K-1} \quad (i=1,\ 2,\ \cdots,\ K) \tag{3-2}$$

这种情况下，当 n_1 与 m_i 差距越大，匹配度 a_i 越接近1；反之，当 n_i 与 m_i 的差距越小，匹配度 a_i 越接近于0。

2）另外，可以按照各个单元上，变量的具体数值占研究区该变量总值的比例进行匹配度的计算，同样分为两种情况，计算公式如下：

$$a_i = 1 - \frac{|r_i - s_i|}{\max(r_k,\ s_k) - \min(r_k,\ s_k)} \tag{3-3}$$

$$a_i = 1 - \frac{|r_i + s_i - \max(r_k,\ s_k) - \min(r_k,\ s_k)|}{\max(r_k,\ s_k) - \min(r_k,\ s_k)} \tag{3-4}$$

式中，$r_k = \frac{x_k}{\sum_{i=1}^{K} x_i}$，$s_k = \frac{y_k}{\sum_{i=1}^{K} y_i}$。其中，$k = 1,\ 2,\ \cdots,\ K$。

（2）匹配度划分标准

依据匹配度的定义，可以人为划定匹配度大于或等于0.8为匹配；0.6～0.8为较匹配；小于或等于0.6为不匹配。根据该标准，对不同变量之间的匹配度进行分析计算。

3.6.2 结果分析

对黑河流域不同空间或时间段内水资源利用与经济社会发展之间的匹配度进行计算，分别选取水资源量和人口、经济社会发展要素作为代表性变量，采用上述方法定量计算两者之间的匹配度。

（1）黑河流域中、下游各区域水资源量与人口的匹配度计算分析

采用式（3-1），将收集到的黑河流域中、下游（下游分为金塔县鼎新镇和额济纳旗）水资源量和人口数据，根据排序的方法进行计算，结果见表3-32。

表 3-32　黑河中下游各区域水资源量与人口发展之间的匹配度

年份	三县（区）（甘州、临泽、高台）人口数合计/万人	莺落峡-正义峡之间耗水量/亿 m³	匹配度	鼎新灌区人口数/万人	鼎新灌区耗水量/亿 m³	匹配度	额济纳旗人口数/万人	额济纳旗来水量/亿 m³	匹配度
2000	78.33	8.12	0.3	—	—	—	1.63	2.82	0.93
2001	79.17	6.65	0.9	—	—	—	1.65	2.64	0.93
2002	80.37	6.88	0.7	—	—	—	1.66	4.85	0.86
2003	80.19	7.42	0.9	—	—	—	1.67	7.17	0.21
2004	79.98	6.43	0.6	—	—	—	1.69	3.93	0.86
2005	80.54	7.59	0.9	—	—	—	1.69	4.89	1.00
2006	81.00	6.44	0.4	1.31	0.75	0.43	1.70	6.14	0.86
2007	81.69	8.69	0.9	1.32	0.84	0.14	1.72	6.49	1.00
2008	82.13	7.05	0.5	1.31	0.91	0.71	1.71	6.99	0.64
2009	82.54	9.32	0.9	1.31	1.08	0.86	1.71	6.79	0.64
2010	82.75	7.88	0.7	1.29	0.92	0.86	1.73	4.83	0.50
2011	78.80	6.79	0.9	1.29	0.87	1	1.76	5.81	0.71
2012	78.99	8.22	0.4	1.27	1.19	0.29	1.81	5.69	0.50
2013	79.18	7.62	0.7	1.26	1.27	0	1.80	6.70	0.93
2014	79.36	8.88	0.5	—	—	—	1.83	6.51	0.71

从表 3-32 的计算结果来看，中游耗水量与中游地区人口的匹配度出现波动，是由于中游地表水耗水的多寡不均造成的；同时，人口数量在 2011 年出现“断崖式减少”也有一定影响。匹配较差的年份有 2000 年、2006 年、2008 年、2012 年、2014 年，其不匹配的原因有两种：一是来水资源量相对丰富，但人口数相对较少；二是来水资源量相对匮乏，但人口数相对较多。在黑河中游地区有限的分配水量条件下，如何充分利用水资源来达到人水和谐的状态，这是中游地区应该重点考虑的。

鼎新灌区耗水量与人口数匹配程度较好的年份有 2009 年、2010 年、2011 年，说明这三年中鼎新灌区耗水量与该区各人口数规模相匹配，2009 年来水较充沛，2010 年由于该地区移民政策使耗水量（相对来水较少的情况下）与人口数相对匹配，2011 年耗水量与人口数匹配度最佳，该年的人口数与区域耗水量几乎达到完全匹配。匹配较差的年份有 2006 年、2007 年、2008 年、2012 年、2013 年，由表 3-32 可以看出，2008 ~ 2011 年匹配度渐趋稳定，自 2011 年以后在人口数相对减少的情况下耗水量反而大大增加，匹配度降低幅度严重，从 1 下降至 0。

据实地考察了解，出现这一现象的原因在于鼎新段处于黑河正义峡以下 20km 处的冲积扇地带，深居巴丹吉林沙漠腹地，是内蒙古荒漠区与甘肃农业灌溉区的一个结合地带，是向内蒙古输水进入下游的重要地段。该段河道主河槽风沙淤积严重，近年来频繁大流量的调水增加了对下游河岸的冲刷，对堤防工程、河岸小型水库、当地村庄和农田造成不同程度损毁的同时，也造成了大量的水量损失。此外，河堤损毁，河床呈现宽、浅、散、乱的状态，加之该地蒸发渗漏损失量大。因此，2011～2013年的水量损失更为严重，匹配度越来越差。

额济纳旗来水量与人口数的匹配度基本良好，其中2003年、2010年、2012年这三年匹配度相对差，2003年来水量从2002年的4.85亿m^3增长到7.17亿m^3，增幅较大，而人口增长相对缓慢，故此匹配度差。2007年以后当来水在0.09亿～2.16亿m^3波动时，匹配度在2010年和2012年呈现颓势，这表明在目前额济纳旗人口缓慢增长的情况下，来水量保持在5.69亿～6.99亿m^3能达到水资源量与人口数的最佳匹配。

（2）黑河流域中、下游各区域水资源量与生产总值发展的匹配度计算分析

前文已对各区域水资源量与人口数之间的匹配度进行了分析计算，下面采用式（3-3）分析水资源量与各区域生产总值发展的匹配度关系，进一步说明流域的水资源量与经济活动的配置关系。利用收集到的数据，分别计算黑河流域不同分区水资源利用与经济社活动之间的匹配度，计算结果见表3-33。

表3-33　黑河中下游各区域水资源量与各生产总值发展之间各年的匹配度

年份	中游地区生产总值合计/亿元	中游地区耗水量/亿m^3	匹配度	鼎新灌区农业总产值/亿元	鼎新灌区耗水量/亿m^3	匹配度	额济纳旗生产总值合计/亿元	额济纳旗来水量/亿m^3	匹配度
2000	42.32	8.12	0.29	—	—	—	1.44	2.82	0.93
2001	47.29	6.65	0.93	—	—	—	1.68	2.64	0.93
2002	52.86	6.88	0.86	—	—	—	1.90	4.85	0.86
2003	58.80	7.42	0.79	—	—	—	2.77	7.17	0.21
2004	69.42	6.43	0.71	—	—	—	6.64	3.93	0.86
2005	77.52	7.59	0.86	—	—	—	8.05	4.89	1.00
2006	88.55	6.44	0.64	1.69	0.75	1.00	10.52	6.14	0.86
2007	103.28	8.69	0.64	1.85	0.84	1.00	14.01	6.49	0.86
2008	119.49	7.05	0.79	2.00	0.91	0.86	20.42	6.99	0.64
2009	133.23	9.32	0.64	2.16	1.08	0.71	27.40	6.79	0.79
2010	147.01	7.88	0.93	2.66	0.92	1.00	31.53	4.83	0.50
2011	178.71	6.79	0.43	3.02	0.87	0.57	39.89	5.81	0.71
2012	198.12	8.22	0.93	3.39	1.19	1.00	43.91	5.69	0.57
2013	229.85	7.62	0.64	3.63	1.27	1.00	47.13	6.70	0.86
2014	245.98	8.88	0.93	—	—	—	49.19	6.51	0.71

从表3-33的计算结果来看，2000～2014年中游地区生产总值不断增加，15年间生产总值翻了近六倍，耗水量在6.43亿～9.32亿 m^3 波动，生产总值与耗水量的匹配度总体处于匹配的状态，2000～2014年耗水量的变化对中游地区生产总值的增长影响不大。说明在经济迅速发展的情况下中游地区的节水也取得了不小的成果，在有限的水资源支撑条件下，中游地区仍有进一步优化配置水资源的空间。其中，只有2000年和2011年匹配度仅为0.29和0.43，2000年在生产条件相对落后的条件下，水资源量颇丰导致不匹配；2011年在生产总值飞速发展的条件下，来水相对较少，故此出现不匹配状态。

鼎新灌区的生产总值同中游地区一样呈逐年增加趋势，在2006～2013年，鼎新灌区的耗水量与农业生产总值总体上是匹配的。当2011年所分配鼎新灌区水量减少时，该年匹配度仅为0.57，说明鼎新灌区仍需进一步优化水资源的配置，要保障在某些来水较少的年份下可以支持区域经济社会的可持续发展。

额济纳旗经济社会发展大幅度提升（生产总值翻了近35倍），而地区来水量也相对增长，匹配度关系相比其他两个区域更稳定，由于水资源量受制于上中游来水，更需进一步优化水资源配置工程布局，提高水资源利用效率，来满足区域发展的需求。

（3）黑河流域中、下游各区域水资源量与相关生态指标的匹配度计算分析

前两节针对水资源量与人口、地区生产总值进行了匹配，下面采用式（3-1）分析水资源量与各区域生态指标的匹配度关系，进一步的说明黑河调水情况。利用收集到的数据，分别计算黑河流域不同分区水资源利用与区域相关生态指标之间的匹配度，计算结果见表3-34。

表3-34　黑河中下游各区域水资源量与各相关生态指标之间的匹配度

年份	三县（区）（甘州、临泽、高台）林草地、水域面积/万亩	中游地区耗水量/亿 m^3	匹配度	鼎新灌区林草地、水域面积/万亩	鼎新灌区耗水量/万 m^3	匹配度	东居延海水域面积/km^2	额济纳旗耗水量/亿 m^3	匹配度
2005	563.4	7.59	0.8	—	—	—	33.9	4.89	0.9
2006	563.38	6.44	0.6	62.64	7535	1.00	38.6	6.14	0.7
2007	563.36	8.69	0.6	62.7	8421	0.88	39	6.49	0.7
2008	563.31	7.05	1	62.65	9147	0.75	40.5	6.99	0.5
2009	563.01	9.32	0.2	62.93	10812	0.75	42	6.79	0.8
2010	562.36	7.88	0.5	62.93	9226	1.00	40	4.83	0.7
2011	561.79	6.79	0.2	63.85	8716	0.63	42.8	5.81	0.4
2012	560.71	8.22	0.8	63.85	11932	1.00	42.3	5.69	0.4
2013	559.55	7.62	0.7	63.85	12676	1.00	40.5	6.7	0.8
2014	558.75	8.88	0.8	—	—	—	42	6.51	0.9

由表3-34可知，中游地区近10年的林草地、水域面积呈现缓慢减少的变化趋势，10

年间减少了4.65万亩，2008年当中游地区耗水7.05亿m^3时，生态指标与水资源耗水量达到完全匹配的状态，2006年、2007年分别耗水6.44亿m^3、8.69亿m^3时，达到相对匹配与不匹配的临界值0.6，故将张掖地区的耗水量控制在6.44亿~8.69亿m^3、林草地水域面积控制在563万亩左右时，生态指标与水资源量可达到相对和谐的状态。

鼎新片区近几年的林草地、水域面积变化不大，但总的来说处于缓慢增长的趋势，由于鼎新地区处于沙漠腹地，林草地、水域面积与区间耗水量有很大关系，合理安排鼎新地区引水，对保障当地村民用水及生态环境恢复，同时协调好中游张掖与下游额济纳地区用水有重要作用。

额济纳东居延海水面面积的持续缓慢增长及稳定，东居延海从干涸到维持一定的水面面积，是下游生态恢复的一个重要表现；同时，也要考虑到东居延海的蒸发渗漏损失，使湖泊面积不再萎缩，保持一个良好的生态系统环境，合理确定入湖水量（有待更进一步的研究），对下游的生态恢复很有必要。从表3-34可以看出，近些年东居延海水面面积始终维持在40km^2左右，是黑河调水、下游生态恢复良好的一个重要体现。

3.7 本章小结

1）分水方案实施后水资源配置更合理，支撑了流域经济社会生态环境的持续发展。在优先满足流域生活用水的同时，合理安排中下游地区的生产和生态用水。在基本保证中游地区农业用水的同时，促进了中游地区节水型社会建设，中游地区耗水量较20世纪90年代减少了0.49亿m^3。正义峡和狼心山两断面年均下泄水量较90年代分别增加了2.41亿m^3和1.88亿m^3，下游东居延海连续13年不干涸，最大水面面积达到42.8km^2。

中游生态整体改善。中游人工林面积增加，林地总面积减少的趋势较治理前有所缓解，盐碱化土地面积也有所减少。下游额济纳绿洲生态恶化趋势得到初步遏制。调水后高覆盖度灌木和高覆盖度草地面积增加明显，水域面积扩大53.62km^2，绿洲面积由1999年的4759.03km^2增加到2015年的4973.52km^2。

2）丰水年份不能完成分水任务。黑河上游莺落峡断面累计来水229.52亿m^3，年均17.65亿m^3，高于多年平均来水量1.85亿m^3；正义峡断面累计实际下泄水量132.04亿m^3，年均10.16亿m^3。根据“97”分水方案要求的下泄指标推算，16年正义峡断面累计少下泄水量24.29亿m^3，占应下泄水量的10.9%。需要分析导致正义峡断面下泄欠账的主要原因，以保证全面完成黑河分水任务，促进中下游地区和谐用水、协调发展。

3）水资源配置还需要更合理高效。灌溉和调水矛盾依然突出，中游耗水量年均超年度允许值1.67亿m^3，造成正义峡下泄水量小于年度方案规定的指标；黑河下游既定的生态输水方案缺乏具体的水量配置模式，未给出该水量下的年内流量配置过程，也未考虑在生态输水时的水量沿程损失、输水时间安排、输水线路布局方式等。对水资源系统与社会–经济–生态复合系统的相互演变关系考虑不够，影响了水资源在生态需水与经济需水之间的合理配置。

第4章　黑河中下游经济社会及生态需水研究

4.1　流域经济社会和生态协调发展的水资源条件

近些年来，黑河流域内各省（自治区）的国民经济和社会事业的发展取得了显著的成绩，国民经济持续快速健康发展，经济实力进一步增强，社会生产力和人民生活水平明显提高。2015年，黑河中游张掖市国内生产总值达到252.88亿元，三次产业比例由2000年的大约42∶29∶29调整到2015年的大约25∶30∶45；黑河下游额济纳旗2015年国内生产总值达到41.1亿元，年均增长56.4%，三次产业比例由2000年的29∶31∶40调整到2014年的4∶42∶54，产业结构进一步优化，畜牧业生产条件得到初步改善，防灾抗灾能力有所增强。总体表现为流域各行政区域社会、经济、环境协调程度逐渐提高。但总体来看，仍面临艰巨的结构调整任务。

从用水结构来看（图4-1，图4-2），农业用水比例从1999年的78.4%降低到2015年59.7%，生态用水从1999年的16.6%增加到2015年的35.9%，生态用水总量从1999年的31.46亿m^3增加到2015年的36.09亿m^3，农业用水总量从1999年的24.65亿m^3减少到2015年的21.54亿m^3，但农业用水总量依然很大。

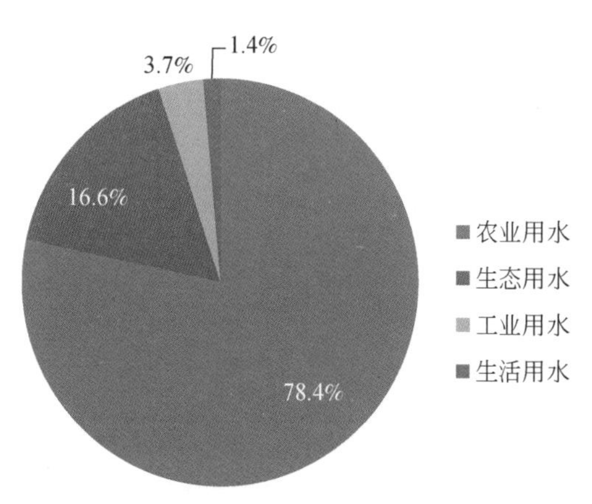

图4-1　1999年黑河流域各行业用水比例

黑河流域属资源性缺水地区，区域水资源需求不能无限制增长，当前及今后相当长的时期内，流域内的社会经济发展必须立足于当地的水资源条件，积极调整产业结构，合理安排生活、生产和生态用水，实现流域需水的零增长或负增长，支撑流域经济社会和生态环境的协调发展。

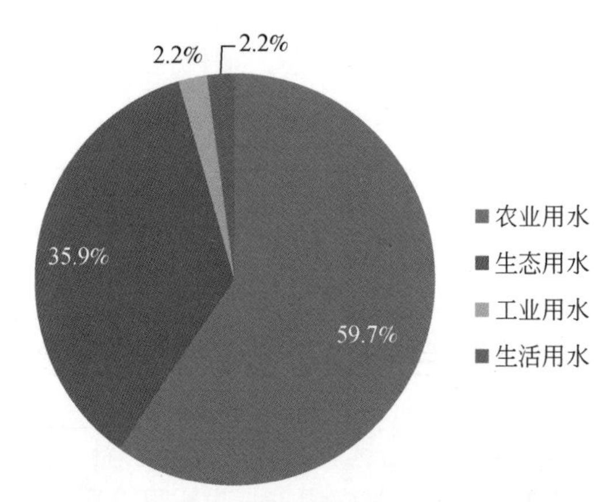

图 4-2 2015 年黑河流域各行业用水比例

根据黑河流域的实际，结合流域经济社会发展特点、生态环境状况及存在的主要问题，拟定各水平年流域经济社会和生态环境协调发展水资源利用原则如下。

1）以逐步改善并恢复流域生态环境为基本前提，以流域水资源承载能力为约束，实现流域经济社会的适度、高效发展，逐步达到流域经济社会和生态环境协调发展的最终目标。

2）在国民经济发展中，应充分考虑流域水资源的特点和具体条件，逐步建立适应黑河流域水资源条件的产业结构和经济布局，促进流域国民经济持续发展。

3）在水资源的开发利用上，上游地区应合理利用天然草场，以草场载畜能力确定合理牲畜规模，依靠自然修复能力并辅以一定的人工措施进行生态恢复，涵养黑河水源；中游地区作为传统的灌溉农业区，要严格控制现有灌区规模，压缩高耗水作物和带田比例，通过优化种植结构，发展特色农业和高效农业，适度退耕部分农田，减少农田灌溉用水量。同时，严格以“三条红线”为约束条件，对现有灌区进行以节水为中心的技术改造，并开展城市和工业节水，严格限制高耗水产业发展，协调生产、生活和生态用水比例，建立节水型社会；下游地区各水平年牧业规模要维持现状水平，通过采取必要的移牧、禁牧措施，并大力推广舍饲、半舍饲的牧业方式，进行牧业结构调整。

4）以国务院批复的黑河干流水量分配方案为约束，以供定需，促进流域经济社会和生态环境的协调发展。

4.2 社会经济需水研究

4.2.1 中游社会经济需水

1. 中游社会经济发展概述

20 世纪 90 年代以来，区域内的社会经济发展取得了巨大进步。国民经济飞速发展，

2012 年实现 GDP 198.12 亿元，1990～2012 年 GDP 年均名义增长率 15.81%。城乡居民生活水平也大幅提高，2012 年人均 GDP 达到 2.51 万元，比 1990 年增加了 16.98 倍，农村居民人均纯收入和城镇居民家庭总收入也分别达到了 7504 元和 15 451.8 元，整体呈增长态势。三次产业逐步向合理化的趋势发展，比例由 1990 年的 59.1∶17.3∶23.5 发展为 2012 年的 30.0∶32.3∶37.7，第二、第三产业的比例显著增加。种植业结构趋于合理，2012 年研究区域内粮食产量达到 7.194 万 t，人均粮食产量 878kg，较 1990 年增加了 20%（表 4-1）。

表 4-1　黑河流域经济指标分析比较

统计指标	年份	甘州	临泽	高台	黑河中游区域	全国
GDP/亿元	1990	4.48	1.54	1.82	7.84	18 547
	2000	26.2	7.7	7.59	41.49	89 403
	2008	76.7	21.83	20.93	119.46	314 045
	2012	123.82	36.69	37.61	198.12	519 322
人均 GDP/元	1990	1 042	1 168	1 223	1 395	1 634
	2000	5 466	5 275	4 849	5 346	7 078
	2008	14 855	14 855	13 250	14 546	22 640
	2012	24 255	27 138	26 082	25 082	38 354
第一产业增加值/亿元	1990	2.28	0.93	1.42	4.63	5 017
	2000	9.35	3.44	4.58	17.37	14 212
	2008	19.2	7.15	8.7	35.05	34 000
	2012	33.17	12.1	14.11	59.38	52 377
第二产业增加值/亿元	1990	0.85	0.29	0.22	1.36	7 717
	2000	7.17	2.46	1.83	11.46	45 479
	2008	27.16	9.36	7.65	44.17	146 183
	2012	36.41	13.43	14.18	64.02	235 319
第三产业增加值/亿元	1990	1.34	0.32	0.18	1.84	5 814
	2000	9.68	1.8	1.18	12.66	29 704
	2008	30.37	5.32	4.58	40.27	120 487
	2012	54.24	11.16	9.32	74.72	231 626
粮食总产量/万 t	1990	28.29	12.18	14.89	58.65	44 624
	2000	28.66	14.2	15.43	60.65	46 218
	2008	33.02	13.52	7.85	54.39	52 850
	2012	40.93	15.14	15.87	71.94	58 957

续表

统计指标	年份	甘州	临泽	高台	黑河中游区域	全国
人均粮食产量/kg	1990	647	889	1 000	733	390
	2000	598	972	977	687	365
	2008	647	897	496	664	3 980
	2012	802	1 005	1 002	878	4 354
每万人在校学生数/人	1995	1 056	1 411	1 425	1 151	—
	2000	1 733	1 724	1 659	1 664	1 659
	2008	1 203	342	368	1 913	1 890
	2012	1 221	348	374	1 942	1 871
每万人拥有教师数量/人	1995	62	81	59	64	—
	2000	94	95	92	95	89
	2008	67	19	21	107	98
	2012	78	23	24	125	108
每万人拥有卫生机构床位数/张	1995	7.5	5.8	7.1	9.2	—
	2000	25.6	15	20.8	23.2	25
	2008	23	7	7	37	28
	2012	34	10	11	55	32

在社会指标方面也取得了显著成果，人民生活水平不断提高。居民的消费结构发生了很大变化，2012 年，城镇居民人均消费支出 12 486.21 元，早已告别了以吃、穿等基本生存需求为主的消费结构，更多地把消费投入到教育、娱乐、医疗等方面。研究区内医疗条件明显改善，每万人拥有医疗卫生院的床位由 1995 年的 9.2 张床位增加到 2012 年的 55 张床位，每万人拥有的医疗人员数量 2012 年为 70 人。教育条件更为完善，每万人拥有教师数量由 1995 年的 64 人上升为 2012 年的 125 人，每万人在校学生人数达到了 1942 人，是 2000 年的 1.17 倍；九年制义务教育得到了落实，小学和初中入学率均达到了 100%。2012 年在校人数 24.96 万人，是 2000 年的 1.91 倍。这些指标都超过了甘肃省内平均水平，与全国水平接近，有的甚至超过了全国水平，说明黑河流域在社会指标方面的发展比较突出。

虽然纵向比较成果显著，但区域经济从全国总体水平来看却有明显的不足。首先，产业结构不合理（表 4-2），第一产业比例仍然过高，第二产业发展严重滞后，2012 年我国三次产业比例为 10.1∶45.3∶44.6，第二产业比例比黑河流域高出 13 个百分点。其次，人均 GDP 水平较低，2012 年仅占全国平均水平的 65%。研究区域内经济明显滞后，1990 年以来区域内 GDP 的平均名义增长率为 15.08%，比全国平均名义增长率低了 0.6 个百分点，差距呈缩小趋势，但基础水平低，与全国水平仍有很大差距。

表 4-2　黑河流域产业结构状况　　（单位:%）

年份	三次产业	甘州	临泽	高台	黑河中游区域	全国
1990	第一产业	50. 9	60. 4	78. 0	59. 1	27. 1
	第二产业	19. 0	18. 8	12. 1	17. 3	41. 6
	第三产业	29. 9	20. 8	9. 9	23. 5	31. 3
2000	第一产业	35. 7	44. 7	60. 3	41. 9	15. 9
	第二产业	27. 4	31. 9	24. 1	27. 6	50. 9
	第三产业	36. 9	23. 4	15. 5	30. 5	33. 2
2008	第一产业	25. 0	32. 8	41. 6	29. 3	11. 3
	第二产业	35. 4	42. 9	36. 6	37. 0	48. 6
	第三产业	39. 6	24. 4	21. 9	33. 7	40. 1
2012	第一产业	26. 8	33. 0	37. 5	30. 0	10. 1
	第二产业	29. 4	36. 6	37. 7	32. 3	45. 3
	第三产业	43. 8	30. 4	24. 8	37. 7	44. 6

各区（县）经济结构变化的总体趋势为，第一、第二产业比例有升有降，第三产业比例逐步上升。第一产业内部，农业生产区域化、优质化、产业化加快推进。第二产业内部形成了轻工、能源、矿业、建材和医药、化工为重点的地方工业体系。第三产业提质增速，对经济增长的拉动作用不断增强。以旅游消费为主的现代服务业快速发展，消费拉动型经济特征开始显现，经济发展的活力不断增强。住房、教育、旅游等新的消费热点正在形成。交通运输邮电业、批零贸易餐饮业和其他服务业发展迅速。

通过对黑河流域发展的分析，认为其发展特征与面临的问题如下。

1）呈区域性落后状态，人均 GDP 和全国发展差距有进一步扩大的趋势。20 世纪 90 年代以来，人均 GDP 均低于全国平均水平，2000 年为全国平均水平的 75. 53%，而 2012 年仅为 65%，原因是虽然全区 GDP 发展速度高于全国平均水平，但由于人口增长相对较快，抵消了 GDP 的增长。城镇化进程缓慢，2012 年城镇化率仅为 39. 41%，远低于全国 52. 57% 的平均水平。

2）经济结构性矛盾突出，传统工业和国有企业比例大，新兴产业发展滞后。“二元”结构特征明显，如城市工业与以自给、半自给农业产业为主要特征的传统经济同时并存，少量较为先进的产业同大量落后产业并存，一部分较为富裕的地区与另一部分极端贫困的地区并存。产业内部结构不相协调，农业中种植业比例过高，牧业、林业发展缓慢；工业中轻、重工业比例不协调，重工业以采掘业和原材料工业占据主导地位；第三产业的第一、第二层次中的相关产业发展较快，新兴产业发展缓慢。

3）现代服务业及基础设施依然薄弱，不能适应消费升级和增长的需求。旅游景区分散，基础设施建设功能不完善，庞大的旅游消费市场未得到充分利用，旅游接待能力有待进一步提高。传统行业所占比例仍然较大，现代物流、旅游服务业缺乏龙头行业和品牌企业；信息传输、计算机服务和软件业、金融业等现代服务业发展缓慢。2012 年区域内第三产业增加值占 GDP 比例为 37.7%，仅比 2000 年提高了约 7 个百分点，与全国 44.6% 的水平相距甚远。总的来说，黑河流域发展要落后于全国水平，处于发展的初期阶段，应该有较高的积累率和投资率，但由于基础底子薄弱，财政收入少，无法做到消费和积累的合理兼顾。同时，处于内陆区，与外界的经济交流相对较少，外来资本投资更为不足，这些原因都导致了该地区投资的不足。

2. 社会经济发展预测模型

社会经济发展预测采用模型预测法，基于该区历史年份数据建立社会经济发展预测模型，对未来年份的社会经济发展状况进行模拟预测。由于建立模型所需要的数据较为复杂，不可能全面收集到本次研究的区域性数据，因此，模型是基于张掖市统计资料建立的。项目研究涉及的区域包括中游的甘州区、临泽县和高台县，涉及的人口和经济主要集中在黑河流域中游的张掖市所辖的甘州区、临泽县、高台县，2012 年总人口和 GDP 分别占黑河流域的 90% 以上，同时上述三县（区）的人口和 GDP 分别占张掖市的 65.4% 和 67.9%，具有很强的代表性。因此，基于张掖市统计资料建立起的社会经济预测模型，用于对本次研究区域的社会经济发展状况进行指导预测是现实、可行的。

模型的建立采用计量经济学的方法。利用计量经济学方法研究经济问题，一般要经过建立理论模型、估计模型中的参数、检验估计的模型和应用模型来进行定量分析（图 4-3）。下面详细介绍本次研究的过程。

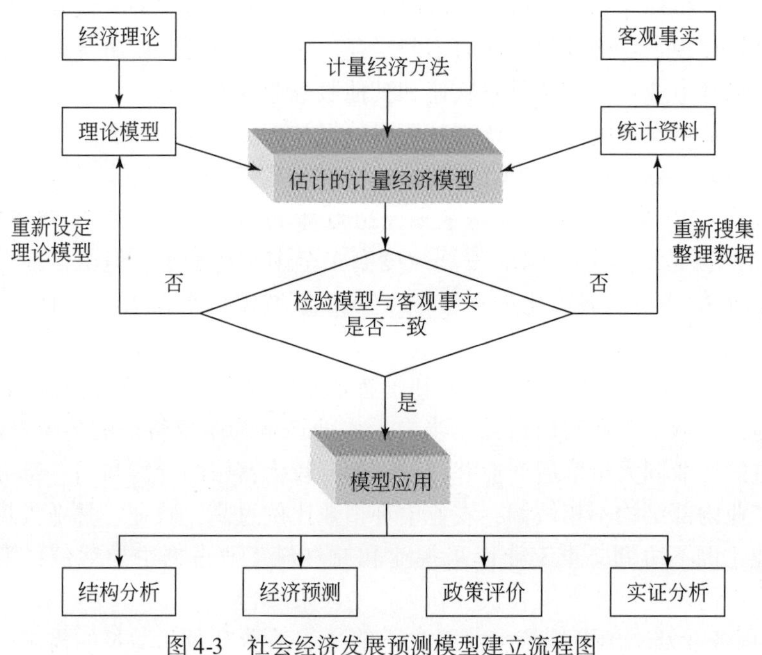

图 4-3　社会经济发展预测模型建立流程图

（1）建立理论模型

经济增长理论讨论的是产出的增长率，以及资本、人口和技术的增长率与产出增长率的关系，因此经济增长模型在描述主要的经济行为或经济关系时，通常要运用一系列的方程。本次研究所采用的模型是在“中国宏观经济年度模型”的基础上，结合张掖市的区域特点修改而来的。原模型是1987年中国社会科学院数量经济与技术经济研究所，诺贝尔经济学奖获得者、美国宾夕法尼亚大学劳伦斯·克莱因教授，美国斯坦福大学刘遵义教授三方合作研究开发的。1990年，中国社会科学院成立的“经济形势分析与预测”课题组利用该模型对我国经济形式进行分析预测，取得了很好的效果。

A. 模型结构及模型变量

在考虑数据可获得性的情况下，整个模型分成六个模块，即人口、增加值、财政收入、固定资产投资、城乡居民收入和城乡消费模块，各模块的关系如图4-4所示。每个模块又分别包含若干个方程，详见表4-3。

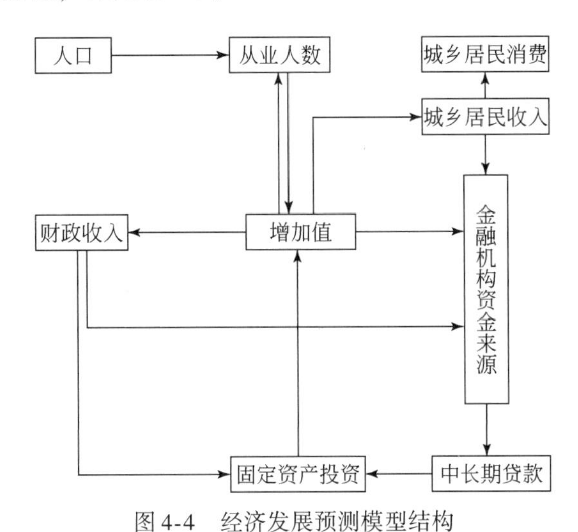

图 4-4　经济发展预测模型结构

表 4-3　模型方程表

模块	方程参数
人口模块	总人口（TPOP）、城镇人口（TPT）、农村人口（TPR）、社会劳动力资源（LR）、第一产业劳动力（LRR）、第二产业劳动力（LI）、第三产业劳动力（LT）
增加值模块	国内生产总值（GDPF）、第一产业增加值（V1F）、第二产业增加值（V2F）、第三产业增加值（V3F）
财政收入模块	财政总收入（FIF）、金融机构资金来源合计（CFIF）、中长期贷款（LOANF）
固定资产投资模块	固定资产总投资（IIF）、第一产业固定资产投资（IRF）、第二产业固定资产投资（IINF）、第三产业固定资产投资（ITF）、总固定资产（FA）、第一产业固定资产（FARF）、第二产业固定资产（FAIF）、第三产业固定资产（FATF）
城乡居民收入模块	农村居民纯收入（ICRF）、城镇居民生活收入（ICTF）
城乡居民消费模块	农村居民消费（CRF）、城镇居民消费（CTF）

B. 模型方程的建立

a. 模型方程的评价标准

没有参考标准或指导方针，就无法确定所选择的模型是不是正确合理，因此需要检验手段。著名计量经济学家哈维列出了如下标准。根据这些标准，我们可以判断一个模型的优劣。

1）节省性。一个模型永远无法完全把握现实，在任何模型的建立过程中，一定程度的抽象或者简化是不可避免的，简单优于复杂或者节俭原则表明模型应尽可能地简单。

2）可识别性。即对给定的一组数据，估计的参数必须具有唯一值，或者说，每个参数只有一个估计值。

3）拟合优度。回归分析的基本思想是用模型中所包含的解释变量来尽可能地解释被解释变量的变化。例如，可用校正的样本决定系数 R^2 来度量拟合度，R^2 越高，则认为模型越好。

4）理论一致性。无论拟合度有多高，一旦模型中的一个或多个系数的符号有误，该模型就不能说是一个好的模型。简言之，在构建模型时，必须有一些理论基础来支撑这一模型，“没有理论的测量”经常会出现令人失望的结果。

5）预测能力。正如诺贝尔奖得主米尔顿·弗里德曼所指出的那样，“对假设模型的真实性唯一有效的检验就是将预测值与经验值相比较”。因而，在货币主义模型和凯恩斯模型两者之间选择时，根据这一标准，应该选择理论预测能够被实际经验所验证的模型。

b. 模型假设

利用样本数据估计回归模型中的参数时，为了选择适当的参数估计方法，提高估计精度，通常需要对模型的随机误差和解释变量的特性事先做出假定。本书中所用的函数模型均采纳经济计量学中关于建立模型的假设，回归模型的基本假定如下。

1）零均值假定：$E(u_i)=0$，$i=1$，2，…，n，即随机误差项是一个期望值或平均值为零的随机变量。在此情况下才有

$$E(Y_i)=\beta_0+\beta_1 X_{1i}+\beta_2 X_{2i}+\cdots+\beta_k X_{ki}$$

回归方程才能反映总体的平均变化趋势，否则将产生系统误差。

2）同方差假定：对于解释变量 X_1，X_2，…，X_k 的所有观测值，随机误差项有相同的方差，即 $\mathrm{Var}(u_i)=E(u_i^2)=\sigma^2$，$i=1$，2，…，$n$。

于是，Y_i 的方差也都是相同的，都等于 σ^2，即 $\mathrm{Var}(Y_i)=\sigma^2$，$i=1$，2，…，$n$。

3）非自相关假定：随机误差项彼此之间不相关，即

$\mathrm{Cov}(u_i, u_j)=E(u_i, u_j)=0$，$i\neq j$，$i$，$j=1$，2，…，$n$，这样可以独立考虑各个水平下随机误差的影响。

4）解释变量 X_1，X_2，…，X_k 是确定性变量，不是随机变量，与随机误差项彼此之间不相关，即 $\mathrm{Cov}(X_{ij}, u_j)=0$，$i=1$，2，…，$k$，$j=1$，2，…，$n$。

5）解释变量 X_1，X_2，…，X_k 之间不存在精确的（完全的）线性关系，即解释变量的样本观测值矩阵 X 是满秩矩阵，应满足关系式 $\mathrm{rank}(X)=k+1<n$。

6）随机误差项服从正态分布，即 $u_i\sim N(0, \sigma^2)$，$i=1$，2，…，n，于是被解释变量

也服从正态分布，即

$$Y_i \sim N\ (\beta_0+\beta_1 X_{1i}+\beta_2 X_{2i}+\cdots+\beta_d X_{ki},\ \sigma^2),\ i=1,\ 2,\ \cdots,\ n$$

c. 模型方程的选择

应用计量经济学进行研究的第一步，就是用数学关系式表示所研究的客观经济现象，即构造数学模型方程。根据所研究的问题与经济理论，找出经济变量间的因果关系及相互间的联系。把要研究的经济变量作为被解释变量，影响被解释变量的主要因素作为解释变量，影响被解释变量的非主要因素及随机因素归并到随机误差项，建立计量经济数学模型。计量经济学中被解释变量和解释变量的解释关系主要有三种：线性函数模型方程、半对数线性需求函数模型和对数线性需求函数模型。通过对现有数据的分析和应用各种不同曲线类型对数据进行拟合，对数线性函数模型拟合的效果很好。本次研究构建的基本模型方程为

$$\ln M=\beta_1 \ln K+\beta_2 \ln L+\cdots+\mu$$

式中，M 为被解释变量；K、L 为解释变量；β_1、β_2 为参数；μ 为随机变量。

结合模型结构中各模块的相互关系及具体情况，各个模型方程中被解释变量的解释变量见表 4-4。表 4-4 中的解释变量为暂定量，在参数确定的过程中还需要根据模型检验的条件对各被解释变量的解释变量进行调整。

表 4-4　模型方程变量解释关系表

模块名称	被解释变量	解释变量	随机误差项
人口模块	TPOP	TPOP（-1）、TPOT（-2）、TPOP（-3）	C
	TPT	TPT（-1）、TPOP	C
	TPR	TPOP、TPT	C
	LR	LR（-1）、TPOP	C
	LRR	LRR（-1）、LR、（V1F/GDPF）	C
	LI	LI（-1）、LR、（V2F/GDPF）	C
	LT	LR、LRR、LI	—
增加值模块	GDPF	GDPF（-1）、FA、LR	C
	V1F	GDPF、LRR	C
	V2F	GDPF、LI	C
	V3F	GDPF、LT	C
财政金融模块	FIF	FIF（-1）、GDPF	C
	CFIF	CFIF（-1）、FIF	C
	LOANF	LOANF（-1）、CFIF	C
固定资产投资模块	IIF	IIF（-1）、LOANF（-1）、GDPF（-1）	C
	IRF	IRF（-1）、IIF	C
	IINF	IRF（-1）、IINF	C
	ITF	IRF（-1）、ITF	C

续表

模块名称	被解释变量	解释变量	随机误差项
固定资产投资模块	FA	FARF、FAIF、FATF	—
	FARF	FARF（-1）、IRF	—
	FAIF	FAIF（-1）、IINF	—
	FATF	FATF（-1）、ITF	—
城乡居民收入模块	ICRF	ICRF（-1）、V1F	C
	ICTF	ICTF（-1）、V2F、V3F	C
城乡居民消费模块	CRF	CRF（-1）、ICRF	C
	CTF	CTF（-1）、ICRF	C

注：TPOP（-1）表示上年总人口数，以此类推

（2）确定模型参数及结果

所有数据均来自于甘肃省张掖市统计年鉴及实际调查，数据确实、可信。统计数据采用时间序列数据，时间频率为年。由于统计年鉴上所载录的数据大部分为当年价，需要根据各种价格指数及GDP消胀指数将所有数据折算成同一基准年的价格，本次研究以2012年为基准年。采用Eviews计量经济软件包进行模型参数的预测。

同时，对于固定资产投资模块，每年的总固定资产要考虑上年总固定资产的折旧，考虑到统计资料的可获得性因素，同时该系列数据在模型中主要反映的是增量关系，主要目的是得到其不同年份的相对数量关系，因此，本次研究中采用最简单的折旧计算方法。假定每笔固定资产的残值为零，折旧采用平均年限法，第一产业折旧年限为35年，第二产业30年，第三产业25年。最后得出各产业当年的固定资产总值的计算公式为

$$\text{固定资产}=\text{上年度固定资产}\times\left(1-\frac{1}{\text{固定资产折旧年限}}\right)+\text{本年度固定资产投资}$$

最后，用建立的模型对张掖市规划水平年的社会经济发展进行预测，预测成果见表4-5。从表4-5中数据可以看出，城镇化率呈逐年增长的趋势，2020年城镇化率可达到47.09%，到2030年将达到53.61%。国民经济方面，国内生产总值将保持持续稳定增长，预测数据可以用于指导黑河中游地区社会经济发展（为了与经济发展方案对应，人口也划分出高、中、低三种方案）。

表4-5　张掖市经济发展预测

项目		2012年	2020年（2013~2020年）			2030年（2021~2030年）		
			低方案	中方案	高方案	低方案	中方案	高方案
人口模块	总人口/万人	78.99	80.71	80.71	80.71	85.76	85.76	85.76
	城镇人口/万人	31.13	38.01	38.01	38.01	45.98	45.98	45.98
	农村人口/万人	47.86	42.70	42.70	42.70	39.78	39.78	39.78
	城镇化率/%	39.41	47.09	47.09	47.09	53.61	53.61	53.61
	人口增长速度/‰	—	2.70	2.70	2.70	4.58	4.58	4.58

续表

项目		2012 年	2020 年（2013 ~ 2020 年）			2030 年（2021 ~ 2030 年）		
			低方案	中方案	高方案	低方案	中方案	高方案
增加值模块/万元	GDP	1 981 200	3 386 537	3 927 175	4 457 797	5 436 694	7 327 570	10 203 765
	第一产业增加值	593 800	877 313	1 020 259	1 099 082	2 007 004	2 801 026	3 885 562
	第二产业增加值	640 200	1 020 382	1 184 966	1 372 326	1 296 928	1 540 718	2 163 833
	第三产业增加值	747 200	1 488 843	1 721 951	1 986 390	2 132 762	2 985 826	4 154 370
经济增长速度/%	GDP	—	6. 93	8. 93	10. 67	13. 45	17. 76	22. 74
	第一产业	—	5	7	8	7	9	11
	第二产业	—	6	8	10	4	5	7
	第三产业	—	9	11	13	6	8	10
三次产业比例/%	第一产业	29. 97	25. 91	25. 98	24. 66	36. 92	38. 23	38. 08
	第二产业	32. 31	30. 13	30. 17	30. 78	23. 86	21. 03	21. 21
	第三产业	37. 71	43. 96	43. 85	44. 56	39. 23	40. 75	40. 71

3. 人口与城镇化进程预测

(1) 人口分布及其特点

2012 年黑河中游地区甘州、临泽、高台三县（区）总人口为 78. 99 万人（表 4-6），具有如下人口特点。

表 4-6　人口发展统计

指标	年份	甘州	临泽	高台	合计	全国
总人口/万人	1990	42. 99	13. 21	14. 85	71. 05	117 171
	1995	44. 92	14. 07	15. 3	74. 29	121 121
	2000	47. 93	14. 61	15. 79	78. 33	126 583
	2008	51. 63	14. 7	15. 8	82. 13	132 802
	2012	51. 05	13. 52	14. 42	78. 99	135 404
增长率/‰	1991 ~ 1995	8. 82	12. 69	5. 99	8. 96	6. 65
	1996 ~ 2000	13. 06	7. 56	6. 32	10. 65	8. 86
	2001 ~ 2008	9. 34	0. 77	0. 08	5. 94	6. 01
	2009 ~ 2012	-2. 82	-20. 70	-22. 59	-9. 70	4. 86
城镇人口/万人	1990	8. 69	1. 11	1. 35	11. 15	32 372
	1995	10. 24	1. 44	1. 61	13. 29	35 174
	2000	12. 19	1. 94	1. 85	15. 98	45 844
	2008	19. 08	2. 32	-2. 59	18. 81	60 667
	2012	21. 98	4. 86	4. 29	31. 13	71 182

续表

指标	年份	甘州	临泽	高台	合计	全国
城镇化率/%	1990	20.21	8.40	9.09	15.69	27.63
	1995	22.80	10.23	10.52	17.89	29.04
	2000	25.43	13.28	11.72	20.40	36.22
	2008	36.96	15.78	-16.39	22.90	45.68
	2012	43.06	35.95	29.75	39.41	52.57

A. 人口增长稳定，接近全国增长速度

1990 年以来，人口增长较为稳定，平均增长速度与全国接近，2001～2008 年该区域与全国的平均年增长率分别为 5.94‰和 6.01‰。2008～2012 年，研究区的平均年增长率为负值，人口数量的减少，对水资源的承载压力具有一定的缓解作用。

B. 城镇化进程缓慢，与全国的差距逐渐加大

与全国平均水平相比，城镇化进程明显滞后，1990～2012 年全国城镇化率由 27.63% 增长到 52.57%，增加了近 25 个百分点，同期研究区的城镇化率仅增加了 24 个百分点，2012 年研究区域城镇化率为 39.41%，比全国水平低 13.16 个百分点。

（2）人口发展预测

影响人口增长的因素很多，主要包括人口基数、人口年龄构成、人口平均寿命、人口迁入迁出状况、生育状况等。结合历史数据，参照经济发展预测模型的人口增长速度，黑河中游人口发展预测数据见表 4-7。

表 4-7 人口发展预测

指标	年份	甘州	临泽	高台	合计
总人口/万人	2012	51.05	13.52	14.42	78.99
	2020	48.1	17.22	15.39	80.71
	2030	50.92	18.39	16.45	85.76
增长率/‰	2013～2020	-7.41	30.70	8.17	2.70
	2021～2030	5.71	6.60	6.68	6.09
城镇人口/人	2012	21.98	4.86	4.29	31.13
	2020	23.57	5.34	4.92	33.83
	2030	28	6.62	6.25	40.87
城镇化率/%	2012	43.06	35.95	29.75	39.41
	2020	49.00	31.01	31.97	41.92
	2030	54.99	36.00	37.99	47.66

（3）居民生活需水定额

居民生活需水量仅包括狭义的居民家庭生活需用水量，而非传统统计分类的在城镇地区包括公共用水，以及在农村地区包括牲畜用水的广义的“大生活”需水量。本次研究将

农村地区生活用水和牲畜用水分开列项，具体数据见表4-8、表4-9。

表4-8　居民生活用水定额　（单位：L/d）

县（区）	现状年		2020水平年		2030水平年	
	农村	城镇	农村	城镇	农村	城镇
甘州	60.7	103.7	68	110.7	73.4	115.9
临泽	59.5	101.3	65.8	108.5	69.8	112.1
高台	59.2	101.3	65.5	108.6	69.3	112.1

表4-9　牲畜蓄水定额　[单位：L/(头·d)]

县（区）	现状年		2020水平年		2030水平年	
	大	小	大	小	大	小
甘州	38.8	13.4	49.7	18.9	60	25
临泽	39.7	13.8	51.1	19.6	60	25
高台	40	14.3	51.3	20	60	25

4. 国民经济发展预测

（1）社会经济发展现状

黑河流域中游现状是一个以农业经济为主的地区，1990～2012年研究区内新增GDP 190.28亿元，GDP年均名义增长率15.08%，发展速度略低于全国水平，分析当地的产业构成特点，主要存在以下方面问题：①第一产业比例太大，对经济发展的贡献减弱。历史上，农业为黑河中游地区的社会经济发展做出了不可磨灭的贡献，2000年第一产业增加值占总GDP的42%，2012年仍占30%。由于水资源的限制，农业资源的开发能力已将趋于衰竭，第一产业对国民经济增长的贡献作用逐渐减弱，2000～2012年，考虑价格因素，第一产业对经济增长的贡献只占到了20%，对经济增长的拉动微弱，贡献乏力。②第二产业效益不佳，特别是工业经济增长乏力，缺少拉动工业增长的大型骨干企业。2012年仅完成固定资产投资101.6亿元，与全国平均水平相距甚远。重大项目支撑不足，2012年研究区内亿元以上项目完成投资额占项目投资额的比例仅为40%。③第三产业水平不高，发展薄弱。服务业占比是反映一个地区服务业发展水平以及整个经济发展水平的标志性指标，2012年研究区内第三产业增加值占生产总值的比例为37.7%，与全面建设小康社会50%的目标值差距很大。第三产业发展薄弱，社会化服务水平低下，使第一、第二产业得不到充分必要的发展，也是造成生产部门经济效益不佳的重要原因之一。

（2）区域产业发展预测

依据区域经济发展规划及历史、现状数据，运用统计分析方法构建经济发展模型对区域经济发展速度进行预测，根据经济发展情况，拟定高、中、低三个方案，预测结果见表4-10、表4-11。未来十年，区域内经济将保持高速增长，这与区域内部的特点紧密相关。其一，由于区域内部基础设施建设已基本完善，势必对经济发展起到促进作用；其二，

"一带一路"的影响，将改善中游地区的经济现状，国家投资及外资的引进会增加，从而对该区经济产生推动作用；其三，中游城市化进程的发展也会对经济起到推动作用，城市化进程的发展必将促进人力资源的转移，从低生产率部门转向高生产率部门，提高劳动产出率，同时，城市化进程也必然会导致基础设施建设的投入，从而带动经济的发展。

表 4-10　黑河中游地区第一、第二、第三产业发展速度预测　(单位:%)

产业结构	2020 水平年			2030 水平年		
	低方案	中方案	高方案	低方案	中方案	高方案
第一产业	5	7	8	7	9	11
第二产业	8	9	11	6	8	10
第三产业	9	11	13	6	8	10

表 4-11　黑河中游地区第二、第三产业万元增加值用水量　(单位：m^3/万元)

县（区）		现状水平	2020 水平年			2030 水平年		
			低方案	中方案	高方案	低方案	中方案	高方案
第二产业	甘州	86	58	39	30	35	23	18
	临泽	86	58	39	30	35	23	18
	高台	86	58	39	30	35	23	18
第三产业	甘州	60.9	29.2	29.2	29.2	21.8	21.8	21.8
	临泽	40.3	21	21	21	16.5	16.5	16.5
	高台	57	27.9	27.9	27.9	20.8	20.8	20.8

5. 土地利用及农业发展战略

(1) 土地资源及利用状况

黑河流域地跨青海、甘肃及内蒙古三省（自治区），位于河西地区的中部，黑河干流全长821km，面积约14.29万km^2。本次研究区域土地总面积11.43万km^2。中游地区是黑河流域最大的绿洲区域，土地资源状况较好，灌溉农业发达，人口和经济也主要集中在该区域。2012年区域内部总灌溉面积282.38万亩，灌溉的粮食和林草面积分别为217.91万亩和64.47万亩，是重要的粮食生产基地。

(2) 农业生产分析

农业发展应以需求为导向，以大区内部粮食自给为前提，以调整产业结构、内涵发展为方向，以发展农村经济、提高农民收入为目的，以水资源综合利用为手段，结合区域环境及地理特点进行预测：①耕地面积，根据对各分区在各规划水平年农产品总需求量及满足当地需求农作物的最小种植面积，以2012年为现状年，预测所需耕地面积，结果见表4-12；②灌溉定额及灌溉水利用系数，根据区域发展战略情况以及当地的土地资源特征，拟定高、中、低三个方案的灌溉定额，具体数据见表4-13、表4-14。

表 4-12　黑河中游各灌区灌溉面积统计　（单位：万亩）

县（区）	灌区名称	现状年灌溉耕地面积		适当压缩灌溉耕地面积		近期治理规划灌溉耕地面积	
		农田	林草	农田	林草	农田	林草
甘州	大满	33. 33	5. 57	27. 65	5. 57	22. 13	5. 57
	盈科	34. 74	0. 59	25. 34	0. 59	21. 54	0. 62
	西浚	35. 44	2. 47	28. 21	2. 3	24. 36	2. 47
	上三	11. 7	0. 46	10. 47	0. 58	8. 37	0. 79
	小计	115. 22	9. 1	91. 67	9. 04	76. 4	9. 45
临泽	梨园河	24. 46	17. 09	20. 12	17. 09	19. 32	17. 09
	平川	7. 25	11. 66	4. 38	11. 66	4. 12	11. 66
	板桥	8	9. 29	6. 22	9. 29	5. 34	9. 29
	鸭暖	5. 46	1. 65	4. 31	1. 72	3. 27	1. 83
	蓼泉	6. 84	3. 75	4. 66	4. 23	3. 67	5. 21
	沙河	5. 79	4. 25	4. 21	4. 25	3. 84	4. 25
	小计	57. 81	47. 69	43. 9	48. 24	39. 56	49. 33
高台	友联	36. 82	5. 5	32. 86	5. 7	28. 36	6. 3
	六坝	3. 54	0. 77	2. 43	0. 86	2. 43	1. 65
	罗城	4. 54	1. 42	3. 62	1. 43	3. 62	2. 38
	小计	44. 89	7. 69	38. 91	7. 99	34. 41	10. 33
总计		217. 91	64. 47	174. 48	65. 27	150. 37	69. 11

表 4-13　黑河中游地区作物灌溉定额　（单位：m^3/亩）

项目			甘州	临泽	高台
农作物净灌溉定额	现状年		400	430	440
	2020 水平年	低方案	400	430	440
		中方案	360	390	400
		高方案	330	360	370
	2030 水平年	低方案	360	390	400
		中方案	320	340	360
		高方案	300	320	340
林草灌溉定额	现状年		280	280	285
	2020 水平年	低方案	280	280	285
		中方案	280	280	285
		高方案	280	280	285
	2030 水平年	低方案	280	280	285
		中方案	280	280	285
		高方案	280	280	285

表 4-14　黑河中游地区农田灌溉水利用系数

县（区）	现状年	2020 水平年			2030 水平年		
		低方案	中方案	高方案	低方案	中方案	高方案
甘州	0. 53	0. 58	0. 61	0. 63	0. 61	0. 66	0. 68
临泽	0. 53	0. 58	0. 61	0. 63	0. 61	0. 66	0. 68
高台	0. 53	0. 58	0. 61	0. 63	0. 61	0. 66	0. 68

6. 社会经济发展需水预测

（1）社会经济生态需水量

中游地区的生态系统需用水量可划分为人工林草需水量、天然植被需水量以及水域三方面。其中，人工林草需水量作为人为生态系统保护、维持的需求，故将其归类于生态需水量。在中游地区，人工绿洲占主导地位并要求进一步退耕还林、还草，而林、草类作物又直接服务于人为生态系统的保护和维持，所以作为一大用水户单独预测其灌溉需水量。林、草类作物灌溉需水量的计算方法与农田作物完全相同，二者同属灌溉用水，需水性质也基本一致，而且二者基本上使用同一灌溉输、配水系统，可认为灌溉水利用率相同，故已将人工林、草类灌溉需水量在上文中与农作物需水量一起计算。

中游山前灌区天然植被所消耗的水量为不可控水量，不属于天然生态系统需水量的计算范畴，计算中仅考虑黑河中游干流区天然植被需水量。黑河中游干流区天然植被系统主要由天然绿洲植被、过渡带植被、水域及荒区等组成，对地下水的消耗途径包括天然绿洲植被、过渡带植被生长耗水和天然水域水面蒸发三方面。天然植被需水量的计算方法及计算结果见表 4-15。

表 4-15　中游天然植被需水计算法及结果

水平年	项目	计算方法	适用条件	计算结果/亿 m^3
现状年	天然生态	耗水定额法	地下水观测资料丰富，有足够多的观测井，植被资料详细	1. 15
	水面蒸发	水面蒸发量计算公式	—	0. 50
2020 水平年	天然生态	耗水定额法	地下水观测资料丰富，有足够多的观测井，植被资料详细	1. 35
	水面蒸发	水面蒸发量计算公式	—	0. 70
2020 水平年	天然生态	耗水定额法	地下水观测资料丰富，有足够多的观测井，植被资料详细	1. 64
	水面蒸发	水面蒸发量计算公式	—	0. 90

需水量分析的基准年（现状年）为 2012 年，预测针对的规划水平年分别是 2020 年和 2030 年。对 13 个分区的各个需水用户（类别）的各水平年的需水量都进行了分析预测。

需水量的预测主要采用指标预测的方法。指标包括社会经济发展指标、生态系统保持指标及各个用水户的需水定额指标。社会经济发展指标包括各类农田粮食与经济作物的灌溉面积、牲畜数量、人口及其农村与城镇人口构成、第二产业及第三产业增加值等；生态系统保持指标主要指为维持中游张掖市的人为生态系统（人工绿洲）及为增加黑河向下游输送水量以保证下游天然生态系统而退耕还林、还草后所需灌溉的林、草类作物面积，另外还包括城镇地区改善人居环境的一些指标，如城市绿地灌溉面积、娱乐水域水景补水面积等；需水定额指标就是各用水户的需水定额，包括各类作物的灌溉定额、城镇居民与农村居民的人均生活需水定额、牲畜需水定额、第二产业及第三产业万元增加值需水量等。

根据全国国民经济发展目标总体目标，考虑到黑河流域的自然、社会、经济的具体条件，本书认为中等社会经济发展情景最符合实际情况并满足区域发展要求，相应的需水方案也适应资源配置条件，针对社会经济发展的高、中、低三种方案，以及针对耕地面积所列的现状年、2020 年、2030 年灌溉面积及近期治理规划面积三种方案分别预测不同方案组合值下的需水量，见表 4-16 ~ 表 4-18。

表 4-16　现状年黑河中游需水方案　　（单位：万 m^3）

指标	现有需水量	2000 年需水量	近期治理规划需水量
农业需水	91 259	69 130	62 711
工业及第三产业需水	9 327	9 327	9 327
生活需水（人畜）	3 503	3 503	3 503
人工林草	18 090	21 259	19 402
天然植被	11 520	11 520	11 520
水域	5 000	5 000	5 000
合计	138 699	119 739	111 463

表 4-17　2020 水平年黑河中游需水方案　　（单位：万 m^3）

指标	现有需水量			2000 年需水量			近期治理规划需水量		
	低方案	中方案	高方案	低方案	中方案	高方案	低方案	中方案	高方案
农业需水	90 694	81 978	75 440	68 711	62 121	57 178	62 711	56 696	52 185
工业及第三产业需水	12 412	10 380	9 891	12 412	10 380	9 891	12 412	10 380	9 891
生活需水(人畜)	4 186	4 186	4 186	4 186	4 186	4 186	4 186	4 186	4 186
人工林草	18 051	16 762	15 472	21 259	19 688	18 173	19 402	17 968	16 586
天然植被	13 480	13 480	13 480	13 480	13 480	13 480	13 480	13 480	13 480
水域	7 000	7 000	7 000	7 000	7 000	7 000	7 000	7 000	7 000
合计	145 823	133 786	125 469	127 048	116 855	109 908	119 191	109 710	103 328

表 4-18　2030 水平年黑河中游需水方案　　（单位：万 m^3）

指标	现有需水量			2000 年需水量			近期治理规划需水量		
	低方案	中方案	高方案	低方案	中方案	高方案	低方案	中方案	高方案
农业需水	81 978	72 683	68 325	62 121	55 097	51 802	56 696	50 286	47 278
工业及第三产业需水	10 048	8 927	12 795	10 048	8 927	12 795	10 048	8 927	12 795
生活需水（人畜）	4 865	4 865	4 865	4 865	4 865	4 865	4 865	4 865	4 865
人工林草	16 762	15 472	14 183	19 687	18 173	16 658	17 968	16 586	15 204
天然植被	16 422	16 422	16 422	16 422	16 422	16 422	16 422	16 422	16 422
水域	9 000	9 000	9 000	9 000	9 000	9 000	9 000	9 000	9 000
合计	139 074	127 369	125 590	122 143	112 484	111 542	114 999	106 086	105 564

（2）需水方案分析

在黑河中游，农田灌溉是第一大用水户，其变化走势影响全局。要保证下游天然生态系统用水，使其不再继续恶化，并有所恢复，必须全线压缩作为第一大需水用户的农田灌溉用水。据此，确定了三种灌溉面积分别是现有灌溉面积、2000 年灌溉面积以及近期治理规划面积三种方案。根据表 4-16 ~ 表 4-18，以现状年灌溉面积为基础进行比较：其农业需水和人工林草需水量呈逐年下降趋势，而生活需水、天然植被和水域用水量则呈逐年上升趋势；研究区内居民生活需水量将从现状年的 3503 万 m^3 上升至 2030 水平年的 4865 万 m^3，随着城镇化进程的不断加快和社会经济的不断发展，预计黑河中游地区的居民用水量还将逐步增加；第二、第三产业虽然紧随农田灌溉和林、草类作物灌溉之后在黑河中游地区列第三大用水户，但其无论是绝对数量还是占总需水量的比例都远不如前两者。以现状年为例，现有灌溉面积下，第二、第三产业需水量仅占农业需水量的 10%，以及林、草类作物的一半左右。

就拟定的三种社会经济发展方案进行比较可以看出：在低方案下，第二、第三产业用水量随着时间的推移先减小后增加，用水总量呈先增后减的态势，到 2030 水平年，预测用水总量较现状年增加了 0.1 亿 m^3 左右；在中方案下，第二、第三产业用水随着时间的推移先增加后减小，用水总量呈逐年下降态势，到 2030 水平年，预测用水总量较现状年减少了1 亿 m^3 左右；在高方案下，第二、第三产业用水逐年递增，用水总量呈先减后增态势，2030 水平年的预测用水量较现状年减少了约 1 亿 m^3，比中方案用水总量减少 0.1 亿 m^3。考虑到黑河中游地区的自然资源条件及社会经济发展情况，最终确定中方案为本次研究的最佳方案。

中方案下，针对耕地面积确定的三种方案（现状年面积、2000 年耕地面积、近期治理规划灌溉面积）的需水结构进行比较可以得出以下结论：当黑河中游退耕至 2000 年的面积，在中方案下，总需水量可由现状年的 13.7 亿 m^3 减少到 2030 水平年的超过 11 亿 m^3；同时农田灌溉需水比例由现状水平的 58% 减小到 2030 水平年的 49% 左右；而生态需水比例则由现状水平的 25% 增加到 2030 年水平的 39%，中游各部门的需水结构趋于合理

(图 4-5)，按此方案，可实现中游需水的零增长或负增长。

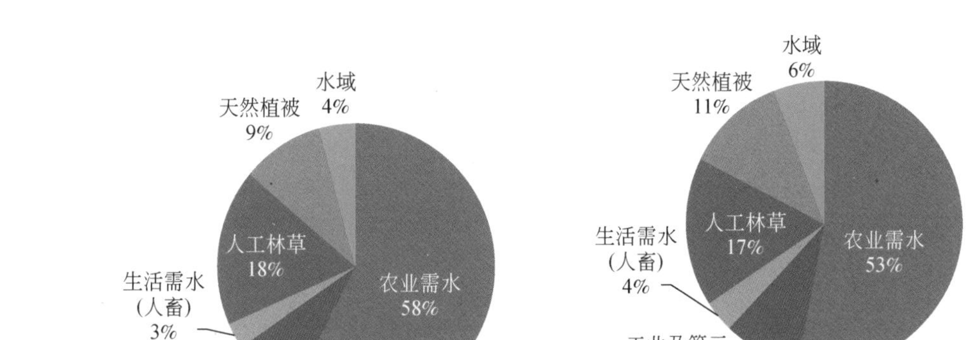

(a) 现状年

(b) 2020水平年

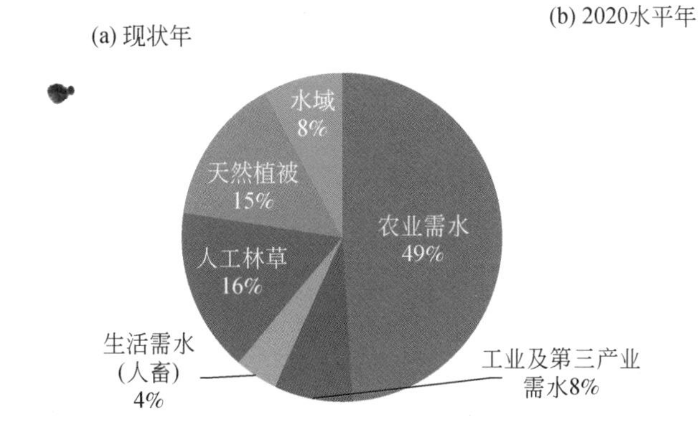

(c) 2030水平年

图 4-5　黑河中游各行业需水比例

4.2.2　下游社会经济需水

下游生态环境在普遍好转的同时，也存在局部地区生态环境退化的情况，主要退化原因是非法开垦土地现象突出，耕地面积增加，下游地区耕地大量扩张，导致农业用水大量挤占生态用水，生态环境退化。因此，本书采用退耕还草方案，根据经济社会需水预测方法，对黑河下游额济纳经济社会需水进行预测，需水预测结果见表 4-19。

表 4-19　黑河下游额济纳旗需水预测结果　　（单位：万 m^3）

指标	现状年需水量	2020 水平年需水量			2030 水平年需水量		
		低方案	中方案	高方案	低方案	中方案	高方案
工业及第三产业	2583	2866. 57	3070	3185	2982	3582	4165
生活（人畜）	76	89	89	89	197	197	197
合计	2658	2955	3158	3273	3180	3779	4362

4.3 黑河下游生态需水

目前，黑河下游的生态需水研究成果较多，已有大量的研究成果对黑河下游或额济纳绿洲区生态需水量进行了计算，本书根据冯起等（2015）的计算方法，通过对额济纳绿洲进行分区，根据面积定额法对植被生态需水进行计算，结合水体生态需水计算，进而对额济纳绿洲的生态需水进行分析计算。

4.3.1 结果一：全分区计算结果

分别计算每个子区的生态需水，额济纳绿洲被划分为 11 个子区：东河上游区、东河中游区、东河下游区、西河上游区、西河中游区、西河下游区、东戈壁区、中戈壁区、西戈壁区、两湖区和古日乃区（图 4-6）。

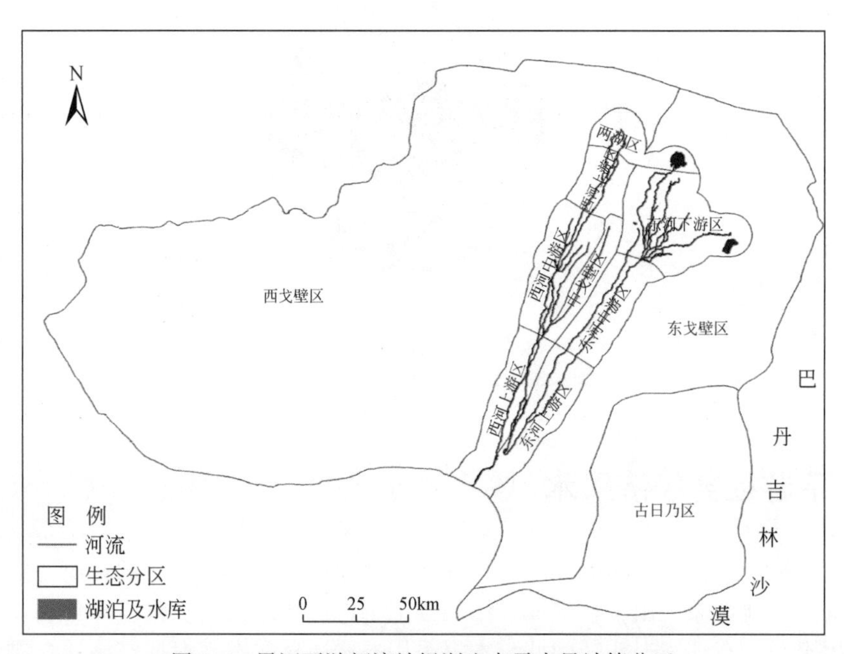

图 4-6 黑河下游额济纳绿洲生态需水量计算分区

生态需水计算面积定额法是在已知各种植物单位面积耗水量的条件下，解译不同植被的覆盖面积，进而计算生态需水

根据分区计算，以东河上游区为例，生态需水量如表 4-20 所示。其他子区和两个对比年 1999 年和 2010 年的计算过程略。

经各子区计算统计后如表 4-21 ~ 表 4-23 所示。

由表 4-22 可见，1987 年额济纳绿洲生态总需水量为 75 018 万 m^3。其中植物蒸腾潜耗水蒸发约为 5.72 亿 m^3，占总需水量的 76.27%，水域的生态需水量包括湖泊和河流的生

表 4-20　1987 年东河上游区植物蒸腾量及潜水蒸发量

植物种类	盖度/%	总面积/km^2	地下水位/m	植被有效面积/km^2	株间有效面积/km^2	植物蒸腾定额/(m^3/km^2)	潜水蒸发定额/(m^3/km^2)	植物蒸腾量/亿 m^3	潜水蒸发量/亿 m^3	合计/亿 m^3
胡杨	>75	20.92	2~2.5	8.87	1.56	1 200 000	150 000	0.106 4	0.002 34	0.108 79
			2.5~3	8.93	1.58	1 200 000	81 000	0.107 2	0.001 28	0.108 48
	15~75	11.17	1~1.5	0.56	0.56	1 200 000	320 000	0.006 7	0.001 79	0.008 49
			1.5~2	1.08	0.64	1 200 000	219 000	0.013 0	0.001 39	0.014 40
			3~3.5	1.17	0.73	1 200 000	35 000	0.014 1	0.000 25	0.014 33
			3.5~4	1.07	0.61	1 200 000	18 000	0.012 9	0.000 11	0.012 98
			4~6	3.37	1.25	1 200 000	15 000	0.040 5	0.000 19	0.040 67
	5~15	4.33	0.5~1	0.05	0.32	1 200 000	631 000	0.000 6	0.001 99	0.002 62
			6~10	1.46	2.50	1 200 000	90	0.017 6	0.000 00	0.017 56
灌木	>75	9.19	2~2.5	3.54	1.18	30 000	150 000	0.001 06	0.001 76	0.002 82
			2.5~3	3.35	1.12	30 000	81 000	0.001 01	0.000 91	0.001 91
	15~75	34.17	1~1.5	1.98	2.12	30 000	320 000	0.000 59	0.006 78	0.007 37
			1.5~2	3.62	3.62	30 000	219 000	0.001 09	0.007 93	0.009 02
			3~3.5	3.38	3.38	30 000	35 000	0.001 01	0.001 18	0.002 20
			3.5~4	2.73	2.73	30 000	18 000	0.000 82	0.000 49	0.001 31
			4~5.5	5.23	5.23	30 000	15 000	0.001 57	0.000 78	0.002 35
	5~15	10.15	0.5~1	0.87	0.70	30 000	150 000	0.000 26	0.001 05	0.001 31
			5.5~11	0.81	0.68	30 000	81 000	0.000 24	0.000 55	0.000 80
草地	>75	3.07	2~2.5	7.24	13.08	30 000	219 000	0.002 17	0.028 65	0.030 82
			2.5~3	11.58	11.56	30 000	35 000	0.003 47	0.004 05	0.007 52
	15~75	58.41	1.5~2	7.47	7.48	30 000	18 000	0.002 24	0.001 35	0.003 59
			3~3.5	0.18	0.35	30 000	631 000	0.000 05	0.002 22	0.002 27
			3.5~4	0.94	2.05	300 00	810 00	0.000 28	0.006 57	0.006 85

表 4-21　1987 年黑河下游额济纳绿洲生态需水量分区计算结果统计表

植被种类	盖度/%	东河上游区/万 m^3	东河中游区/万 m^3	东河下游区/万 m^3	西河上游区/万 m^3	西河中游区/万 m^3	西河下游区/万 m^3	东戈壁区/万 m^3	中戈壁区/万 m^3	西戈壁区/万 m^3	两湖区/万 m^3	古日乃区/万 m^3	合计/万 m^3
乔木	>75	2 173	275	5 489	2 394	852	419	2 052	44	32	0	50	13 779
	15 ~ 75	909	1 010	3 202	3 295	2 605	904	508	184	0	24	529	13 169
	5 ~ 15	202	177	1 386	2 138	583	905	361	0	11	11	922	6 695
灌木	>75	47	21	489	137	134	64	39	0	0	35	640	1 606
	15 ~ 75	223	9	871	123	108	166	607	62	1	47	2 119	4 335
	5 ~ 15	124	7	432	150	204	213	73	21	52	11	799	2 084
草本	>75	21	12	945	68	50	38	94	87	1 562	123	217	3 215
	15 ~ 75	419	138	1 148	262	164	995	2 231	347	1 840	198	4 611	12 352
水体	—	862	649	807	630	67	342	0	0	0	14 423	0	17 780
合计	—	4 979	2 297	14 770	9 196	4 766	4 046	5 963	744	3 497	14 872	9 887	75 018

表 4-22　1999 年黑河下游额济纳绿洲生态需水量分区计算结果统计表

植被种类	盖度/%	东河上游区/万 m^3	东河中游区/万 m^3	东河下游区/万 m^3	西河上游区/万 m^3	西河中游区/万 m^3	西河下游区/万 m^3	东戈壁区/万 m^3	中戈壁区/万 m^3	西戈壁区/万 m^3	两湖区/万 m^3	古日乃区/万 m^3	合计/万 m^3
乔木	>75	2 052	246	4 530	2 130	760	374	1 832	39	28	0	44	12 035
	15 ~ 75	957	789	1 832	2 597	2 034	706	397	144	0	19	413	9 888
	5 ~ 15	93	82	657	318	258	254	167	0	0	5	426	2 260
灌木	>75	24	19	324	65	69	53	32	0	0	33	606	1 225
	15 ~ 75	151	8	370	145	109	135	542	17	1	30	1 809	3 317
	5 ~ 15	110	5	332	117	159	166	57	16	40	12	623	1 637
草本	>75	20	11	1 049	60	45	56	89	83	1 477	119	192	3 200
	15 ~ 75	269	112	1 079	188	94	791	1 808	190	1 160	145	3 389	9 225
水体	—	721	568	585	551	58	299	0	0	0	378	0	3 160
合计	—	4 397	1 839	10 758	6 171	3 587	2 834	4 924	489	2 706	741	7 502	45 947

表 4-23　2010 年黑河下游额济纳绿洲生态需水量分区计算结果统计表

植被种类	盖度/%	东河上游区/万 m^3	东河中游区/万 m^3	东河下游区/万 m^3	西河上游区/万 m^3	西河中游区/万 m^3	西河下游区/万 m^3	东戈壁区/万 m^3	中戈壁区/万 m^3	西戈壁区/万 m^3	西湖区/万 m^3	古日乃区/万 m^3	合计/万 m^3
乔木	>75	1 940	246	4 292	2 138	760	374	1 832	39	28	0	44	11 693
	15～75	710	789	1 887	2 573	2 034	706	397	144	0	19	413	9 672
	5～15	93	82	641	318	269	254	167	0	0	5	426	2 255
灌木	>75	45	19	422	129	127	61	37	0	0	33	606	1 479
	15～75	157	8	528	109	96	126	542	55	1	33	1 892	3 547
	5～15	97	5	329	117	159	166	57	16	40	9	623	1 618
草本	>75	20	11	1 176	64	45	56	89	83	1 477	119	192	3 331
	15～75	263	112	792	185	126	752	1 808	202	1 491	113	3 389	9 232
水体	—	677	510	673	495	53	269	0	0	0	11 596	0	14 273
合计	—	4 002	1 781	10 740	6 128	3 669	2 764	4 929	538	3 037	11 926	7 585	57 100

态需水量约为1.78亿m^3，占总需水量的23.73%。不同分区生态需水量占额济纳天然绿洲总生态需水量的比例分别为：东河上、中、下游区分别占总生态需水的6.65%、3.06%、19.69%，西河上、中、下游区分别占总生态需水的12.26%、6.35%、5.39%，东、中、西戈壁区分别占总生态需水的7.95%、0.99%、4.66%，两湖区占总生态需水的19.82%，古日乃区占总生态需水的13.18%。

分水前（1999年）额济纳绿洲生态总需水量为45 947万m^3，较1987年减小29 071万m^3，其中植物蒸腾潜耗水和潜水蒸发约为4.28亿m^3，占总需水量的93.04%，较1987年减小约1.44亿m^3，水域的生态需水量包括湖泊和河流的生态需水量为约0.32亿m^3，占总需水量的6.96%，较1987年减小约1.46亿m^3。不同分区生态需水量占额济纳天然绿洲总生态需水量的比例分别为：东河上、中、下游区分别占总生态需水的9.57%、4.00%、23.41%，西河上、中、下游区分别占总生态需水的13.43%、7.81%、6.17%，东、中、西戈壁区分别占总生态需水的10.72%、1.06%、5.89%，两湖区占总生态需水的1.61%，古日乃区占总生态需水的16.33%（表4-22）。

现状年（2010年）额济纳绿洲生态总需水量为5.71亿m^3，较1987年减小约1.79亿m^3，较1999年增加约1.12亿m^3，其中植物蒸腾潜耗水和潜水蒸发为4.28亿m^3，占总需水量的75.00%，水域的生态需水量包括湖泊和河流的生态需水量为1.43亿m^3，占总需水量的25.00%，较1987年减小约0.35亿m^3，较1999年增加约1.11亿m^3。不同生态需水量分区占额济纳天然绿洲总生态需水量的比例分别为：东河上、中、下游区分别占总生态需水的7.01%、3.12%、18.81%，西河上、中、下游区分别占总生态需水的10.73%、6.43%、4.84%，东、中、西戈壁区分别占总生态需水的8.63%、0.94%、5.32%，两湖区占总生态需水的20.89%，古日乃区占总生态需水的13.28%（表4-23）。

通过以上各个计算结果来看，考虑整个额济纳绿洲条件下，不同年代生态需水约为4.6亿~7.5亿m^3。

4.3.2 结果二：去除古日乃湖区的绿洲需水计算结果

古日乃湖区的绿洲主要是靠黑河下游鼎新至狼心山断裂带地下水渗漏补给维持。根据实地考察和水文地质队1982年作的《务桃亥、特罗西滩区域水文地质普查报告》，古日乃湖与黑河无地表水力联系，植被生长所利用的水资源主要为黑河下游鼎新至狼心山断裂带地下水渗漏补给。另根据仵彦卿（2010）对黑河下游同位素分析和地球物理探测分析认为，黑河下游哨马营至古日乃存在地堑式断层，断层带为黑河古河道，鼎新段河水主要通过这一断层渗入地下水，大约有1.8亿m^3/a的地下水沿该断层进入古日乃和巴丹吉林沙漠。理由如下。

1）鼎新段河水中δD和$\delta^{18}O$组分在黑河流域降水线以下，且在局地蒸发线附近，与巴丹吉林沙漠地下水几乎相同，这说明巴丹吉林沙漠地下水来源于鼎新段河水补给。

2）鼎新段河水中Ca^{2+}和Mg^{2+}浓度分别为134.68mg/L和228.54mg/L，而断层带中地下水Ca^{2+}和Mg^{2+}浓度分别为153.81mg/L和201.45mg/L。水化学分析显示：河水和断层带水–岩交换提供沙漠区地下水中的钙富集，地下水中钙的沉淀维持着沙丘的稳定。

3）河水和地下水中^{3}H 分析揭示：河水渗漏补给地下水，地下水沿断层流到了古日乃盆地需要 15～25 年，巴丹吉林沙漠泉水年龄为 20～30 年，这同样说明古日乃和巴丹吉林沙漠地下水来源于黑河鼎新段河水。

因此，可以认为哨马营断层损失的 1.8 亿 m^3/a 主要补给古日乃湖区地下水，基本可以满足植被的生态需水要求。1987 年额济纳绿洲生态总需水量为 6.51 亿 m^3；分水前（1999 年）额济纳绿洲生态总需水量为 3.84 亿 m^3；现状年（2010 年）额济纳绿洲生态总需水量为 4.95 亿 m^3。

4.3.3　结果三：去除古日乃湖区和东、西戈壁绿洲需水计算结果

黑河下游额济纳绿洲东、西河沿线及其下游河网（包括东、西居延海）地区，绿洲面积大，集中连片，植被种类多样，主要分布在两河范围内，东、西戈壁上零星的、不连片的绿洲覆盖度较低，受黑河地表水直接灌溉影响较小，主要靠天然降水，故此区域作为生态保护的最低范围。1987 年额济纳绿洲生态总需水量为 5.57 亿 m^3；分水前（1999 年）额济纳绿洲生态总需水量为 3.08 亿 m^3；现状年（2010 年）额济纳绿洲生态总需水量为 4.15 亿 m^3。

通过以上分析可知，古日乃区绿洲区、东西戈壁与狼心山断面水量联系较小，如以狼心山断面水量分析计算下游绿洲需水量，结果三计算较为合理，即通过狼心山断面的地表水能补给到的区域的生态需水量，1987 年、1999 年和 2010 年分别为 5.57 亿 m^3、3.08 亿 m^3、4.15 亿 m^3。

表 4-24 是黑河下游生态需水已有研究成果，由于研究范围不一致，生态需水计算结果有一些不同，但大部分计算结果都在 5 亿～6 亿 m^3，本研究计算结果也在此范围内。

表 4-24　现有研究成果计算的黑河下游生态需水量

成果	研究范围	研究面积/km^2	研究时段	生态需水量/亿 m^3	强度/(m^3/km^2)
成果一	狼心山以下	3 010.47	20 世纪 80 年代	6.78～7.57	225 214
成果二	狼心山以下	6 535.84	1995 年	5.70	87 211
成果三	狼心山以下	5 701.38	2000 年	5.313	93 188
成果四	额济纳绿洲	3 328	2000 年	5.57～6.0	167 368
成果五	额济纳绿洲	2 940	2000 年	5.25	178 571
成果六	额济纳绿洲	5 998.73	1995 年	5.23～5.70	91 102

注：成果一．高前兆等《黑河流域水资源合理利用》；成果二．内蒙古水利科学研究院《内蒙古西部额济纳旗绿洲水资源开发利用与生态环境保护研究报告》；成果三．华北水利水电学院《黑河流域东部子系统水资源承载力研究》；成果四．“黑河重大问题及其对策研究”，程国栋院士主持的“黑河流域生态环境问题及其对策研究”；成果五．杨国宪等《黑河生态与水》；成果六．王根绪和程国栋《干旱内陆流域生态需水量及其估算——以黑河流域为例》

4.4 本章小结

1）本章分析了20世纪90年代以来经济社会发展状况。总体来看，90年代以来，人均GDP均低于全国平均水平，产业内部结构不相协调，农业中种植业比例过高，牧业、林业发展缓慢；工业中轻、重工业比例不协调，重工业以采掘业和原材料工业占据主导地位；第三产业的第一、第二层次中的相关产业发展较快，新兴产业发展缓慢。

2）基于该区历史年份数据建立社会经济发展预测模型，对未来年份的社会经济发展状况进行模拟预测。

3）计算了中方案下现状水平年和未来不同水平年经济社会需水量。总需水量可由现状年的13.87亿m^3减少到2030水平年的高于11亿m^3；同时，农田灌溉需水比例由现状水平的58%减小到2030水平年的49%左右；而生态需水比例则由现状年的31%增加到2030水平年的39%，中游各部门的需水结构趋于合理，实现中游需水的零增长或负增长。

4）分析计算了黑河下游额济纳绿洲东、西河沿线及其下游河网（包括东、西居延海）地区生态需水量，该区域1987年、1999年和2010年生态需水量分别为5.57亿m^3、3.08亿m^3、4.15亿m^3。

第5章 基于水库群多目标调度的地表地下水资源配置模型体系构建及求解

5.1 黑河干流水资源调配模型

黑河是我国西北地区第二大内陆河，发源于祁连山北麓，流经青海、甘肃、内蒙古三省（自治区）14个县（区、市、旗），是该地区赖以生存和发展的唯一水源。

黑河流域由南北山前一系列断陷盆地组成，具有典型的西北干旱区地下水形成及分布规律。具有地下水与河水之间极为密切的大数量的相互转化关系、“径流与泉水、蒸发”相平衡的区域水均衡特点等。形成了河水、地下水、泉水三位一体的“河流-含水层”体系。研究、认识这些规律，不仅是黑河中游水资源合理配置、高效利用的关键，而且是实施黑河水资源统一管理和调度的重要基础，鉴于黑河中游地表水、地下水转换频繁，仅研究地表水资源不能反映黑河水循环运动的基本规律。因此，黑河水资源配置模型作为一项基础性工作，成为进行流域水资源统一管理和调度、流域规划不可或缺的一个重要工具。

5.1.1 水资源调配目标和基本原则

（1）调配目标

黑河流域上游地区人口较少，社会经济取用水量不大，且属于流域产水区，在《黑河流域近期治理规划》中也未对上游用水量作专门约束，本次水资源配置工作主要集中在黑河中下游东部水系。

本次水资源配置的目标分为宏观和微观两个层面。在宏观层面，流域水资源合理配置服务于流域可持续发展，而流域可持续发展包括两个方面的内容，即生态环境良性运转和社会经济持续发展，因此水资源配置的宏观目标是实现流域生态环境保护和社会经济发展两大系统之间，以及两大系统内部用水的协调关系，以流域水资源的可持续利用支撑和实现流域社会经济的可持续发展。在微观层面，国务院批准实施的黑河干流省际分水方案，已经为协调中游社会经济用水和下游生态环境用水之间的关系提供了指导性意见，因此流域水资源微观配置目标就是在国务院分水方案的约束下，按照系统、公平、效率和可持续性原则，完成不同水平年中游和下游用水的时程分配，以及中游地区和下游地区内部各用水户之间具体分配，以实现社会经济效益和生态环境效益的最大化。

（2）基本原则

水资源合理配置是指在特定流域或区域范围内，在系统、有效、公平和可持续利用等原则的指导下，遵循自然规律和经济规律，按照市场经济的规律和资源配置准则，通过合理抑制需求、保障有效供给、维护和改善生态环境质量等手段和措施，对多种可利用水源在区域间和各用水部门间进行科学分配。综合水资源合理配置的基本理念和黑河流域水资源配置的具体目标，本次黑河干流区域的水资源合理配置必须坚持以下四个原则。

1）公平公正原则。黑河流域中下游地区极度干旱，水资源属于稀缺资源，因此水资源合理配置中首先必须坚持公平公正原则，避免部分或个别地区因水资源过度短缺严重干扰区域社会发展秩序，或造成生态环境系统的严重退化等情况的发生。公平公正原则的具体实施表现在地区之间、近期和远期之间、用水目标之间、用水人群之间对水资源的公平分配。在地区上保证区域内各行政区之间以及行政区内部水资源的合理分配；要协调近、远期不同水平年流域治理规划和社会发展规划的水资源需求关系；用水目标上，在优先保证生活用水和最为必要的生态用水前提下，协调经济用水和一般生态用水，以及不同经济部门间的用水关系；用水人群中，要注意提高农村饮水保障程度并保护城市低收入人群的用水等。

2）可持续性原则。可持续性原则包括三方面内容：一是水资源可再生性的维持，包括维持量和质两方面的可再生性，如流域水循环尺度的维持、地表水地下水转化稳定性的维护，以及水体自净能力的维系等；二是水资源利用的可持续性维持，主要指开发利用模式的持续性，如地下水开采要实现一定生态地下水位约束下的采补平衡；三是区域社会发展的可持续性保障。

3）高效性原则。水资源配置的高效性包括提高用水效率和效益两方面，应有利于提高参与生活、生产和生态过程的水量及其有效程度，减少水资源在取水、输水、用水和排水过程中的无效浪费；增加对降水的直接利用，减少水资源转化过程和用水过程中的无效蒸发，如利用山区水库替代平原水库，以降低水面的无效蒸发，合理利用地下水以降低潜水的无效蒸散发等。有利于促进一水多用和综合利用，优化用水结构，增加单位耗水的农作物、工业产值和 GDP 的产出；减少水污染，增加有效水资源量等，如在保证粮食安全等相关前提的基础上，压缩低耗水的农业用水，而转为第二、第三产业等高产出用水，压缩高耗水的粮食作物用水，而转为高产出的经济作物用水等内容，建立与区域水资源承载能力相适应的高效经济体系。另外，在生态用水方面，也要强调单方水所实现的生态服务功能。

4）系统性原则。系统性原则要求在水资源配置过程中，将“水资源-社会经济-生态环境”作为一个统一的复杂大系统加以考虑。从社会资本统一构成出发，权衡和协调用水过程的经济资本积累和自然资本的维护，在流域水循环的平台上统一考虑社会经济用水需求和生态环境用水需求，统一配置地表水和地下水、统一配置当地水和过境水、统一配置原生性水资源和再用性水资源、统一配置降水性水资源和径流性水资源等。并在不同层面上，将区域水资源循环转化过程和国民经济用水的供、用、耗、排过程联系起来考虑。

依据调配目标和原则，水资源配置核心任务：一是建立社会经济和生态环境合理用水需求的供水保障体系；二是建立适应当地水资源条件的区域经济发展模式，建立内涵式的水资源供需平衡保障体系，在供水“零增长”条件下实现社会经济持续发展。

5.1.2 配置范围、水平年和系列选取

本次配置的范围主要指黑河东部子水系流域，在行政区上包括青海省的祁连县，甘肃省的甘州区、临泽县、高台县和金塔县，内蒙古的额济纳旗，以及酒泉卫星发射中心（简称东风场），共涉及 6 县（区、旗）和 1 个基地。

本次研究选取 2012 年作为现状水平年，2020 年为近期规划水平年，2030 年作为中期水平年。

流域水资源配置模拟包括典型年法和水文长系列法两种方法，典型年法的优点是分析计算比较简单，缺点是典型年不易选好，且某个频率年份的年内来水分布代表性较差，水文长系列方法的优点是水文过程代表性较好，但信息需求量较大，计算相对复杂。本次研究采用的是水文长系列法，主要包括莺落峡、梨园河来水系列。通过对系列的分析，1956 ~ 2012 年来水系列能够较好地代表流域来水的丰、平、枯周期。因此，选取了 1956 ~ 2012 年共 57 年来水系列，时间步长为旬。

5.1.3 配置的基本内容和主要科学基础

(1) 配置内容

依据所确定的配置目标，本次水资源合理配置研究的具体内容可以表述为：定量提出符合流域水资源的基础条件，兼顾区域社会经济发展和流域生态环境保护目标的不同水平年黑河流域需水方案。提出不同水平年相应规划条件下的流域可供水量；在国务院批复的省际分水方案的约束下，按照系统、公平、有效和可持续性利用原则，利用工程和非工程措施，制订流域中下游水量合理分配方案，包括中游和下游水量分配时程、中游各区域和各部门水量分配方案、下游各社会经济和生态环境用水户之间的水量分配方案；提出不同水平年各单元的缺水量和缺水过程；结合流域水循环过程模拟手段，提出典型断面过流控制指标。

简而言之，本次水资源合理配置研究包括四大方面内容：①需水量和可供水量的确定，具体通过协调统一流域社会经济发展和生态环境保护目标，并定量计算不同水平年的分区域需水量；以水资源条件、现状工程和工程规划、投资等作为依据，计算流域不同水平年可供水量。②水资源分配方案的确定，在国务院分水方案框架下，提出中、下游各单元和各用水户水量配置方案。③缺水分析，根据需水和配水的方案及过程，计算分析各单元缺水总量及缺水过程，一方面明晰区域水资源供需情势，同时也为各单元水资源进一步调控奠定基础。④相关流域管理指标的提出，主要是黑河干流中下游典型断面不同来水条件下的下泄水量控制性指标的界定，如中游的甘州、临泽、高台三县（区）断面过流指标，下游哨马营、狼心山等断面的过流控制指标。

(2) 实现水资源合理配置拟解决的关键科学问题

流域水资源配置本质是，在遵循自然规律和社会规律（包括经济规律）的基础上，对

流域水资源进行多维整体调控，实现黑河流域水资源合理配置必须至少具备四方面科学基础：一是流域水循环过程的系统模拟和认知基础；二是合理生态保护目标下的流域生态需水量和时空格局；三是适宜社会经济需水及其需水管理措施；四是水资源合理配置的基本规则和操作方法。其中，拟解决的关键科学问题如下。

1）流域水循环各要素项的定量转换关系。流域水循环是水资源形成演化的客观基础，因此对于流域水循环过程的模拟和认知也就成为水资源配置的必要前提。对于水资源配置来说，有两方面模拟和认知的内容相对较为重要：一是流域水资源的宏观演变规律，主要是人类活动影响下的流域水资源形成和演化规律，如黑河流域上游产流区，随着水源涵养和生态保护进程的推进，流域产水量的演变过程和结果，这一目标可以通过上游分布式水循环模型予以实现；二是流域水循环各要素项的定量转换模拟，重点包括中下游地区地表水和地下水的转换关系、不同单元的地下水交换量、河道沿程水情的演变过程，以及用水与耗水的关系等，这可以通过中下游地下水数值模拟模型结合配水方案来实现。

2）合理生态保护目标和生态需水下的景观生态格局。流域系统是具有层次结构和整体功能的复合系统，由社会经济系统、生态环境系统和水资源系统共同组成。区域水资源宏观层次上的配置行为就是区域水资源在生态系统和社会经济系统之间的分配，加上生态环境对于黑河流域的特殊意义，生态需水作为特殊用水户参与流域水资源配置，且基本的生态用水具有很高的优先级。因此在生态恢复理论的指导下，制定不同水平年与流域水资源基础条件相匹配的生态保护与恢复目标，以此为基础计算生态需水量，也是保障水资源配置合理性的重要基础和步骤。

3）社会经济发展目标和需水管理下的需水预测机理。流域水资源配置的终极目标是实现社会经济发展和生态环境保护的“双赢”，因此社会经济配水就成为水资源配置两大核心内容之一，而合理的配水必须以合理的需水预测为前提。黑河流域社会经济需水预测包括三大部分：一是与水资源基础条件相匹配的社会经济发展目标与模式的确定，其中发展目标主要结合社会经济现状和发展需求两方面制定，发展模式主要是用水结构调整引导下的产业结构和种植结构调整；二是社会经济需水管理，包括各项工程和非工程节水措施、替代水源建设等；三是社会经济需水量的计算，其核心问题是用水定额的预测。这一部分基础通过宏观经济模型、需水预测模型等共同实现。

4）水资源合理配置的规则。在具备了流域水循环模拟、生态环境系统和社会经济系统需水预测的前提下，实现水资源合理配置还必须具备两方面基础，一方面是水资源配置的硬件体系，包括供水、输水和管理工程等；另一方面就是一套水资源合理配置的软件体系，即配水规则，包括需水满足优先序、水源供水次序、水源运行规则等。水资源配置的工程体系包括现状工程和规划工程，根据相关规划可以概化进入水资源系统。水资源配置规则制订是实现水资源合理配置的重要基础，本次研究在水资源配置理论与方法部分已经制订出了相关规则，并在具体配置中结合实际情况予以落实。

5.1.4 黑河流域水资源系统概化

1. 现状水利工程和规划水利工程

（1）现状水利工程

黑河流域的供水系统由地表水、地下水两个子系统组成。地表水供水系统主要由水库、河道、灌水渠系构成；地下水供水系统主要由各个灌区的机电井组成，同时流域内的泉水出露也在一定程度上提供了一部分地下水供水水源。现有的供水工程可分为水库工程、引提水工程和地下水工程。

1）水库工程。本次列入黑河流域水资源配置计算的中型水库有20座，设计库容为1.31亿m^3，多为平原水库，有效库容0.83亿m^3；小型水库3座（含小Ⅰ型和小Ⅱ型），设计库容为108万m^3，有效库容219万m^3；灌区塘坝的设计库容为3524万m^3，有效库容2060万m^3。万亩以上灌区17处（其中大型灌区5处：张掖3处，临泽1处，高台1处）。

2）引提水工程。黑河流域本次水资源配置列入计算的中型引水干渠6条，总长为145.6km以上，设计引水能力81.09万m^3/a，实际引水能力67.9万m^3/a，灌溉面积175.53万亩；小型引水干渠71条，总长1064.66km以上，设计引水能力185.40万m^3/a，实际引水能力195.20万m^3/a，灌溉面积161.99万亩。

3）地下水工程。本次水资源配置列入计算的地下水供水工程主要有城市自来水井、厂矿企业自备水井及农村机电井。据统计，黑河流域地区2000年共有机电井5089眼，其中配套机电井4489眼，完好井4401眼，机电井灌溉面积205.73万亩，月抽水能力2.29亿m^3。

（2）规划水利工程

1）黄藏寺水利枢纽工程。黄藏寺坝址位于东、西岔汇合后的黑河干流上，上距黄藏寺村11km，下距大孤山50km左右，左岸为甘肃省肃南县、右岸为青海省祁连县。坝址控制流域面积7648km^2，坝址处天然多年平均年径流量12.4亿m^3。初步拟定正常蓄水位为2629.2m，校核水位为2633.1m，死水位为2580.0m。坝顶高程2635.5m，水库总库容4.41亿m^3，调节库容3.40亿m^3，死库容0.56亿m^3，防洪库容0.45m^3。

黄藏寺水库的开发任务为：①按计划向中下游合理配水。从黑河水量调度要求出发，以足够的调节库容，有效调节水资源，合理向下游配水，提高向下游的输水效率；按计划向下游灌区合理配水，解决中游灌区“卡脖子旱”和冬灌等高峰期供水紧张的矛盾。②替代中游现有的部分平原水库，减少平原水库的蒸发渗漏损失量，有效节约水资源量。③促进灌区节水改造。改善中游灌区的引水条件，使口门合并、渠系调整成为可能，进一步促进中游灌区的节水改造。④兼顾发电，在电调服从水调的原则下，服务于当地社会经济的发展。

2）平原水库工程改造规划。根据《黑河流域近期治理规划》，在三年内废除7座平原水库，并在黄藏寺水库建成后，中游地区只保留5座平原水库。详细情况见表5-1。

表 5-1　山区水库生效之后中游保留平原水库基本情况

序号	水库名称	所处地名	所在渠系	水源名称	有效库容/万 m^3	实际蓄水量/万 m^3	蓄水次数/次	灌溉面积/万亩
1	二坝水库	甘州区碱滩区	大满干渠	黑河	213	380	2	1.14
2	双泉湖水库	临泽县小屯乡	梨园河西干渠	梨园河	238	520	3	1.20
3	平川水库	临泽县平川镇	三坝干渠	黑河	113	339	3	1.80
4	小海子水库	高台县南华镇	三清渠	黑河	958	1800	2	0.13
5	马尾湖水库	高台县罗城镇	临河干渠	黑河	640	900	2	2.36
合计	—	—	—	—	2162	3939	—	6.63

2. 黑河流域水资源系统概化

水资源系统概化原则是以配水计算单元为中心，以黑河干流为主线，基于整个流域、分不同计算单元、行政（省际、县际）区间，以及各计算单元的引水口门（合并）黑河干流河道控制断面作为水量控制节点，按传统习惯由莺落峡、正义峡将黑河流域分为上游、中游、下游控制断面，并且包括与黑河干流有地表水水力联系的支流（如梨园河）以及干流通过各种措施能配到水的地域，与行政区划结合且不拆分灌区而划分计算单元。

在这些计算单元中，各类水资源的平衡和统一调配约束体现在水库、渠系节点、计算单元，以及两计算单元之间的河段的水量平衡方程上。这些计算单元，绝大部分是混合供水单元，也有纯地表水供水单元和纯地下水供水单元。根据多年实际运行的具体情况和行政隶属关系，中游基于灌区、下游按河流走势、国防科研基地和保护区将黑河干流水资源合理配置计算单元划分为 24 个。这种划分便于水资源管理，可按照沿黑河干流各行政区给出统计结果。研究区内各计算单元划分和行政区之间的对应关系见表 5-2。

表 5-2　黑河流域各计算单元与行政区对应关系表

<table>
<tr><th>所处流域位置</th><th>所属行政区</th><th>计算单元</th><th>控制断面</th></tr>
<tr><td>上游</td><td>—</td><td>—</td><td>莺落峡</td></tr>
<tr><td rowspan="4">中游</td><td rowspan="2">甘州</td><td>大满</td><td rowspan="2">高崖</td></tr>
<tr><td>上三、西浚、盈科</td></tr>
<tr><td>临泽</td><td>平川、板桥、蓼泉、鸭暖、沙河、梨园河</td><td>平川</td></tr>
<tr><td>高台</td><td>友联、六坝、罗城</td><td>正义峡</td></tr>
<tr><td rowspan="3">下游</td><td>金塔</td><td>鼎新</td><td>哨马营</td></tr>
<tr><td>东风场</td><td>东风场</td><td>狼心山</td></tr>
<tr><td>额济纳</td><td>西河上中游区、建国营区、中戈绿洲区、东河上游区、铁库里生态区东大河区、东居延海、昂茨河生态区、班布尔河区</td><td>昂茨河分水闸、东居延海入湖断面</td></tr>
</table>

根据水资源合理配置的需要，为反映影响供需分析中各个主要因素的内在联系，根据计算单元、地表水系、地下水和大中型及重要水利工程之间的空间关系和水力联系，通过抽象和概化绘制了如图 5-1 所示的黑河流域水资源系统网络图。

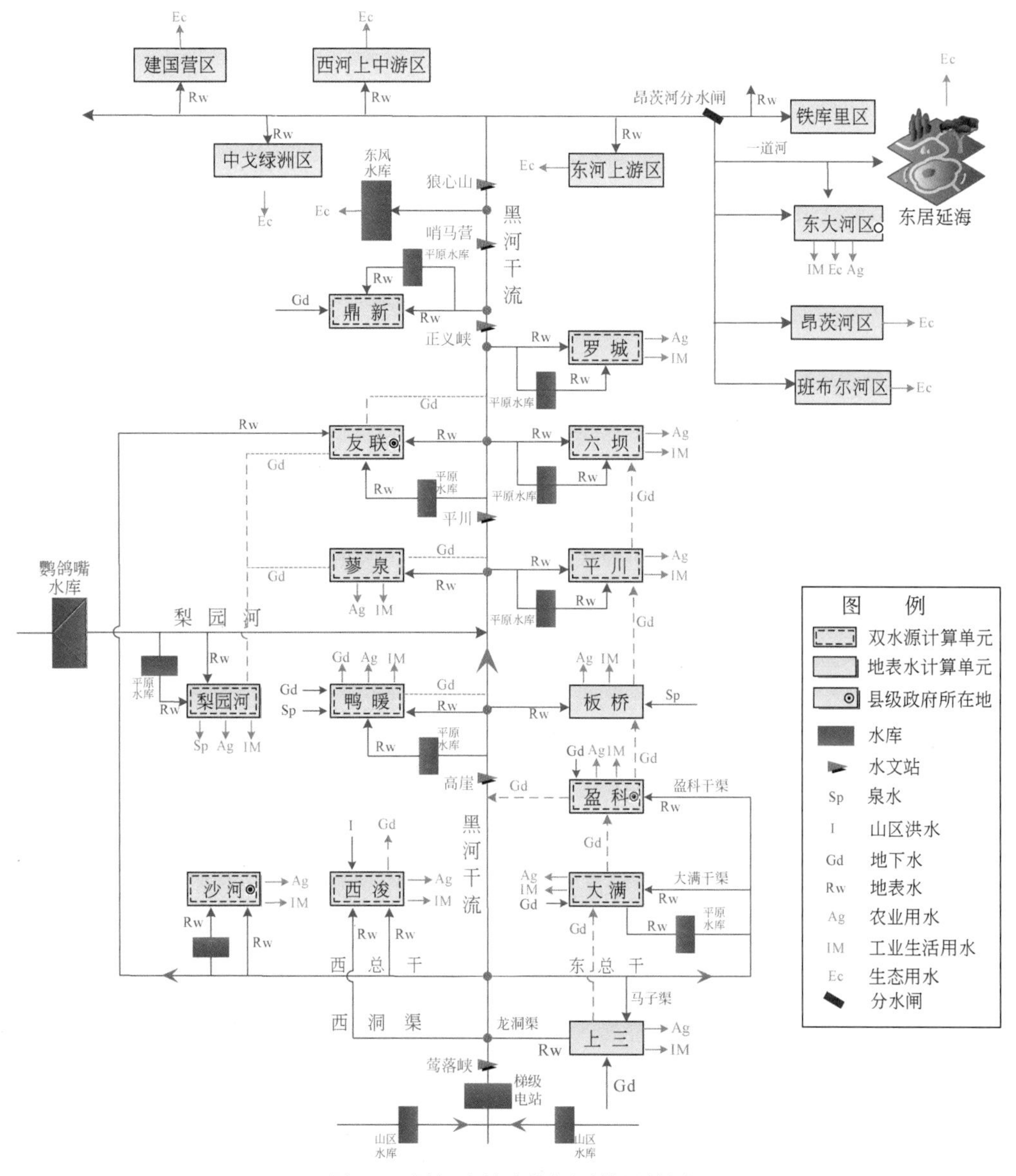

图 5-1 黑河流域水资源系统网络图

5.1.5 水资源调配模型框架体系构建

国内外流域及区域水资源配置方法主要分为优化、模拟及模拟与优化方法相结合等三类。本书建立流域与区域相结合、模拟及模拟与优化方法相结合的黑河水资源调配模型。黑河流域水资源是由河网、水库、泉水等地表水和地下水构成的复杂而又完整的水资源系统。黑河水资源调配模型首先应能够体现黑河中游水资源转化特点，并能概化反映河道渗漏、泉水出溢、潜水蒸发、渠系田间入渗等平衡要素，实现对不同来水和用水情景下的水量平衡计算。

黑河水资源配置模型主要包括水库调度模型、地下水均衡模型、供需平衡及配置模型、宏观经济及需水模型等。其中地下水均衡模型主要用于不同水资源配置方案中地下水补给、排泄平衡计算；供需平衡及配置模型主要用于灌区水资源需水、供水、缺水分析及水资源配置计算。模型的总体框架如图 5-2 所示。

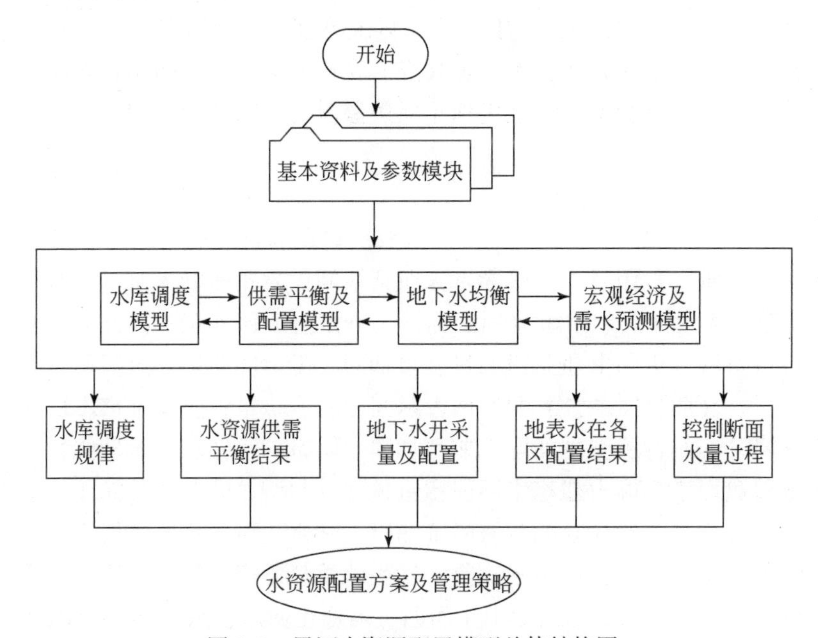

图 5-2　黑河水资源配置模型总体结构图

(1) 目标函数及决策变量

黑河流域水资源利用应当综合考虑中游灌区、下游生态和上游发电用水需求，为此设置 3 个水资源调配目标：①在满足中游灌区不同用户类型需水保证率条件下，尽可能使中游地下水超采量最小化；②完成分水方案，狼心山断面下游生态区全年缺水量和关键期（4 月和 8 月）缺水量最小化；③在“电调”服从“水调”要求下，尽可能减少“水调”造成的上游梯级水电站发电损失。按照上述的水资源调配目标，建立的 3 个单目标函数如下：

$$\min f_{\mathrm{M}} = \max\left(\frac{1}{n}\sum_{i=1}^{n} W_{\mathrm{g},\ i} - W_{\mathrm{g}}^{\mathrm{P}},\ 0\right) \tag{5-1}$$

$$\min f_{\mathrm{L}} = \max\left(W_{\mathrm{Ec}}^{\mathrm{D}} - \frac{1}{n}\sum_{i=1}^{n} W_{\mathrm{Ec},\ i}^{\mathrm{S}},\ 0\right) + \varphi_1 \cdot \max\left(W_{\mathrm{Ec}}^{\mathrm{KD}} - \frac{1}{n}\sum_{i=1}^{n} W_{\mathrm{Ec},\ i}^{\mathrm{KS}},\ 0\right) \tag{5-2}$$

$$\min f_{\mathrm{U}} = \max\left(E_{\mathrm{C}}^{\mathrm{des}} - \frac{1}{n}\sum_{i=1}^{n} E_{\mathrm{C},\ i},\ 0\right) \tag{5-3}$$

式中，f_M为中游地下水多年平均超采量，亿 m^3；f_L为兼顾正义峡多年平均缺水量和狼心山生态关键期多年平均缺水量的生态缺水总量，亿 m^3；f_U为上游梯级水电站多年平均损失量，亿 kW・h；n 为总年数；$W_{g,i}$为中游第 i 年地下水开采量，亿 m^3；W_g^P为中游地下水可开采量，亿 m^3；W_{Ec}^D为下游生态需水量，亿 m^3；$W_{Ec,i}^S$为第 i 年下游生态供水量，亿 m^3；W_{Ec}^{KD}为下游生态关键期需水量，亿 m^3；$W_{Ec,i}^{KS}$为下游生态第 i 年关键期供水量，亿 m^3；φ_1为协调系数，取大于 1 的整数，用于协调生态年缺水量与关键期缺水量的关系；E_C^{des}为上游梯级水电站多年平均发电量设计值，亿 kW・h；$E_{C,i}$为上游梯级水电站第 i 年发电量，亿 kW・h。

从 3 个单目标的形式看，黑河流域水资源调配模型属于复杂的非线性多目标优化模型，为了便于求解模型，有必要在 3 个单目标基础上建立水资源调配综合目标。结合黑河流域实际情况，f_M和f_L为主要目标值，f_U为次要目标值，通过定性分析得出f_M、f_L和f_U处于同一数量级。在建立综合目标函数时，先取f_M和f_L的平方和，再与f_U线性叠加求和。此外，为使综合目标更灵活地适应黑河流域水资源调配需要，f_L和f_U前面应分别乘上一个弹性系数。因此，建立综合目标如下：

$$\min F = f_M^2 + \varphi_2 f_L^2 + \varphi_3 f_U \tag{5-4}$$

式中，F 为综合目标值；φ_2和 φ_3为弹性系数，$\varphi_2 \geqslant 1$，$0 < \varphi_3 \leqslant 1$。

在式（5-2）和式（5-4）中，协调系数（φ_1）和弹性系数（φ_2和 φ_3）属于经验性参数，需要经过多次试算并结合黑河水资源调配效果确定。

在无黄藏寺水库情况下，决策变量为河道闭口时间。当黄藏寺水库参与水资源调配时，黑河流域水资源调配模型的决策变量为黄藏寺水库旬末水位和河道闭口时间。根据生态需水关键期用水要求，从 4 月和 8 月中选择河道闭口时间，各旬闭口时间以旬闭口率作为表征。旬闭口率是指河道旬闭口天数与旬总天数的比值，取值 0 ~ 1。

（2）组成模块及运行过程

根据黑河流域分区和水资源调配过程，将黑河流域水资源调配模型分成 5 个组成模块：黑河上游水电站水库群调度模块（简称“上游调度模块”）、梨园河灌区水资源调配模块（简称“梨园河调配模块”）、黑河中游 12 灌区（不含梨园河灌区）水资源配置模块（简称“中游配置模块”）、黑河中游灌区地下水模块（简称“中游地下水模块”）和黑河下游水资源配置模块（简称“下游配置模块”）。上述 5 个模块都由水资源储存、转移和发挥效益过程中的初始条件、边界约束、平衡方程、运动方程和相关物理量计算式等组成。

上游调度模块主要功能是，计算黄藏寺水库调蓄过程及上游梯级水电站出力过程。模块输入是黄藏寺水库水位–库容关系、旬初水位、旬均入库流量、旬均区间流量和水电站经济技术参数等。模块输出是旬末黄藏寺水库水位、旬均出库流量、莺落峡断面旬均流量以及不同水电站旬均出力等。

梨园河调配模块主要功能是，计算鹦–红梯级水库调蓄过程及梨园河灌区地表和地下取水过程。模块输入是鹦–红梯级水库旬初水位和旬均入库流量、梨园河灌区旬需水量、旬初地下水位和需水打折系数等。模块输出是鹦–红梯级水库旬供水量、旬弃水流量和旬末蓄水量，以及梨园河灌区旬地下取水量和旬缺水量等。需要说明的是，由于缺乏鹦鸽嘴水电站历史运行资料且该水电站多年平均发电量很小，故本模块不再计算该水电站的发电过程。

中游配置模块主要功能是，计算中游 12 灌区（不含梨园河灌区）的渠引水和井引水过程。模块输入是莺落峡断面旬均流量、河道闭口时间、鹦–红梯级水库旬均弃水流量和中游 12 个灌区的旬需水量、旬初地下水位、灌溉水利用系数、中游过水断面大小与流量关系和需水打折系数等。模块输出是中游高崖、平川和正义峡断面旬均流量、灌区旬地表取水量、旬地下取水量和旬缺水量以及河道蒸发量等。

中游地下水模块主要功能是，模拟中游 13 个灌区地下水位过程和计算灌区与河道交换水量。模块输入是灌区面积、高程、水文地质参数、旬初地下水位、旬地表取水量、旬地下取水量、旬降水量和旬水面蒸发量等。模块输出是中游 13 个灌区的旬末地下水位、潜水蒸发量、灌区与河道地下水交换量、灌区与灌区地下水交换量和中游地下水超采量等。

下游配置模块包括正义峡–狼心山河段水量配置模块和狼心山以下绿洲水资源配置模块。正义峡–狼心山河段水量配置模块主要功能是，计算鼎新片区和东风场区的取水过程及哨马营断面和狼心山断面的流量过程。模块输入是正义峡旬均流量、河道闭口时间、狼心山断面以下旬生态需水量、鼎新和东风年内需水时间及下游相邻断面旬均流量关系等。模块输出是正义峡至哨马营旬损失水量、哨马营断面旬均流量、哨马营至狼心山旬损失水量和狼心山断面旬均流量等；狼心山以下绿洲水资源配置模块主要功能是根据绿洲各生态分区需水要求和水利工程布局现状，确定输水路线、各河段输水损失量和输水量，并根据狼心山来水确定东西河分水时机和水量。

黑河流域水资源调配模型运行过程如图 5-3 所示，图中蓝色箭头表示影响方向，蓝色虚框内是作用对象，红色箭头表示产生目标方向，红色虚框内是目标，绿色箭头表示反馈方向，绿色虚框内是反馈对象。

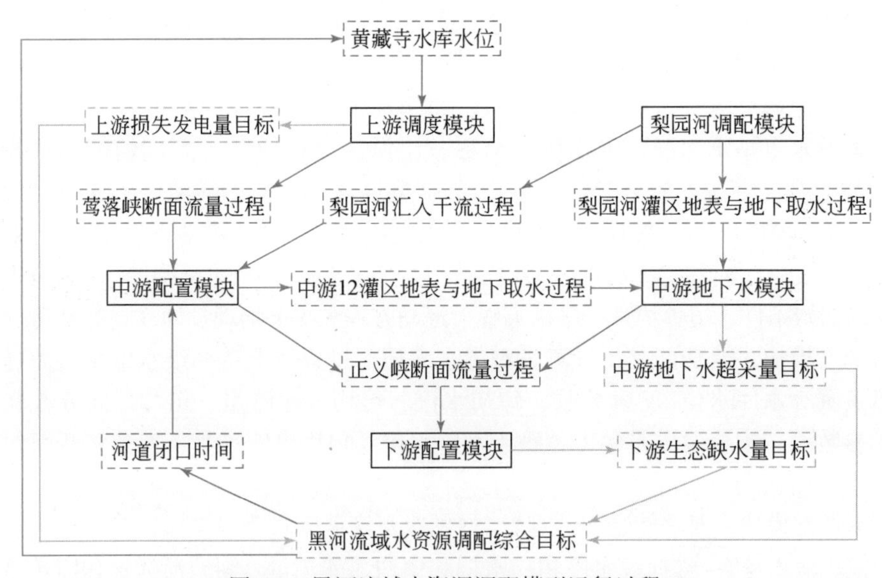

图 5-3　黑河流域水资源调配模型运行过程

黑河流域水资源调配模型运行过程如下。

1）设置模型运行最大次数，将给定的初始黄藏寺水库水位过程和初始河道闭口时间分别输入上游调度模块和中游配置模块。

2）上游调度模块运行通过改变莺落峡断面流量过程影响中游配置模块运行；梨园河调配模块运行通过改变梨园河汇入干流过程影响中游配置模型模块运行，通过改变梨园河灌区地表与地下取水过程影响中游地下水模块运行；中游配置模块运行通过改变中游 12 灌区地表与地下取水过程影响中游地下水模块运行；中游配置模块运行和中游地下水模块运行一起通过改变正义峡断面流量过程影响下游配置模块运行。

3）模型运行一次表示模型从调配期初计算至调配期末。在模型首次运行完毕后，上游调度模块、中游地下水模块和下游配置模块分别计算出上游损失发电量目标值、中游地下水超采量目标值和下游生态缺水量目标值，再汇总计算黑河流域水资源调配综合目标值。

4）根据综合目标值调整黄藏寺水库水位过程和河道闭口时间，进行下次模型运行过程，如此反复运行模型，直至运行次数达到最大次数为止，输出黑河流域水资源调配结果。

5.1.6 地下水模型构建与参数率定

1. 地下水均衡模型构建

黑河流域中游水文地质情况比较复杂，以张掖盆地为例（图 5-4）。根据地下水埋藏条件，盆地南部地下水为单层结构潜水系统，北部地下水为潜水–承压水多层结构系统。含水系统厚度以盆地中部最大，可达 500～1000m，向南北两侧递减至 100～200m。

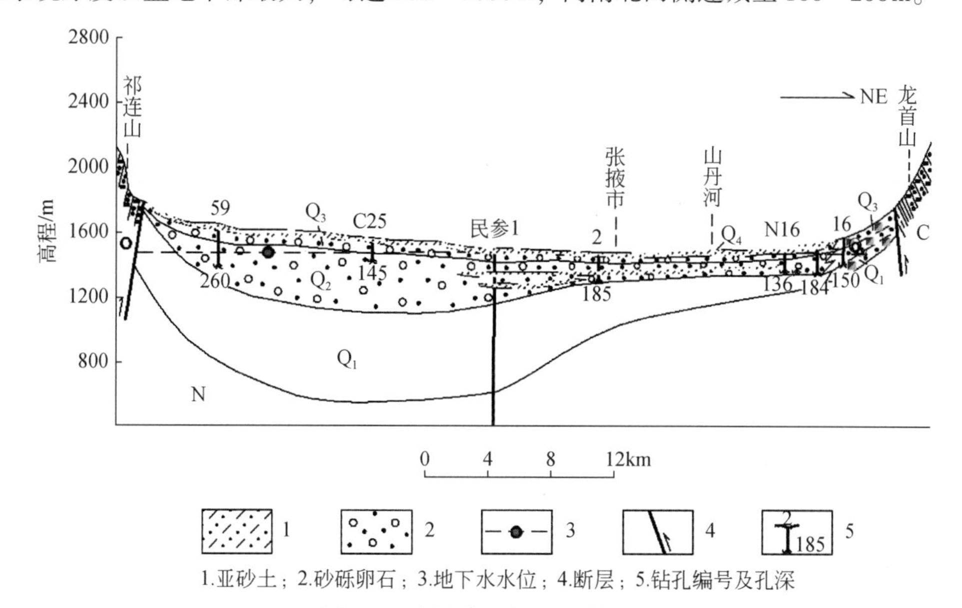

1.亚砂土；2.砂砾卵石；3.地下水水位；4.断层；5.钻孔编号及孔深

图 5-4　张掖盆地水文地质剖面

为了探究黑河流域地下水赋存与运动特点，有研究已建立了一些地下水数值模拟模型。武强等（2005）基于明渠水力学方法和地下水动力学方法建立了黑河流域地表河网-地下水流系统耦合模拟模型；胡立堂和陈崇希（2006）利用数值模型研究了黑河干流中游地下水向地表水转换的规律；朱金峰等（2015）利用 MODFLOW 对黑河流域全境地下含水层水流进行了分布式模拟。上述研究建立的黑河流域地下水数值模拟模型都取得了不错的检验效果，但建模和计算过程过于复杂，不便于地表水地下水联合调配应用。因此，本书基于地下水文学方法建立黑河流域中游地下水均衡模型（图 5-5）。

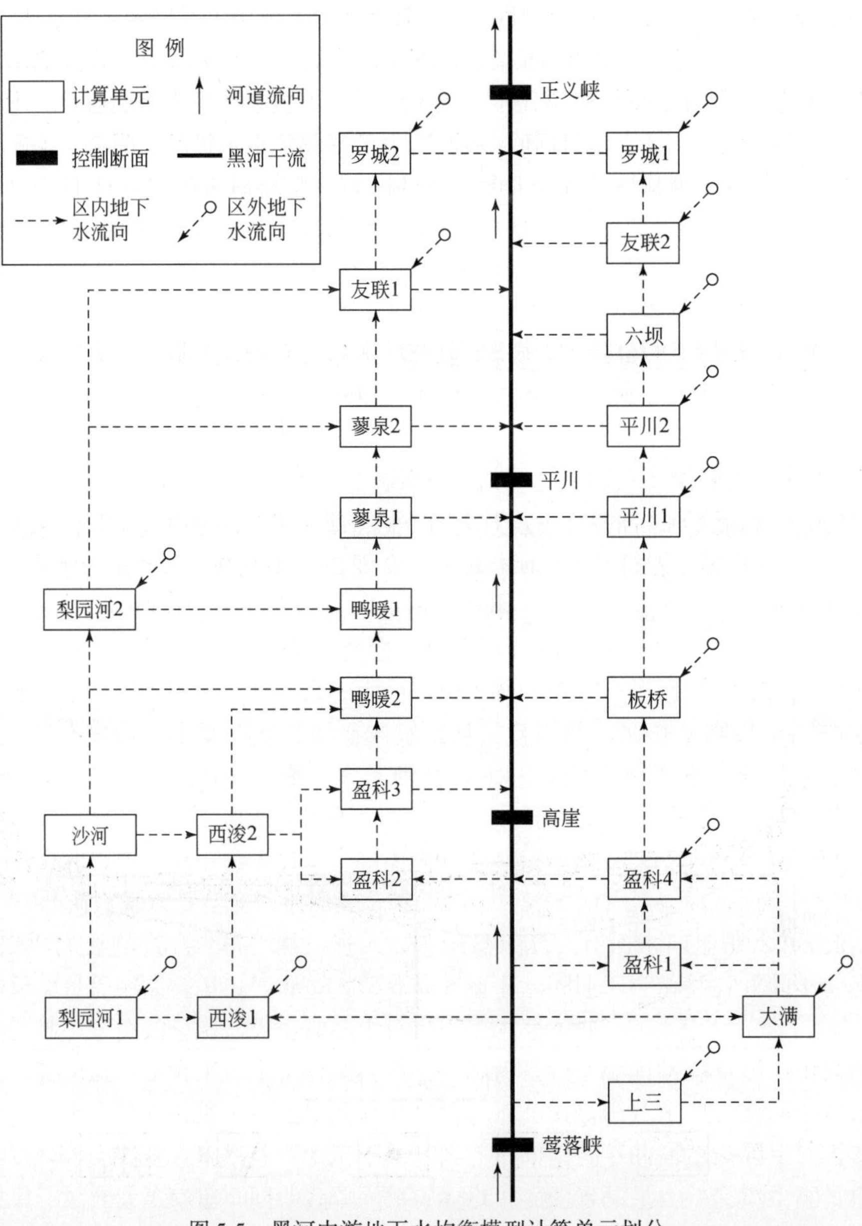

图 5-5　黑河中游地下水均衡模型计算单元划分

根据图 5-1，将黑河中游进一步划分成 23 个灌区单元和 3 个河道单元。23 个灌区单元分别是上三、大满、盈科 1、盈科 2、盈科 3、盈科 4、西浚 1、西浚 2、梨园河 1、梨园河 2、沙河、板桥、鸭暖 1、鸭暖 2、平川 1、平川 2、蓼泉 1、蓼泉 2、六坝、友联 1、友联 2、罗城 1 和罗城 2。3 个河道单元分别是莺落峡至高崖（莺–高）河道单元、高崖至平川（高–平）河道单元和平川至正义峡（平–正）河道单元。黑河中游灌区单元和河道单元水量均衡如图 5-6 所示。

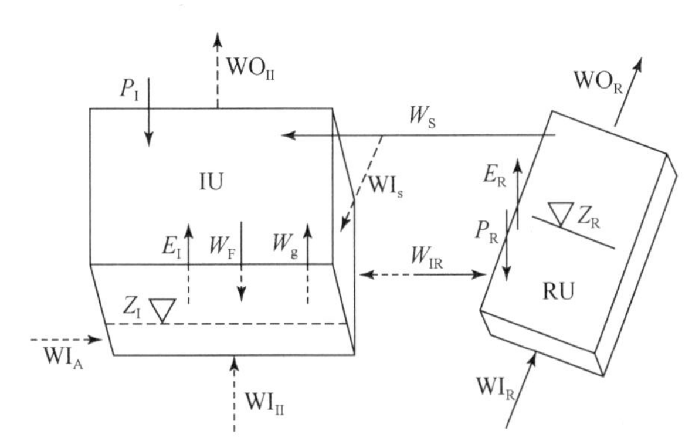

图 5-6　黑河流域中游灌区单元和河道单元水量均衡示意图

在图 5-6 中，IU 和 RU 分别表示灌区单元和河道单元。在给定时段内，P_{I} 和 E_{I} 分别为灌区单元地下水降水补给量和潜水蒸发量，mm；$\mathrm{WI_{II}}$ 为其他灌区单元给本灌区单元的地下水补给量，万 m^3；$\mathrm{WO_{II}}$ 为本灌区单元给其他灌区单元地下水补给量，万 m^3；$\mathrm{WI_A}$ 为境外给本灌区单元的地下水补给量，万 m^3；W_{F} 为到达灌区单元的灌溉水量给地下水的补给量，万 m^3；W_{g} 为地下水开采量，万 m^3；$\mathrm{WI_s}$ 为渠系水给灌区单元地下水的补给量，万 m^3；W_{s} 为灌区单元从河道单元的取水量（毛灌溉水量），万 m^3；W_{IR} 为灌区单元地下水与河道单元地表水之间的交换量，万 m^3；Z_{I} 为灌区单元平均地下水位，m；P_{R} 和 E_{R} 分别为河道单元的河道降水量和水面蒸发量，mm；$\mathrm{WI_R}$ 和 $\mathrm{WO_R}$ 分别为河道单元上断面来水量和下断面泄水量，万 m^3；Z_{R} 为河道单元平均河底高程，m。

（1）灌区单元地下水均衡

地下水水量平衡方程：

$$W_{\mathrm{L}}+W_{\mathrm{V}}=\mu A\left(Z_{\mathrm{I}}^{\mathrm{e}}-Z_{\mathrm{I}}^{\mathrm{b}}\right) \tag{5-5}$$

式中，W_{L} 和 W_{V} 分别为灌区单元地下水侧向和垂向净入水量，万 m^3；μ 为灌区地下水含水层给水度；A 为灌区单元面积，万 m^2；$Z_{\mathrm{I}}^{\mathrm{e}}$ 和 $Z_{\mathrm{I}}^{\mathrm{b}}$ 分别为灌区单元时段末和时段初地下水位，m。

地下水侧向净入水量：

$$W_{\mathrm{L}}=\mathrm{WI_A}+W_{\mathrm{IR}}+\mathrm{WI_{II}}-\mathrm{WO_{II}} \tag{5-6}$$

地下水垂向净入水量：

$$W_{\mathrm{V}}=c\left(P_{\mathrm{I}}-E_{\mathrm{I}}\right)A+W_{\mathrm{F}}+\mathrm{WI_s}-W_{\mathrm{g}} \tag{5-7}$$

式中，c 为单位换算系数，c=0.001。

式（5-5）~式（5-7）构成了灌区单元地下水均衡模型的基本框架，下面分别计算各分项水量。

潜水稳定运动方程：

$$q=BT\frac{Z_u-Z_l}{D} \tag{5-8}$$

$$T=K_LM \tag{5-9}$$

式中，q 为潜水流量，m^3/s；B 为潜水流断面水平宽度，m；T 为潜水流上断面至下断面的导水系数，m^2/s；Z_u和 Z_l分别为潜水流上、下断面的水位，m；D 为潜水渗流上、下断面的水平距离，m；K_L为侧向渗透系数，m/s；M 为潜水流上、下断面平均厚度，m。

为了便于计算，定义潜水流坡宽积（d）和潜水流宽长比（e）两个参数，计算如下：

$$d=B\frac{Z_u-Z_l}{D} \tag{5-10}$$

$$e=\frac{B}{D} \tag{5-11}$$

式中，d 的单位为 m；e 为无量纲。

境外给灌区单元地下水补给量 WI_A：

$$WI_A=T_Ad_A\cdot\Delta t \tag{5-12}$$

式中，T_A为境外到灌区单元的导水系数，m^2/s；d_A为境外到灌区单元的潜水流坡宽积，m；Δt 为时段长度，s。

灌区单元与其他灌区单元地下水净交换量 W_{II}：

$$W_{II}=WI_{II}-WO_{II} \tag{5-13}$$

$$WI_{II}=\Delta t\sum_{i=1}^{n_1}e_i^{in}T_i^{in}(Z_i^{in}-Z_I) \tag{5-14}$$

$$WO_{II}=\Delta t\sum_{j=1}^{n_2}e_j^{out}T_j^{out}(Z_i^{out}-Z_I) \tag{5-15}$$

式中，n_1为补给本灌区地下水的其他灌区单元数量；e_i^{in}为灌区单元 i 到本灌区单元的潜水流宽长比；T_i^{in}为灌区单元 i 到本灌区单元的导水系数，m^2/s；Z_i^{in}为灌区单元 i 的时段平均地下水位，m；n_2为接受本灌区单元地下水补给的其他灌区单元数量；e_j^{out}为本灌区单元到灌区单元j 的潜水流宽长比；T_j^{out}为本灌区单元到灌区单元j 的导水系数，m^2/s；Z_j^{out}为灌区单元j 的时段平均地下水位，m。

河道单元给灌区单元的地下水补给量 W_{IR}：

$$W_{IR}=\Delta t\cdot e_RT_R\ (Z_R+h_R-Z_I) \tag{5-16}$$

式中，e_R为河道单元到灌区单元的潜水流宽长比；T_R为河道单元到灌区单元的导水系数，m^2/s；h_R为河道单元时段平均水深，m。

灌区单元地下水降水补给量 P_I：

$$P_I=\alpha P_I^0 \tag{5-17}$$

式中，α 为灌区单元降水入渗补给系数；P_I^0为灌区单元降水量，mm。

灌溉单元灌溉水给地下水的补给量 W_F：

$$Q_F = \eta_{cf}\beta_c W_s + \eta_w \beta_w \gamma W_g \tag{5-18}$$

$$W_F = \sum_{i=1}^{n} Q_F^i \tag{5-19}$$

$$n = \begin{cases} [H/(iK_V \cdot \Delta t)], & 若\ H \geqslant iK_V \cdot \Delta t \\ 1, & 若\ H < iK_V \cdot \Delta t \end{cases} \tag{5-20}$$

式中，Q_F为时段灌溉水下渗量，万 m^3；η_{cf}为渠灌水有效利用系数，是渠系水利用系数和田间水利用系数的乘积；β_c为渠灌田间渗漏补给系数；η_w为井灌水有效利用系数，是农渠水利用系数和田间水利用系数的乘积；β_w为井灌田间渗漏补给系数；γ 为地下水开采用于灌溉的比重；n 为灌溉水补给地下水的最长延迟时段数；Q_F^i为超前 $i-1$ 时段的灌溉水下渗量，万 m^3；H 为灌区单元包气带厚度，随地下水位变化而变化，m；K_V为垂向渗透系数，m/s；$[H/(iK_V \cdot \Delta t)]$ 为不超过 $H/(iK_V \cdot \Delta t)$ 的最大整数。

渠系水给灌区单元地下水的补给量 WI_s：

$$WI_s = mW_s \tag{5-21}$$

式中，m 为渠系渗漏补给系数。

灌区单元潜水蒸发量 E_I：

$$E_I = \begin{cases} (E_I^0 - h_s)(1 - h_g/h_g^{max})^z, & 若\ E_I^0 - h_1 > 0 \\ 0, & 若\ E_I^0 - h_1 \leqslant 0 \end{cases} \tag{5-22}$$

$$h_s = (1-\alpha)P_I^0 + [(1-\eta_{cf}\beta_c - m)W_s + (1-\beta_w)\gamma W_g]/(Ac) \tag{5-23}$$

式中，E_I^0为灌区单元地下水埋深为 0m 时的潜水蒸发强度，可用水面蒸发量表示，mm；h_s为灌区单元地表来水直接损失，mm；h_g为灌区单元地下水平均埋深，m；h_g^{max}为灌区单元潜水蒸发极限埋深，m；z 为阿维里扬诺夫潜水蒸发公式的经验常数，取值 1～3。

(2) 河道单元水量平衡

河道水量平衡方程：

$$\Delta V = WI_R + W_{PE} + W_{IR}^{in} - WO_R - W_{IR}^{out} \tag{5-24}$$

式中，ΔV 为河道单元槽蓄水变化量，万 m^3；W_{PE}为河道单元净降水量，万 m^3；W_{IR}^{in}为灌区单元地下水给河道单元的补给量，万 m^3；W_{IR}^{out}为河道单元水量给灌区地下水的补给量，万 m^3。

河道单元槽蓄水变化量 ΔV：

$$\Delta V = (B_R^e h_R^e - B_R^b h_R^b) L \tag{5-25}$$

式中，B_R^e和 B_R^b分别为河道单元时段末和时段初过水断面宽度，m；h_R^e和 h_R^b分别为河道单元时段末和时段初平均水深，m；L 为河道单元长度，m。

河道单元净降水量 W_{PE}：

$$W_{PE} = 0.5c(P_R - E_R)(B_R^e + B_R^b) L \tag{5-26}$$

灌区单元地下水给河道单元的补给量 W_{IR}^{in}：

$$W_{\mathrm{IR}}^{\mathrm{in}}=\left[\sum_{i=1}^{n_3}e_{\mathrm{R}}^{i}T_{\mathrm{R}}^{i}(Z_{\mathrm{I}}^{i}-Z_{\mathrm{R}}-h_{\mathrm{R}})+\sum_{i=1}^{n_4}Q_{\mathrm{sp}}^{i}\right]\cdot\Delta t \tag{5-27}$$

$$Q_{\mathrm{sp}}^{i}=\begin{cases}Q_{\mathrm{sp0}}^{i}\dfrac{Z_{\mathrm{I}}^{i}-Z_{\mathrm{sp}}^{i}}{Z_{\mathrm{IS}}^{i}-Z_{\mathrm{sp}}^{i}}, & 若\ Z_{\mathrm{I}}^{i}>Z_{\mathrm{sp}}^{i}\\ 0, & 若\ Z_{\mathrm{I}}^{i}\leqslant Z_{\mathrm{sp}}^{i}\end{cases} \tag{5-28}$$

式中，n_3为地下水泄流补给河道单元的灌区单元数量；e_{R}^{i}为灌区单元i到河道单元的潜水流宽长比；T_{R}^{i}为灌区单元i到河道单元的导水系数，$\mathrm{m^2/s}$；Z_{I}^{i}为灌区单元i的平均地下水位，m；n_4为泉水溢出补给河道单元的灌区单元数量；Q_{sp}^{i}和Q_{sp0}^{i}分别为灌区单元i的时段泉水溢出流量和泉水溢出强度，$\mathrm{m^3/s}$；Z_{I}^{i}和Z_{IS}^{i}分别为灌区单元i的地下水位和地表高程，m；Z_{sp}^{i}为灌区单元i的泉口标高，m。

河道单元给灌区单元的地下水补给量$W_{\mathrm{IR}}^{\mathrm{out}}$：

$$W_{\mathrm{IR}}^{\mathrm{out}}=\Delta t\cdot\sum_{j=1}^{n_5}e_{\mathrm{R}}^{j}T_{\mathrm{R}}^{j}(Z_{\mathrm{R}}+h_{\mathrm{R}}-Z_{\mathrm{I}}^{j}) \tag{5-29}$$

式中，n_5为接受河道单元补给地下水的灌区单元数量；e_{R}^{j}为河道单元到灌区单元j的潜水流宽长比；T_{R}^{j}为河道单元到灌区单元j的导水系数，$\mathrm{m^2/s}$；Z_{I}^{j}为灌区单元j的平均地下水位，m。

（3）地下水均衡模型若干假定

为使黑河流域水资源调配模型高效运行，对中游地下水均衡模型做如下假定：①中游地下水为单层结构潜水系统；②灌区单元地下水位Z_{I}在短期内（如旬）相对稳定；③境外单向补给灌区单元地下水，且境外到灌区单元的潜水流的坡宽积d相对稳定；④潜水流的导水系数T和宽长比e只跟单元双方有关，与潜水流方向无关，且相对稳定；⑤两个单元之间的地下水交换与第三方单元无关。

2. 地下水均衡模型参数率定

黑河流域中游地下水均衡模型需要确定的参数有：降水入渗补给系数α，灌溉水有效利用系数η_{cf}和η_{w}，渠灌田间渗漏补给系数β_{c}，井灌田间渗漏补给系数β_{w}，渠系渗漏补给系数m，给水度μ，导水系数T，垂向渗透系数K_{V}，境外到灌区单元的潜水流坡宽积d_{A}，相邻单元的潜水流宽长比e，潜水蒸发经验常数z和潜水蒸发极限埋深$h_{\mathrm{g}}^{\max}$。

（1）降水入渗补给系数$\boldsymbol{\alpha}$

降水入渗补给系数与降水量、岩性、地下水埋深及包气带含水量等因素有关。本书缺乏观测和实验数据，无法计算降水入渗补给系数。综合考虑黑河流域中游年降水量、岩性和地下水埋深等因素，参考水利电力水文局（1987）和甘肃省地勘局水文二队（陈志辉，1997）提供的年降水入渗补给系数，将黑河中游灌区年降水入渗补给系数范围定为0.02~0.07。

（2）灌溉水有效利用系数$\boldsymbol{\eta}_{\mathrm{cf}}$和$\boldsymbol{\eta}_{\mathrm{w}}$

灌溉水有效利用系数是指一次灌水期间被农作物利用的净水量与水源地取水量的比值，

包括渠灌水有效利用系数和井灌水有效利用系数。灌溉水有效利用系数与农作物类型、渠系衬砌情况等因素有关，结合历史灌溉资料和不同水平年规划情景，将黑河中游灌区渠灌水有效利用系数范围定为0.53～0.66，将井灌水有效利用系数范围定为0.81～0.83。

(3) 田间渗漏补给系数β_c和β_w

严格意义上讲，β_c和β_w遵循不同的变化规律，存在一定差异。为简便处理，本书认为同一灌区单元的β_c和β_w相同。考虑地下水埋深、灌水定额和岩性因素，参考水利电力水文局（1987）和张光辉等（2005）研究成果的田间水渗漏补给系数经验值，确定黑河流域中游田间水渗漏补给系数范围为0.18～0.35。

(4) 渠系渗漏补给系数m

考虑到气候分区、渠系衬砌和渠床下岩性情况，参考水利电力水文局（1987）提供的渠系渗漏补给系数经验值，确定黑河流域中游渠系渗漏补给系数范围为0.18～0.3。

(5) 给水度μ和导水系数T

黑河流域中游单元采用张光辉等（2005）研究成果中给定的给水度范围0.1～0.35和导水系数范围300～6500m^2/d，两个参数一一对应。

(6) 垂向渗透系数K_V

根据高艳红等（2007）研究成果，黑河流域中游灌区单元垂向渗透系数范围定为0.18～1.86m/d。

(7) 潜水流坡宽积d_A和宽长比e

根据黑河流域中游相邻单元地表接触边界长度及单元形心距离，境外到灌区单元的潜水流坡宽积范围定为0.5～30m，相邻单元的潜水流宽长比范围定为0.1～20。

(8) 潜水蒸发经验常数z和极限埋深h_g^{max}

考虑到黑河流域中游主要农作物类型（小麦和玉米）及主要土壤类型（壤土），结合罗玉峰等（2013）研究成果，潜水蒸发经验常数定为2.6。根据甘肃省地质局水文二队观测数据（王少波等，2008），黑河流域中游潜水蒸发极限埋深定为5m。

根据2005～2012年黑河流域莺落峡断面下泄水量、中游地表取水量、地下水开采量、降水量、水面蒸发量等数据资料，给定各灌区单元初始（2005年年初）地下水位和地下水均衡模型参数范围，通过模拟优化确定不同参数具体数值。以旬为最小计算时段，黑河中游地下水均衡模型模拟优化目标如下：

$$\min f = \sum_{i=1}^{n}\sum_{j=1}^{3}(Q_{ij}^{obs} - Q_{ij}^{sim})^2 \tag{5-30}$$

式中，n为总旬数，$n=288$；j（$j=1, 2, 3$）为中游河道控制断面编号，1为高崖断面，2为平川断面，3为正义峡断面；Q_{ij}^{obs}和Q_{ij}^{sim}分别为i旬j断面的实测和模拟流量，m^3/s。

5.1.7 中游水资源配置模拟模块

黑河流域水资源配置模拟模块的主体是中游地下水均衡模型，模型输入包括灌区单元输入和河道单元输入两部分。灌区单元输入有干流河道取水量、鹦-红梯级水库入库水量、灌溉开采地下水量、居民生活和工业生产开采地下水量、降水量、水面蒸发量；河道单元输入包括莺落峡断面下泄水量、降水量和水面蒸发量。

（1）模拟步骤

1）根据莺落峡断面天然来水频率 P，计算黑河中游（包括梨园河灌区）灌溉、居民生活和工业生产应供水量。当 $P \leqslant 50\%$ 时，灌溉应供水量等于需水量；当 $P>50\%$ 时，设莺落峡断面年来水量与50%年来水量的比值为 r，若 $r>0.8$，则灌溉应供水量等于 r 倍的需水量，否则灌溉应供水量等于0.8倍的需水量。当 $P \leqslant 95\%$ 时，居民生活和工业生产应供水量等于需水量；当 $P>95\%$ 时，居民生活和工业生产应供水量等于0.95倍的需水量。此外，下游鼎新灌区和东风场区应供水量分别为9000万 m^3 和6000万 m^3。

2）设中游灌区单元地表平均高程为 Z_{Is}，旬初地下水位为 Z_I^{st}，生态地下水埋深阈值上限为 H_{max}，居民生活和工业生产旬应供水量为 W_{doin}，灌溉应供水量为 W_{irr}。中游灌区单元按 W_{doin} 优先抽取地下水供给居民生活和工业生产用水，地下水位从 Z_I^{st} 降至 Z_{I1}，剩余地下水允许开采量为 ΔW_g。若 $Z_{Is}-Z_{I1}>H_{max}$，则不允许灌溉抽取地下水，否则按 W_{irr}/η_w 和 ΔW_g 中较小值抽取地下水用于灌溉。计算各灌区单元的灌溉应供水量缺口 ΔW，通过地表取水填补 ΔW，河道单元供给灌区单元的灌溉水量应为 $\Delta W/\eta_{cf}$。

3）根据中游河道单元上断面旬下泄水量 WI_R^u 和河底平均高程 Z_R 计算河道单元的水位 Z_w；根据灌区单元旬初地下水位 Z_{I0} 和对应河道单元水位 Z_w 计算灌区单元与相应河道单元的地表水地下水转换量 W_{IR}；根据灌区单元旬初水位 Z_{I0}，计算各灌区单元之间的地下水净交换量 $WI_{II}-WO_{II}$；计算境外给灌区单元的地下水补给量 WI_A。

4）根据中游河道单元上断面旬下泄水量 WI_R^u、区间旬入水量 WI_R^{int}、旬地表水地下水净交换量 $\sum W_{IR}$、旬降水量 P_R 和旬水面蒸发量 E_R，计算河道单元的旬净剩水量 ΔW_R。按 $\sum \Delta W/\eta_{cf}$ 和 ΔW_R 中的较小值给相应灌区单元供水，按灌区单元 $\Delta W/\eta_{cf}$ 占 $\sum \Delta W/\eta_{cf}$ 的比例对各灌区单元供水量进行分配，下断面旬下泄水量 WI_R^l 为 $\Delta W_R-\min\left(\sum \Delta W/\eta_{cf}, \Delta W_R\right)$。若中游灌区单元灌溉应供水量仍存在缺口，则该灌区单元继续抽取地下水，直至灌溉应供水量缺口得到完全填补。

5）梨园河灌区的灌溉应供水量缺口由鹦–红梯级水库负责填补，设鹦–红梯级水库旬入库总水量为 WI_{lyh}，当旬总蓄水量为 V_{lyh}，兴利库容总和为 V_{lyh}^{max}。鹦–红梯级水库按 $WI_{lyh}+V_{lyh}$ 和 $\Delta W/\eta_{cf}$ 中的较小值给梨园河灌区供水，若 V_{lyh} 大于 V_{lyh}^{max}，则将多余水量下泄到黑河干流高–平河段。

6）从莺落峡断面推算至正义峡断面，由此得到中游3个控制断面（高崖、平川和正义峡）的旬下泄水量。根据中游灌区单元旬初地下水位 Z_I^{st}、旬地表取水量 W_s、旬地下水开采量 W_g、旬降水量 P_I、旬水面蒸发量 E_I、包气带厚度 H、与其他灌区单元地下水旬总净交换量 $\sum(WI_{II}-WO_{II})$、与相应河道单元地表水地下水旬交换量 W_{IR} 和境外地下水旬补给量 WI_A，计算灌区单元旬末地下水位 Z_I^{ed}、旬末地下水埋深 H^{ed}、灌溉旬缺水量 ΔW_{irr} 及居民生活和工业生产旬缺水量 ΔW_{doin}。

7）正义峡至哨马营河段给鼎新灌区的旬供水量 W_s^{dx} 等于正义峡旬下泄水量 WO_{zyx} 和旬应供水量 W_{s0}^{dx} 中的较小值，计算鼎新灌区旬缺水量 ΔW_{ir}^{dx}，根据 $WO_z - W_s^{dx}$ 推算哨马营断面的旬下泄水量 WO_{smy}。哨马营至狼心山河段给东风场区的旬供水量 W_s^{df} 等于哨马营旬下泄水量 WO_{smy} 和旬应供水量 W_{s0}^{df} 中的较小值，计算东风场区旬缺水量 ΔW_{ir}^{df}。根据 $WO_{smy} - W_s^{df}$ 推算狼心山断面的旬下泄水量 WO_{lxs}，计算下游生态旬缺水量 ΔW_{eco}。

8）每年从步骤 1）开始，每旬按步骤 2）~8）计算，从第 1 个水利年的第 1 旬计算至最后 1 旬，再从步骤 1）开始新的一年计算，循环往复直至最后 1 个水利年的最后 1 旬。

（2）约束条件

中游渠首取水能力约束：

$$W_{c,i} \leqslant W_{c,i}^{max} \tag{5-31}$$

式中，$W_{c,i}$ 为渠首 i（$i=1, 2, \cdots$）的旬取水量，万 m^3；$W_{c,i}^{max}$ 为渠首 i 的旬取水能力，万 m^3。

中游渠道输水能力约束：

$$Q_{c,i} \leqslant Q_{c,i}^{max} \tag{5-32}$$

式中，$Q_{c,i}$ 为渠道 i（$i=1, 2, \cdots$）的旬输水量，万 m^3；$Q_{c,i}^{max}$ 为渠道 i 的旬输水能力，万 m^3。

中游机井取水能力约束：

$$W_{w,i} \leqslant W_{w,i}^{max} \tag{5-33}$$

式中，$W_{w,i}$ 为机井 i（$i=1, 2, \cdots$）的旬取水量，万 m^3；$W_{w,i}^{max}$ 为机井 i 的旬取水能力，万 m^3。

5.1.8 中游闭口优化模块

按照黄河水利委员会要求，选择 3 个时段实施闭口措施，分别是 4 月上旬至 5 月上旬、7 月上旬至 7 月中旬和 9 月上旬至 9 月下旬。

（1）目标函数

$$\min f_1 = \sum_{i=1}^{n} (W_{zyx}^{rqs} - W_{zyx}^{sim})^2 \tag{5-34}$$

$$\min f_2 = \sum_{j=1}^{3} \left(W_j^{rqs} - \frac{1}{n} \sum_{i=1}^{n} W_{ij}^{sim} \right)^2 \tag{5-35}$$

式中，f_1 和 f_2 分别为“97”分水方案偏差最小目标和下游用户供水偏差最小目标，（亿 m^3）^{2}；n 为调配期总年数，$n=51$ 年；W_{zyx}^{rqs} 和 W_{zyx}^{sim} 分别为正义峡断面“97”分水方案要求的年下泄水量和优化计算得到的年下泄水量，亿 m^3；W_j^{rqs} 为下游河道给 j 用户（$j=1$ 为鼎新灌区，$j=2$ 为东风场区，$j=3$ 为狼心山下游生态区）的多年平均应供水量，亿 m^3；W_{ij}^{sim} 为下游河道在 i 年给 j 用户的模拟年供水量，亿 m^3。

（2）约束条件

在闭口期间，所有中游灌区通过井灌方式完成灌溉应供水任务，不得从河道取水。

(3) 决策变量

本模块共6个决策变量，即3个时段的闭口起止时间。

5.1.9 水库优化调度模块

黄藏寺水库位居黑河东西两岔汇合口以下，其位置在黑河水量调度中具有承上启下的作用，是黑河上游控制性工程（图5-7），水库总库容4.03亿m^3，调节库容2.95亿m^3，已于2015年3月开工建设。黄藏寺水利枢纽在黑河水资源合理配置方面具有重要的作用。为满足黑河干流水量配置需要，缓解黑河中游灌溉高峰期供水矛盾及恢复下游生态系统，确定黄藏寺水库工程的任务为：合理调配中下游生态和经济社会用水，提高黑河水资源综合管理能力，兼顾发电等综合利用。

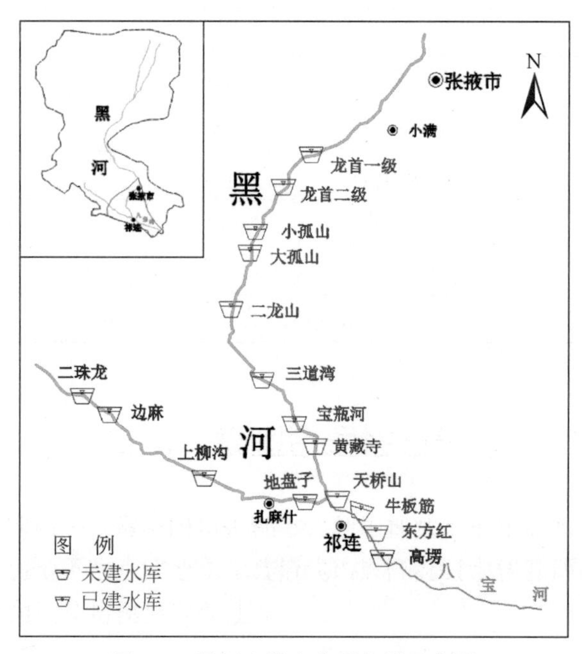

图5-7 黑河上游水库群布局示意图

1）合理调配中下游生态和经济社会用水，提高黑河水资源综合管理能力。通过黄藏寺水库调节，合理向中下游配水，科学合理地开展黑河水量统一调度，实现下游生态和中游经济社会用水合理配置。

2）提高黑河水资源利用效率。替代中游现有的大部分平原水库，减少平原水库的蒸发、渗漏损失；在下游生态关键期较大流量集中输水，减少河道蒸发、渗漏损失。

3）兼顾发电。利用水库抬高水头发电，在电调服从水调的原则下，服务于当地经济社会的发展。

(1) 目标函数

同中游闭口优化模块。

(2) 约束条件

水库水量平衡约束:

$$V_{ed}-V_{st}=(QI-QO)\cdot\Delta t+\Delta W \tag{5-36}$$

式中, V_{ed}和 V_{st}分别为水库旬末蓄水量和旬初蓄水量, 万 m^3; QI 和 QO 分别为水库旬均入库流量和旬均出库流量, m^3/s; Δt 为一旬时间, $\Delta t=87.66$ 万 s; ΔW 为水库其他水量综合项, 包括库区降水、蒸发和渗漏等, 在本书中忽略不计。

水库蓄水位约束:

$$Z_{min}\leqslant Z\leqslant Z_{max} \tag{5-37}$$

式中, Z_{min}为水库允许最低蓄水位, 取死水位, m; Z 为水库旬末水位, m; Z_{max}为水库允许最高蓄水位, 在丰水期取防洪限制水位, 在枯水期取兴利水位, m。

水库泄流约束:

$$QO_{min}\leqslant QO\leqslant QO_{max} \tag{5-38}$$

式中, QO_{min}为水库允许最小出库, 取河道基流, m^3/s; QO 为水库旬均出库流量, m^3/s; QO_{max}为水库允许最大出库, 取水库泄流能力, m^3/s。

(3) 决策变量

决策变量为黄藏寺水库逐旬旬末水位。

5.1.10 水电站发电模块

根据黑河上游梯级水电站逐旬入库流量, 按以下两式分别计算各级水电站旬出力 N_{xun} 和旬发电量 E_{xun}。

$$N_{xun}=\min(K_E Q_E h_E,\ N_{max}) \tag{5-39}$$

$$E_{xun}=N_{xun}\cdot\Delta t \tag{5-40}$$

式中, N_{xun}单位为 MW; K_E为水电站出力系数, 无量纲; Q_E为发电引用流量, m^3/s; h_E为发电净水头, m; N_{max}为水电站装机容量, MW; E_{xun}单位为亿 kW · h。

由于缺乏鹦鸽嘴水电站历史资料且该水电站发电量很小, 故本模块不再计算该水电站发电过程。

5.1.11 梨园河调配模块

(1) 子灌区需水分配

梨园河灌区分割成梨园河 1 和梨园河 2 两个子灌区, 两个子灌区的灌溉、生活和工业需水量按面积比例分配。在中游配置模块中, 凡有灌区分割的 (图 2-13) 也做如此处理, 后面不再赘述。

(2) 生活和工业供需水

$$W^{S,lyhk}_{g,gs,ji}=\rho_{gs,i}\cdot W^{D,lyhk}_{gs,ji} \tag{5-41}$$

$$\rho_{gs,i}=\begin{cases}1, & \text{if } WI_i^{ylx}\geqslant WI_{P=95\%}^{ylx}\\0.95, & \text{if } WI_i^{ylx}<WI_{P=95\%}^{ylx}\end{cases} \tag{5-42}$$

式中，$W_{g,gs,ji}^{S,lyhk}$为梨园河 k（$k=1, 2$）灌区第 i 年第 j 旬的生活和工业的供水量，全部来自地下水，万 m³；$W_{gs,ji}^{D,lyhk}$为梨园河 k 灌区第 i 年第 j 旬的生活和工业需水量，万 m³；$\rho_{gs,i}$为第 i 年生活和工业需水打折系数；WI_i^{ylx}为莺落峡第 i 年天然来水量，亿 m³；$WI_{P=95\%}^{ylx}$为莺落峡频率为95%的天然来水量，亿 m³。

(3) 灌溉供需水

$$W_{ny,ji}^{S,lyhk}=\rho_{ny,i}\cdot W_{ny,ji}^{D,lyhk} \tag{5-43}$$

$$\rho_{ny,i}=\begin{cases}1, & \text{if } WI_i^{ylx}\geqslant WI_{P=50\%}^{ylx}\\\max\left(WI_i^{ylx}/WI_{P=50\%}^{ylx},\ 0.65\right), & \text{if } WI_i^{ylx}<WI_{P=50\%}^{ylx}\end{cases} \tag{5-44}$$

$$W_{g0,ny,ji}^{lyhk}=\min\left[W_{ny,ji}^{S,lyhk},\ \max\left(W_{pg,ji}^{lyhk}-W_{g,gs,ji}^{S,lyhk},\ 0\right)\right] \tag{5-45}$$

$$W_{pg,ji}^{lyhk}=A^{lyhk}\cdot\mu^{lyhk}\cdot\max\left(h_{g,D}^{lyhk}-h_{g,j-1,i}^{lyhk},\ 0\right) \tag{5-46}$$

$$W_{s0,ny,ji}^{lyhk}=\left(W_{ny,ji}^{S,lyhk}-\eta_t^{lyhk}\cdot W_{g0,ny,ji}^{lyhk}\right)/\eta_q^{lyhk} \tag{5-47}$$

$$W_{g1,ny,ji}^{lyhk}=\left(W_{s0,ny,ji}^{lyhk}-W_{s1,ny,ji}^{lyhk}\right)/\eta_t^{lyhk} \tag{5-48}$$

式中，$W_{ny,ji}^{S,lyhk}$和$W_{ny,ji}^{D,lyhk}$分别为梨园河 k 灌区第 i 年第 j 旬的灌溉供水量和需水量，万 m³；$\rho_{ny,i}$为第 i 年灌溉需水打折系数；$WI_{P=50\%}^{ylx}$为莺落峡频率为50%的天然来水量，亿 m³；$W_{g0,ji}^{lyhk}$和$W_{g1,ji}^{lyhk}$分别为梨园河 k 灌区第 i 年第 j 旬的灌溉抽取地下水的允许量和超采量，万 m³；$W_{s0,ji}^{lyhk}$和$W_{s1,ji}^{lyhk}$分别为梨园河 k 灌区第 i 年第 j 旬灌溉从鹦-红梯级水库应引的水量和实引的水量，万 m³；$W_{pg,ji}^{lyhk}$为梨园河 k 灌区第 i 年第 j 旬旬初对应的地下水可开采量，万 m³；A^{lyhk}为梨园河 k 灌区的面积，万亩；μ^{lyhk}为梨园河 k 灌区的地下含水层给水度；$h_{g,D}^{lyhk}$为梨园河 k 灌区的最大允许开采埋深，m；$h_{g,j-1,i}^{lyhk}$为梨园河 k 灌区第 i 年第 j 旬旬初地下水埋深，m；η_t^{lyhk}和η_q^{lyhk}分别为梨园河 k 灌区的田间水利用系数和渠系水利用系数。

(4) 鹦-红梯级水库供水

梯级水库初始总蓄水量：

$$V_0^{yh}=0 \tag{5-49}$$

式中，V_0^{yh}为梯级水库初始总蓄水量，万 m³。

梯级水库总蓄水量边界：

$$0\leqslant V_{ji}^{yh}\leqslant V_{max}^{yh} \tag{5-50}$$

式中，V_{ji}^{yh}为梯级水库第 i 年第 j 旬总蓄水量，万 m³；V_{max}^{yh}为梯级水库最大总蓄水量，万 m³。

梯级水库水量平衡：

$$V_{ji}^{yh}-V_{j-1,i}^{yh}=\left(QI_{ji}^{lyb}-QO_{ji}^{yh}\right)\cdot\Delta t+\Delta W_{ji}^{yh} \tag{5-51}$$

式中，V_{ji}^{yh}和$V_{j-1,i}^{yh}$分别为梯级水库第 i 年第 j 旬旬末蓄水量和旬初蓄水量，万 m³；QI_{ji}^{lyb}和QO_{ji}^{yh}分别为梨园堡站第 i 年第 j 旬平均天然流量和梯级水库第 i 旬平均出库流量，m³/s；ΔW_{ji}^{yh}为梯级水库第 i 年第 j 旬的其他水量综合项，包括库区降水、蒸发和渗漏等，在本书中忽略不计。

梯级水库供水量：

$$W_{s1, ny, ji}^{lyhk} = \delta^{lyhk} \cdot \min(V_{j-1, i}^{yh} + QI_{ji}^{lyb} \cdot \Delta t, \sum_{k=1}^{2} W_{s0, ny, ji}^{lyhk}) \tag{5-52}$$

式中，δ^{lyhk}为梨园河 k 灌区在梨园河灌区中的面积比例。

梯级水库弃水流量：

$$Q_{qs, ji}^{lyh} = \max(V_{j-1, i}^{yh} + QI_{ji}^{lyb} \cdot \Delta t - V_{max}^{yh} - \sum_{j=1}^{2} W_{s1, ny, ji}^{lyhk}, 0)/\Delta t \tag{5-53}$$

式中，$Q_{qs,ji}^{lyh}$为梯级水库第 i 年第 j 旬平均弃水流量，也是梨园河第 i 年第 j 旬汇入干流的平均流量，m^3/s。

(5) 引水能力约束

$$\sum_{k=1}^{2} (W_{g, gs, ji}^{S, lyhk} + W_{g0, ny, ji}^{lyhk} + W_{g1, ny, ji}^{lyhk}) \leqslant W_{g, max}^{lyh} \tag{5-54}$$

$$\sum_{k=1}^{2} W_{s1, ny, ji}^{lyhk} \leqslant W_{s, max}^{lyh} \tag{5-55}$$

式中，$W_{g,max}^{lyh}$和 $W_{s,max}^{lyh}$分别为梨园河灌区井群引水和渠系引水能力，万 m^3/旬。

5.1.12 正义峡至狼心山配置模块

(1) 正义峡至哨马营河段（简称“正哨河段”）

鼎新片区取水：

$$W_{ji}^{dx} = \min(9000/W_i^{zs}, 1) \cdot \lambda_{ji}^{dx} \cdot Q_{ji}^{zyx} \cdot \Delta t \tag{5-56}$$

$$W_i^{zs} = \sum_{j=1}^{36} \lambda_{ji}^{dx} Q_{ji}^{zyx} \cdot \Delta t \tag{5-57}$$

$$\lambda_{ji}^{dx} = \min(\xi_j, \tau_j^{dx}, \psi_{ji}^{zyx}) \tag{5-58}$$

$$Q_{ji}^{dx} = W_{ji}^{dx}/\Delta t \tag{5-59}$$

式中，W_{ji}^{dx}为鼎新片区第 i 年第 j 旬从正哨河段引取的水量，万 m^3；W_i^{zs}为正哨河段第 i 年可用水量，万 m^3；λ_{ji}^{dx}为鼎新片区第 i 年第 j 旬取水比例；τ_j^{dx}为鼎新片区第 j 旬需水判断数，取 1 为需水，取 0 为不需水；ψ_{ji}^{zyx}为正义峡断面第 i 年第 j 旬流量判断数，取 1 为有流量，取 0 为断流；Q_{ji}^{dx}为鼎新片区第 i 年第 j 旬取水流量，m^3/s。

(2) 哨马营至狼心山河段（简称“哨狼河段”）

东风场区取水：

$$W_{ji}^{df} = \min(6000/W_i^{sl}, 1) \cdot \lambda_{ji}^{df} \cdot Q_{ji}^{smy} \cdot \Delta t \tag{5-60}$$

$$W_i^{sl} = \sum_{j=1}^{36} \lambda_{ji}^{df} Q_{ji}^{smy} \cdot \Delta t \tag{5-61}$$

$$\lambda_{ji}^{df} = \min(\xi_j, \tau_j^{df}, \psi_{ji}^{smy}) \tag{5-62}$$

$$Q_{ji}^{df} = W_{ji}^{df}/\Delta t \tag{5-63}$$

式中，W_{ji}^{fd}为东风场区第 i 年第 j 旬从哨狼河段引取的水量，万 m^3；W_i^{sl}为哨狼河段第 i 年可用水量，万 m^3；λ_{ji}^{df}为东风场区第 i 年第 j 旬取水比例；τ_j^{df}为东风场区第 j 旬需水判断数，取 1 为需水，取 0 为不需水；ψ_{ji}^{smy}为哨马营断面第 i 年第 j 旬流量判断数，取 1 为有流量，取 0 为断流；Q_{ji}^{df}为东风场区第 i 年第 j 旬取水流量，m^3/s。

5.1.13 黑河下游额济纳绿洲水资源配置模块

自 2000 年实施黑河干流水量统一调度以来，进入黑河下游的水量显著增加。在此情景下，如何高效利用进入下游的水资源，使下游尤其是额济纳绿洲地下水位埋深与区域生态植被需求相适应，尽量做到减少潜水无效蒸发，让有限的水资源发挥最大的生态效益，成为迫在眉睫需要解决的问题。本次研究在充分考虑黑河下游来水特点和额济纳绿洲植被规模、分布及其需水特点的基础上，构建黑河下游生态水量调度和配置模型。

1. 黑河下游额济纳绿洲水资源配置计算单元分区

(1) 额济纳绿洲水资源配置计算单元分区

考虑植被耗水、地表和地下水力联系及地表水灌溉条件等因素，加之黑河下游额济纳绿洲东、西河沿线及其下游河网（包括东、西居延海）地区绿洲面积大且集中连片、植被种类多样，是额济纳地区绿洲的精华，同时也是目前植被退化严重、亟待进行恢复和整治的重点区，所以本次水量配置重点考虑的区域为两河区（含东居延海）。

为反映额济纳绿洲生态的不同特征，同时反映不同的水资源特征，分区具有一定规模以保证生态意义上的独立性和独特性，并对指定遏制生态退化和生态适度修复的对策有具体指导意义，本书根据现有河道、水利工程的布局、各部分绿洲在整个地区中所起的环境保护作用、绿洲生态需水量和需水过程等因素，重点考虑两河区，将水资源配置计算单元分为 9 个区（图 5-8）。分别为东河上游区、西河上中游区、建国营区、中戈绿洲区、沿昂茨河和班布尔河之间以东为班布尔河区、以西至四道河分干渠以东为昂茨河区、东大河生态区、铁库里生态区和东居延海区。

东河上游区从狼心山—布达格斯河段及纳林河口—大娃乌苏，狼心山—布达格斯河段长约 50km 的范围内，植被带的宽度 1～4km，面积约 70km^2，纳林河口—大娃乌苏长约 35km，代表植被为胡杨，零星分布的红柳，以及生长茂盛的苦豆子、甘草；斑块与斑块之间植被相当稀少。西河上中游区从狼心山—莱茨格敖包。建国营区从莱茨格敖包—穆仁高勒，是西河现存绿洲最为集中的区域。中戈绿洲区集中分布在安都河绿洲带、聋子河绿洲带和哈特台河绿洲带，其中，安都河绿洲带从孟克图分水闸—叩克敖包长约 56km，宽约 0.9km；聋子河绿洲带从西河老西庙开始，止于达赛公路，长约 47km，宽约 1.1km；哈特台河绿洲带，沿河床分布，长约 70km，宽约 1km；安都河、聋子河和哈特台河绿洲植被覆盖度较差，主要以荒漠草场植被为主，如沙枣、骆驼刺、芦苇、苦豆子等，零星分布有胡杨、红柳、梭梭等。东大河生态区包括一道河入湖通道、二道河分干渠、三道河行洪河道和四道河分干渠。昂茨河区包括昂茨河分干渠、昂茨河自然河道、五道河—八道河。四

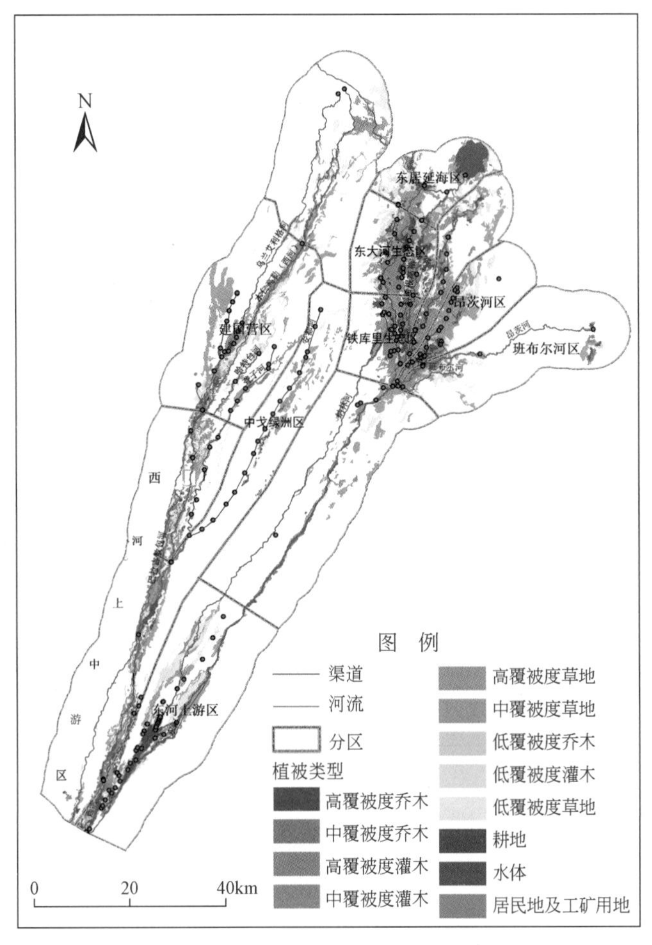

图 5-8　额济纳绿洲水资源分配分区

个生态片区控制绿洲面积 64. 4 万亩，其中铁库里生态区 9. 8 万亩，东大河生态区 30. 1 万亩，昂茨河区 18. 2 万亩，班布尔河区 6. 3 万亩。从植被类型分布看，铁库里生态区以灌木林为主，中高盖度灌木林占 52%，低密度灌木林占 46%；东大河生态区灌木林占 85%，乔木林占 15%；昂茨河区灌木林占 77%，乔木林占 23%；班布尔河区中高盖度灌木林占 72%，低盖度灌木林占 24%。

（2）各计算单元分区供水线路及灌溉方式

依据现有河道及工程布局，各生态计算单元供水线路如图 5-9 所示。黑河水流经狼心山后通过狼心山分水枢纽把水分至东西河。东河供水路线，一部分水量通过原河道满足东河上游区狼心山—纳林河口河段 18km 原河道，以及纳林河口—布达格斯 32km 原河道植被需植被生长需要；另一部分水通过东河至昂茨河分水闸之间的东干渠输送至昂茨河分水闸，东干渠上端有支渠 17 条，灌溉东河上游区；昂茨河分水闸以下铁库里河向铁库里生态区供水；一道河、二道河、三道河、四道河向东大河生态区供水，一道河在来水量较大时适时向东居延海供水，二道河、三道河、四道河也可送水至东居延海；五道河、六道河、七道河、八道河向昂茨河生态区供水，五道河、六道河多余水量可进入东居延海；班布尔河向班布尔河生态区供水，可供水至天鹅湖。西河供水路线，从狼心山到莱莱格敖包，通过河道自然渗漏补水给西河上游区；中戈绿洲区也通过孟克图分水闸通过河道自然渗漏补给；莱莱格敖包以下水量进入安都河。

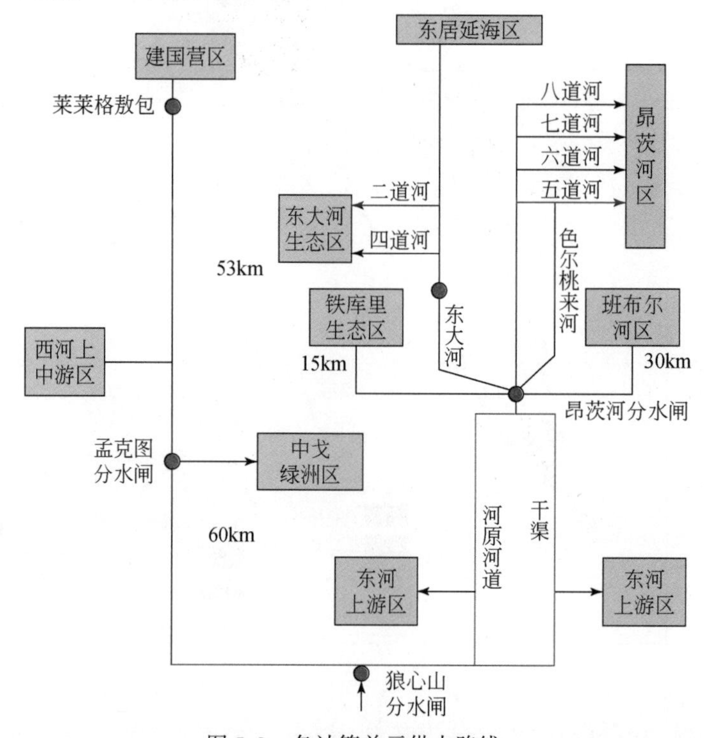

图 5-9　各计算单元供水路线

额济纳绿洲面积大而水资源有限，采用何种灌溉方式才能够合理地配置有限的水资源，是有效遏制现有绿洲退化趋势的重要途径之一。

纵观额济纳绿洲灌溉的演变过程，在 20 世纪 50 年代以前，额济纳绿洲区来水 10 亿 ~ 13 亿 m^3，水量丰沛，各河道常年行水，在这种情况下，其灌溉方式为河网浸润灌溉方式，通过维持一定的地下水位，满足分布在河间高地植被的生长需要。因此，这种灌水方式适用于来水较大的情况。

20 世纪 60 年代以来，随着进入绿洲区来水量的逐渐减少，河网浸润灌溉已不能满足植被的生存需要，于是开始了人工灌溉。由于绿洲区地形起伏较大，一般相对高差在 3 ~ 5m，额济纳旗一直采用打坝串灌的灌溉方式，即在河道打坝、在田间打埂，埂设闸门，自上而下，逐埂进行灌溉，一般坝与坝、埂与梗之间的间距在 1500m 左右，埂高在 1. 5m 左右，控制面积 3 ~ $4km^2$，最大灌溉水深可以达到 1. 5m。这一灌水方式完全属大水漫灌，水资源的利用效率较低，水量浪费严重，初步分析亩均次灌溉水量达到 500m³。虽然打埂灌溉这种灌水方式水量浪费严重，但是对于地形起伏较大的绿洲区，该灌水方式仍是不可替代的。

沟灌是最适合于胡杨林地区的一种灌水方式，胡杨树生长的显著特点是根系分蘖能力很强，开沟断根，将会更好地促进幼树萌发，有利于胡杨林的更新、复壮。结合胡杨林这一特点，在以胡杨林为主的绿洲，可采用沟灌的方式进行人工灌溉。沟灌方式可以解决因地形起伏大、灌水时间长、水量浪费严重等问题，从而提高水资源的利用率。

对于地形起伏变化不大，以草地和红柳为主要植被的绿洲，具备采用畦灌方式的区域，应通过采取一定的工程措施，发展畦灌的灌溉方式，来满足其灌溉需水，有效地提高水资源的利用效率，达到节约水资源的目的。初步分析，畦灌地块一般控制在 90～120 亩，畦块间距 100m，长 600～800m，灌溉定额一般为 100m³/亩。

额济纳旗地区地形条件复杂，采用任何一种单一的灌溉方式都是不切合实际的。从节约水资源的角度考虑，应因地制宜，结合水源条件、地形条件、植被条件，多种灌溉方式并存，多种灌溉方式并举，进行绿洲区水资源的高效合理利用。近期根据地形和植被分布情况，宜以打埂串灌、沟灌方式为主，浸润灌溉、畦灌等多种灌溉方式并举，因地制宜发展绿洲区灌溉。

根据东河上游区绿洲的地形条件和植被分布，东干渠供水的 23.7 万亩绿洲采用沟灌、畦灌方式灌溉；东河昂茨河分水闸以下区域灌溉方式见表 5-3。

西河狼心山—莱莱格敖包沿河区域主要为河道自然渗漏；莱莱格敖包分水闸以下的区域以沟灌和打埂串灌方式为主；孟克图以下的区域以打坝串灌方式为主。

表 5-3 昂茨河分水闸以下区域灌溉方式

渠道名称	长度/km	灌溉面积/万亩	灌水方式
铁库里分干渠	38.0	9.8	打埂串灌 65%、沟灌 35%
一、二、三、四道河	32.0	13.6	打埂串灌 65%、沟灌 35%
班布尔分干渠	23.5	6.3	沟灌 55%、打埂串灌 45%，
五、六、七、八道河	97.7	34.7	打埂串灌 45%、沟灌 40%、畦灌 15%
合计	191.2	64.4	—

2. 黑河下游水资源配置

(1) 黑河狼心山以下水量配置方案

近期黑河生态水量调度的目标是：在实现“两个确保”，即“当莺落峡断面来水达多年均值 15.8 亿 m³时，正义峡断面下泄水量 9.5 亿 m³；确保输水到东居延海”的同时，进一步优化水资源配置，确保进入额济纳绿洲水量全部用于生态建设，实现生态效益最大化，维持和改善下游及尾闾生态系统。

当莺落峡断面来水达多年均值 15.8 亿 m³时，正义峡断面年度下泄水量指标为 9.5 亿 m³，狼心山断面下泄水量指标为 5.00 亿 m³，全年预计实施全线闭口四次，闭口时间 85～100d，向东居延海累计补水 0.50 亿～0.60 亿 m³。

鼎新片区年引水控制指标为0.90亿m^3，东风场区引水控制指标为0.60亿m^3。进入内蒙古境内水量中，约2.0亿m^3直接补充沿河地下水，0.50亿~0.60亿m^3向东居延海补水，其余水量用于额济纳绿洲林草地灌溉，灌溉面积约50.4万亩次，其中东河地区林草地灌溉面积约31.76万亩次，西河地区林草地灌溉面积约18.64万亩次。

当莺落峡断面来水偏离多年均值时，按“97”分水方案推算断面水量指标，并调整配水比例。

狼心山分水枢纽由11孔分水闸和红旗闸组成，其中东河分水闸9孔，设计流量270m^3/s，西河分水闸包括2孔分水闸和红旗闸，设计分水能力约97m^3/s，狼心山分水闸设计总过水能力为370m^3/s左右。狼心山分水闸东、西河年分水比例在7∶3左右，洪水期西河分水比例适当加大。其中进入东河的水量，当流量小于东干渠设计过流能力时，利用东干渠输水；否则，超过东干渠的水量由东河原河道输送。

1）11月11日~次年3月调度计划：通过调度狼心山水利枢纽，东西河按7∶3比例配水。

2）4月调度计划：在4月上、中旬，根据来水及用水情况，实施本年度第一次“全线闭口”措施15d左右；4月21~29日，在中游地区实施“小均水”措施8d左右。实施以上措施，全部来水安排进入西河，灌溉林草地。

3）5~6月调度计划：5月上、中旬，采取限制引水措施7~10d；全部安排进入东河，灌溉林草地。

4）7月调度计划：7月上旬，实施本年度第二次“全线闭口”措施12~16d，东西河按7∶3比例配水。相机利用东河和东干渠，使东河全线过水，并向东居延海补水0.20亿m^3左右。其余水量灌溉东河地区林草地2.52万亩，灌溉西河地区林草地2.06万亩。

5）8~10月调度计划：东西河按7∶3比例配水，最大限度扩大林草地灌溉面积。东河地区灌溉林草地4.47万亩，西河地区灌溉林草地1.83万亩。

当水流抵达昂茨河闸后，若来水较大，启用入湖通道（一道河）向东居延海输水；若来水较小且向东居延海水量调度目标尚未完成时，启用昂茨河分水闸以下的铁库里分干渠、二道河分干渠和四道河分干渠向东居延海输水；否则将6条分干渠划分为两个轮灌组，其中铁库里分干渠、二道河分干渠和班布尔河分干渠为一个轮灌组，四道河分干渠、六道河分干渠和昂茨河分干渠为另一个轮灌组实施绿洲灌溉。

（2）现状河道输水节点及输水损失分析

根据对水文地质资料分析，黑河进入额济纳盆地后，在河水向地下水转化的过程中，小部分在转化过程中消耗于包气带，大部分补充地下水以地下径流的方式向下游移动，维持了绿洲区地下水位的稳定，为植被的生存提供了生存条件。

黑河下游河道不是常年过水，前期河道是干涸还是处于湿润状态对于河道渗漏量的大小影响很大。本次研究收集了近几年的调水资料、狼心山断面及东河、西河的过水流量及其流程的资料。应用这些资料计算率定不同河段、不同流量下的河道渗漏率，再参照已有的研究成果，综合计算确定不同计算单元相应配水量下的渗漏量，并反馈给配置模型进一步确定各计算单元的配水量。

1）哨马营-狼心山河段渗漏规律研究。根据哨马营、狼心山两站（1998～2002 年）5 年的月平均径流量资料进行相关分析，发现两站的流量在 $Q_{哨}<10\text{m}^3/\text{s}$、$10\text{m}^3/\text{s}\leqslant Q_{哨}\leqslant 30\text{m}^3/\text{s}$、$Q_{哨}>30\text{m}^3/\text{s}$ 三个流量段分别呈线性相关关系，见图 5-10。

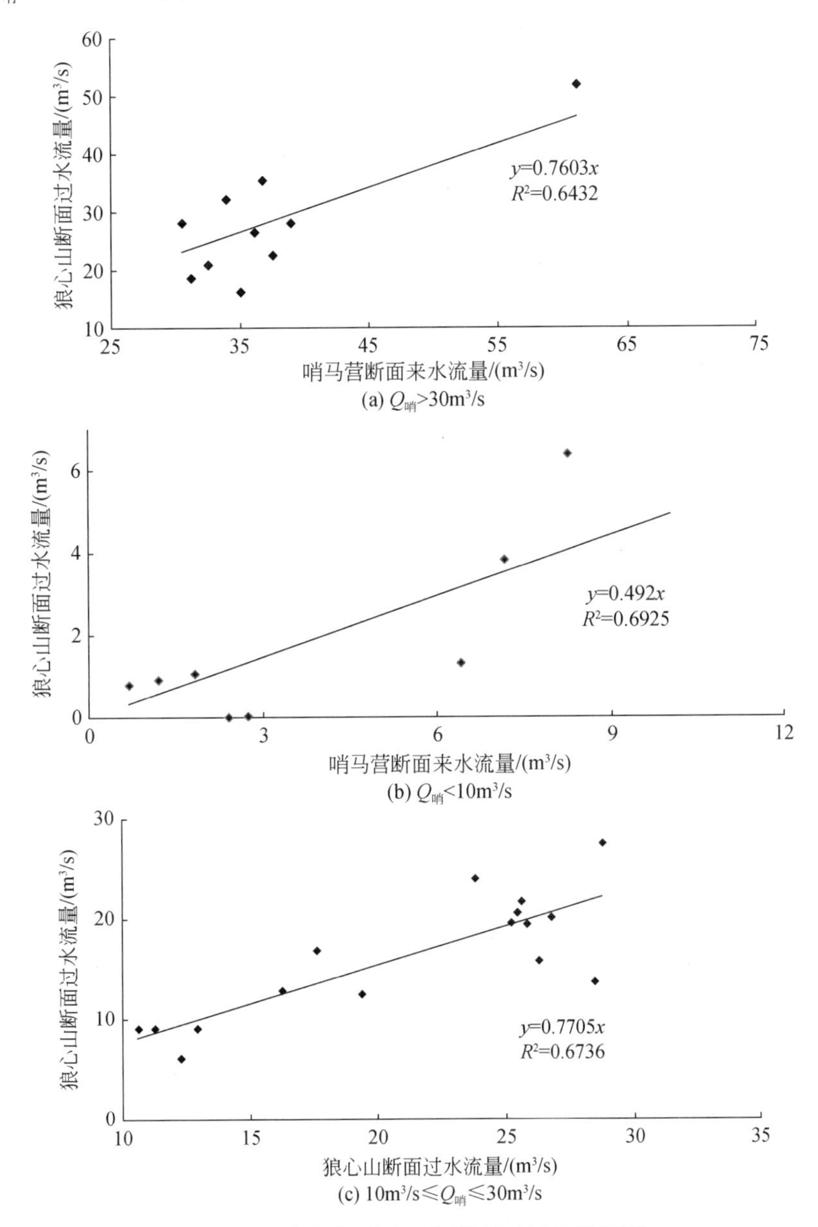

图 5-10　哨马营-狼心山河道流量相关关系图

通过对哨马营-狼心山河道流量相关关系的分析，可以确定哨马营-狼心山河段的渗漏比例 $\eta_{渗}$，计算公式为

$$\eta_{渗}=\frac{Q_s-Q_1}{Q_s} \tag{5-64}$$

式中，Q_s 为哨马营断面流量，m^3/s；Q_1 为狼心山断面流量，m^3/s。

经计算哨马营–狼心山河道渗漏比例见表 5-4。

表 5-4　哨马营–狼心山河道渗漏比例

流量/(m^3/s)	河道渗漏量占哨马营来水比例/%
<10	50.7
10 ~ 30	22.6
>30	27

本书虽然计算出了哨马营–狼心山河段不同流量的渗漏量，但是由于河道渗漏能力强，并且河道又比较长，因此河道流量在其流程上的衰减率比较大。而河道流量的大小与渗漏量的大小是密切相关的，同一河道内不同断面的流量不同，相应地，在该河段内的渗漏量也是不同的，在计算河道渗漏量时必须考虑河道流量沿程衰减对河道渗漏量大小的影响。基于这种考虑，将河道分成若干段（为了计算方便将河道均匀分段，段长为 10km），根据式（5-65）确定河道沿程渗漏衰减率 i。

$$i=1-\left(1-\frac{Q_s-Q_1}{Q_s}\right)^{1/N} \tag{5-65}$$

式中，i 为河道渗漏衰减率；N 为河道分段数（N=河道长度/10）；其他符号意义同前。从而可以计算每段河道的渗漏量，计算公式如下：

$$Q_{渗}=Q_{初}\ (1-i)^{n-1}\cdot i \tag{5-66}$$

式中，$Q_{渗}$为第 n 段的渗漏量，m^3；$Q_{初}$为进入该河段的水量，即前一河段的下泄水量，m^3。

2）东河、纳林河河道渗漏量与流量的关系。根据额济纳旗 2013 ~ 2015 年对东河、纳林河来水流量，以及河道流程的观测资料，对东河、纳林河河道流量与渗漏量进行相关分析，其河道渗漏量与河道过水流量也是呈线性相关关系（图 5-11），相关方程为：$y=12.888x+74.338$；相关系数 $R^2=0.8538$。

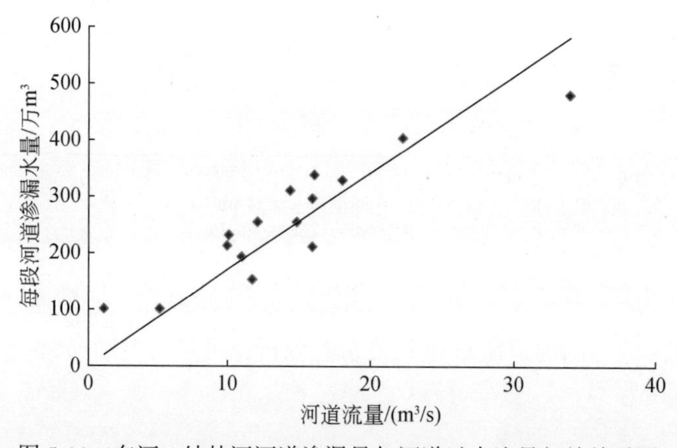

图 5-11　东河、纳林河河道渗漏量与河道过水流量相关关系图

3）西河河道渗漏规律。对西河河道流量、渗漏量资料很少，通过 2014 年、2014 年的资料分析得出：1 月来水 4 ~ 6m³/s，流程 60 ~ 90km；2 月来水 5 ~ 7m³/s，流程 90 ~ 100km；3 月来水 2.7 ~ 5.6m³/s，流程 110 ~ 130km；4 ~ 6 月基本不过水，7 月、8 月仅有洪水时过水。9 月、10 月来水<5m³/s，流程 60 ~ 90km，11 月、12 月来水 6 ~ 10m³/s，流程 40 ~ 50km。根据这些资料进行试算，确定河段渗漏折减率，然后利用式（5-66）计算西河各段渗漏量。

5.2 模型的求解方法——并行粒子群算法

受鸟群捕食行为规律启发，Kenndy 和 Eberhart（1995）在 1995 年提出了粒子群优化（particle swarm optimization，PSO）算法。该算法参数简单，搜索高效，已广泛应用于函数拟合、聚类分析、系统优化等。

PSO 算法的粒子表示 D 维空间优化问题的潜在解，每个粒子都有 3 个属性：位置 x、速度 v 和适应度 f。其中，x 代表优化问题的解；v 表示解的变化量；f 由目标函数决定，反映解的优劣程度。假定粒子群的粒子数量为 n，在每次迭代进化过程中，每个粒子 i（$i=1, 2, \cdots, n$）都有一个历史最优位置 x_i^{best}（局部最优位置），粒子群有一个历史最优位置 x^{best}（全局最优位置）。在确定当代局部最优位置和全局最优位置后，粒子群更新位置和速度，进入下一代进化计算。粒子群位置和速度更新公式如下：

$$x_i(j+1)=\begin{cases}x_i(j)+v_i(j+1), & \text{if } x_{\mathrm{L}}\leqslant x_i(j)+v_i(j+1)\leqslant x_{\mathrm{U}}\\ x_{\mathrm{L}}+0.25(x_{\mathrm{U}}-x_{\mathrm{L}}), & \text{if } x_i(j)+v_i(j+1)<x_{\mathrm{L}}\\ x_{\mathrm{U}}-0.25(x_{\mathrm{U}}-x_{\mathrm{L}}), & \text{if } x_i(j)+v_i(j+1)>x_{\mathrm{U}}\end{cases}\tag{5-67}$$

$$v_i(j+1)=w_j\cdot v_i(j)+c_1\cdot \text{rand}_1^j\cdot(x_i^{\text{best}}-x_i)+c_2\cdot \text{rand}_2^j\cdot(x_i^{\text{best}}-x_i)\tag{5-68}$$

$$w_j=w_{\max}-j\frac{w_{\max}-w_{\min}}{m}\tag{5-69}$$

式中，$x_i(j)$ 和 $x_i(j+1)$ 分别为粒子 i 第 j 代和第 $j+1$ 代的位置；$v_i(j)$ 和 $v_i(j+1)$ 分别为粒子 i 第 j 代和第 $j+1$ 代的速度；x_{L} 和 x_{U} 分别为粒子位置的下界和上界；w_j 为动态惯性权重，与迭代次数有关；c_1 和 c_2 为学习因子，一般 $c_1=c_2=2$；rand_1^j 和 rand_2^j 分别为第 j 代进化产生的随机数，都位于［0，1］区间；$w_{\max}$ 和 $w_{\min}$ 分别为惯性权重最大值和最小值，一般情况下 $w_{\max}=1.4$，$w_{\min}=0$；m 为最大迭代次数。

随着数据量的增加和计算复杂程度的提高，串行算法的计算效率越来越不能满足优化问题的需要。并行粒子群（Shared-PSO）算法就是将粒子群算法与并行计算技术相结合，进一步提高 PSO 算法高效求解问题的能力。本书充分利用工作站多核处理器的并行计算能力，将不同粒子个体分配给多核 CPU 进行并行计算。通过 MATLAB 编程实现 Shared-PSO 算法，以求解黑河流域水资源调配模拟中的不同优化问题，算法流程如图 5-12 所示。

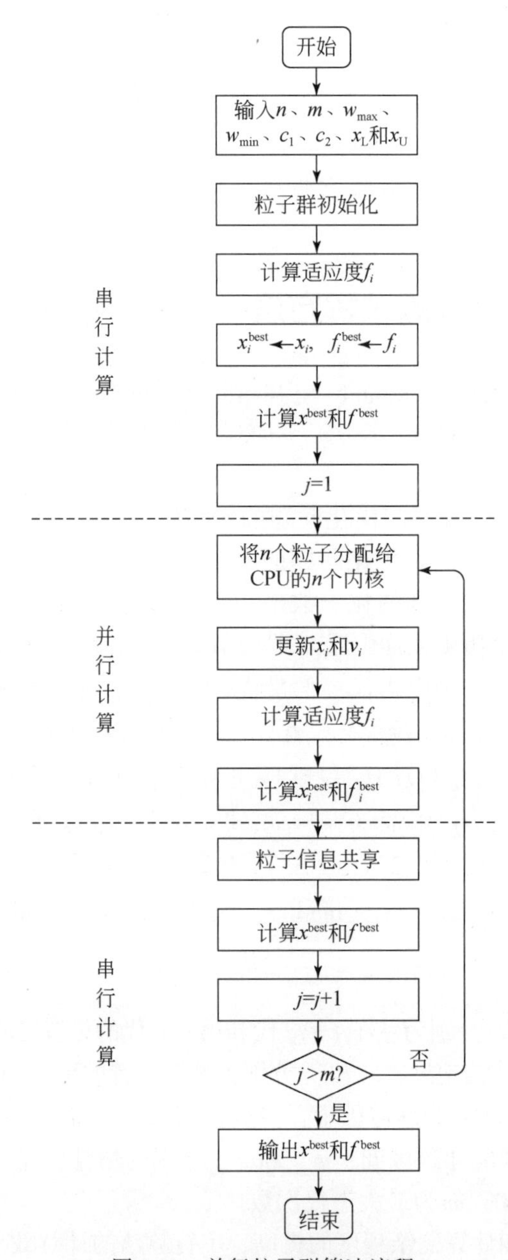

图 5-12　并行粒子群算法流程

5.3　模型参数率定

黑河流域水资源调配模型参数包括灌区最大允许开采埋深 $h_{g,D}$、降水入渗补给系数 α、渠系水利用系数 η_q、田间水利用系数 η_t、田间入渗补给系数 β、渠系渗漏系数 m_r、给水度

μ、导水系数 T_g、垂向渗透系数 K_V、潜水流坡宽积 d_g、潜水流宽长比 e_g、潜水蒸发经验常数 z 和潜水蒸发极限埋深 h_g^{max}。为了提高黑河流域水资源调配模型运行效率，本书将上述各参数分为预定参数和待定参数。预定参数是指在给定范围内可直接确定数值的参数，包括 $h_{g,D}$、α、η_q、η_t、β、m_r、K_V、z 和 h_g^{max}。待定参数是指在给定范围内通过优化计算才可获得数值的参数，包括 μ、T_g、d_g 和 e_g。

(1) 最大允许开采埋深 $h_{g,D}$

最大允许开采埋深是这样一种埋深，当灌区地下水埋深大于该埋深时，灌区若继续开采地下水则认为超采地下水。最大允许开采埋深与灌区生态健康水平、地下水自然特性和地下水开采方式等因素有关，目前还没有合理的计算方法。本书将中游各灌区历史（2005 ~ 2012 年）实测最低地下水位与灌区地表高程的差值作为各灌区的最大允许开采埋深。

(2) 降水入渗补给系数 α

降水入渗补给系数是指特定区域在一定时段内补给地下水的降水量和地表降水量的比值，该系数受降水量、岩性、地下水埋深及包气带含水量等因素影响。综合考虑黑河流域中游年降水量、岩性和地下水埋深等因素，参考水利电力水文局（1987）和甘肃省地勘局水文二队（陈志辉，1997）提供的年降水入渗补给系数，将黑河中游灌区旬降水入渗补给系数范围定为 0.1 ~ 0.2。

(3) 渠系水利用系数 η_q 和田间水利用系数 η_t

渠系水利用系数是渠系末端进入田间的水量与渠首取水量的比值，该系数与渠系长度和衬砌情况等因素有关。田间水利用系数是指被农作物或林草利用的水量与进入田间的水量的比值，该系数与农作物类型、土壤类型等因素有关。渠系水利用系数与田间水利用系数的乘积为灌溉水利用系数。在现状水平年，黑河中游灌区渠系水利用系数为 0.52 ~ 0.61，田间水利用系数为 0.9 ~ 0.92，灌溉水利用系数为 0.47 ~ 0.56。

(4) 田间入渗补给系数 β

田间入渗补给系数是指补给灌区地下水的灌溉水量与净灌溉水量的比值，该系数与地下水埋深、灌水定额和岩性等因素有关。综合考虑黑河中游实际情况，参考水利电力水文局（1987）和张光辉等（2005）研究结果的田间水渗漏补给系数经验值，将黑河流域中游田间水渗漏补给系数范围定为 0.28 ~ 0.46。

(5) 渠系渗漏补给系数 m_r

渠系水渗漏补给系数是指补给地下水的渠系水量与渠首取水量的比值，与区域气候、渠系衬砌和渠床下岩性等因素有关。渠系渗漏补给系数与渠系水利用系数此消彼长，本书采用渠系渗漏比例系数代替渠系水渗漏补给系数，其中渠系渗漏比例系数是指补给地下水的渠系水量与渠系输水损失量的比值。结合黑河流域中游灌区实测数据，将渠系渗漏比例系数定为 0.4 ~ 0.6。

(6) 给水度 μ 和导水系数 T_g

给水度是饱和地下含水层在重力作用下排出的最大水体积与地下含水层体积的比值。本书采用张光辉等（2005）研究结果中给定的黑河流域中游灌区给水度范围 0.1 ~ 0.35，导水系数范围为300～6500m^2/d。

（7）垂向渗透系数 K_V

垂向渗透系数是指地表水在垂向上流经包气带到达潜水面的速度。根据高艳红等（2007）研究结果，黑河流域中游灌区单元垂向渗透系数定为0.65m/d。

（8）潜水流坡宽积 d_g 和潜水流宽长比 e_g

根据黑河流域中游相邻单元地表接触边界长度及单元形心距离，境外到灌区单元的潜水流坡宽积定为0.5～30m，相邻单元的潜水流宽长比定为0.1～20。

（9）经验常数 z 和潜水蒸发极限埋深 h_g^{max}

考虑到黑河流域中游主要农作物类型（小麦和玉米）及主要土壤类型（壤土），结合罗玉峰等（2013）研究结果，潜水蒸发经验常数定为2.6。根据甘肃省地质局水文二队观测数据（王少波等，2008），黑河流域中游潜水蒸发极限埋深定为5m。

除了 K_V、z 和 h_g^{max} 在中游各灌区为相同定值以外，不同灌区其他预定参数如表5-5所示。

表5-5　中游各灌区部分预定参数具体数值

灌区名称	$h_{g,D}$/m	α	η_q	η_t	β	m_r
上三	154.6	0.10	0.52	0.92	0.29	0.40
大满	20.1	0.12	0.58	0.92	0.40	0.44
盈科	16.3	0.13	0.58	0.92	0.41	0.47
西浚	10.5	0.16	0.58	0.92	0.44	0.52
梨园河	2.7	0.19	0.61	0.91	0.46	0.58
沙河	35.1	0.10	0.60	0.91	0.34	0.40
板桥	11.8	0.15	0.52	0.91	0.43	0.51
鸭暖	4.1	0.18	0.54	0.91	0.46	0.57
平川	5.2	0.18	0.58	0.91	0.46	0.56
蓼泉	4.4	0.18	0.57	0.91	0.46	0.56
六坝	3.6	0.19	0.60	0.90	0.46	0.57
友联	11.1	0.16	0.58	0.90	0.43	0.51
罗城	3.2	0.19	0.60	0.91	0.46	0.57

注：η_q 和 η_t 都为现状水平年数据，近期和远期水平年的 η_q 和 η_t 按平均灌溉水利用系数等比例放大；同名不同编号子灌区单元的预定参数相同

根据黑河流域水资源调配模型中游地下水模块，利用中游各灌区历史3年（2000年、2010年和2012年）平均取用水资料、多年平均降水量、多年平均水面蒸发量和预定参数，建立目标函数优化计算待定参数。

目标函数如下：

$$\min f = \sum_{i=1}^{m} (WI_i^{gq} - WO_i^{gq})^2 + (W_r^{gq} - 2.7)^2 + (W_{gq}^{r} - 6.1)^2 + (W_{jw}^{gq} - 1.4)^2 \quad (5\text{-}70)$$

式中，m 为灌区单元数量，包括子灌区单元，$m=23$；WI_i^{gq} 和 WO_i^{gq} 分别为第 i 灌区单元的水量入项和出项，亿 m³；W_r^{gq} 为莺-高河段地表水补给相应灌区地下水的总水量，亿 m³；W_{gq}^r 为灌区单元地下水补给高-平河段和平-正河段地表水的总水量，亿 m³；W_{jw}^{gq} 为境外地下水补给研究区相应灌区单元地下水的总水量，亿 m³。

通过优化计算，本书得到待定参数数值（μ、T_g、d_g 和 e_g），如表 5-6 ~ 表 5-9 所示。

表 5-6 中游灌区单元给水度优化值

灌区单元	μ	灌区单元	μ	灌区单元	μ	灌区单元	μ
上三	0.31	西浚 1	0.11	鸭暖 1	0.10	六坝	0.30
大满	0.12	西浚 2	0.13	鸭暖 2	0.19	友联 1	0.12
盈科 1	0.35	梨园河 1	0.32	平川 1	0.30	友联 2	0.13
盈科 4	0.21	梨园河 2	0.10	平川 2	0.30	罗城 1	0.23
盈科 2	0.15	沙河	0.28	蓼泉 1	0.23	罗城 2	0.32
盈科 3	0.12	板桥	0.26	蓼泉 2	0.12		

表 5-7 境外到灌区单元的潜水流坡宽积和导水系数优化值

境外-灌区单元	d_g/m	T_g/(m²/d)	境外-灌区单元	d_g/m	T_g/(m²/d)
境外-上三	5.7	3291	境外-平川 1	6.9	3551
境外-大满	16.7	855	境外-平川 2	14.6	5002
境外-盈科 4	4.9	2044	境外-六坝	3.3	4997
境外-西浚 1	1.3	828	境外-友联 1	11.0	2741
境外-梨园河 1	26.4	3370	境外-友联 2	3.6	2829
境外-梨园河 2	0.5	1036	境外-罗城 1	4.7	4084
境外-板桥	10.0	3064	境外-罗城 2	10.5	5252

表 5-8 灌区单元与河道的潜水流宽长比和导水系数优化值

灌区单元-河道	e_g	T_g/(m²/d)	灌区单元-河道	e_g	T_g/(m²/d)
上三-河道	2.0	3088	平川 1-河道	0.1	5181
大满-河道	14.0	702	平川 2-河道	16.2	3441
盈科 1-河道	0.8	3536	蓼泉 1-河道	5.7	4195
盈科 4-河道	1.1	2114	蓼泉 2-河道	6.9	882
盈科 2-河道	14.0	1066	六坝-河道	1.6	3437
盈科 3-河道	4.2	2681	友联 1-河道	17.4	932
西浚 1-河道	16.9	675	友联 2-河道	0.4	1029
板桥-河道	21.3	4640	罗城 1-河道	17.4	2423
鸭暖 2-河道	16.7	3688	罗城 2-河道	22.2	3719

表 5-9　相邻灌区单元的潜水流宽长比和导水系数优化值

相邻灌区单元	e_g	T_g/(m²/d)	相邻灌区单元	e_g	T_g/(m²/d)
上三-大满	15.0	3151	梨园河 2-鸭暖 1	17.8	307
大满-盈科 1	4.8	3608	梨园河 2-蓼泉 2	13.4	529
大满-盈科 4	7.8	1904	梨园河 2-友联 1	0.7	574
盈科 1-盈科 4	0.2	4796	沙河-鸭暖 2	0.2	3675
盈科 2-盈科 3	8.7	1150	鸭暖 1-蓼泉 1	5.0	1933
盈科 4-板桥	2.7	3731	鸭暖 1-鸭暖 2	14.3	1477
盈科 3-鸭暖 2	15.6	1747	板桥-平川 1	4.2	4857
西浚 1-西浚 2	9.4	900	平川 1-平川 2	7.2	5350
西浚 1-梨园河 1	0.1	3203	蓼泉 1-蓼泉 2	8.1	2155
西浚 2-盈科 2	10.2	1299	蓼泉 2-友联 1	13.8	789
西浚 2-盈科 3	8.6	989	平川 2-六坝	0.5	5352
西浚 2-沙河	15.5	2918	六坝-友联 2	1.8	3179
西浚 2-鸭暖 2	3.5	1896	友联 1-罗城 2	0.4	3345
梨园河 1-沙河	0.6	5221	友联 2-罗城 1	4.6	2266
梨园河 2-沙河	1.5	2505	—	—	—

5.4　模型合理性分析

在无黄藏寺水库参与和河道不闭口条件下，利用现状水平年需水资料和历史降水、水面蒸发和径流资料，将地下水水文地质参数值代入黑河流域水资源调配模型，从流域水量和中游地下水位两个角度分析模型合理性。

(1) 流域水量分析

中游灌区地下水和河段水量平衡分析结果如表 5-10 和表 5-11 所示。

表 5-10　中游灌区地下水平衡分析结果　（单位：万 m³）

灌区	地下取水量	潜水蒸发量	入渗补给量	与其他灌区交换量	河道补给量	境外补给量	调配期始末变化量	水量误差
上三	1 392	0	2 559	-8 182	6 285	690	-40	0
大满	6 111	0	12 141	-16 645	10 072	522	-21	0
盈科	12 397	0	12 942	-2 895	1 915	367	-69	0
西浚	9 066	0	12 189	-10 344	7 186	40	5	0
梨园河	4 730	2 765	12 168	-7 959	0	3 274	-12	0

续表

灌区	地下取水量	潜水蒸发量	入渗补给量	与其他灌区交换量	河道补给量	境外补给量	调配期始末变化量	水量误差
沙河	2 304	0	2 572	-266	0	0	2	0
板桥	1 251	0	3 397	10 282	-13 556	1 118	-10	0
鸭暖	1 111	33	3 009	6 147	-8 012	0	0	0
平川	1 386	0	3 370	2 864	-8 417	3 553	-15	0
廖泉	1 441	66	3 075	4 170	-5 739	0	0	0
六坝	835	31	1 326	6	-1 068	595	-7	0
友联	10 851	0	13 883	5 514	-10 023	1 475	-2	0
罗城	2 109	361	3 423	7 202	-10 882	2 725	-1	0
合计	54 984	3 256	86 054	-10 106	-32 239	14 359	-170	0

注：灌区地下水量误差=入渗补给量+与其他灌区交换量+河道补给量+境外补给量-地下取水量-潜水蒸发量

表 5-11　中游不同河段水量平衡分析结果　（单位：万 m^3）

河段	上断面水量	下断面水量	区间来水量	灌区补给量	降水蒸发差量	河段引水量	水量误差
莺-高	161 599	57 473	0	-27 742	-61	76 323	0
高-平	57 473	67 863	4 617	27 169	-70	21 326	0
平-正	67 863	73 750	0	32 810	-187	26 736	0
合计	286 935	199 086	4 617	32 237	-318	124 385	0

注：河段水量误差=上断面水量+区间来水量+灌区补给量+降水蒸发差量-下断面水量-河段引水量

由表 5-10 和表 5-11 可以得出：①中游不同灌区地下水和各河段水量都满足水量平衡要求；②莺-高河段地表水补给灌区地下水 2.8 亿 m^3，灌区地下水补给高-平和平-正河段地表水 6.0 亿 m^3，境外地下水补给灌区地下水 1.4 亿 m^3，与黄河水利委员会估算结果基本一致。此外，正义峡至狼心山河段扣除鼎新片区和东风场区取水量后的多年平均损失水量为 2.6 亿 m^3，与《黑河流域地表水与地下水转换关系研究》估算的 2 亿 ~3 亿 m^3 吻合。

在不实施河道闭口措施下，中游地表取水量达到 12.4 亿 m^3，地下水开采量为 5.5 亿 m^3（可开采量 4.8 亿 m^3），正义峡断面多年平均下泄水量 7.4 亿 m^3（"97" 分水方案要求 9.9 亿 m^3），狼心山断面生态关键期平均下泄水量为 0.3 亿 m^3（关键期要求 1.88 亿 m^3）。因此，在现状工程和需水条件下，中游地下水超采严重，下游生态供水短缺严重，中游灌区与下游生态需水矛盾突出，不采取河道闭口措施根本无法保证下游生态供水量，符合黑河流域水资源利用实际情况。

（2）中游地下水位分析

黑河流域中游各灌区年均地下水位模拟结果如图 5-13 和图 5-14 所示。从这两幅图可以看出，中游各灌区地下水位变化趋势基本一致。灌区年均地下水位在 1957 ~ 1980 年呈现大幅度下降趋势，在 1981 ~ 1990 年呈现大幅度上升趋势，在 1991 ~ 2002 年呈现小幅度下降趋势，在 2002 ~ 2014 年呈现先增后降趋势。

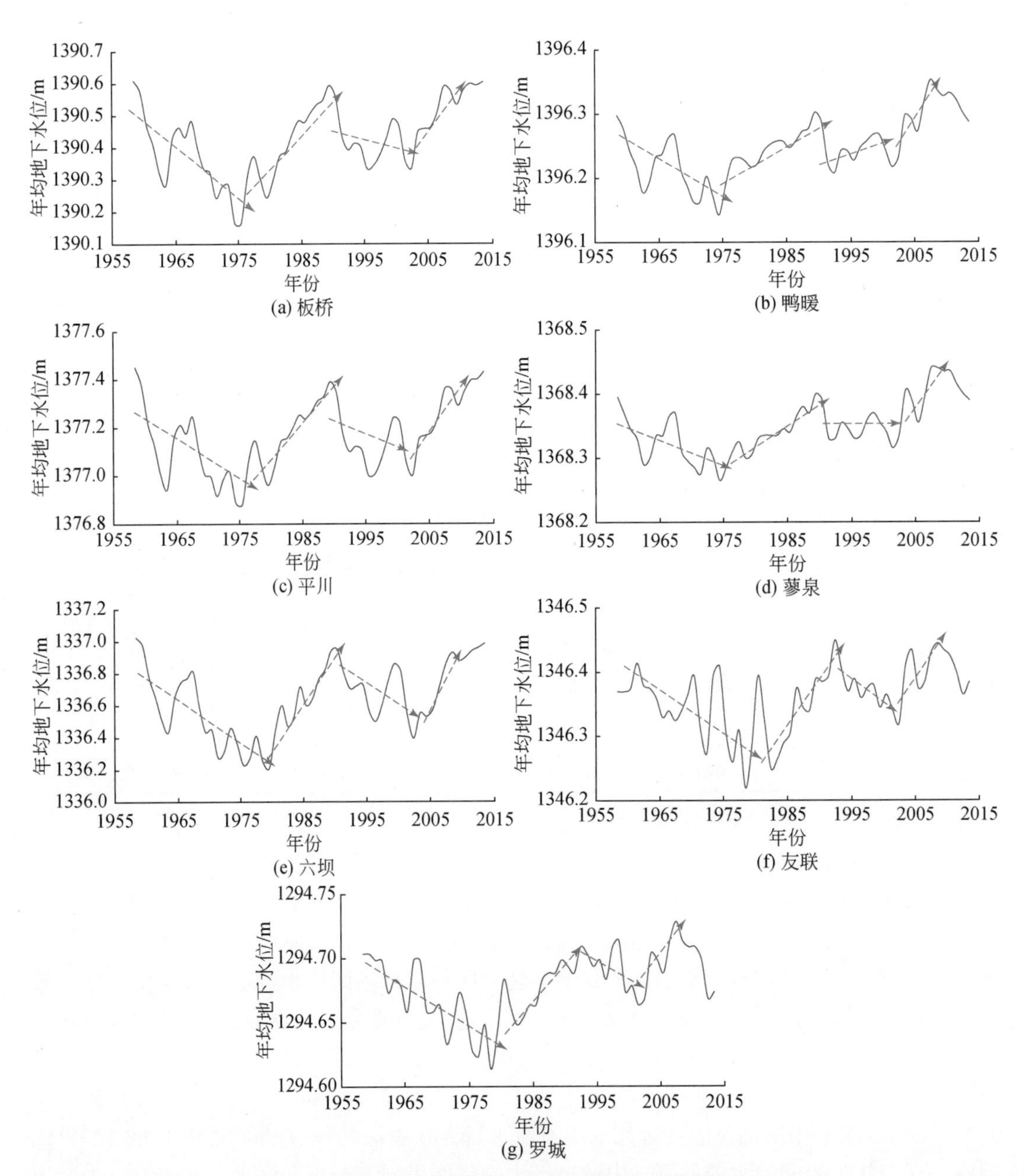

图 5-13　黑河干流高崖断面下游灌区年均地下水位模拟过程

莺落峡断面年径流过程如图 5-15 所示，图 5-15 中平均线表示莺落峡断面多年平均径流量的水平线。由图 5-15 可以看出，莺落峡断面年径流量在 1957 ~ 1980 年基本处于枯水状态，在 1981 ~ 1990 年基本处于丰水状态，在 1991 ~ 2002 年基本处于平水状态，而在 2002 年后又基本处于丰水状态。

结合中游灌区年均地下水位过程和莺落峡断面年径流过程可以看出，中游灌区年均地

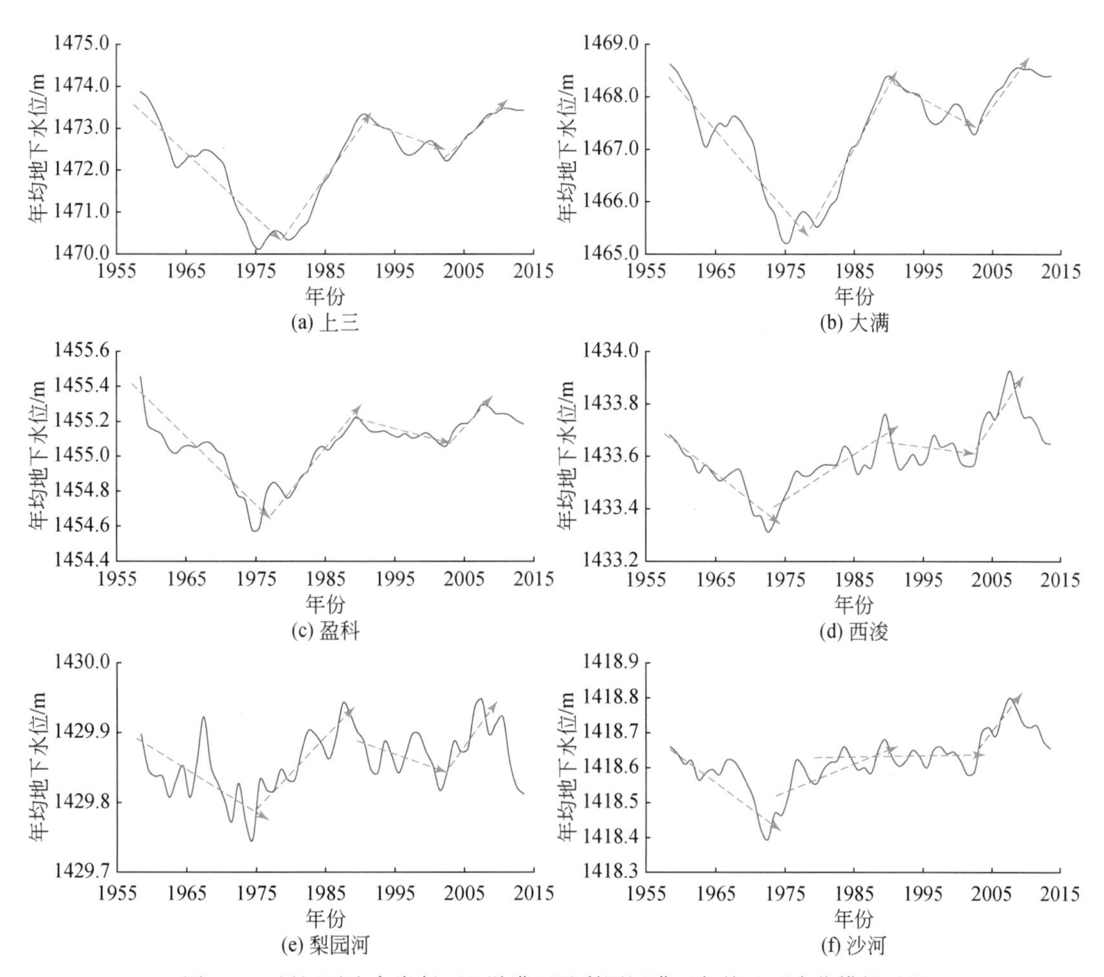

图 5-14　黑河干流高崖断面上游灌区及梨园河灌区年均地下水位模拟过程

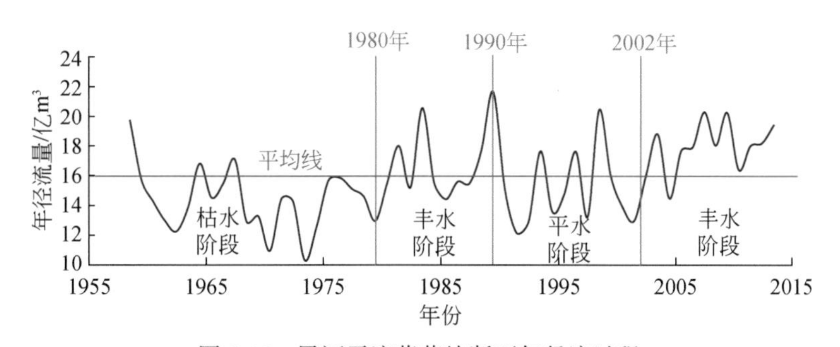

图 5-15　黑河干流莺落峡断面年径流过程

下水位变化趋势与莺落峡断面年径流丰枯状态具有很好的对应关系。当莺落峡断面来水偏枯时，中游灌区地下水位会不断下降；当莺落峡断面来水由枯转丰时，中游灌区地下水位不断抬高；当莺落峡断面来水由丰转平时，中游灌区地下水位也会小幅度下降；当莺落峡断面来水由平转丰时，中游灌区地下水位又再次不断升高。因此，莺落峡断面来水偏丰则中游灌区地下水位升高，来水偏枯则中游灌区地下水位下降，符合黑河流域地表水与地下水转换规律。

综上所述，黑河流域水资源调配模型运行结果可靠，模型结构和参数值合理，可用于黑河流域水资源调配研究和实践。

5.5 模型验证

模型通过对 2005 ~2012 年各灌区地下水水位、河道各断面流量的模拟，以及对各灌区地下水总补给量、总排泄量和地下水蓄变量的均衡关系进行分析，检验模型的合理性。根据《地下水资源量与开采量补充细则》中规定，对平原区地下水水均衡计算精度要求，相对均衡误差绝对值小于 10%，从灌区水均衡性检查表来看，模型对灌区水均衡拟合较好；从主要断面流量拟合图 5-16、图 5-17 可以看出，各断面流量拟合效果较好。

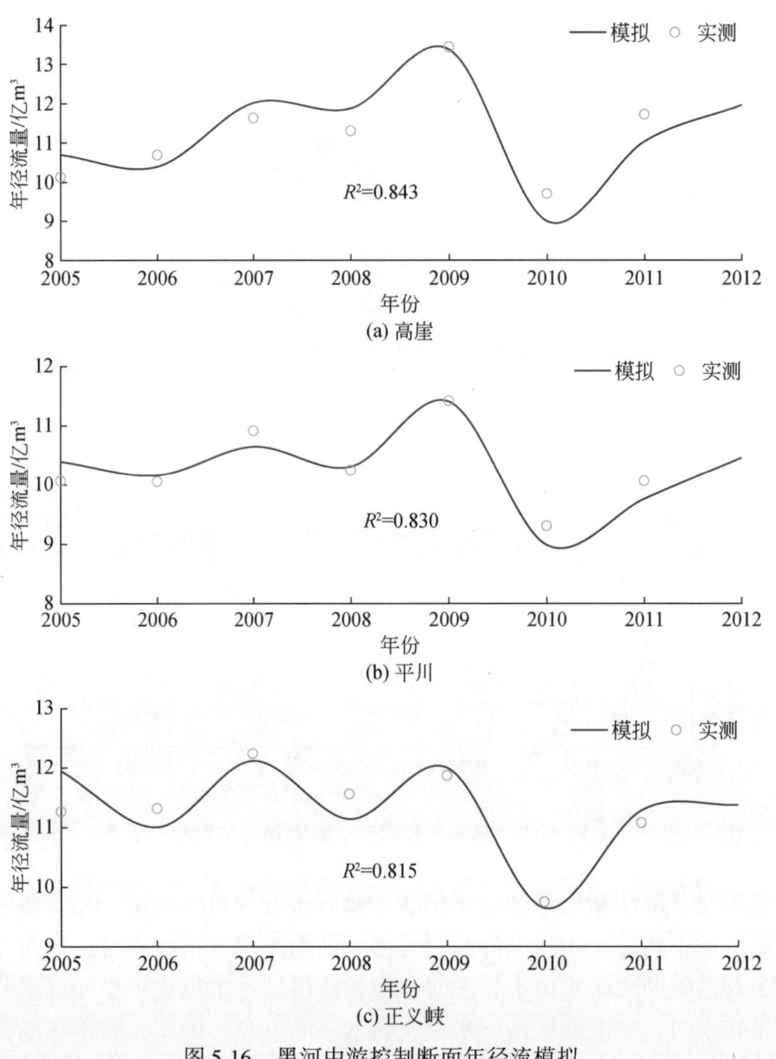

图 5-16　黑河中游控制断面年径流模拟

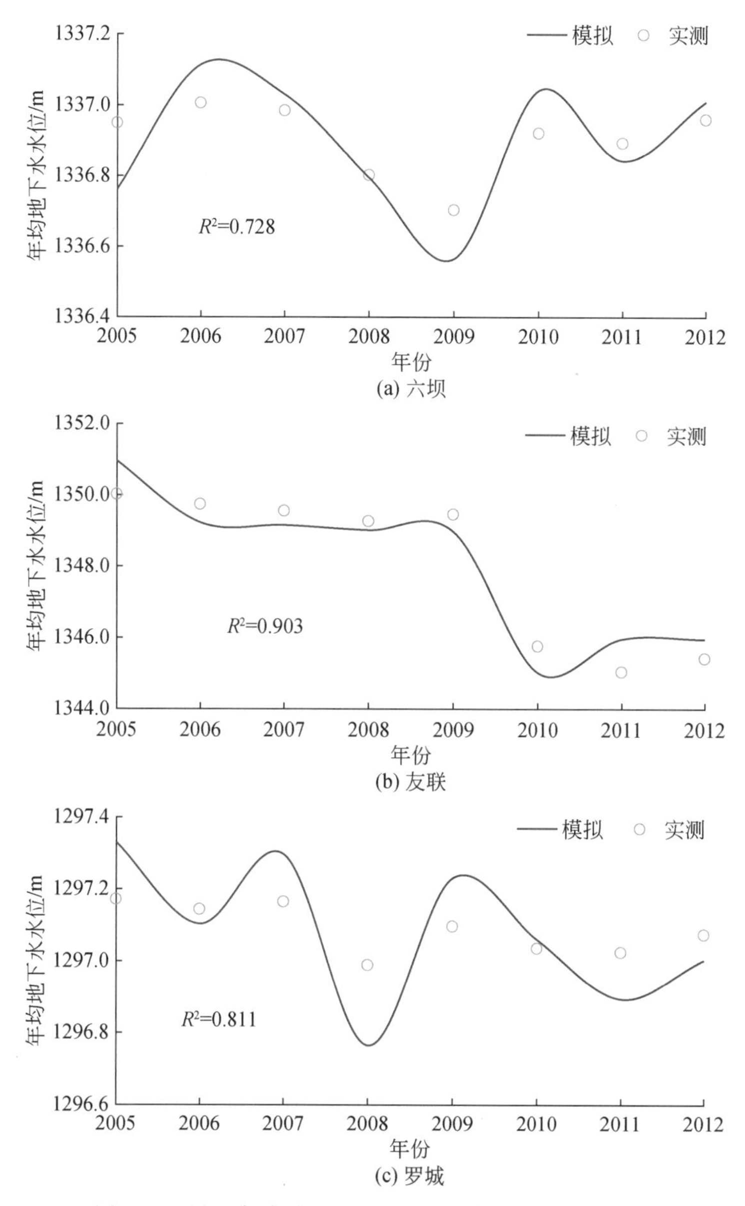

图 5-17　黑河中游平川至正义峡河段灌区地下水位模拟

(1) 黑河中游控制断面年径流量

高崖、平川和正义峡 3 个中游控制断面的年径流模拟过程如图 5-16 所示。由图 5-16 可以看出，黑河中游控制断面的年径流模拟效果良好，拟合度在 0.81 ~0.85。因此，从中游控制断面年径流模拟效果来看，黑河中游地下水均衡模型及参数优化值是合理的。

(2) 黑河中游灌区年均地下水位

黑河中游（莺落峡至正义峡河段）13 个灌区的地下水模拟效果如图 5-17 和图 5-18 所示。上三、盈科、沙河和友联 4 个灌区年均地下水位的拟合度在 0.9 以上，西浚、梨园

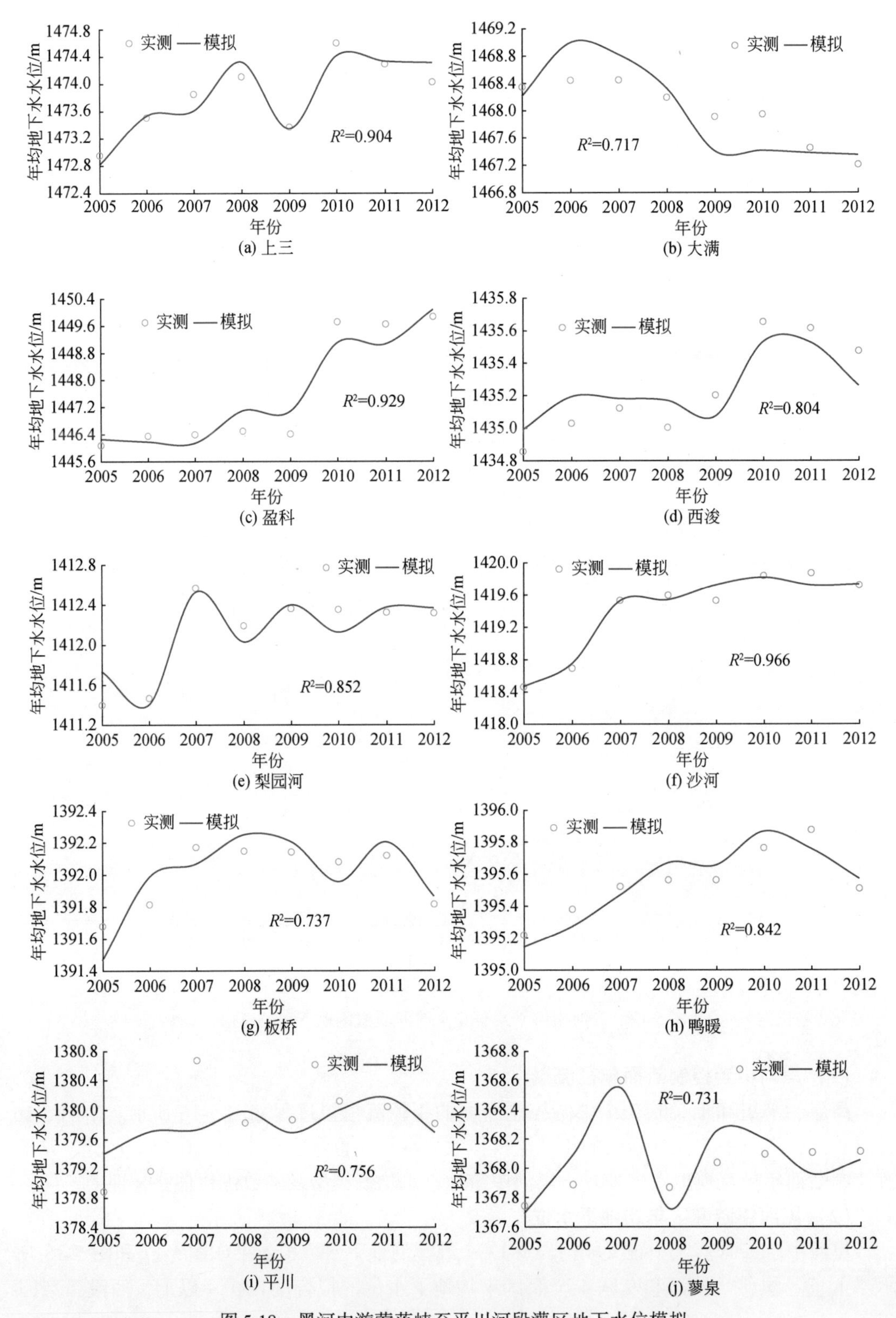

图 5-18 黑河中游莺落峡至平川河段灌区地下水位模拟

河、鸭暖和罗城 4 个灌区年均地下水位的拟合度在 0. 8 以上，大满、板桥等另外 5 个灌区年均地下水位的拟合度也都在 0. 7 以上。因此，从中游灌区年均地下水位来看，黑河中游地下水均衡模型及参数优化值是合理的。

(3) 黑河中游地表水地下水多年平均交换量

在黑河莺落峡至高崖河段，河道补给两岸灌区地下水量的 8 年平均模拟值为 3. 36 亿 m^3，比历史多年平均补给量多 24. 4%。在黑河高崖至正义峡河段，两岸灌区补给河道水量的 8 年平均模拟值为 6. 24 亿 m^3，比历史多年平均补给量多 4%。2005 年以来，黑河流域上游来水量一直较丰，给中游地下水的补给量也相应增加，从而提高了中游灌区与河道之间的地表水地下水交换量。

综上所述，构建的地下水均衡模型可以基本反映黑河中游地表水地下水转换特征，可用于黑河流域地表水地下水联合调配模拟。

5.6 本章小结

1）提出了水资源调配的宏观和微观目标，水资源配置的宏观目标是实现流域生态环境保护和社会经济发展两大系统之间，以及两大系统内部用水的协调关系，以流域水资源的可持续利用支撑和实现流域社会经济的可持续发展。在微观层面，完成不同水平年中游和下游用水的时程分配，以及中游地区和下游地区内部各用水户之间具体分配，以实现社会经济效益和生态环境效益的最大化。

2）构建了包括水库群调度模型、地下水均衡模型、闭口优化模型和中下游水资源配置的黑河水资源调配模型，采用了并行粒子群算法，并通过了模型验证。

第6章　黑河“97”分水方案适应性分析

6.1　“97”分水方案形成过程及主要特点

6.1.1　“97”分水方案形成过程

为合理开发黑河水资源和协调用水矛盾，原水利电力部于1982年布置兰州水利水电勘测设计院开展黑河干流（含梨园河）水利规划。在青海、甘肃、内蒙古三省（自治区）支持配合下，水利电力兰州水利水电勘测设计院历时10年，提出了规划报告。1992年2月，水利部会同有关单位对兰州水利水电勘测设计院提交的《黑河干流（含梨园河）水利规划报告》进行了审查，原则上同意该规划报告，并提出了关于水资源分配方案的审查意见。

1992年12月，国家计委在《关于黑河干流（含梨园河）水利规划报告的批复》（计国地〔1992〕2533号）中，批准了多年平均情况下的黑河干流（含梨园河）水量分配方案，“即在近期，当莺落峡多年平均河川径流量为15.8亿m^3时，正义峡下泄水量9.5亿m^3，其中分配给鼎新片毛引水量0.9亿m^3，东风场毛引水量0.6亿m^3”，并指出“《规划报告》在进行了大量协调工作的基础上，提出了水资源分配方案及工程布局，对于合理开发利用黑河水资源，促进青海、甘肃、内蒙古三省（区）的繁荣和发展，保护生态环境，巩固国防具有重要意义”。此方案谓之“点”方案。

根据国务院关于《听取内蒙古关于阿拉善地区生态环境治理有关问题汇报的会议纪要》（国阅〔1995〕144号）的要求，在1992年国家计委批准的黑河多年平均水量分配议案基础上，黄河水利委员会组织有关部门深入现场调查研究，广泛征求意见，提出了《黑河干流水量分配方案》。1997年12月水利部批复了“关于实施《黑河干流水量分配方案》有关问题的函”（水政资〔1997〕496号），明确了丰枯水年份水量分配方案和年内水量分配方案。主要内容为：在莺落峡多年平均来水15.8亿m^3时，分配正义峡下泄水量9.5亿m^3；莺落峡25%保证率来水17.1亿m^3时，分配正义峡下泄水量10.9亿m^3。对于枯水年，其水量分配兼顾两省（自治区）的用水要求，也考虑了甘肃的节水力度，提出莺落峡75%保证率来水14.2亿m^3时，正义峡下泄水量7.6亿m^3；莺落峡90%保证率来水12.9亿m^3时，正义峡下泄水量6.3亿m^3。其他保证率来水时，分配正义峡下泄水量按以上保证率水量直线内插求得。此方案可谓之“线”方案，该方案经国务院审批后，由水利部于1997年12月转发甘肃、内蒙古两省（自治区）人民政府“遵照执行”（图6-1）。

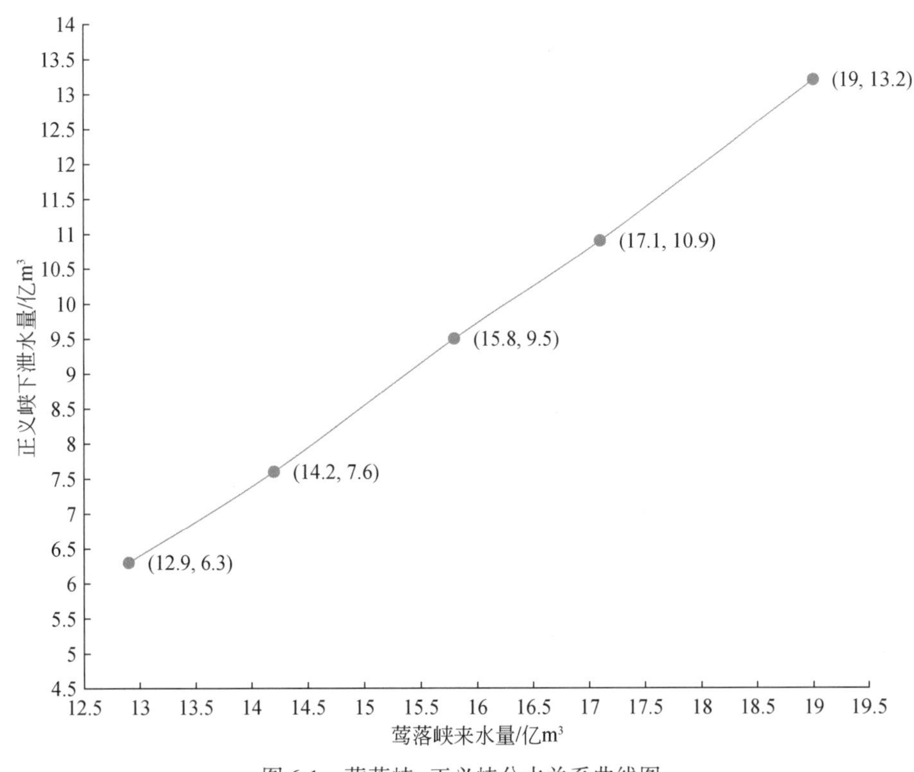

图 6-1　莺落峡-正义峡分水关系曲线图

6.1.2 “97”分水方案实施原则和特点

方案的形成主要有两个重要的基本依据：一是黑河中游 20 世纪 80 年代的用水水平。根据分析黑河中游 80 年代的正义峡下泄水量为 10 亿 m^3，考虑为今后黑河中游预留部分发展用水量，提出当莺落峡来水 15.8 亿 m^3时，正义峡下泄水量 9.5 亿 m^3，并控制鼎新片区引水量在 0.9 亿 m^3以内，东风场区引水量在 0.6 亿 m^3以内的分水意见。二是黑河中游 80 年代的用水规模。“92”分水方案依据的用水规模主要为 80 年代中期黑河中游的用水规模，当时黑河中游的人口总数为 105 万人，耕地面积为 278.3 万亩，灌溉面积为 203.3 万亩，在黑河干流水系出山口总水量为 24.75 亿 m^3的情况下，黑河中游多年平均需要消耗河川径流量约为 15 亿 m^3。

“97”分水方案在“92”分水方案的基础上，考虑黑河中游以农业灌溉用水为主，对用水的保证程度较高，下游以生态用水为主，相对用水的保证程度较低，以枯水年照顾中游地区农业灌溉用水、丰水年照顾下游天然生态用水为基本原则，制订了“97”分水方案。

(1) 实施进度要考虑甘肃省中游地区节水改造潜力

甘肃省中游地区现状的耗水量已突破国家计委 1992 年批复的多年平均水量分配方案，

拟定现状工程条件下分水方案的实施进度时，要充分考虑现有灌区可能的用水管理及节水改造潜力，以避免全面实施分水方案时对现有的灌区影响过大。

（2）丰、枯水年及年内分配要考虑现有工程条件和中、下游需水特点

现状工程条件下水量分配方案的制订，是以干流无骨干调蓄工程为前提，由于黑河来水年内有较大变差，为合理利用水资源，水量分配方案制订时，要考虑甘肃省中下游地区农业灌溉过程要求较稳定，而下游额济纳旗生态环境需水相对弹性较大的特点。在水量分配总量指标满足中下游配水原则的前提下，适当照顾甘肃省农业用水的季节要求。

由于现状条件下大墩门–狼心山河段蒸发渗漏损失较大，为减少河道输水损失率，水量分配方案中尽可能使正义峡断面以较大流量连续、集中下泄。

（3）水量分配指标易于及时落实

各时段分水方案的拟定中，分水关系线的调控幅度需考虑时段内黑河径流和中游灌溉需水的特点，尽可能使时段分水指标易于及时落实，同时年内还应有若干时段通过强化用水管理，保证年度分水指标的落实。

（4）“97”分水方案是在枯水年保证中游用水，在丰水年多向下游调水

黑河干流分水方案是基于1955～1986年平均水文资料和经济社会条件制订的，黑河干流多年平均水资源量为15.8亿m^3，占流域总水资源量的64%，各支流多年平均水资源量为8.95亿m^3，占总水资源量的36%，“97”分水方案只对干流来水进行分配。基于当时的水文情势和经济社会条件，“97”分水方案是在枯水年保证中游用水，在丰水年多向下游调水。因此，来水越丰，中游分配的耗水量越少（图6-2），这种制定原则一方面考虑枯水年保证中游农业用水要求，另一方面是认为干支流来水同丰同枯，丰水年支流来水可以补充中游需水。

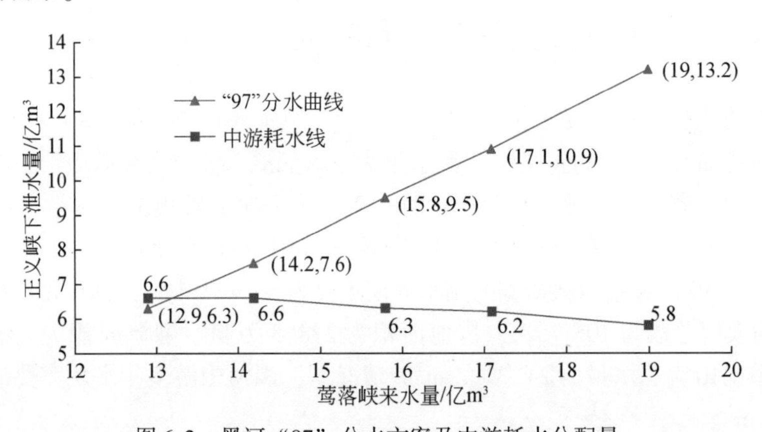

图6-2　黑河“97”分水方案及中游耗水分配量

（5）“97”分水方案没有考虑特丰和特枯年水量分配方案

“97”分水方案对10%、25%、50%、75%和90%来水年份莺落峡来水量给出正义峡下泄指标，其他保证率来水时，分配正义峡下泄水量按以上保证率直线内插求得。但在莺落峡来水大于90%和小于10%的来水年份没有给出明确的分水方案，在实际调度中，黑河流域管理按延长线处理。

6.2 “97”分水方案实施前后背景条件的变化

6.2.1 水文情势变化

(1) 干流水文情势变化

将“92”分水方案中的1957～1986年水文序列延长至1957～2014年（图6-3）。由图6-3可以看出，将径流序列延长至2014年时，莺落峡平均径流量由原来的15.8亿m^3增加到16.4亿m^3，增加量为0.6亿m^3。由图6-3可以看出，自2000年黑河水量统一调度以来，黑河出现了连续的丰水年份，莺落峡平均来水为18.1亿m^3，比“97”分水方案中的平均来水15.8亿m^3增加了2.3亿m^3，相比分水方案中的多年平均来水量增加了14.6%。

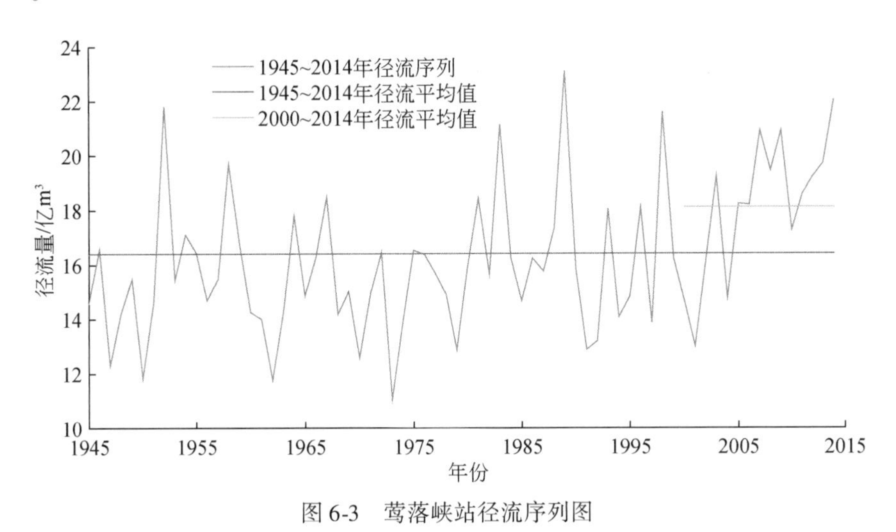

图6-3 莺落峡站径流序列图

自“97”分水方案实施以来，莺落峡来水情况与20世纪80～90年代相比发生了较大变化，尤其常规调度以来变化更为明显，除2004年莺落峡来水量为14.98亿m^3外，其他年度来水量均超过了17亿m^3，超过了25%保证率下莺落峡来水量。其中，有6年莺落峡来水超过19亿m^3，超过了10%保证率下莺落峡来水量，水文情势发生了较大变化。

(2) 支流水文情势变化

黑河流域东部子水系主要支流有：山丹县的马营河、山丹河；民乐县的洪水河、大堵麻河、酥油口河等；高台县的摆浪河、西大河、石灰关河、水关河等；临泽县的梨园河等，这些河流均有独立出山口，大多修建拦蓄工程，大部分径流用来灌溉农业，下游基本为季节性河流。黑河的20多条沿山支流，在20世纪50～70年代有部分河流的水量能进入到黑河，70年代以后，特别是在河流上修建水库之后，就很少有河流能汇入到黑河干流中，全部水量都被水库拦蓄，用来灌溉和人饮。据张掖市水务局统计，五六十年代修建的水库只有1座，支流给黑河干流的补给量较大，为2亿~3亿 m^3；随着人口增长和灌溉面积增加，70年代各支流给黑河干流的补给量约1.5亿 m^3；到80年代末各支流补给干流的水量仅有0.7亿~0.9亿 m^3；进入90年代末多数支流与干流已完全失去地表水力联系，使原来支流水系补给黑河干流水资源条件发生根本变化。

沿山支流及所建水库基本情况见表6-1。各支流不同年代汇入干流情况见表6-2。

表6-1　黑河沿山支流及所建水库情况

所在县（区）	支流及所建水库名称	流域面积/km^2	多年平均径流量/亿 m^3	总库容/万 m^3	水库兴建年份	兴利库容/万 m^3
民乐	洪水河 双树寺水库	500	1.15	2580	1971	2380
	大堵麻河 瓦房城水库	229	0.85	2160	1975	1754
	童子坝河 翟寨子水库	331	0.77	1460	1984	1320
	海潮坝河 无水库	146	0.79	—	—	—
	酥油口河 酥油口水库	147	0.43	385	1958	280
山丹	马营河 李桥水库	1143	0.9	1540	1958	1044
	山丹河 祁家店水库	3223	0.86	2410	1956	1347
	寺沟河 寺沟水库	120	0.14	230	1958	200
	三十六道沟 三十六道沟水库	43	—	115	1971	—
甘州	大野口河 大野口水库	99	0.18	350	1980	320
临泽	梨园河 鹦鸽嘴水库	2240	2.18	2500	1971	2017
高台	摆浪河 摆浪河水库	211	0.52	716	1972	678
	大河 大河峡水库	25	0.05	59	1968	50
	石灰关河 石灰关水库	68	0.130	104	—	—

续表

所在县（区）	支流及所建水库名称	流域面积/km^2	多年平均径流量/亿 m^3	总库容/万 m^3	水库兴建年份	兴利库容/万 m^3
高台	水关河 水关水库	67.3	0.13	—	1972	—
	红沙河 黑达坂水库	37	0.05	50	1959	—

表 6-2　各支流不同年代汇入干流对比分析表　　（单位：亿 m^3）

各支流情况			20 世纪 50 年代	20 世纪 60 年代	20 世纪 70 年代	20 世纪 80 年代	20 世纪 90 年代	2000 年以后
山丹县马营河		来水量	0.64	0.65	0.6	0.56	0.5	0.54
		汇水量	0	0	0	0	0	0
临泽县梨园河		来水量	2.72	2.02	2.21	2.74	2.19	2.51
		汇水量	1.91	1.06	0.79	0.52	0	0
民乐县	洪水河	来水量	1.15	1.08	1.27	1.31	1.15	1.21
	大堵麻河		0.95	0.84	0.87	0.81	0.81	0.88
	玉带河		0.15	0.14	0.13	0.2	0.17	0.16
	小堵麻河		0.14	0.18	0.22	0.2	0.2	0.19
	海潮坝河		0.31	0.45	0.56	0.55	0.46	0.64
	童子坝河		0.83	0.74	0.7	0.87	0.61	0.66
	小计		3.53	3.43	3.75	3.95	3.4	3.74
	小计	汇水量	2.18	1.38	1.45	1.13	0	0
甘州区	酥油口河	来水量	0.45	0.37	0.45	0.49	0.46	0.48
	大野口河		0.17	0.14	0.15	0.12	0.12	0.14
	小计		0.62	0.51	0.6	0.61	0.58	0.62
	小计	汇水量	0.3	0.16	0.23	0.18	0.03	-0.06
高台县白浪河		来水量	0.43	0.51	0.51	0.4	0.41	0.49
		汇水量	0.17	0.19	0.11	0	0	0

6.2.2 降水同频分析

2000～2015 年，莺落峡站和正义峡站降水量年际波动起伏变化，水面蒸发量年际变化小，见图 6-4 和图 6-5。从 15 年降水量变化过程看出，莺落峡站的年降水量均大于正义峡站的年降水量，且两站年降水量的变化趋势大致相同。莺落峡站年降水量最大达到 240.6mm，而正义峡站最大年降水量只有 112.2mm。莺落峡站多年平均降水量是

185.04mm，正义峡站多年平均降水量是71.17mm，前者是后者2.6倍，从中可见中上游与下游的气候条件相差很大。与年降水量变化过程不同的是，正义峡的年水面蒸发量均大于莺落峡的年水面蒸发量，而且莺落峡的年水面蒸发量有逐渐下降趋势。另外，莺落峡多年平均水面蒸发量是其多年平均降水量的6.7倍，而正义峡多年平均水面蒸发量是多年平均降水量的22.4倍，这进一步说明黑河流域气候条件时空分布的不均匀性，表现为“莺落峡站降水量多蒸发小，而正义峡站降水量少蒸发多”。降水量与蒸发量的变化，对中游水资源的时空分布产生影响，进而影响正义峡的下泄水量。

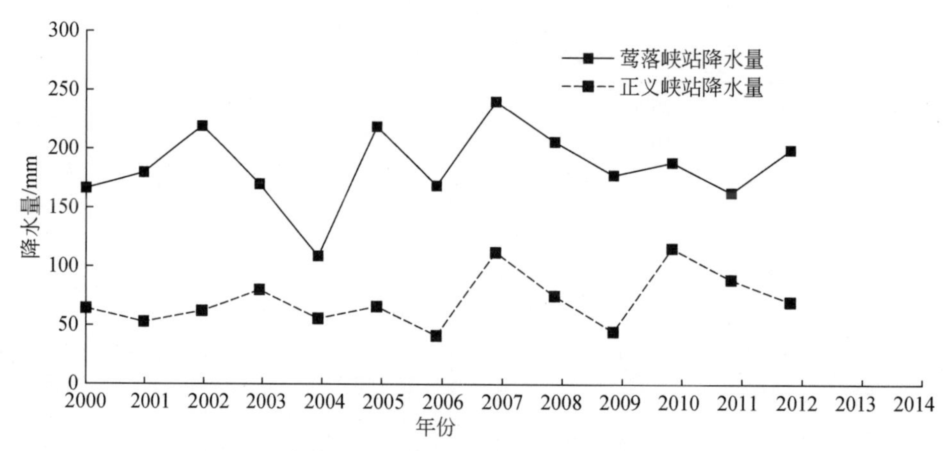

图6-4　莺落峡、正义峡2000～2014年降水量变化过程

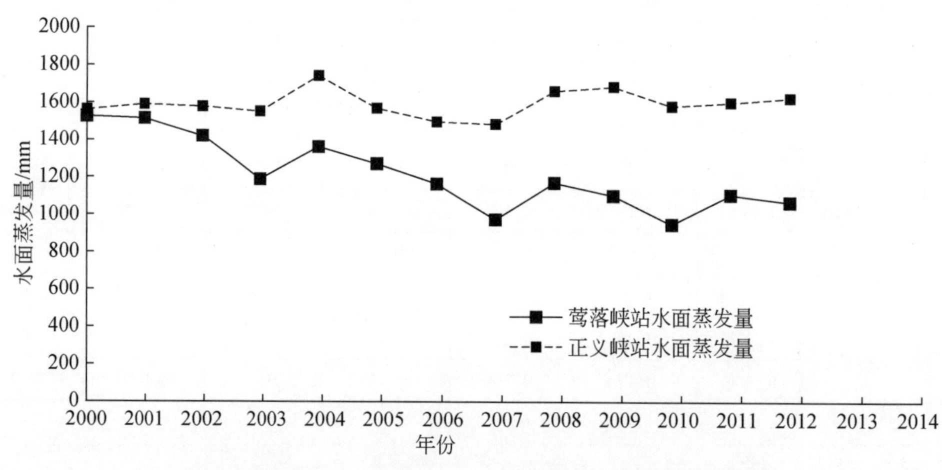

图6-5　莺落峡、正义峡2000～2014年水面蒸发量变化过程

（1）时频关系分析方法

相关性主要是指不同观测时间序列的线性互相关程度，相关程度越高，不同时间序列的一致性越好。设两个观测的时间序列分别为 $X(t)$ 和 $Y(t)$，序列长度（时段数量）为 N，两个观测的时间序列的线性互相关系数RC（$|RC|\leq 1$）公式如下：

$$RC = \frac{\sum_{t=1}^{N}[Y(t) - \overline{Y(t)}][X(t) - \overline{X(t)}]}{\sqrt{\sum_{t=1}^{N}[Y(t) - \overline{Y(t)}]^2 \sum_{t=1}^{N}[X(t) - \overline{X(t)}]^2}} \tag{6-1}$$

特别地，当 RC=1 时，则两个观测的时间序列完全一致；当 RC=-1 时，两个观测的时间序列完全相反。

遭遇性是指不同观测时间序列发生频率的组合特点，即不同观测时间序列的相近程度或差异程度。设两个观测时间序列的频率过程分别为f_1（t）和f_2（t），给定可接受的最大频率差值 $\Delta f_{\max}$，计算遭遇性指数 EI（0≤EI≤1）：

$$EI = \frac{n(|f_1(t) - f_2(t)| \leqslant \Delta f_{\max})}{N} \tag{6-2}$$

式中，$n(|f_1(t)-f_2(t)| \leqslant \Delta f_{\max})$为两观测时间序列频率之差；$|f_1(t)-f_2(t)|$小于 $\Delta f_{\max}$的时段数量。

就式（6-2）而言，EI 越大，两个观测时间序列的同频遭遇性越强，互补性越差。无论是相关性分析，还是遭遇性分析，一般采用年尺度计算。

同步性是指不同观测时间序列年内过程的一致性，即同增同减特性。如果两个观测时间序列的年内变化增减完全一致，则两个观测时间序列变化完全同步；若观测时间序列增减方向完全相反，则观测时间序列完全异步。为表征过程的同步程度，构造同步性指数 SI（-1≤SI≤1）如下：

$$SI = \frac{2m}{N-1} - 1 \tag{6-3}$$

式中，m（$0 \leqslant m \leqslant N-1$）为 X（t）和 Y（t）同向变化的次数。

当 SI=1 时，则观测时间序列 X（t）和 Y（t）完全同步或同增同减；当 SI=-1 时，则观测时间序列 X（t）和 Y（t）完全异步或增减相反。在一些情况下，观测时间序列 X（t）与 Y（t）错开一定时间间隔（滞时）τ 后，序列的同步性反而增强，即 X（$t \pm \tau$）与 Y（t）的同步性指数有所提高，这种现象被称为观测时间序列的滞时同步性。

此外，同步性指数的绝对值|SI|还能反映两个观测时间序列过程的关联程度，|SI|越大，不同观测时间序列越相依或者越不独立。利用等间隔法将|SI|分为五级，如表 6-3 所示。根据|SI|的大小及分级，可初步判断观测时间序列过程的相依性或独立性。

表 6-3　径流过程关联程度分级

同步性指数绝对值	[0, 0.2]	(0.2, 0.4]	(0.4, 0.6]	(0.6, 0.8]	(0.8, 1.0]
径流过程关联程度	很弱	较弱	中等	较强	很强

综上所述，线性互相关系数 RC、遭遇性指数 EI 和同步性指数 SI 分别从不同角度描述了不同断面径流过程的一致性，数值越大，径流过程一致性越好。

（2）黑河上、中游降水同步性

选取黑河流域上、中游的祁连、野牛沟、张掖、临泽四个水文站作为研究对象，根据黑河流域资料的完整情况，选取 1967 年 7 月到 2015 年 6 月共 48 个水文年的降水资料，上游选取祁连、野牛沟站的均值，中游选取张掖、高台站的均值。以旬为计算时段，黑河上中游降水同步性计算结果如图 6-6 所示。

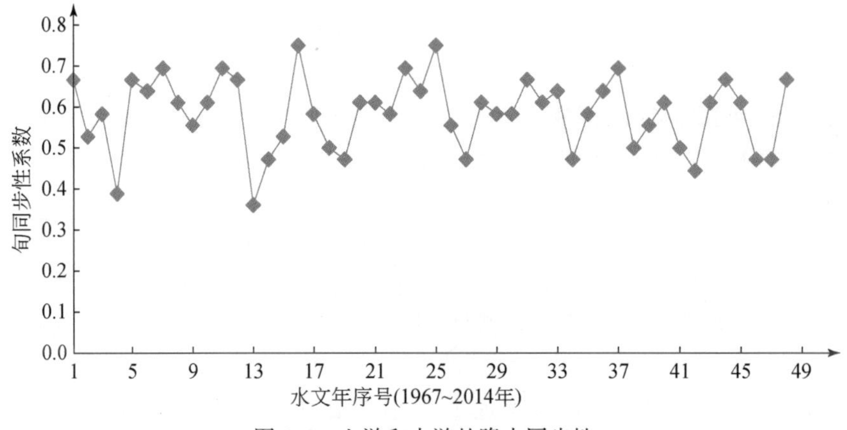

图 6-6　上游和中游的降水同步性

经过计算，黑河流域上中游之间的降水同步性系数多年均值为 0. 59，说明黑河流域上中游之间的降水同步性一般。

以各个气象站的年降水数据为研究对象，对其进行排频，绘制频率散点图，如图 6-7 所示。

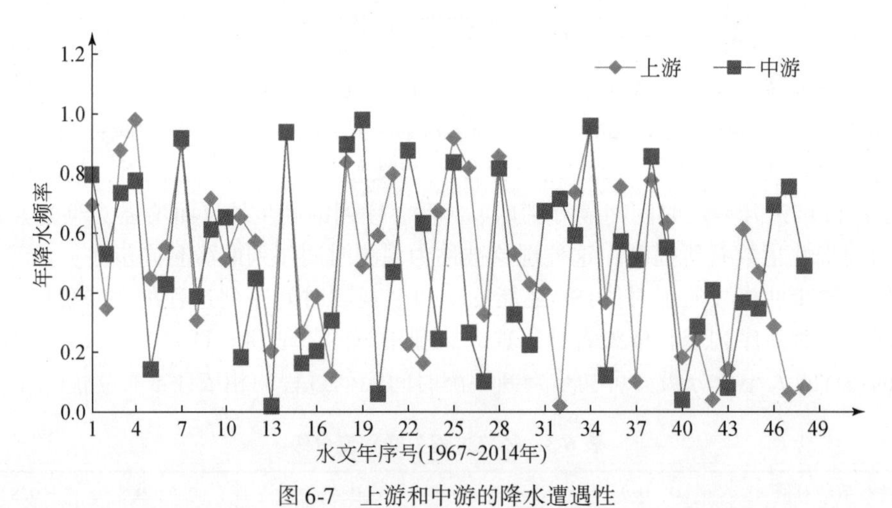

图 6-7　上游和中游的降水遭遇性

计算上中游气象站相同年份的频率差，统计绝对值在 20% 范围以内的年数，共有 26 年，除以研究的总年数 48 年，得到黑河流域上中游的降水遭遇性统计参数为 0. 54，遭遇性一般。

黑河流域属于资源性缺水地区，主汛期的降水直接主导全年的降水走势。因此，有必要对主汛期数据进行分析。黑河流域主汛期为 7 月、8 月，对 48 个水文年 7 月、8 月的降水数据进行年代平均处理，结果见图6-8。由图6-8可以看出，整个长系列降水过程中，上游主汛期降水和中游主汛期降水在20世纪70～80年代不同步，90年代基本同步，2000年后上游主汛期降水有增大趋势，中游主汛期降水变化不大。因此，黑河上游和中游主汛期多年平均降水量并不是完全同步的。

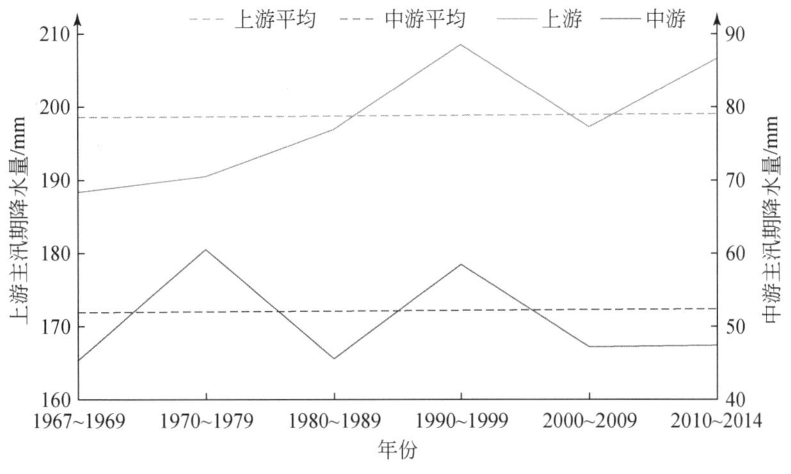

图6-8　上游和中游主汛期不同年代平均降水

(3) 降水与径流关系

根据黑河中游地区2000～2014年平均降水资料和莺落峡年径流资料，建立相应的双累积曲线图（图6-9）。从图6-9中看出，年降水量和莺落峡年径流量双累积曲线变化比较平稳，没有表现出明显的转折变化，基本上呈线性关系，这说明莺落峡以上的流域降水径流关系没有发生明显变化。

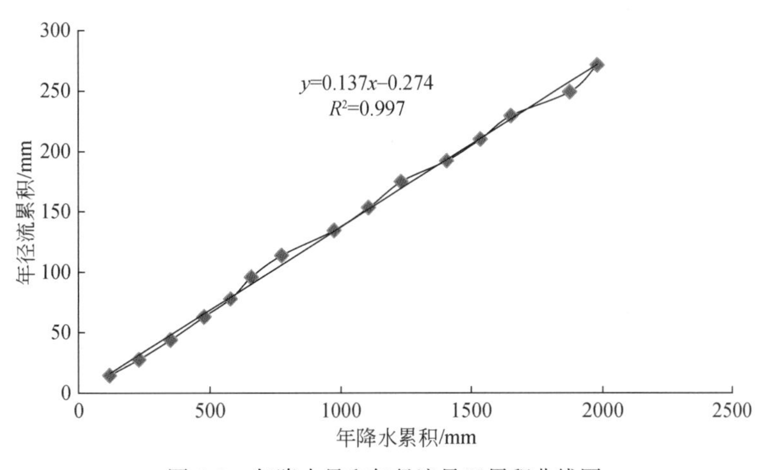

图6-9　年降水量和年径流量双累积曲线图

根据莺落峡1945～2014年径流量系列资料，求得莺落峡多年平均径流量为16.24亿m^3，变差系数CV为0.16，最大径流量为23.11亿m^3，最小径流量为11.04亿m^3。多年平均径流量比分水方案确定的多年平均径流量15.8亿m^3偏大，是因为自2002年之后莺落峡来水量持续偏丰。莺落峡20世纪50～90年代来水量依次为16.37亿m^3、15.08亿m^3、14.51亿m^3、17.44亿m^3、15.85亿m^3，2000年之后为17.55亿m^3。

6.2.3 径流同频分析

径流时频关系是指河道不同观测断面的径流过程在时间和频率上的关联性，根据观测断面的位置关系分为三种类型：同一河道上下游观测断面的径流时频关系、同一流域不同支流观测断面的径流时频关系和不同流域观测断面径流时频关系。很显然，黑河流域径流时频关系属于第二种类型。下面将着重研究黑河干流上游和支流（梨园河）的时频关系，分别从相关性、遭遇性和同步性三个角度探讨黑河流域径流时频关系，为黑河流域水资源调度与配置提供决策依据。

梨园河是黑河中游的一条重要支流，于临泽县汇入黑河干流，年均径流量约占黑河上游的14%。20世纪90年代后期，鹦鸽嘴水库开始修建，缓解了临泽县的缺水问题，也造成了梨园河与黑河干流水力联系严重减弱的局面。在丰水年份汛期，鹦鸽嘴水库因库容有限，不能蓄存水量以弃水形式输入黑河干流，而在其他年份和季节基本不会补给黑河干流。

通过1954～2013年黑河莺落峡断面与梨园堡断面的流量资料，分析黑河干、支流径流过程的时频关系，如图6-10～图6-12所示。

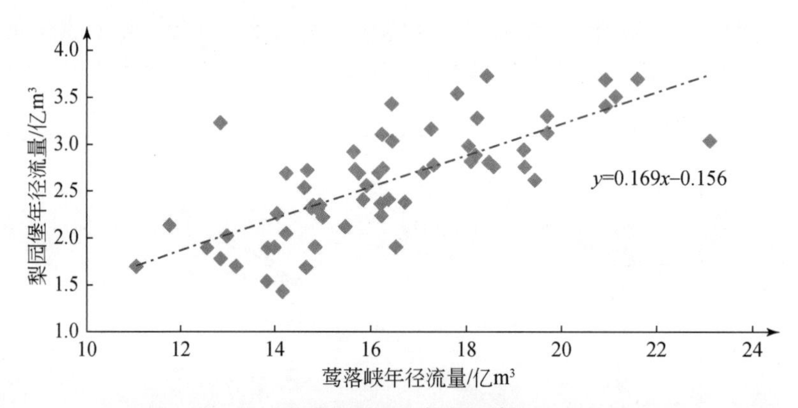

图6-10　黑河干流与梨园河年径流序列互相关关系

经分析计算，利用梨园堡和莺落峡两站径流的相关性为RC=0.71，黑河干流与梨园河的径流遭遇性和同步性为：EI=0.66，SI=0.69。

从图6-13看出，莺落峡来水量、梨园堡来水量、正义峡下泄水量呈现类似的变化趋势，根据2000～2014年三站的年径流量资料得到，莺落峡与梨园堡径流量丰枯同步的概率为0.60，莺落峡与正义峡径流量丰枯同步的概率为0.84，梨园堡与正义峡径流量丰枯同步的概率为0.56。虽然同频概率相对较高，但径流的量级差较大，2000年以来莺落峡来水量有逐渐增加趋势，特别是自2005年以来，黑河干流来水连续8年偏丰；另外，由

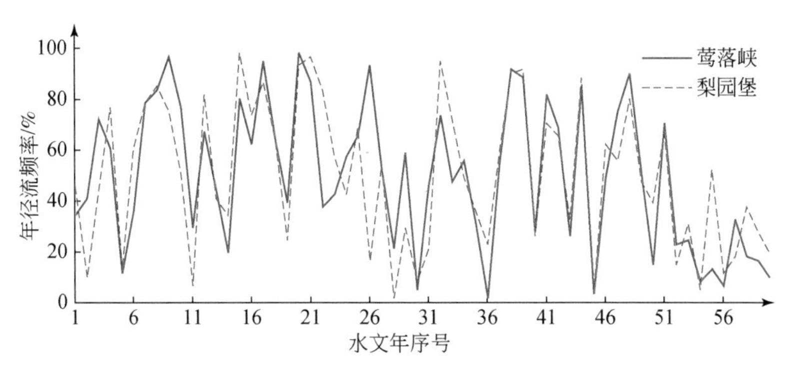

图 6-11 黑河干流与梨园河逐年径流频率变化过程

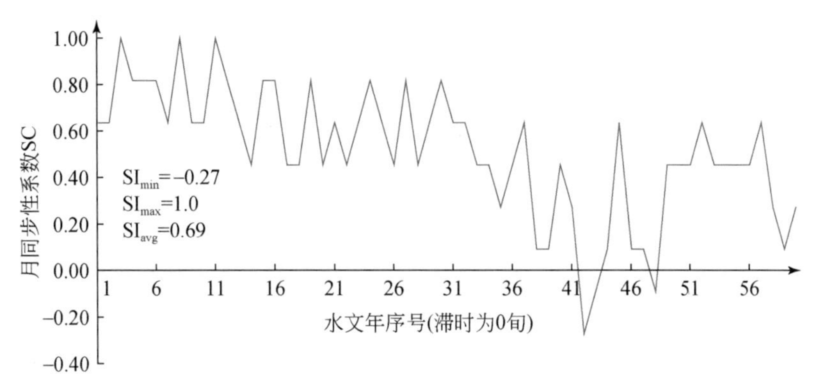

图 6-12 黑河干流与梨园河径流变化过程同步性

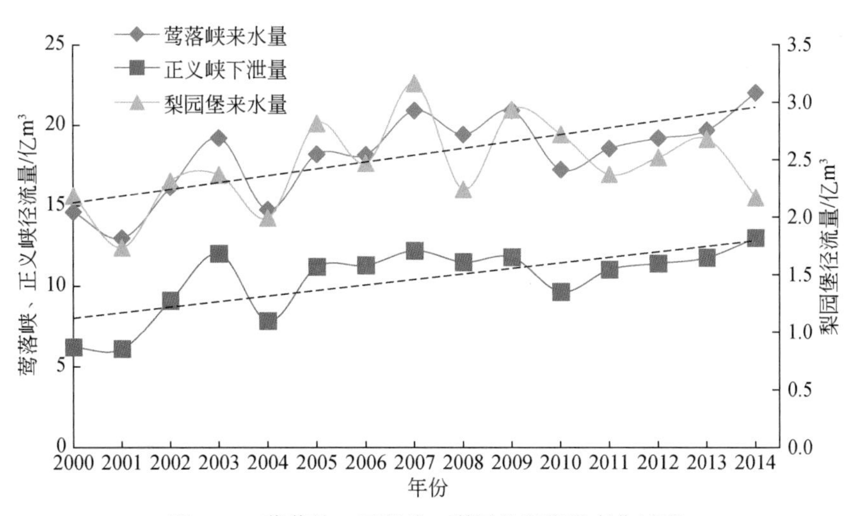

图 6-13 莺落峡、正义峡、梨园堡径流量变化过程

于全年来水分布不均和无法准确预测，呈现出“全年持续偏丰”的水情特点。而梨园堡径流量年际变化比较小，多年平均径流量为2.4亿m^3，每年大约1.6亿m^3来水量用于灌区灌溉，剩下0.8亿m^3径流量蒸发渗漏之后，基本与黑河干流失去地表水联系，遇较大洪水年份约有0.2亿m^3的水入黑河干流，对正义峡下泄量影响甚微。区间其他沿山支流基本与干流失去地表水联系。

6.2.4 耕地面积变化分析

耕地是人类赖以生存的基本资源和条件。在国家强调保护耕地和粮食安全的政策下，流域耕地面积发生了较大变化，尤其是作为重要的商品粮生产基地和蔬菜生产基地的中游地区，其面积发生了重大变化。

（1）中游地区耕地面积变化

黑河流域中游地区用水大户为农业用水，耕地在土地利用类型中受人类影响最大。因此，需要单独分析耕地变化情况。该区共有37个灌区，其中沿山灌区有22个（表6-4、图6-14）。

表6-4 黑河流域中游地区灌区划分列表

灌区编码	所在县（区）	灌区名称	大灌区名称	备注
0	肃南	大泉沟	大泉沟	沿山灌区
11	山丹	马营河灌区	马营河灌区	沿山灌区
12	山丹	霍城灌区	马营河灌区	沿山灌区
13	山丹	寺沟灌区	寺沟灌区	沿山灌区
14	山丹	老军灌区	老军灌区	沿山灌区
21	民乐	童子坝灌区	童子坝灌区	沿山灌区
22	民乐	益民灌区	洪水河灌区	沿山灌区
23	民乐	义得灌区	洪水河灌区	沿山灌区
24	民乐	大堵麻西干灌区	大堵麻灌区	沿山灌区
25	民乐	大堵麻东干灌区	大堵麻灌区	沿山灌区
26	民乐	小堵麻灌区	大堵麻灌区	沿山灌区
27	民乐	海潮坝灌区	大堵麻灌区	沿山灌区
28	民乐	酥油口灌区	酥油口灌区	沿山灌区
31	甘州	大满灌区	大满灌区	—
32	甘州	盈科灌区	盈科灌区	—
33	甘州	乌江灌区	盈科灌区	—
34	甘州	西干灌区	西浚灌区	—
35	甘州	甘浚灌区	西浚灌区	沿山灌区
36	甘州	上三灌区	上三灌区	—
37	甘州	花寨子灌区	花寨子灌区	沿山灌区
38	甘州	安阳灌区	安阳灌区	沿山灌区

续表

灌区编码	所在县（区）	灌区名称	大灌区名称	备注
41	临泽	沙河灌区	沙河灌区	沿山灌区
42	临泽	板桥灌区	板桥灌区	—
43	临泽	鸭暖灌区	鸭暖灌区	—
44	临泽	平川灌区	平川灌区	—
45	临泽	蓼泉灌区	蓼泉灌区	—
46	临泽	小屯灌区	梨园河灌区	—
47	临泽	新华灌区	梨园河灌区	沿山灌区
48	临泽	倪家营灌区	梨园河灌区	沿山灌区
51	高台	友联灌区	友联灌区	—
52	高台	三清灌区	友联灌区	—
53	高台	大湖湾灌区	友联灌区	—
54	高台	骆驼城灌区	友联灌区	沿山灌区
55	高台	六坝灌区	六坝灌区	—
56	高台	罗城灌区	罗城灌区	—
57	高台	新坝灌区	新坝灌区	沿山灌区
58	高台	红崖子灌区	红崖子灌区	沿山灌区

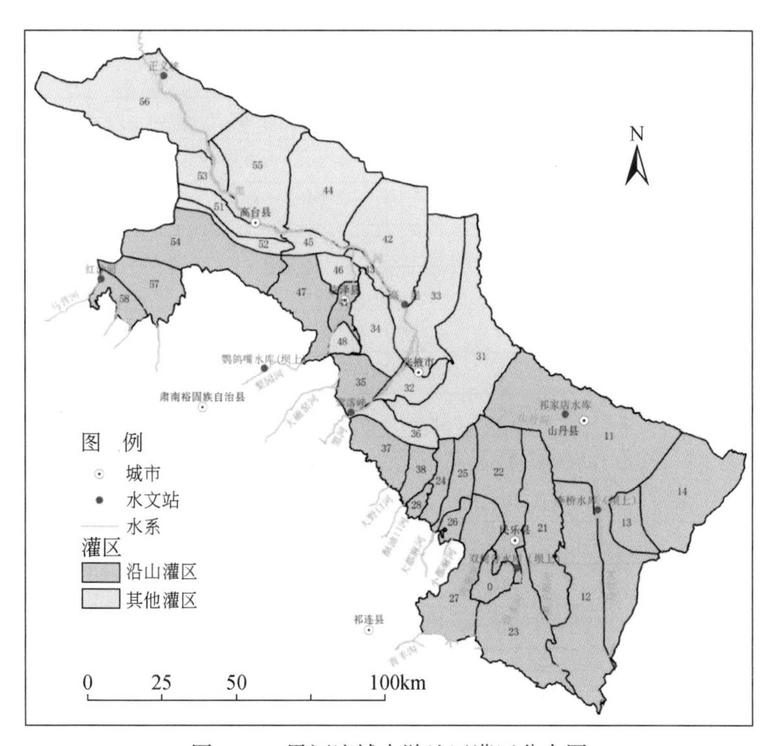

图 6-14　黑河流域中游地区灌区分布图

由表6-5可知，过去20年间，黑河流域中游灌区的耕地总面积增长了约173.17万亩，相对于20世纪90年代的耕地面积增长了34.26%，其中增长最快的是肃南县大泉沟、新华灌区和小屯灌区，其耕地面积相对于20世纪90年代的水平翻了1～3倍。耕地面积的增长主要发生在1990～2000年，增长了约111.86万亩，占总增加耕地面积的64.6%。在2000～2011年的10年间增长了61.31万亩。

表6-5　黑河流域中游各灌区过去20年耕地面积及变化　（单位：万亩）

灌区名称	1990年	2000年	2011年
肃南县大泉沟	0.42	1.38	1.19
马营河灌区	63.27	71.35	83.95
霍城灌区	37.08	41.16	42.26
寺沟灌区	5.57	5.57	6.60
老军灌区	9.34	5.96	8.21
山丹县小计	115.27	124.04	141.02
童子坝灌区	45.44	51.99	54.36
益民灌区	35.64	45.16	48.89
义得灌区	7.15	8.46	7.12
大堵麻西干灌区	10.54	12.09	11.71
大堵麻东干灌区	13.17	15.32	18.18
小堵麻灌区	9.14	9.91	10.27
海潮坝灌区	19.82	23.64	24.20
酥油口灌区	4.74	6.03	5.83
民乐县小计	145.63	172.59	180.56
大满灌区	33.06	43.41	51.29
盈科灌区	23.24	24.01	23.33
乌江灌区	20.10	28.15	27.72
西干灌区	25.21	33.74	37.82
甘浚灌区	10.50	14.33	15.00
上三灌区	11.75	15.09	15.49
花寨子灌区	4.26	6.86	7.75
安阳灌区	7.70	11.51	12.34
甘州区小计	135.84	177.10	190.75
沙河灌区	5.37	6.98	8.21
板桥灌区	6.98	11.13	12.67
鸭暖灌区	4.37	6.02	7.68
平川灌区	7.74	10.08	10.61
蓼泉灌区	5.51	6.87	8.86

续表

灌区名称	1990 年	2000 年	2011 年
小屯灌区	4. 39	7. 62	10. 53
新华灌区	9. 44	18. 02	20. 04
倪家营灌区	3. 80	4. 24	4. 57
临泽县小计	47. 60	70. 95	83. 18
友联灌区	13. 28	14. 27	14. 95
三清灌区	7. 97	8. 75	10. 03
大湖湾灌区	6. 34	8. 17	8. 23
骆驼城灌区	11. 08	13. 63	20. 09
六坝灌区	3. 66	4. 28	4. 47
罗城灌区	5. 19	7. 48	8. 83
新坝灌区	6. 96	7. 77	7. 99
红崖子灌区	6. 14	6. 85	7. 28
高台县小计	60. 64	71. 20	81. 87
合计	505. 4	617. 26	678. 57

从县（区）来看，过去 20 年间，耕地增加的绝对量按从多到少排序分别为：甘州区（54. 91 万亩）、临泽县（35. 58 万亩）、民乐县（34. 93 万亩）、山丹县（25. 75 万亩）、高台县（21. 23 万亩）如图 6-15 所示。

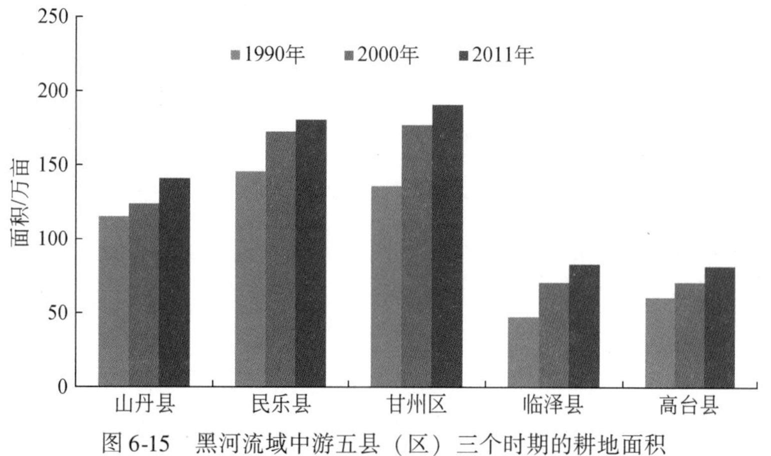

图 6-15　黑河流域中游五县（区）三个时期的耕地面积

黑河干流中游地区中的甘州、临泽、高台三县（区）的耕地面积直接影响到黑河干流的水量调度，这三县（区）的耕地面积从 1990 年的 244. 08 万亩增加到 2011 年的 355. 8 万亩，耕地面积增长了 111. 72 万亩，相对于 20 世纪 90 年代的耕地面积增长了 45. 77%，耕地面积的增长主要发生在 1990 ~ 2000 年，增长了约 75. 17 万亩，占耕地增加面积的 67. 28%。在 2000 ~ 2011 年的 10 年间增长了 36. 55 万亩。

图6-16～图6-18分别是各期耕地变化的空间分布。从图中可以看出，过去20年间黑河流域中游灌区的耕地变化主要以增加以主，耕地面积增加最多的灌区分别是：马营河灌区（20.68万亩）、益民灌区（13.25万亩）、新华灌区（10.6万亩）、骆驼城灌区（9.01万亩）、童子坝灌区（8.92万亩）和霍城灌区（5.18万亩）。如表6-5所示，这种增加主要发生在前10年，即1990～2000年，这10年间的耕地是全面增加，增加的区域广泛。后10年耕地扩张的速度有所下降，有些灌区出现了退耕，也有一些灌溉的耕地面积增长较大，如马营河灌区、骆驼城灌区和大堵麻东干灌区。

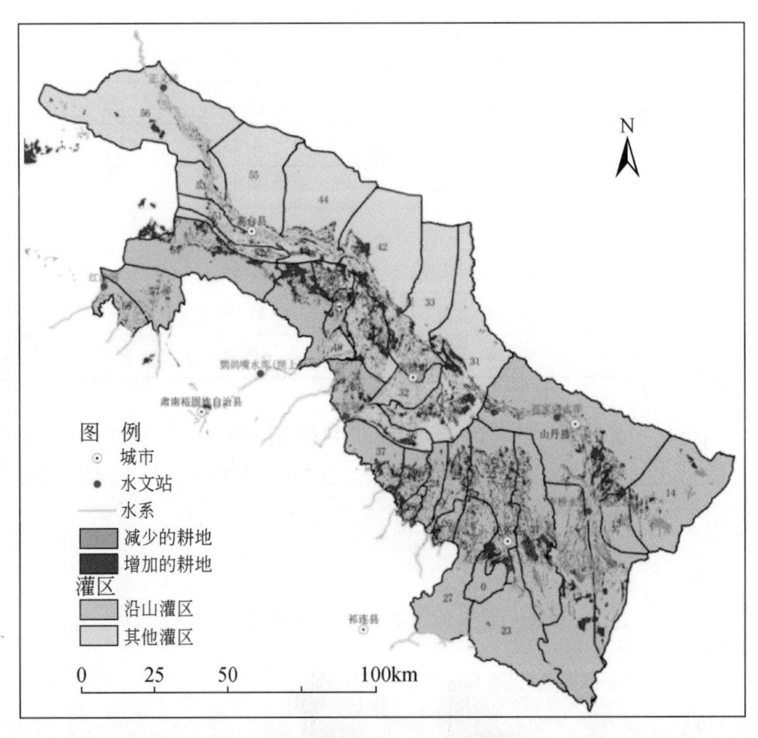

图6-16 黑河流域中游灌区1990～2011年耕地变化的空间分布

（2）下游地区耕地面积的变化

过去20年间下游地区的耕地发生了相对非常大的变化，主要表现为前10年（1990～2000年）增加了约6.65万亩，约增长了32.3%；后十年（2000～2011年）增加了17.86万亩，增长了约65.5%，扩耕的空间分布如图6-19和图6-20所示。由图可见，鼎新地区的耕地变化主要发生在黑河两岸，即地表水能够灌溉的区域；在额济纳地区，可以明显看出在1990～2000年，由于来水的不足，导致了大量耕地弃耕，而在2000～2011年，实施黑河分水，该区扩耕现象严重，主要分布在地表水能够到达的区域，主要为东、西河两岸，尤其以一道河到八道河附近最为严重。

（3）沿山灌区耕地面积变化

过去20多年间，在人口的增加和经济利益的驱使下，沿山灌区的耕地面积发生了比较大的变化，沿山灌区过去1990～2011年耕地面积及变化见表6-6。

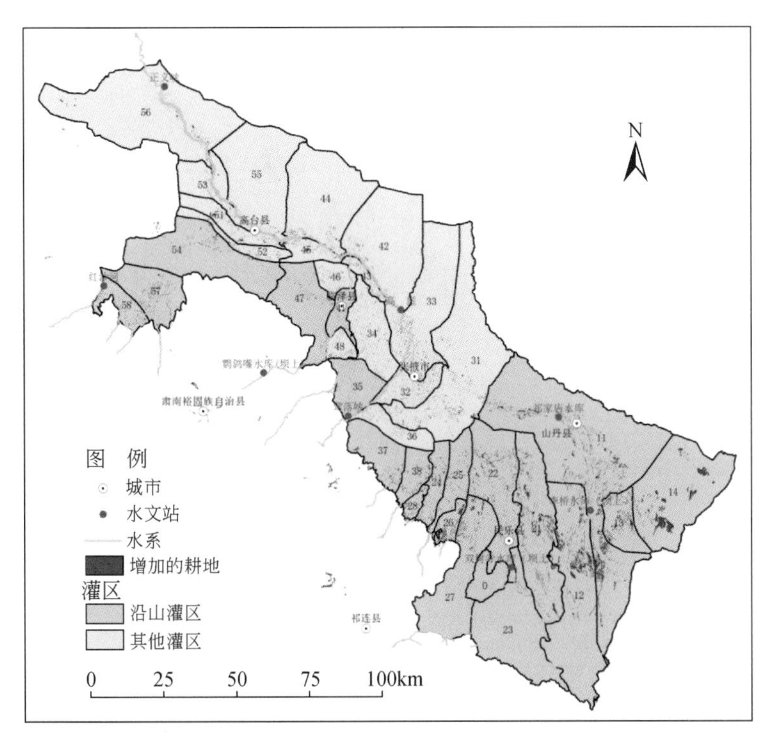

图6-17　黑河流域中游灌区1990～2000年耕地变化的空间分布

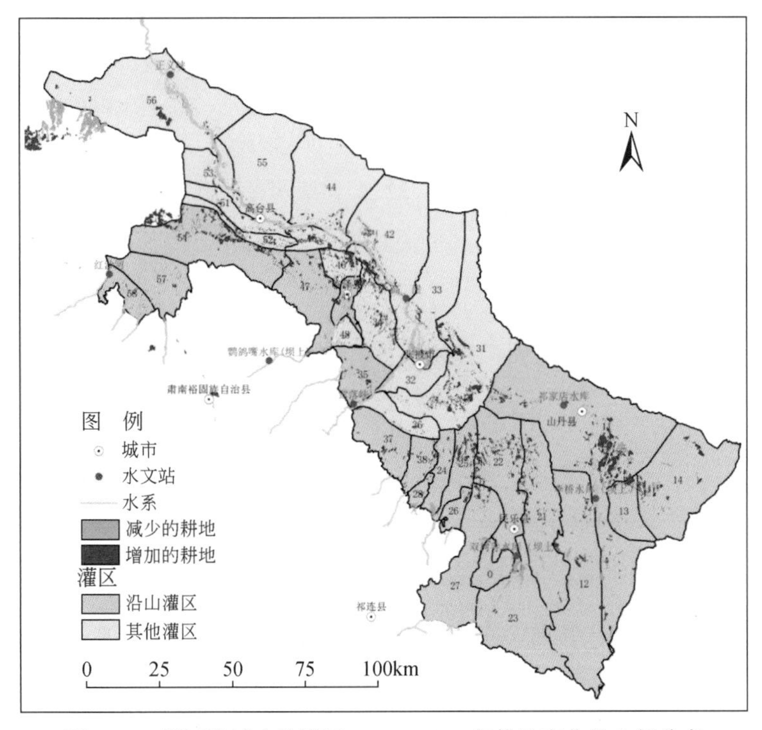

图6-18　黑河流域中游灌区2000～2011年耕地变化的空间分布

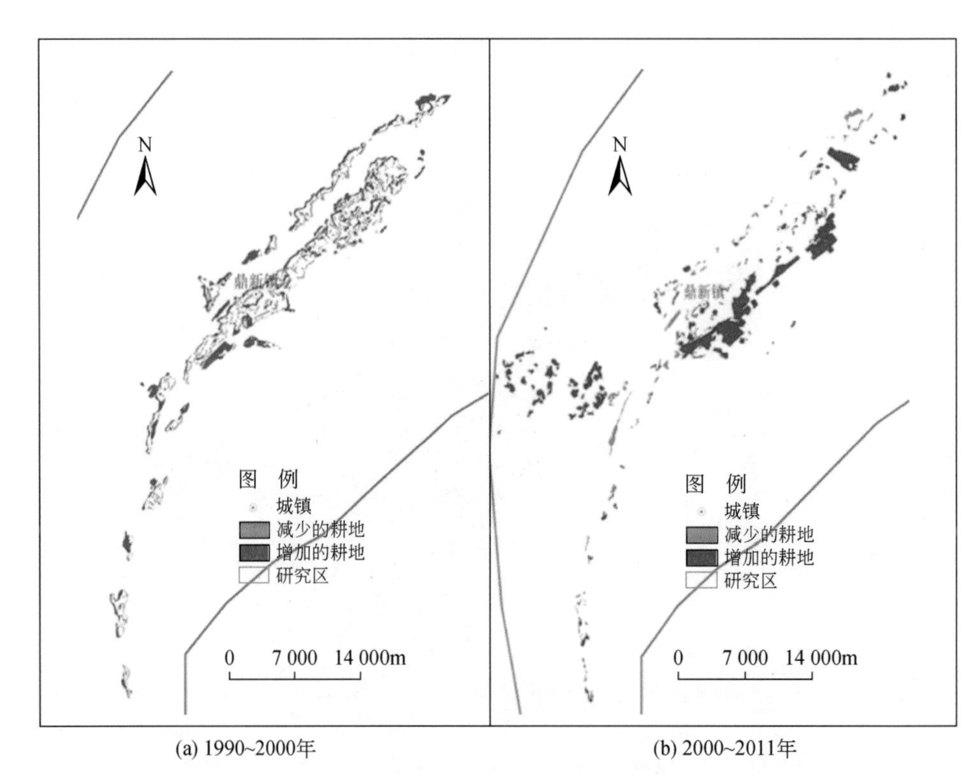

(a) 1990~2000年　　(b) 2000~2011年

图 6-19　鼎新地区耕地变化

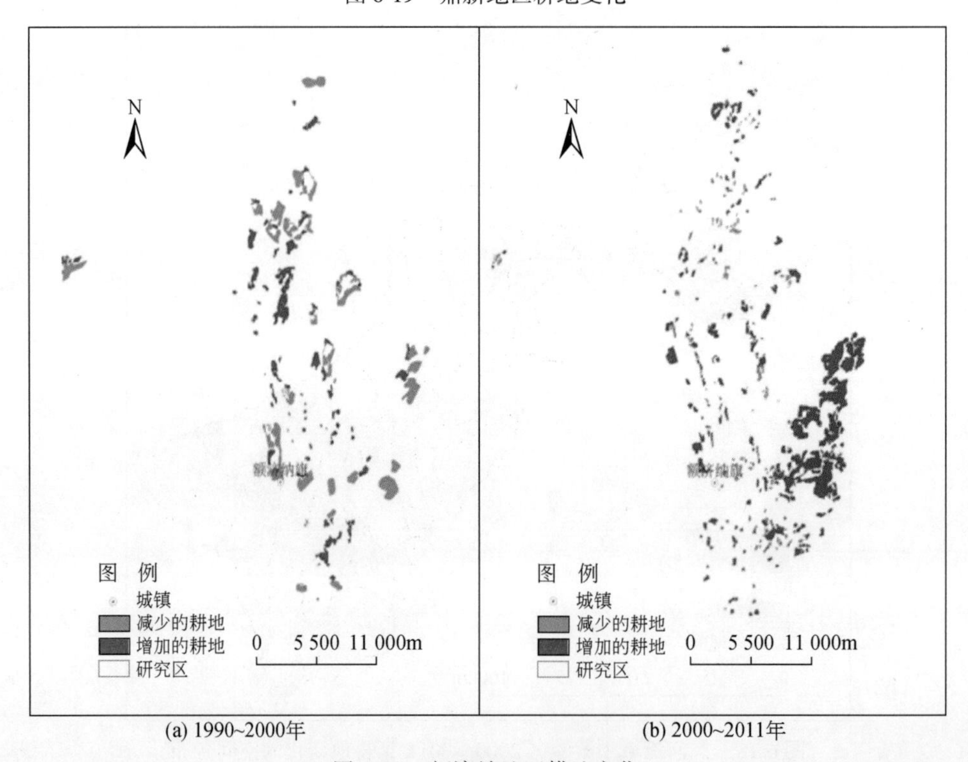

(a) 1990~2000年　　(b) 2000~2011年

图 6-20　额济纳地区耕地变化

表6-6　1990～2011年黑河流域沿山灌区耕地面积及变化　　（单位：万亩）

灌区名称	1990年	2000年	与1990年比较	2011年	与2000年比较
肃南县大泉沟	0.42	1.38	0.96	1.19	-0.19
肃南县小计	0.42	1.38	0.96	1.19	-0.19
马营河灌区	63.27	71.35	8.08	83.95	12.6
霍城灌区	37.08	41.16	4.08	42.26	1.1
寺沟灌区	5.57	5.57	0	6.6	1.03
老军灌区	9.34	5.96	-3.38	8.21	2.25
山丹县小计	115.26	124.04	8.78	141.02	16.98
童子坝灌区	45.44	51.99	6.55	54.36	2.37
益民灌区	35.64	45.16	9.52	48.89	3.73
义得灌区	7.15	8.46	1.31	7.12	-1.34
大堵麻西干灌区	10.54	12.09	1.55	11.71	-0.38
大堵麻东干灌区	13.17	15.32	2.15	18.18	2.86
小堵麻灌区	9.14	9.91	0.77	10.27	0.36
海潮坝灌区	19.82	23.64	3.82	24.2	0.56
酥油口灌区	4.74	6.03	1.29	5.83	-0.2
民乐县小计	145.64	172.6	26.96	180.56	7.96
甘浚灌区	10.5	14.33	3.83	15	0.67
花寨子灌区	4.26	6.86	2.6	7.75	0.89
安阳灌区	7.7	11.51	3.81	12.34	0.83
甘州区小计	22.46	32.7	10.24	35.09	2.39
沙河灌区	5.37	6.98	1.61	8.21	1.23
新华灌区	9.44	18.02	8.58	20.04	2.02
倪家营灌区	3.8	4.24	0.44	4.57	0.33
临泽县小计	18.61	29.24	10.63	32.82	3.58
骆驼城灌区	11.08	13.63	2.55	20.09	6.46
新坝灌区	6.96	7.77	0.81	7.99	0.22
红崖子灌区	6.14	6.85	0.71	7.28	0.43
高台县小计	24.18	28.25	4.07	35.36	7.11
合计	326.57	388.21	61.64	426.04	37.83

由表6-6可以看出，1990～2000年，沿山灌区耕地共增加了61.64万亩，2000～2011年增加了37.83万亩。

人口的迅速增长和经济的快速发展造成黑河流域地表水资源的过度使用，各沿山灌区为了获取更多的水资源，在每条河流上都修建水库，河流出山后基本被拦蓄，下游河道全年基本处于干涸状态，黑河流域各沿山支流除梨园河外其他支流现已与黑河干流失去水力联系。

6.3 “97”分水方案长系列年模拟分析

由第3章分水方案实施前后水资源配置格局变化可知，在丰水年、特丰水年正义峡断面可控下泄水量与下泄指标有较大差距，在枯水年和平水年是能够完成下泄指标的。分水方案实施16年来，黑河上游来水绝大部分年份偏丰，分水方案没有经过丰平枯长系列年的检验，无法评价分水方案对不同来水的适应性。本书通过构建黑河中下游水资源配置模拟模型，对分水方案不同需水条件下长系列年（1954～2012年）的实施情况进行模拟，以分析评价分水方案的合理性。

6.3.1 现状需水条件下“97”分水方案长系列年模拟分析

现状水平年黑河中游需水量13.87亿m^3，在现状工程条件下利用模型模拟计算现状需水条件下长系列年分水方案的完成情况。图6-21是现状需水条件下分水方案长系列年（1954～2012年）的模拟结果，表6-7是正义峡断面分水指标在不同来水年完成情况。从表6-7中可以看到，在来水偏丰的年份，正义峡模拟下泄量少于正义峡下泄指标。其中，特丰年年均欠下游水量1.64亿m^3，偏丰年欠下游水量1.26亿m^3；在枯水年和平水年基本可以完成正义峡下泄指标，特枯年多下泄0.87亿m^3，多年平均来看，欠下游水量0.55亿m^3，大于黑河水量调度允许偏差5%（0.48亿m^3）；多年平均地下水开采量为7.3亿m^3，远大于黑河中游多年平均可开采量4.8亿m^3。因此，从长系列年模拟结果来看，现状需水条件下难以完成“97”分水方案的分水指标，地下水长期超采也会使中游的生态环境恶化。

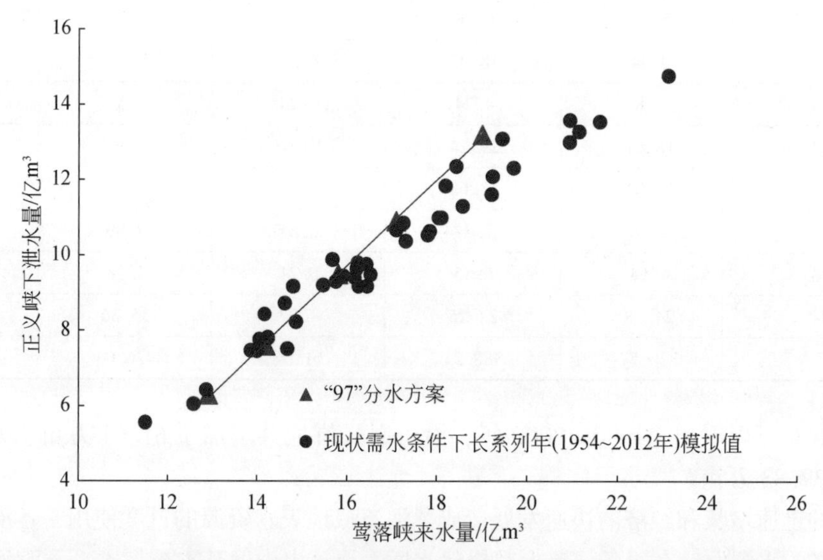

图6-21 现状需水条件下分水方案长系列年（1954～2012年）模拟结果

表 6-7　现状需水条件下不同来水年正义峡分水指标完成情况模拟　（单位：亿 m^3）

来水年份	莺落峡来水	正义峡下泄指标	正义峡模拟下泄量	分水指标完成情况	中游地下水开采量	狼心山模拟下泄量
特丰年	20.27	14.73	13.10	-1.64	6.75	7.05
偏丰年	17.69	11.63	10.37	-1.26	6.92	5.45
平水年	15.63	9.29	9.22	-0.07	7.30	4.84
枯水年	14.56	8.10	7.80	-0.30	7.54	4.00
特枯年	12.79	6.19	7.06	0.87	7.88	3.74
多年平均	16.16	9.95	9.39	-0.55	7.30	4.94

6.3.2　中游退耕方案下“97”分水方案长系列年模拟分析

中游需水量的增加及区间支流来水量的减少是分水方案不能完成分水指标的主要原因。中游耕地面积增加是需水增大的主要驱动因子，在“97”分水方案不做调整的情况下，减少中游需水是丰水年完成分水指标的重要途径。本书设置中游耕地退耕至 2000 年方案，计算中游相应的需水量为 11.97 亿 m^3，在现状工程条件下通过模型模拟该需水方案下长系列年分水指标的完成情况。图 6-22 是中游退耕至 2000 年需水条件下分水方案长系列年（1954 ~ 2012 年）的模拟结果，表 6-8 是中游退耕至 2000 年需水条件下不同来水年正义峡分水指标完成情况模拟。从表 6-8 可以看到，丰水年正义峡依然不能完成分水方案要求的下泄指标，特丰年中游欠下游水量近 0.78 亿 m^3，偏丰年欠下游水量约 0.38 亿 m^3，而在平水年和枯水年均能完成分水指标，从多年平均来看，年均欠下游水量为 0.02 亿 m^3，这个数值在黑河水量调度允许偏差 5%（约 0.5 亿 m^3）范围内，多年平均地下水开采量 5.86 亿 m^3，比现状需水条件有所减少，但还是高于中游地下水多年平均可开采量。

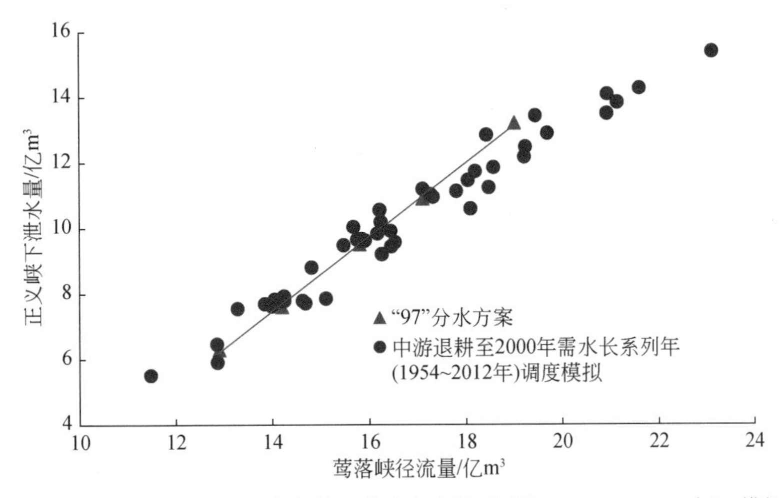

图 6-22　中游退耕至 2000 年需水条件下分水方案长系列年（1954 ~ 2012 年）模拟结果

表 6-8　中游退耕至 2000 年需水条件下不同来水年正义峡分水指标完成情况模拟

（单位：亿 m^3）

来水年份	莺落峡来水	正义峡下泄指标	正义峡模拟下泄量	分水指标完成情况	中游地下水开采量	狼心山模拟下泄量
特丰年	20.23	14.69	13.91	-0.78	5.48	7.44
偏丰年	18.08	12.08	11.70	-0.38	5.59	6.14
平水年	15.91	9.60	9.60	0.00	5.75	4.85
枯水年	14.08	7.52	8.04	0.52	6.11	4.20
特枯年	12.02	5.42	6.31	0.89	6.56	3.20
多年平均	16.16	9.95	9.97	0.02	5.86	5.19

6.3.3　黄藏寺水库建成运行下“97”分水方案长系列年模拟分析

黄藏寺水库水利枢纽工程已于 2016 年 3 月开工建设，坝址位于黑河上游东西分叉交汇处以下 11km 的干流河段，控制了莺落峡以上来水的 80%，工程建设任务是合理调配黑河中下游生态和经济社会用水，兼顾发电等综合利用，水库总库容 4.03 亿 m^3，调节库容 3.34 亿 m^3。水库的运用方式为：汛期 7～9 月，选择 7 月中旬、8 月中旬和 9 月中旬进行生态调度，分别以 300～500m^3/s、300～500m^3/s 和 110m^3/s 流量向正义峡断面集中输水，其他时段按照中游灌区需水要求下泄水量，洪水期进行防洪运用；10～11 月，水库按照中游灌区用水下泄，视来水情况逐步蓄水至正常蓄水位；12 月至次年 3 月水库泄放生态基流，兼顾发电；4～6 月，选择 4 月上中旬进行生态调度，以 110m^3/s 流量向正义峡断面集中输水，其余时段按照中游灌区用水下泄水量。

图 6-23 和表 6-9 是黄藏寺运行情况下现状需水年分水方案长系列年（1954～2012 年）

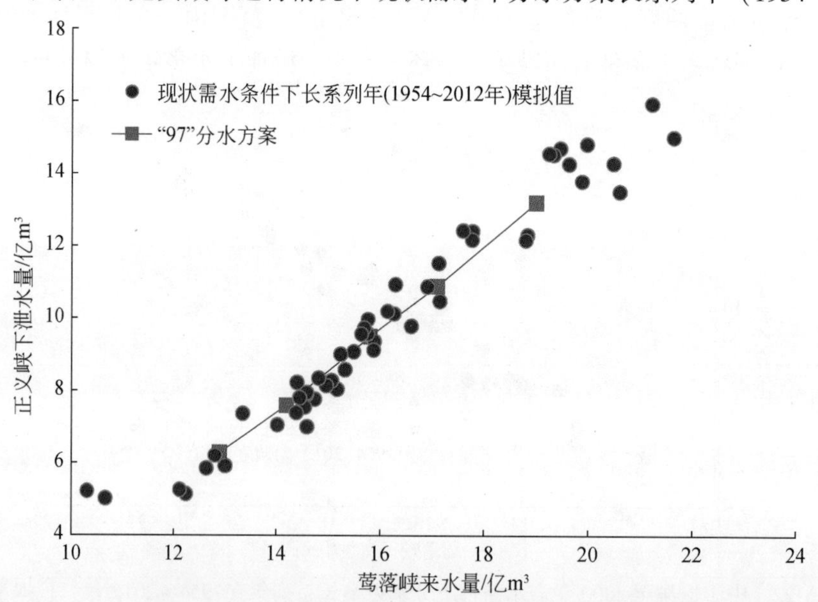

图 6-23　黄藏寺水库建成后现状需水条件下分水方案长系列年（1954～2012 年）模拟结果

模拟结果。从中可以看到，在水库集中下泄和全线闭口的情况下，分水指标在长系列年完成得很好，不同来水年基本都完成了分水方案的要求。虽然分水指标完成情况很好，但由于水库控制来水过程，中游地区只有通过地下水超采来保证农业灌溉用水，地下水多年平均开采量为 7.909 亿 m^3。

表 6-9　黄藏寺水库建成后现状需水条件下不同来水年正义峡分水指标完成情况模拟

（单位：亿 m^3）

来水年份	莺落峡来水	正义峡下泄指标	正义峡模拟下泄量	分水指标完成情况	中游地下水开采量	狼心山模拟下泄量
特丰年	20.11	14.55	14.42	-0.124	7.720	7.891
丰水年	17.62	11.53	11.47	-0.069	7.769	5.884
平水年	15.72	9.386	9.272	-0.114	7.775	4.658
枯水年	14.23	7.667	7.550	-0.116	7.975	3.707
特枯年	11.81	5.215	5.268	0.054	8.515	2.429
多年平均	15.88	9.629	9.540	-0.089	7.909	4.876

6.4　不同来水情景下黑河“97”分水方案模拟分析

本书通过构建的黑河水资源配置模拟模型，对黑河长系列年（1954～2012 年）来水情况进行模拟，以分析评价不同来水条件对黑河“97”分水方案的影响。

6.4.1　径流的年内分配分析

采用 1945 年 7 月～2012 年 6 月实测径流系列，统计莺落峡建站以来不同时期的逐月径流量，成果见表 6-10。

表 6-10　莺落峡断面径流量月分配　　（单位：亿 m^3）

时段	项目	7 月	8 月	9 月	10 月	11 月	12 月	1 月	2 月	3 月	4 月	5 月	6 月	年
1945～1949 年	径流量	3.14	2.71	2.15	1.02	0.55	0.37	0.29	0.27	0.39	0.65	0.92	1.93	14.4
	占比/%	21.9	18.9	14.9	7.1	3.8	2.6	2.0	1.9	2.7	4.5	6.4	13.3	100
1950～1959 年	径流量	3.86	3.46	2.16	0.99	0.59	0.44	0.31	0.31	0.43	0.68	1.05	2.05	16.3
	占比/%	23.7	21.2	13.2	6.1	3.6	2.7	1.9	1.9	2.6	4.1	6.4	12.6	100
1960～1969 年	径流量	3.46	2.73	1.87	0.96	0.54	0.39	0.32	0.29	0.38	0.68	1.37	1.73	14.7
	占比/%	23.5	18.5	12.7	6.5	3.7	2.7	2.2	2.0	2.6	4.6	9.3	11.7	100
1970～1979 年	径流量	2.76	3.00	2.35	1.02	0.53	0.39	0.31	0.30	0.37	0.60	0.87	1.58	14.1
	占比/%	19.6	21.3	16.7	7.2	3.8	2.8	2.2	2.1	2.7	4.3	6.2	11.1	100

续表

时段	项目	7月	8月	9月	10月	11月	12月	1月	2月	3月	4月	5月	6月	年
1980～1989年	径流量	3.85	3.23	2.23	1.10	0.67	0.46	0.39	0.41	0.47	0.66	1.34	2.61	17.4
	占比/%	22.1	18.6	12.8	6.3	3.8	2.6	2.2	2.4	2.7	3.8	7.7	15.0	100
1990～1999年	径流量	3.67	3.25	1.96	0.97	0.60	0.41	0.35	0.36	0.45	0.71	1.11	2.01	15.9
	占比/%	23.1	20.5	12.4	6.1	3.8	2.6	2.2	2.2	2.8	4.5	7.1	12.7	100
2000～2012年	径流量	3.37	3.47	2.75	1.57	0.81	0.47	0.38	0.37	0.51	0.80	1.20	2.04	17.73
	占比/%	19.0	19.6	15.5	8.9	4.6	2.6	2.1	2.1	2.9	4.5	6.7	11.5	100
1945～2012年	径流量	3.48	3.19	2.25	1.13	0.64	0.42	0.34	0.34	0.44	0.70	1.17	2.02	16.12
	占比/%	21.6	19.8	14.0	7.0	3.9	2.6	2.1	2.1	2.7	4.4	7.1	12.5	100

从表6-10中可以看出，莺落峡断面多年平均（1945年7月～2012年6月）实测径流量为16.12亿m^3，径流主要集中在6～9月，4个月的径流量为10.94亿m^3，占年总量的67.9%。10月至次年5月，8个月的径流量为5.18亿m^3，仅占年总量的32.1%。在年内各月中，7月径流量最大，为3.48亿m^3，占年总量的21.6%；其次为8月，径流量为3.19亿m^3，占年总量的19.8%；9月径流量为2.25亿m^3，占年总量的14%，6月径流量为2.02亿m^3，占年总量的12.5%；其他月份径流量较小，占年总量的比例均在8%以下。

图6-24为莺落峡断面不同时期径流量的月径流量超越频率曲线图，从图中可以看出，6～9月莺落峡断面来水量较大，为汛期，10月至次年5月莺落峡断面来水量较小，为非汛期。在汛期各月年际差异较大，来水量多的月份是来水量较小月份的两倍多。

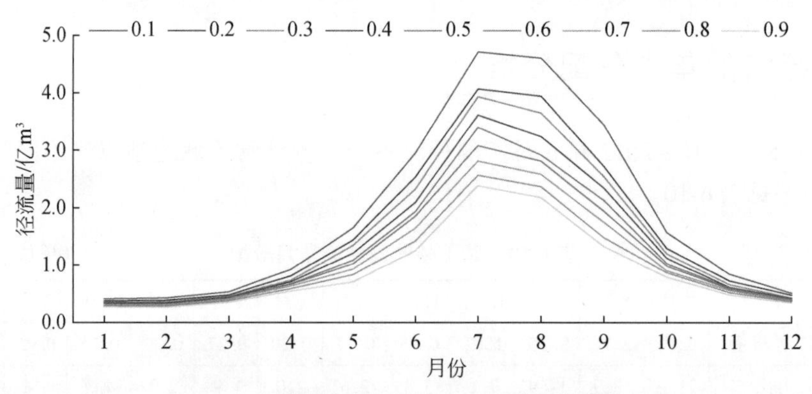

图6-24　莺落峡断面月径流量超越频率曲线

6.4.2　莺落峡站洪水组合分析

莺落峡以上河段位于黑河上游祁连山区，地势高，降水较多，洪水主要是由降水加上少量的冰川融水组成。据统计，莺落峡站年最大洪水一般出现在6～9月，尤以7月、8月为最多。莺落峡站最大洪峰出现在1996年，洪峰流量为1280m^3/s。根据洪水资料分析，莺落峡断面的洪水主要来自黑河干流（扎马什克水文站）和支流八宝河（祁连水文站）以上，区间加水较少。扎马什克、祁连站的洪水演进到莺落峡断面，传播时间 1 ~ 2d，区间增加流量在 100 ~ 200m³/s，如 1989 年 7 月 4 日 4 时的洪水，祁连站洪峰流量为 484m³/s，加上扎马什克站 100m³/s 流量，合成洪峰流量 580m³/s，到达莺落峡断面的洪峰流量为 780m³/s。

图 6-25 ~ 图 6-35 为莺落峡断面汛期不同洪水组合的洪水过程线。从图 6-25 ~ 图 6-35 中可以看出，莺落峡断面的洪水呈单峰型或多峰型，一次洪水过程历时 10d 左右，其中洪水涨洪历时一般为 1 ~ 2d，退水历时一般为 9d 左右，洪峰滞时一般为 4h 左右，洪量主要集中于 7d 内，实测最大的 1952 年洪水 7d 洪量占洪水总量的 67%。

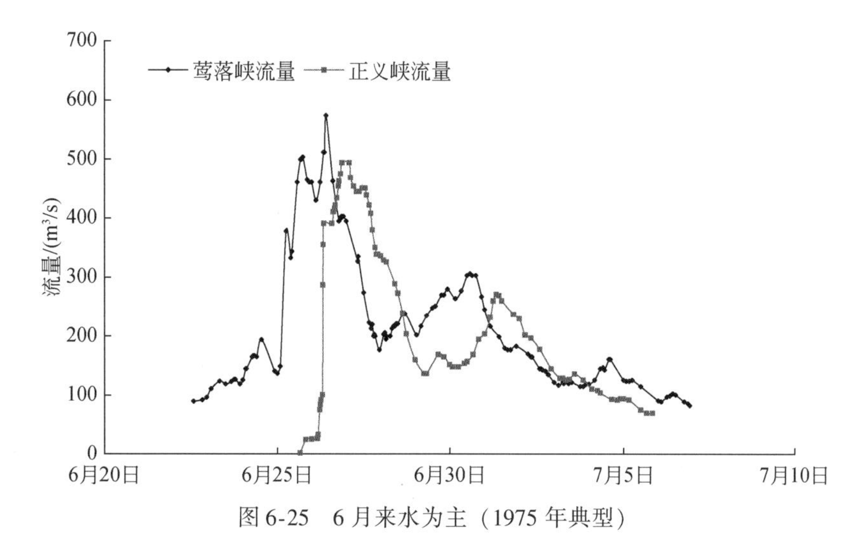

图 6-25　6 月来水为主（1975 年典型）

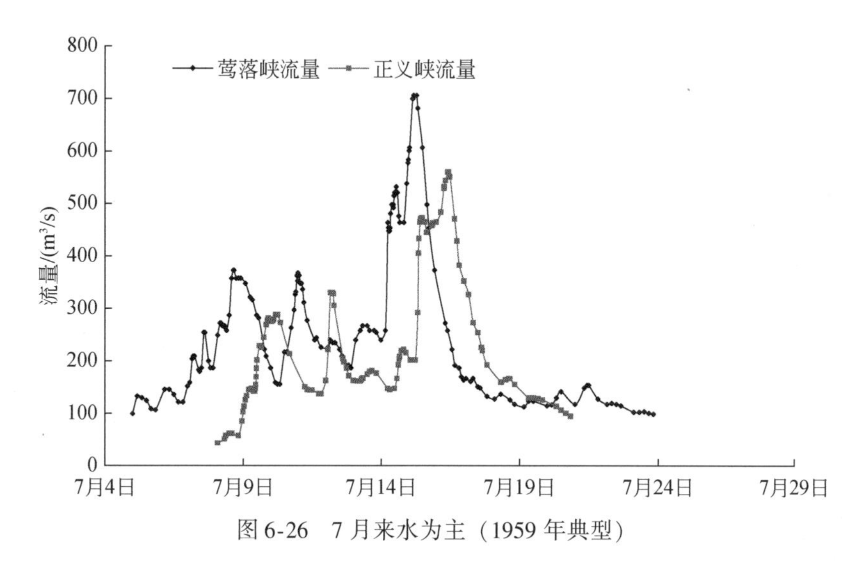

图 6-26　7 月来水为主（1959 年典型）

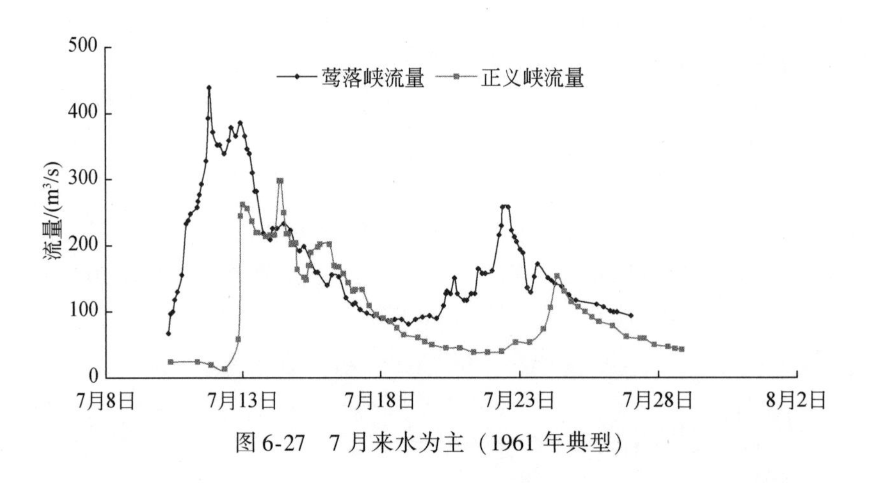

图 6-27　7 月来水为主（1961 年典型）

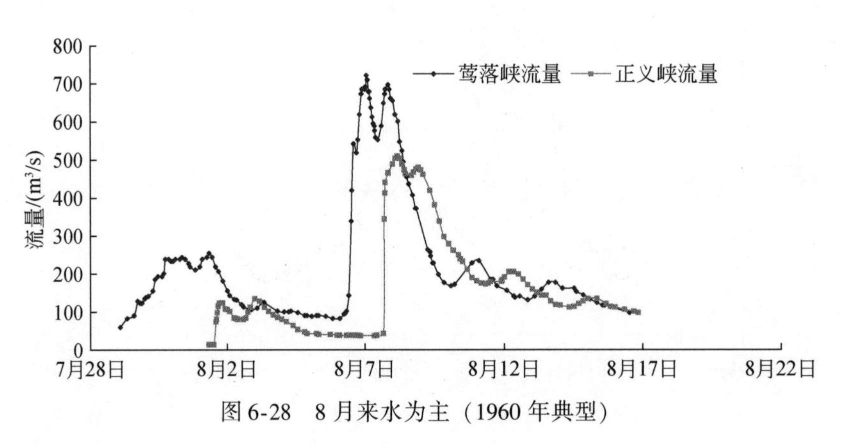

图 6-28　8 月来水为主（1960 年典型）

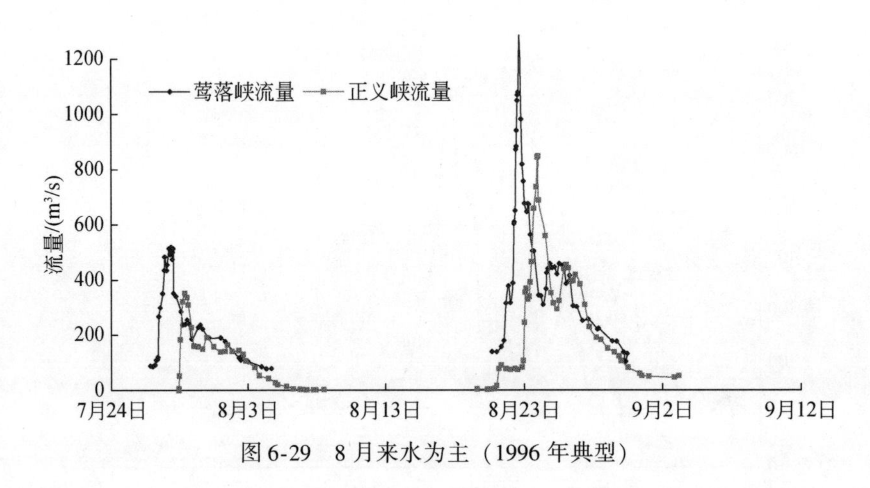

图 6-29　8 月来水为主（1996 年典型）

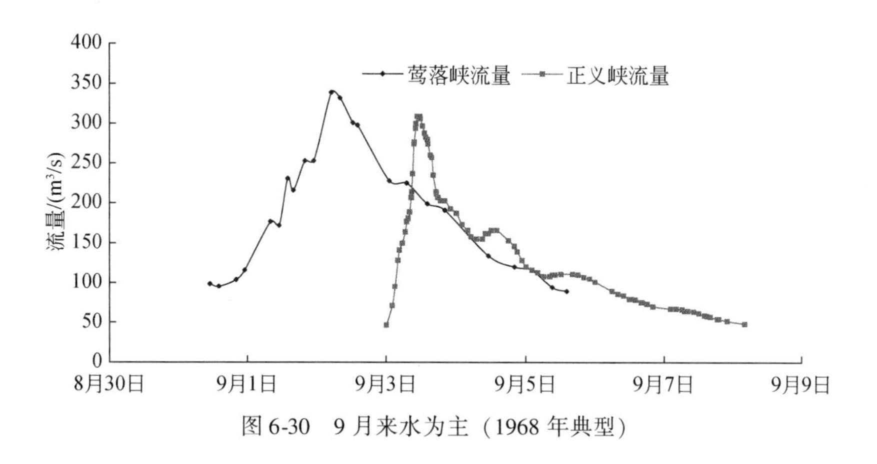

图 6-30 9 月来水为主（1968 年典型）

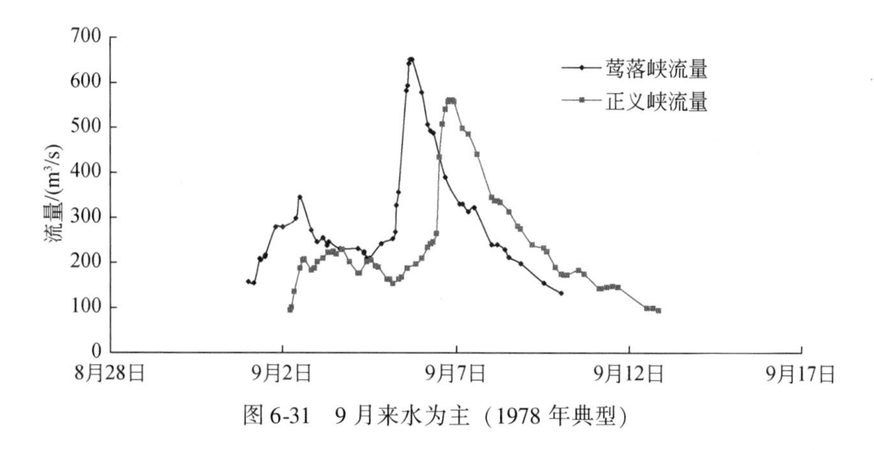

图 6-31 9 月来水为主（1978 年典型）

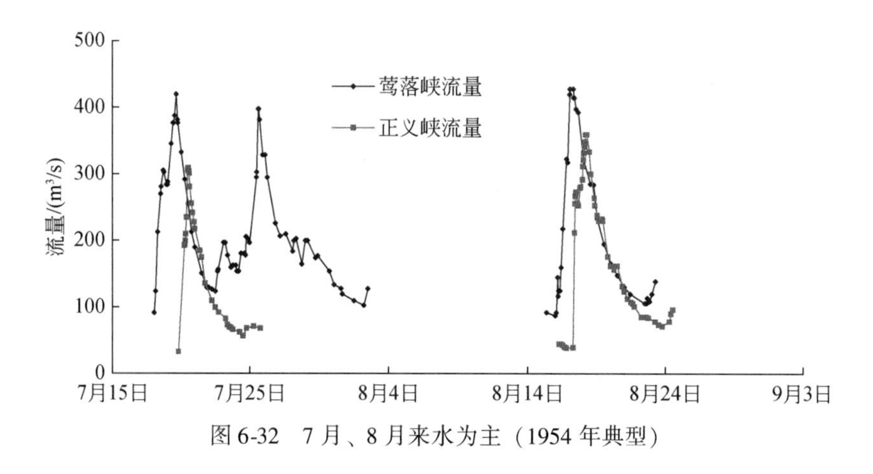

图 6-32 7 月、8 月来水为主（1954 年典型）

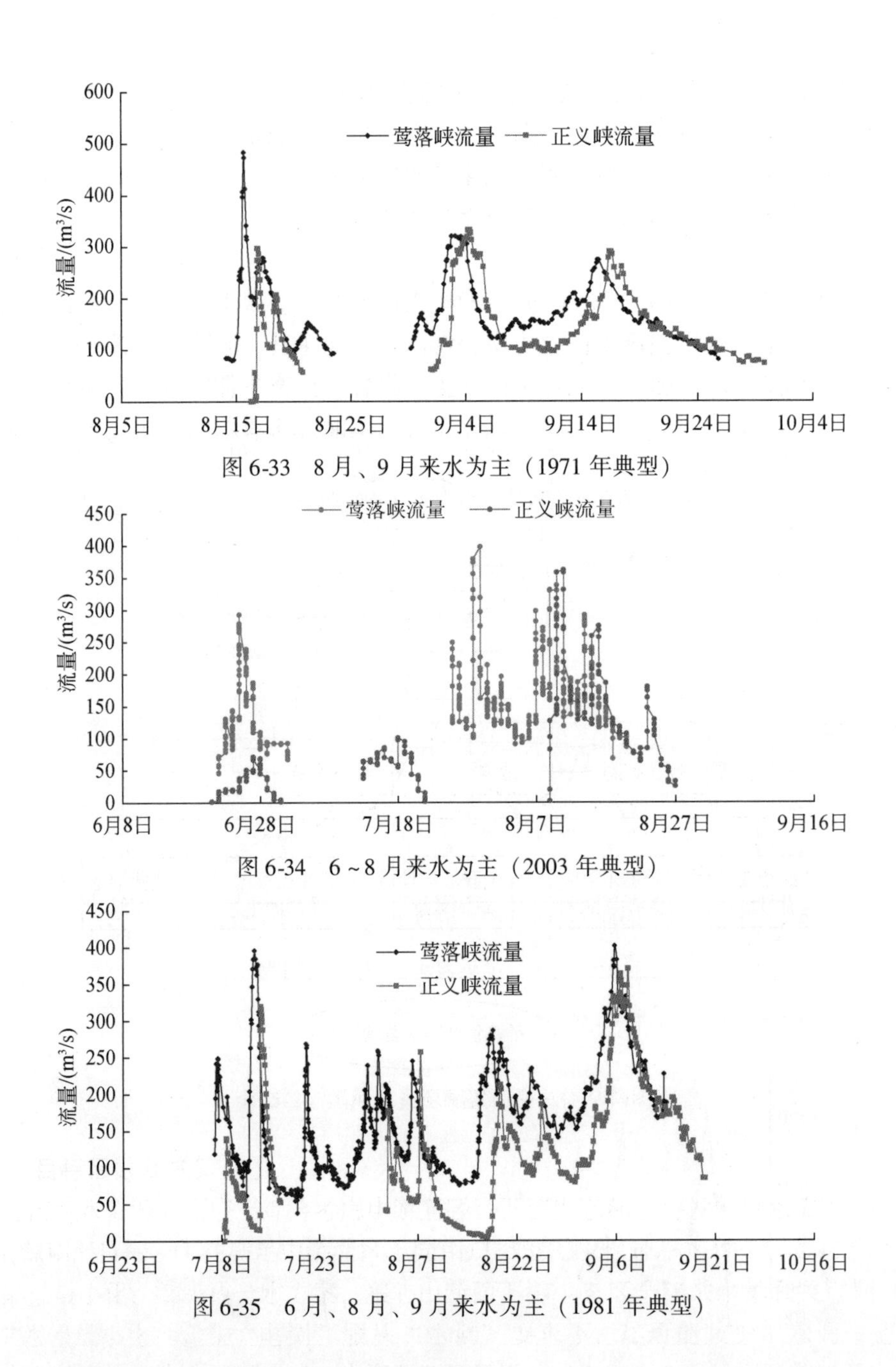

图 6-33　8 月、9 月来水为主（1971 年典型）

图 6-34　6 ~ 8 月来水为主（2003 年典型）

图 6-35　6 月、8 月、9 月来水为主（1981 年典型）

6.4.3　不同来水情景调配方案拟定

(1) 方案拟定思路

在黑河干流河道现状工程条件下，水量调度时机和时间的选择，主要依赖于黑河干流来水过程，特别是汛期洪水过程。据此，现状条件下黑河干流水量调度方案拟定思路如下所示。

1）依据黑河干流莺落峡断面年径流系列，选择能够代表丰水、偏丰、平水、偏枯和枯水的 5 个设计来水保证率。

2）在每个来水设计保证率的附近，结合汛期来水过程，选取 2 ~ 3 个来水保证率一致、汛期来水过程不同的代表情景。

3）针对每个代表情景，按闭口时机、闭口历时不同拟定多个调水方案，并以完成年度调水任务和灌区缺水量最小为目标，利用水量调度模型对拟定的调水方案进行模拟计算，分析提出对应代表情景下的调水方案。

4）形成包括不同代表情景下的调度方案集，为黑河干流水量调度决策提供技术支撑。

（2）方案拟定和模拟

莺落峡断面设计来水保证率分析。本次研究以 $P=10\%$、$P=25\%$、$P=50\%$、$P=75\%$ 和 $P=90\%$ 五个来水频率分别代表黑河干流莺落峡断面来水丰、偏丰、正常、偏枯和枯的不同情景。采用配线法对莺落峡断面 1945 ~ 2012 年（调度年）径流系列进行频率分析。

经分析，该径流系列 CV = 0.163，Cs = 0.489，均值为 16.12 亿 m^3，不同保证率下的径流量成果见表 6-11。莺落峡断面 1945 ~ 2012 年径流系列 P-Ⅲ型频率曲线见图 6-36。

表 6-11　不同保证率莺落峡断面 1945 ~ 2012 年径流成果

保证率/%	均值	10	25	50	75	90
年径流量/亿 m^3	16.12	19.69	18.04	15.75	14.25	12.86

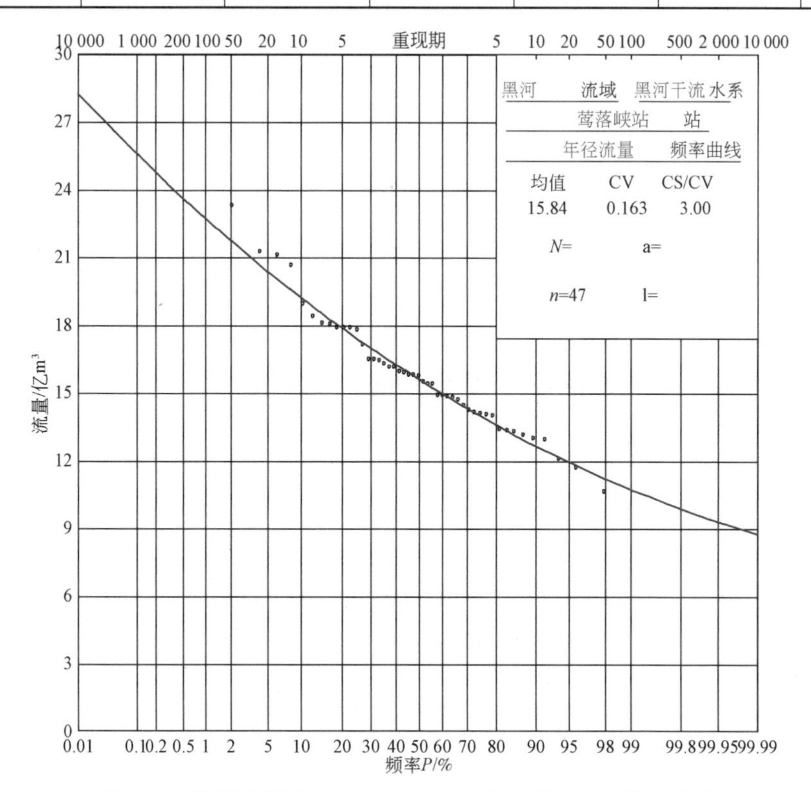

图 6-36　莺落峡断面 1945 ~ 2012 年径流系列 P-Ⅲ型频率曲线

按照来水保证率基本一致，汛期来水过程不同的方法，根据莺落峡断面径流系列7～10月逐月来水过程，分析选取对应设计保证率下的代表情景。同时，按对应设计保证率下的年径流量对所选代表情景实际年径流量进行修正。经分析，共选取了16种代表情景，其中$P=10\%$设计来水保证率选择了1958年、1989年和2009年3个代表情景；$P=25\%$选取了4个代表情景；$P=50\%$、$P=75\%$和$P=90\%$各选取3个代表情景。各设计来水保证率下的代表情景选取结果详见表6-12。

表6-12　不同来水年代表情景选取结果

P	来水年	年份	洪水来水月份	6月	7月	8月	9月
10%	特丰年	1958	7、8	20.38%	27.84%	33.88%	17.90%
	特丰年	1989	7	21.36%	36.06%	20.73%	21.85%
	特丰年	2009	9	14.55%	23.33%	27.93%	34.19%
25%	丰水年	2010	7	20.82%	36.25%	23.18%	19.75%
	丰水年	1964	8	19.92%	40.36%	24.03%	15.69%
	丰水年	1988	7、8	22.98%	29.34%	30.73%	16.94%
	丰水年	1993	7、8	15.90%	35.93%	35.31%	12.86%
50%	平水年	1966	7	16.67%	35.22%	26.11%	22.00%
	平水年	1987	6	39.19%	23.32%	25.28%	12.21%
	平水年	1972	7、8	13.93%	38.47%	33.28%	14.32%
75%	枯水年	1971	9	6.24%	23.97%	29.38%	40.41%
	枯水年	1994	7	19.87%	40.15%	21.88%	18.10%
	枯水年	1997	7、8	17.89%	34.18%	31.16%	16.77%
90%	特枯年	1970	8	17.48%	26.61%	40.08%	15.83%
	特枯年	1962	7	13.70%	40.50%	22.86%	22.94%
	特枯年	1991	7、8	23.49%	29.81%	30.90%	15.80%

6.4.4　不同来水情景下水资源配置格局模拟分析

根据调度方案拟订原则，拟订不同代表情景下的黑河干流水量调度方案。通过对拟订方案的模拟计算，分析提出不同代表情景下的最优调度方案，成果见表6-13。由表6-13可知以下方面内容。

（1）在10%来水特丰的年份，不同来水情景下水量分配

以7月、8月来水为主情景，该情景代表年为1958～1959年，莺落峡断面设计的年来水量为19.73亿m^3，属特丰年；该代表情景为7月和8月来水较大。模拟配置方案累计闭口时间101d。根据“97”分水方案，正义峡断面年度应下泄水量14.08亿m^3，计算得下泄水量12.55亿m^3，计算得下泄水量比要求的下泄指标少1.53亿m^3。中游缺水量0.25

表6-13　不同代表情景下黑河干流水量调度方案模拟结果

来水年	年份	洪水来水月份	莺落峡来水/亿 m^3	正义峡下泄指标/亿 m^3	正义峡模拟下泄量/亿 m^3	分水指标完成情况/亿 m^3	中游地下水开采量/亿 m^3	中游缺水量/亿 m^3	中游引水量/亿 m^3	狼心山模拟下泄量/亿 m^3	中游河水补给地下水量/亿 m^3	中游地下水补给河水量/亿 m^3	闭口时间/d
特丰年	1958	7、8	19.73	14.08	12.55	-1.53	6.76	0.25	10.63	6.39	-3.51	7.63	101
特丰年	1989	8	23.14	18.21	14.81	-3.40	6.61	0.16	11.22	7.71	-4.15	7.63	101
特丰年	2009	9	20.93	15.53	13.60	-1.93	6.82	0.10	10.81	7.73	-3.39	7.63	101
丰水年	2010	7	17.26	11.09	10.51	-0.58	7.14	0.12	10.22	5.63	-2.83	6.86	93
丰水年	1964	8	17.86	11.82	9.82	-2.01	6.87	0.21	10.45	4.87	-3.26	6.32	92
丰水年	1988	7、8	17.36	11.22	9.71	-1.51	6.90	0.06	10.82	5.16	-2.97	6.87	95
平水年	1966	7	15.43	9.06	8.89	-0.17	7.16	0.24	9.64	4.61	-2.64	6.32	72
平水年	1987	6	15.76	9.46	8.18	-1.28	7.54	0.21	9.57	3.94	-2.80	5.32	69
平水年	1972	7、8	15.70	9.38	8.38	-1.00	7.21	0.41	9.21	4.07	-2.82	5.33	71
枯水年	1971	9	13.98	7.38	9.27	1.89	7.66	0.45	8.37	5.23	-2.09	6.31	43
枯水年	1994	7	14.06	7.46	7.36	-0.10	7.65	0.14	9.04	3.67	-2.34	5.32	41
枯水年	1997	7、8	13.88	7.28	7.20	-0.08	7.40	0.31	9.07	3.69	-2.32	5.33	45
特枯年	1970	8	11.48	4.88	5.60	0.72	8.27	0.20	7.61	2.83	-1.93	4.14	0
特枯年	1962	7	11.79	5.19	6.80	1.61	8.07	0.33	7.86	3.53	-1.88	5.32	0
特枯年	1991	7、8	12.84	6.24	6.16	-0.07	7.94	0.23	8.19	3.24	-2.08	4.15	0

亿 m^3，基本满足用水需求，但中游地下水开采量较大，达 6.76 亿 m^3。狼心山下泄水量 6.39 亿 m^3。

以 7 月来水为主情景，该情景代表年为 1989～1990 年，莺落峡断面设计的年来水量 23.14 亿 m^3，属特丰年；该代表情景为 8 月来水最大，模拟调度方案累计闭口时间为 101d。根据“97”分水方案，正义峡断面年度应下泄水量 18.21 亿 m^3，计算得下泄水量为 14.81 亿 m^3，计算得下泄水量比要求的下泄指标少下泄 3.40 亿 m^3。中游缺水量 0.16 亿 m^3，基本满足用水需求，但中游地下水开采量较大，达 6.61 亿 m^3。狼心山下泄水量 7.71 亿 m^3，可满足生态需水要求。

以 9 月来水为主情景，该情景代表年为 2009～2010 年，莺落峡断面设计的年来水量为 20.93 亿 m^3，属特丰年；该代表情景为 9 月来水最大，模拟调度方，累计闭口时间 101d。根据“97”分水方案，正义峡断面年度应下泄水量为 15.53 亿 m^3，计算得下泄水量为 13.6 亿 m^3，计算得下泄水量比要求的下泄指标少下泄 1.93 亿 m^3。中游缺水量 0.10 亿 m^3，基本满足用水需求，但中游地下水开采量较大，达 6.82 亿 m^3。狼心山下泄水量 7.73 亿 m^3，可满足生态需水要求。

综上所述，在来水特丰的年份，不同来水情景下，计算得下泄水量比要求的下泄指标少，不能完成分水方案，来水越丰，欠下游水量越多。中游地表水引水量和地下水开采量可基本满足中游用水需求，但存在地下水超采现象。狼心山下泄水量均大于 6 亿 m^3，可满足现阶段生态需求，但与下游额济纳绿洲生态恢复到 20 世纪 80 年代生态需水还存在差距。现有工程情况下，不同来水情景对黑河水资源配置格局影响不大，分水指标完成情况受来水量的影响更大。

（2）在 25% 来水年份，不同来水情景下水量分配

以 7 月来水为主情景，该情景代表年为 2010～2011 年，莺落峡断面设计的年来水量为 17.26 亿 m^3，属偏丰水年；模拟调度方案累计闭口时间 93d。根据“97”分水方案，正义峡断面年度应下泄水量 11.09 亿 m^3，计算得下泄水量 10.51 亿 m^3，计算得下泄水量比要求的下泄指标少下泄水量 0.58 亿 m^3。中游缺水量 0.12 亿 m^3，基本满足用水需求，但中游地下水开采量较大，达 7.14 亿 m^3。狼心山下泄水量 5.63 亿 m^3，可满足绿洲生态需水要求。

以 8 月来水为主情景，该情景代表年为 1964～1965 年，莺落峡断面设计的来水量为 17.86 亿 m^3，属偏丰水年；模拟调度方案累计闭口时间 92d。根据“97”分水方案，正义峡断面年度应下泄水量为 11.82 亿 m^3，计算下泄水量为 9.82 亿 m^3，计算的下泄水量比要求的下泄指标少下泄 2.01 亿 m^3。中游缺水量 0.21 亿 m^3，基本满足用水需求，但中游地下水开采量较大，达 6.87 亿 m^3。狼心山下泄水量 4.87 亿 m^3，可基本满足绿洲生态需水要求。

以 7 月、8 月来水为主情景，该情景代表年为 1988～1989 年，莺落峡断面设计的来水量为 17.36 亿 m^3，属偏丰水年；模拟调度方案累计闭口时间 95d。根据“97”分水方案，正义峡断面年度应下泄水量为 11.22 亿 m^3，计算下泄水量为 9.71 亿 m^3，计算的下泄水量比要求的下泄指标少下泄 1.51 亿 m^3。中游缺水量 0.06 亿 m^3，基本满足用水需求，但中游地下水开采量较大，达 6.90 亿 m^3。狼心山下泄水量 5.16 亿 m^3，可满足绿洲生态需水要求。

综上所述，在来水偏丰的年份，不同来水情景下，计算得下泄水量比要求的下泄指标少，不能完成分水方案，来水越丰，欠下游水量越多。中游地表水引水量和地下水开采量可基本满足中游用水需求，但存在地下水超采现象。狼心山下泄水量在 5 亿 m^3 左右，可基本满足下游额济纳绿洲生态恢复到 20 世纪 80 年代生态需水要求。现有工程情况下，不同来水情景对黑河水资源配置格局影响不大，分水指标完成情况受来水量的影响更大。

（3）在 50% 来水年份，不同来水情景下水量分配

以 7 月来水为主情景，该情景代表年为 1966 ~ 1967 年，莺落峡断面设计的年来水量为 15.43 亿 m^3，属平水年；模拟调度方案累计闭口时间 72d。根据“97”分水方案，正义峡断面年度应下泄水量 9.06 亿 m^3，计算得下泄水量 8.89 亿 m^3，计算得下泄水量比要求的下泄指标少下泄水量 0.17 亿 m^3，基本完成分水指标。中游缺水量 0.24 亿 m^3，基本满足用水需求，但中游地下水开采量较大，达 7.16 亿 m^3。狼心山下泄水量 4.61 亿 m^3，可满足现阶段绿洲生态需水要求。

以 6 月来水为主情景，该情景代表年为 1987 ~ 1988 年，莺落峡断面设计的年来水量为 15.76 亿 m^3，属平水年；模拟调度方案累计闭口时间 69d。根据“97”分水方案，正义峡断面年度应下泄水量 9.46 亿 m^3，计算得下泄水量 8.18 亿 m^3，计算得下泄水量比要求的下泄指标少下泄水量 1.28 亿 m^3。中游缺水量 0.21 亿 m^3，基本满足用水需求，但中游地下水开采量较大，达 7.54 亿 m^3。狼心山下泄水量 3.94 亿 m^3，不能满足现阶段绿洲生态需水要求。

以 7 月、8 月来水为主情景，该情景代表年为 1972 ~ 1973 年，莺落峡断面设计的年来水量为 15.7 亿 m^3，属平水年；模拟调度方案累计闭口时间 71d。根据“97”分水方案，正义峡断面年度应下泄水量 9.38 亿 m^3，计算得下泄水量 8.38 亿 m^3，计算得下泄水量比要求的下泄指标少下泄水量 1.00 亿 m^3。中游缺水量 0.41 亿 m^3，基本满足用水需求，但中游地下水开采量较大，达 7.21 亿 m^3。狼心山下泄水量 4.07 亿 m^3，不能满足现阶段绿洲生态需水要求。

综上所述，在平水年份，不同来水情景下，计算得到的下泄水量差异较大，6 月来水为主的年份可以完成分水指标，其他来水情景比要求的下泄指标少，不能完成分水方案，来水越丰，欠下游水量越多。中游地表水引水量和地下水开采量可基本满足中游用水需求，但存在地下水超采现象逐步加剧的现象。狼心山下泄水量在 4 亿 m^3 左右，难以满足现阶段生态需求。现有工程情况下，不同来水情景对黑河水资源配置格局有一定影响。

（4）在 75% 来水年份，不同来水情景下水量分配

以 9 月来水为主情景，该情景代表年为 1971 ~ 1972 年，莺落峡断面设计的年来水量为 13.98 亿 m^3，属枯水年；模拟调度方案累计闭口时间 43d。根据“97”分水方案，正义峡断面年度应下泄水量 7.38 亿 m^3，计算得下泄水量 9.27 亿 m^3，计算得下泄水量比要求的下泄指标多下泄水量 1.89 亿 m^3，超额完成分水指标。中游缺水量 0.45 亿 m^3，基本满足用水需求，但中游地下水开采量较大，达 7.66 亿 m^3。狼心山下泄水量 5.23 亿 m^3，可满足现阶段绿洲生态需水要求。

以7月来水为主情景，该情景代表年为1994～1995年，莺落峡断面设计的年来水量为14.06亿m^3，属枯水年；模拟调度方案累计闭口时间41d。根据“97”分水方案，正义峡断面年度应下泄水量7.46亿m^3，计算得下泄水量7.36亿m^3，计算得下泄水量比要求的下泄指标少下泄水量0.1亿m^3，基本完成分水指标。中游缺水量0.14亿m^3，基本满足用水需求，但中游地下水开采量较大，达7.65亿m^3。狼心山下泄水量3.67亿m^3，不能满足现阶段绿洲生态需水要求。

以7月、8月来水为主情景，该情景代表年为1997～1998年，莺落峡断面设计的年来水量为13.88亿m^3，属枯水年；模拟调度方案累计闭口时间45d。根据“97”分水方案，正义峡断面年度应下泄水量7.28亿m^3，计算得下泄水量7.20亿m^3，比要求的下泄指标少下泄水量0.08亿m^3，基本完成分水指标。中游缺水量0.31亿m^3，基本满足用水需求，但中游地下水开采量较大，达7.40亿m^3。狼心山下泄水量3.69亿m^3，不能满足现阶段绿洲生态需水要求。

综上所述，在枯水年份，不同来水情景下，计算得下泄水量差异较大，9月来水为主的年份可以超额完成分水指标，其他来水情景基本可以完成。中游地表水引水量和地下水开采量可基本满足中游用水需求，但地下水超采较多。狼心山下泄水量在以9月来水为主的年份，下销量较大，可以满足现阶段生态需求，其他来水年份在4亿m^3以下，难以满足现阶段生态需求。现有工程情况下，不同来水情景对黑河水资源配置格局有一定影响。

（5）在90%来水年份，不同来水情景下水量分配

以8月来水为主情景，该情景代表年为1970～1971年，莺落峡断面设计的年来水量为11.48亿m^3，属特枯年份；模拟调度方案累计闭口时间0。根据“97”分水方案，正义峡断面年度应下泄水量4.88亿m^3，计算得下泄水量5.60亿m^3，计算得下泄水量比要求的下泄指标多下泄水量0.72亿m^3，超额完成分水指标。中游缺水量0.2亿m^3，基本满足用水需求，但中游地下水开采量较大，达8.27亿m^3。狼心山下泄水量2.84亿m^3，不能满足现阶段绿洲生态需水要求。

以7月来水为主情景，该情景代表年为1962～1963年，莺落峡断面设计的年来水量为11.79亿m^3，属特枯年份；模拟调度方案累计闭口时间0。根据“97”分水方案，正义峡断面年度应下泄水量5.19亿m^3，计算得下泄水量6.80亿m^3，计算得下泄水量比要求的下泄指标多下泄水量1.61亿m^3，超额完成分水指标。中游缺水量0.33亿m^3，基本满足用水需求，但中游地下水开采量较大，达8.07亿m^3。狼心山下泄水量3.44亿m^3，不能满足现阶段绿洲生态需水要求。

以7月、8月来水为主情景，该情景代表年为1991～1992年，莺落峡断面设计的年来水量为12.84亿m^3，属特枯年份；模拟调度方案累计闭口时间0。根据“97”分水方案，正义峡断面年度应下泄水量6.24亿m^3，计算得下泄水量6.16亿m^3，计算得下泄水量比要求的下泄指标少下泄水量0.07亿m^3，完成分水指标。中游缺水量0.23亿m^3，基本满足用水需求，但中游地下水开采量较大，达7.94亿m^3。狼心山下泄水量3.24亿m^3，不能满足现阶段绿洲生态需水要求。

综上所述，在特枯年份，不同来水情景下，均可以完成分水指标。中游地表水引水量和地下水开采量可基本满足中游用水需求，但地下水超采较多。狼心山下泄水量不能满足现阶段生态需求，在现有工程情况下，如果发生连续枯水年份，黑河下游生态环境将受到不利影响。

6.5 分配方案适应性综合评价

6.5.1 评价原则、评价指标及评分标准

按照国家要求，在水利部、黄河水利委员会的安排和部署下，2000 年 7 月启动了黑河水资源统一管理和水量统一调度工作。自 2000 年水利部正式启动黑河流域省级分水工作以来，黑河水量调度以国务院批准的“97”分水方案为依据，由黄河水利委员会负责调度管理，已顺利实施十几年。连续十几年的黑河水量调度，黑河上游生态环境得到明显改善；中游张掖市已建成全国节水型社会建设示范城市，经济社会得到快速发展；进入下游水量逐年增加，有效遏制了黑河下游生态环境恶化的趋势，促进了全流域社会经济的可持续发展，取得了巨大的生态效益和社会效益。

随着经济社会的发展和中下游用水需求的不断提高，按照黑河“97”分水方案下泄指标要求，正义峡下泄水量实际上难以达成目标，黑河干流调水方案存在的问题和不足也逐渐凸显出来。因此，科学评价“97”分水方案的适应性，进一步明晰分水方案实施效果的影响因素，力图用相关数学理论方法准确的评价分水方案实施效果，并为进一步优化分水方案提供技术支撑。

黑河流域“97”分水方案实施 13 年来，正义峡下泄水量比 20 世纪 90 年代显著增多，但仍然完成不了分水方案要求的下泄指标。为了评价“97”分水方案的适应性，按照科学性、代表性、特殊性、可行性原则选取相关指标。

1）科学性：所选取的指标能反映研究区的因素对分水方案实施效果的影响。

2）代表性：所选取的指标能代表研究区所有因素对分水方案实施效果的影响，即这几个因素能综合反映所有因素综合起来对黑河水资源时空分布的作用。

3）特殊性：对于黑河流域与中游甘州、临泽、高台三县（区）的特点，选取的指标能反映其特殊性。

4）可行性：所选取的指标易于获取，容易统计与量化。

根据实地考察调研、研究相关报告及阅读参考文献，结合中游甘州、临泽、高台三县（区）在社会经济发展、气候及水文情势方面发生的变化，综合考虑得到分水方案实施效果、水文情势、管理手段与工程、方案技术特点等作为分水方案适应性的评价指标（表 6-14、图 6-37）。

表 6-14　黑河“97”分水方案适应性评价指标和评价标准表

指标体系			单位	代码	计算公式或描述	0～20 分	20～40 分	40～60 分	60～80 分	80～100 分
分水方案实施效果指标	经济增长率		%	x_1	100%×(当年经济总量-上年经济总量)/上年经济总量	<5.1 或>22.5	5.1～7.2	7.2～9.6	9.6～12.5	12.5～22.5
	人口增长率		%	x_2	100%×(当年人口总量-上年人口总量)/上年人口总量	<0 或>3.5	0～0.2	0.2～0.6	0.6～1.5	1.5～3.5
	粮食产量增长率		%	x_3	100%×(当年粮食总产量-上年粮食总产量)/上年粮食总产量	<0.8 或>9.5	0.8～2.5	2.5～4.6	4.6～6.5	6.5～9.5
	农业用水比例		%	x_4	100%×农业用水量/总用水量	0%～20%或95%～100%	20%～50%	85%～95%	70%～85%	50%～70%
	生态环境用水比例		%	x_5	100%×中游生态用水量/中游总用水量	<1%	1%～2%	2%～3%	3%～5%	>5%
	中游绿洲增长率		%	x_6	100%×中游绿洲增加面积/中游绿洲原有面积	<-5%	-5%～0	0	0～5%	>5%
	下游绿洲增长率		%	x_7	100%×下游绿洲增加面积/下游绿洲原有面积	<-5%	-5%～-2%	-2%～2%	2%～5%	>5%
	中游地下水水位变幅		m	x_8	中游地下水位相对于合理水位的变化幅度	±15%	±10%	±5%	±3%	0
	下游地下水水位变幅		m	x_9	下游地下水位相对于合理水位的变化幅度	±15%	±10%	±5%	±3%	0
	正义峡下泄水量偏差		%	x_{10}	下泄水量相对于分水方案的偏差	<-10%	-10%～-5%	-5%～-1%	-1%～5%	>5%
水文情势指标	莺落峡水文过程	关键调度期(7 月 1 日～8 月 31 日)	m^3/s	x_{11}	莺落峡流量为多少正义峡下泄效果较好	<80	80～125	125～140	140～185	>185
		关键调度期(9 月 1 日～11 月 10 日)	m^3/s		莺落峡流量为多少正义峡下泄效果较好	<80	80～125	125～140	140～185	>185
	莺落峡来水量对分水方案适应性		—	x_{12}	丰、平、枯哪些年份能较好完成分水方案	特丰或者特枯年份	偏丰年份	枯水年份或丰水年份	偏枯年份	平水年

续表

指标体系			单位	代码	计算公式或描述	0~20 分	20~40 分	40~60 分	60~80 分	80~100 分
水文情势指标	上中游地区降水量同步性		—	x_{13}	上中游地区降水量丰枯的同步性	<0.5	0.5~0.7	0.7~0.85	0.85~0.95	>0.95
	莺落峡来水与中游作物需水的匹配度		—	x_{14}	莺落峡来水与中游作物需水的协调度	<0.2	0.2~0.4	0.4~0.6	0.6~0.8	>0.8
	正义峡下泄水量与下游生态需水的匹配度		—	x_{15}	正义峡下泄水量与下游生态需水过程的协调度	<0.5	0.5~0.7	0.7~0.85	0.85~0.95	>0.95
管理手段与工程指标	闭口时间长度	关键调度期（7 月 1 日~8 月 31 日）	天	x_{16}	闭口时间多长下泄效果较好	<5	5~8	8~12	12~20	>20
		关键调度期（9 月 1 日~11 月 10 日）	天		闭口时间多长下泄效果较好	<30	30~38	38~45	45~55	>55
	闭口期间下泄量	关键调度期（7 月 1 日~8 月 31 日）	亿 m^3	x_{17}	闭口期间下泄比例多少分水效果较好	<0.4	0.4~0.6	0.6~0.9	0.9~1.2	>1.2
		关键调度期（9 月 1 日~11 月 10 日）	亿 m^3		闭口期间下泄比例多少分水效果较好	<0.6	0.6~0.8	0.8~1.2	1.2~1.8	>1.8
	耕地面积变化		%	x_{18}	中游耕地面积变化是否处于正常变化	>1.5	0.7~1.5	0.7~0.4	0.4~0.1	<0.1
	灌溉水利用系数		—	x_{19}	灌入田间供给作物的水量与渠首引水总量比值	<0.2	0.2~0.4	0.4~0.6	0.6~0.8	>0.8
	政策办法的适合度		—	x_{20}	政策办法是否有利于分水	非常不适合	不适合	较适合	适合	非常适合
	调度方案的科学性		—	x_{21}	调度方案是否科学合理	非常不合理	不合理	较合理	合理	非常合理
	水利工程的调节能力		—	x_{22}	水利工程对于分水的调节能力	非常弱	较弱	一般	较强	非常强
方案技术特点指标	分水方案的可操作弹性		—	x_{23}	分水方案插值是否有可调节或者选择的余地	非常弱	较弱	一般	较强	非常强
	分水方案的全面性		—	x_{24}	分水方案是否考虑了特丰、特枯年份	非常不全面	不全面	较全面	全面	非常全面

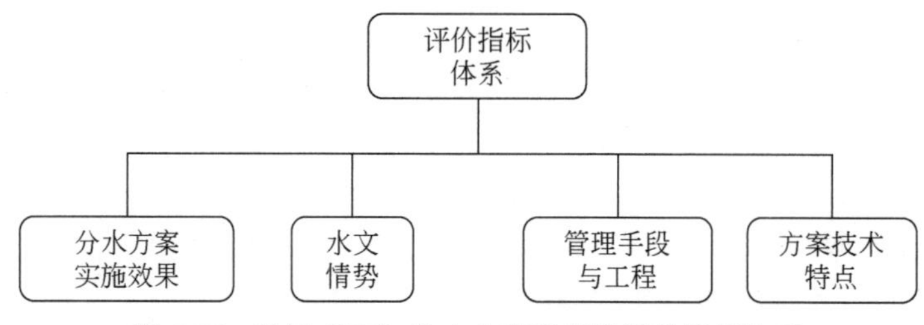

图6-37　黑河“97”分水方案适应性评价指标体系

划分适应性评价分数段时，评价分数段太少显得过于粗糙，不利于提高评价的精度，评价分数段太多，则过于烦琐，此处将适应性评价分数分为5段：20分及以下（适应性弱）、20～40分（适应性较弱）、40～60分（适应性中等）、60～80分（适应性较好）、80～100分（适应性好）。

6.5.2　评价指标标准与评价方法

评价指标标准划分依据主要分为以下四类：①国家标准、规范或者法规，如三条红线、节水型社会规划等；②参考国内外普遍认可的标准，如人均水资源量所对应的等级；③参考国家关于某些发展规划的指标值，或发达国家或地区的指标实际值，结合相关理论分析来确定指标标准；④通过类比方法，参照相关研究文献，结合研究区域的情形来确定。

（1）分水方案实施效果指标的标准划分依据

1）经济增长率、人口增长率、粮食产量增长率、农业用水比例：这些指标根据全国平均水平或者甘肃、青海、内蒙古等地的数据来确定标准。

2）生态环境用水比例：根据《黑河近期治理规划》里面的数据作为评价标准。

3）中、下游绿洲增长率：将20世纪80年代中、下游绿洲面积作为标准。

4）中、下游地下水水位变幅：将中、下游地下水合理范围数据作为标准。

5）正义峡下泄水量偏差：将分水方案要求的下泄水量作为标准。

（2）水文情势指标的标准划分依据

1）莺落峡水文过程：根据莺落峡来水量与正义峡下泄比例的响应关系来确定分水方案要求下泄比例下的莺落峡最小流量过程，以此作为标准。

2）莺落峡来水量对分水方案适应性：根据2000～2012年正义峡能够完成下泄指标所代表的年份作为评价标准。

3）上中游地区降水量同步性：根据公式计算自相关系数作为标准。

4）莺落峡来水与中游作物需水的匹配度、正义峡下泄水量与下游生态需水的匹配度：根据公式计算协调度作为标准。

（3）管理手段与工程指标的标准划分依据

1）闭口时间长度：根据闭口时间长度与正义峡下泄比例的响应关系来确定分水方案要求下泄比例下的最短闭口时间，以此作为标准。

2）闭口期间下泄量：根据闭口期间下泄量与正义峡下泄比例的响应关系来确定分水

方案要求下泄比例下的最小下泄水量，以此作为标准。

3）耕地面积变化：根据《黑河近期治理规划》里面的数据作为评价标准。

4）灌溉水利用系数：根据三条红线或者《黑河近期治理规划》来确定评价标准。

5）政策办法的适合度、调度方案的科学性：根据问卷调查来评价。

6）水利工程的调节能力：根据调节系数公式计算得到相关标准。

（4）方案技术特点指标的标准划分依据

分水方案的可操作弹性、分水方案的全面性：根据问卷调查来评价。

层次分析法（analytic hierarchy process，AHP）是美国运筹学家 Saaty 于 20 世纪 70 年代提出的，它是对方案的多指标系统进行分析的一种层次化、结构化决策方法，它将决策者对复杂系统的决策思维过程模型化、数量化。应用这种方法，决策者通过将复杂问题分解为若干层次和若干因素，在各因素之间进行简单的比较和计算，就可以得出不同方案的权重，为最佳方案的选择提供依据。运用 AHP 方法，大体可分为以下 4 个步骤。

步骤 1：分析系统中各因素间的关系，对同一层次各元素关于上一层次中某一准则的重要性进行两两比较，构造两两比较的判断矩阵。

步骤 2：由判断矩阵计算被比较元素对于该准则的相对权重，并进行判断矩阵的一致性检验。

步骤 3：计算各层次对于系统的总排序权重，并进行排序。

步骤 4：得到各方案对于总目标的总排序。

层次分析法的一个重要特点就是用两两重要性程度之比的形式表示出两个方案的相应重要性程度等级，如对某一准则，对其下的各方案进行两两对比，并按其重要性程度评定等级。本次评价指标的评定等级量化值见表 6-15。

表 6-15　评价指标的评定等级量化值

指标比指标	量化值
同等重要	1
稍微重要	3
较强重要	5
强烈重要	7
极端重要	9
两相邻判断的中间值	2，4，6，8

根据层次分析法确定权重的原理及相关步骤，得到本次适应性评价指标体系各指标的权重。

6.5.3　评价指标计算

（1）经济增长率

此次评价的是“97”分水方案是否能够承载 2000～2012 年中游地区的经济增长率。为了较为科学与准确的表征近年的经济增长速度，选取 2000～2012 年经济增长率的平均值作为计算评价值。根据张掖市统计年鉴，得到2000～2012年的经济增长率，见表6-16。

表6-16 2000～2012年的经济增长率 (单位:%)

项目	年份												
	2000	2001	2002	2003	2004	2005	2006	2007	2008	2009	2010	2011	2012
经济增长率	8.1	14.7	12.8	11.3	10.2	9.2	14.4	16.9	17.3	10.5	10.8	20.7	13.7
经济增长率平均值	13.1												

根据评价标准值表，此项指标的评价值为76分，适用性较好。

(2) 人口增长率

此次评价的是“97”分水方案是否能够承载2000～2012年中游地区的人口增长率。为了较为科学与准确的表征近年的人口增长速度，选取2000～2012年人口增长率的平均值作为计算评价值。根据张掖市统计年鉴，得到2000～2012年的人口增长率，见表6-17。

表6-17 2000～2012年的人口增长率 (单位:%)

项目	年份												
	2000	2001	2002	2003	2004	2005	2006	2007	2008	2009	2010	2011	2012
人口增长率	4.3	1.0	1.7	-0.2	-0.2	0.5	0.6	0.9	0.5	0.5	0.3	0.1	0.2
人口增长率平均值	0.78												

根据评价标准值表，此项指标的评价值为65分。

(3) 粮食产量增长率

此次评价的是分水后中游粮食产量的变化率是否适应中游地区的水资源承载能力。为了较为科学与准确的表征近年的粮食产量增长速度，选取2000～2012年粮食产量增长率的平均值作为计算评价值。根据张掖市统计年鉴，得到2000～2012年的粮食产量增长率，见表6-18。

表6-18 2000～2012年的粮食产量增长率 (单位:%)

项目	年份												
	2000	2001	2002	2003	2004	2005	2006	2007	2008	2009	2010	2011	2012
粮食产量增长率	1.2	-0.3	-0.3	-0.3	-0.3	-0.3	1.9	4.5	2.0	8.5	6.1	5.5	7.2
粮食产量增长率平均值	2.7												

根据评价标准值表，此项指标的评价值为47分。

(4) 农业用水率

此次评价的是农业用水量占总用水量的比例，2000年分水实施以来，在中游地区用水结构中，农业用水比例达87%，其中灌溉用水又占农业用水的90%以上。

根据评价标准值表，此项指标的评价值为55分，适应性中等。

(5) 生态环境用水比例

此次评价的是“97”分水方案实施后能够维持的生态环境用水比例，为了较为科学与准确地表征近年的生态环境用水比例，选取2011年的水利普查数据作为计算评价值。

根据评价标准值表，此项指标的评价值为85分，适用性好。

(6) 中游绿洲增长率

此次评价的是“97”分水方案实施后生态环境用水比例的变化。为了较为科学与准确地表征中游绿洲增长率，中游原有绿洲面积采用20世纪80年代的数据，现状绿洲采用2009年的数据，根据《黑河流域近期治理后评估报告》结果，80年代绿洲面积为3245km^2，2009年的绿洲面积为3219km^2。

根据评价标准值表，此项指标的评价值为77分，适用性较好。

(7) 下游绿洲增长率

下游绿洲增长率指中游绿洲的增加面积和原有绿洲面积的比值，下游原有绿洲面积采用20世纪80年代的数据，现状绿洲采用2009年的数据。下游原有绿洲面积采用80年代的数据，现状绿洲采用2009年的数据，根据《黑河流域近期治理后评估报告》结果，80年代绿洲面积为5309km^2，2009年的绿洲面积为5138km^2。

根据评价标准值表，此项指标的评价值为80分，适用性较好。

(8) 中游地下水水位变幅

中游地下水位变幅指中游地下水位和原有地下水位的差值，中游原有地下水位采用20世纪80年代的数据，现状地下水位采用2012年的数据。根据研究结果，中游各灌区地下水埋深需要维持在2.5～4.0m，才能达到一个合理的平衡点，维持植被的正常生长。

根据评价标准值表，此项指标的评价值为65分，适用性中等。

(9) 下游地下水位水位变幅

下游地下水位变幅指下游地下水位和原有地下水位的差值，下游原有地下水位采用20世纪90年代的数据，现状地下水位采用2009年的数据。根据《黑河流域近期治理后评价》结果，额济纳绿洲2009年的地下水位较1999年平均回升了0.57m。

根据评价标准值表，此项指标的评价值为92分，适用性好。

(10) 正义峡下泄水量偏差

此次评价的是分水方案实施后，正义峡实际下泄水量相对于“97”分水方案的偏差。根据2000～2012年正义峡实际下泄水量与下泄指标，得到正义峡下泄水量的平均偏差为-8.1%，即正义峡少下泄的水量相对于下泄指标的偏差。

根据评价标准值表，此项指标的评价值为37分，适应性较弱。

(11) 莺落峡水文过程

此次评价在关键调度期的不同时段，根据已经研究得到的莺落峡流量大小对正义峡下泄效果影响机制成果，来评价实际下泄水量是否适应分水要求的下泄指标要求。根据2000～2012年莺落峡来水过程，得到关键调度期7月1日～8月31日莺落峡来水量的平均流量为121m^3/s，9月1日～11月10日的平均流量为152m^3/s。

根据评价标准值表，关键调度期7月1日～8月31日的评价值为45分，关键调度期

9月1日~11月10日为73分。

(12) 莺落峡来水量对分水方案适应性

分水方案实施后，根据分析研究可知，平水年和偏枯水年正义峡实际下泄水量比较接近当年下泄指标，部分年份还能超额完成下泄指标任务，而偏丰水年、丰水年正义峡下泄水量均有欠账，在丰水年正义峡下泄水量欠账更多，表现为莺落峡来水量越丰，超过多年平均径流量15.8亿m^3后，正义峡下泄水量年均欠账增加。此次评价的是分水方案实施后，莺落峡来水量对于“97”分水方案的适应性。根据2000~2012年莺落峡来水量，得到多年平均径流量为17.6亿m^3，来水量偏丰。

根据评价标准值表，此项指标的评价值为38分，适应性较弱。

(13) 上中游地区降水量同步性

上中游地区降水量同步性是指上中游地区降水量丰枯的同步性。

根据评价标准值表，此项指标的评价值为55分，适用性中等。

(14) 莺落峡来水与中游作物需水的匹配度

当莺落峡来水过程与中游作物需水能很好地匹配时（其中这种匹配主要包含来水量与需水量的匹配、来水过程与需水过程的匹配），将会有更多的时间开展“全线闭口、集中下泄”措施。通过计算协调度，得到莺落峡来水过程与中游作物需水的匹配度为0.55。

根据评价标准值表，此项指标的评价值为57分。

(15) 正义峡下泄水量与下游生态需水的匹配度

正义峡下泄水量与下游生态需水的匹配度是指正义峡下泄水量与下游生态需水过程的协调度。根据《黑河流域近期治理后评价》报告，黑河下游1987年生态用水量为5.01亿m^3，2009年生态用水量为5.52亿m^3。

根据评价标准值表，此项指标的评价值为88分，适应性好。

(16) 闭口时间长度

此次评价在关键调度期的不同时段，根据已经研究得到的闭口时间长短对正义峡下泄效果影响机制成果，来评价实际闭口时间长短是否适应分水要求的下泄指标要求。根据2000~2012年闭口过程，得到关键调度期7月1日~8月31日闭口的平均天数为10d，9月1日~11月10日的平均流量为50d。

根据评价标准值表，关键调度期7月1日~8月31日的评价值为48分，关键调度期9月1日~11月10日的评价值为70分。

(17) 闭口期间下泄量

此次评价在关键调度期的不同时段，根据已经研究得到的闭口期间正义峡下泄水量对下泄效果影响机制成果，来评价实际闭口期间正义峡下泄水量是否适应分水要求的下泄指标要求。根据2000~2012年闭口期间正义峡下泄水量，得到关键调度期7月1日~8月31日闭口期间正义峡下泄水量平均为0.85亿m^3，9月1日~11月10日闭口期间正义峡下泄水量平均为1.43亿m^3。

根据评价标准值表，关键调度期7月1日~8月31日的评价值为56分，关键调度期9月1日~11月10日的评价值为65分。

(18) 耕地面积变化

此次评价的是“97”分水方案实施后耕地面积的变化，为了较为科学与准确地表征2000～2012年耕地面积变化，选取2000～2012年耕地面积变化率的平均值作为计算评价值，计算得到耕地面积变化率为0.9。

根据评价标准值表，此项指标的评价值为36分，适应性较弱。

(19) 灌溉水利用系数

灌溉水利用系数是指灌入田间供给作物的水量与渠首引水总量比值，根据中游地区的水利年报，得到中游地区的灌溉水利用系数为0.58。

根据评价标准值表，此项指标的评价值为58分，适应性中等。

(20) 政策办法的适合度

政策办法的适合度主要是指政策办法是否有利于分水。根据专家打分的方式进行评价。

根据打分的结果，此项指标的评价值为71分，适应性较好。

(21) 调度方案的科学性

调度方案的科学性主要是指调度方案是否科学合理。根据专家打分的方式进行评价。

根据打分的结果，此项指标的评价值为76分，适应性较好。

(22) 水利工程的调节能力

水利工程的调节能力主要是指水利工程对于分水的调节能力。根据专家打分的方式进行评价。

根据打分的结果，此项指标的评价值为49分，适应性中等。

(23) 分水方案的可操作弹性

分水方案的可操作弹性主要是指分水方案操作是否有可调节或者选择的余地。根据专家打分的方式进行评价。

根据打分的结果，此项指标的评价值为56分，适应性中等。

(24) 分水方案的全面性

方案的全面性主要是指分水方案是否考虑了特丰、特枯年份等。根据专家打分的方式进行评价。

根据打分的结果，此项指标的评价值为48分，适应性中等。

6.5.4 评价结果及分析

分水方案适应性评价总分数计算公式：

$$C = \sum_{i=0}^{n} S_i \times w_i \tag{6-4}$$

式中，C 为分水方案适应性评价总分数；S_i 为第 i 个指标的评价分数；w_i 为第 i 个指标的权重。

根据各指标的评价分数及各评价指标的权重，按照式（6-4）计算得到黑河干流水量分配方案的适应性评价总分数为60.5分（表6-19），分水方案实施效果指标总分为27.28

表 6-19　黑河“97”分水方案适应性评价分数表

代码	指标体系			权重	各指标得分	各指标权重分数
x_1	分水方案实施效果指标	经济增长率		0. 024	80	1. 94
x_2		人口增长率		0. 008	80	0. 66
x_3		粮食产量增长率		0. 011	60	0. 68
x_4		农业用水比例		0. 054	60	3. 26
x_5		生态环境用水比例		0. 049	80	3. 95
x_6		中游绿洲增长率		0. 033	80	2. 65
x_7		下游绿洲增长率		0. 034	80	2. 69
x_8		中游地下水水位变幅		0. 028	80	2. 23
x_9		下游地下水水位变幅		0. 078	80	6. 23
x_{10}		正义峡下泄水量偏差		0. 080	40	3. 19
x_{11}	水文情势指标	莺落峡水文过程	关键调度期(7 月 1 日 ~8 月 31 日)	0. 025	40	1. 01
			关键调度期(9 月 1 日 ~11 月 10 日)	0. 018	80	1. 41
x_{12}		莺落峡来水量对分水方案适应性		0. 053	40	2. 12
x_{13}		上中游地区降水量同步性		0. 078	60	4. 69
x_{14}		莺落峡来水过程与中游作物需水的匹配度		0. 071	60	4. 24
x_{15}		正义峡下泄水量与下游生态需水的匹配度		0. 035	80	2. 82

续表

代码	指标体系			权重	各指标得分	各指标权重分数
x_{16}	管理手段与工程指标	闭口时间长度	关键调度期(7 月 1 日 ~8 月 31 日)	0.018	60	1.09
			关键调度期(9 月 1 日 ~11 月 10 日)	0.009	80	0.73
x_{17}		闭口期间下泄量	关键调度期(7 月 1 日 ~8 月 31 日)	0.023	60	1.36
			关键调度期(9 月 1 日 ~11 月 10 日)	0.014	80	1.09
x_{18}		耕地面积变化		0.036	40	1.45
x_{19}		灌溉水利用系数		0.027	60	1.64
x_{20}		政策办法的适合度		0.023	80	1.82
x_{21}		调度方案的科学性		0.018	80	1.45
x_{22}		水利工程的调节能力		0.052	60	3.11
x_{23}	方案技术特点指标	分水方案的可操作弹性		0.055	60	3.30
x_{24}		方案的全面性		0.045	40	1.80
总分						60.5

分，水文情势指标总分为15.87分，管理手段与工程指标为12.09分，方案技术特点指标为5.24分。从评价结果来看，由于外部原因及分水方案本身的技术特点，分水方案在实施过程中还存在较多的问题，评价分值偏低。其中，正义峡下泄水量偏差、关键调度期(7月1日~8月31日）莺落峡水文过程、莺落峡来水量对分水方案适应性、耕地面积变化、方案的全面性这些指标的评价分数较低，说明莺落峡来水过程、中游耕地面积、丰平枯年份、分水方案本身等对正义峡下泄水量影响较大。

6.6 “97”分水方案适应性分析

综上可以看出，在现状需水条件下，黑河水量调度不能完成“97”分水方案的指标要求；在中游退耕至2000年水平的情况下，可以完成“97”分水方案的分水要求，但中游灌溉保证率不高，而且都存在地下水超采的情况；黄藏寺水库水利枢纽建成后，按照既定的调度运行方案，虽然在各种来水年份正义峡以下分水指标能基本得以实现，但中游地区只有通过地下水超采才能保证农业灌溉用水。其主要原因，一是分水前后黑河水系连通性发生了较大变化，支流入黑河水量锐减，丰水年黑河干流得不到支流补充，影响了正义峡下泄水量；二是中游经济社会发展，特别是中游扩耕使中游耗水增加；三是“97”分水方案没有对大于90%和小于10%的来水年的分水做出具体规定，而近年来连续丰水给分水方案具体实施造成了一定的困难。经济社会和生态环境竞争性用水是黑河水资源管理面临的难题，黑河流域中游产业结构单一，农业是当地经济的主要经济命脉，农业用水占中游用水总量的80%以上，尽管黑河中游灌区近年来高新节水面积不断增多，但耕地面积也在持续扩张，用水需求增长给黑河水资源管理带来巨大的压力。由此可见，基于20世纪80年代中期黑河经济社会和水文条件的“97”分水方案，与黑河流域水资源演变与开发利用及其经济社会发展现状有较明显的不适应，因此适时调整中下游分水方案应尽快提上相关部门的议事日程。

6.7 本章小结

1）分水方案实施前后黑河经济社会、气象水文及水系连通性发生了较大变化，基于20世纪80年代中期黑河经济社会和水文条件的“97”分水方案与黑河现状存在一定的不适应问题。

2）通过构建黑河水资源配置模型对长系列年水量分配各种情景的模拟表明：现状需水条件完成不了“97”分水分案的分水要求；中游退耕至2000年《黑河近期治理规划》要求的耕地面积时，勉强可以完成分水指标的要求，但存在中游地下水超采的问题；未来黄藏寺水库建成运行后，分水指标能较好地完成，但代价是中游地区将长期超采地下水以保证其农业灌溉用水，中游生态风险将不断聚集。

3）针对黑河分水方案中存在的适应性问题，应统筹考虑分水方案制订的历史条件和时代背景，制订分水方案背景变化情况下的科学水量分配体系，进一步完善分水方案。

第 7 章　“97”分水方案优化研究

随着经济社会的快速发展，流域上下游、左右岸、不同部门间产生竞争型用水，河流的水量合理分配关系到流域内不同区域经济社会和生态环境的可持续发展，尤其对水量相对不足的干旱地区更为重要。制订分水方案或分水协议对激励用水者提高用水效率、促进区域水资源配置趋于合理高效方面有不可替代的作用。早在 1884 年，新南威尔士州、维多利亚州与南澳大利亚州签署了《墨累河河水管理协议》，这是澳大利亚历史上第一个分水协议；1922 年，科罗拉多河水权分配法案实施；1987 年，黄河分水方案得到国务院批复，制订了流域各省（自治区）可消耗的水资源量（“八七”分水方案）；1997 年，黑河分水方案得到水利部批复，规定了不同来水年中游和下游水量分配方案（“97”分水方案）。上述分水方案的实施促进了流域水资源合理、高效的利用，但基于分水方案制订时认识的局限性，分水方案在实施后也面临不同问题，墨累河分水协议中没有考虑生态环境用水；科罗拉多河水权分配法案后来增加了若干分水法案才得到完善；黄河“八七”分水方案也有需要继续完善的地方。

黑河“97”分水方案实施前后由于背景条件的变化及分水曲线自身的特点，在现状需水条件下，黑河水量调度不能完成“97”分水方案的分水要求；在中游退耕至 2000 年水平和《黑河近期治理规划》要求的耕地面积的情况下，可以完成“97”分水方案的分水要求，但中游灌溉保证率不高，而且都存在地下水超采的情况。其主要原因：一是分水前后黑河水系连通性发生了较大变化，支流入黑河水量锐减，丰水年黑河干流得不到支流补充，影响了正义峡下泄水量；二是中游经济社会发展，特别是中游扩耕，使中游耗水增加；三是“97”分水方案没有对大于 90% 和小于 10% 的来水年的分水做出具体规定，而近年来连续丰水，给分水方案具体实施造成一定的困难。因此，基于 20 世纪 80 年代中期黑河经济社会和水文条件的“97”分水方案与黑河现状存在一定的不适应性。

黑河流域经济社会和生态环境竞争性用水是黑河水资源管理面临的难题，黑河中游产业结构单一，农业是当地经济的主要经济命脉，农业用水占中游用水总量的 80% 以上，尽管黑河中游灌区近年来高新节水面积不断增多，但耕地面积也在持续扩张，用水需求增长给黑河水资源管理带来了巨大的压力。因此，要解决黑河中下游、经济社会和生态环境间的用水矛盾，一方面要“以水定产，量水而行”，调整黑河中游产业结构，发展高效用水行业。另一方面要针对分水方案实施前后由于背景条件的变化及分水曲线自身存在的缺陷，优化“97”分水方案，以实现中下游经济社会和生态环境的可持续发展。

7.1　分水方案优化的原则

1）中游干流灌区必须退耕至2000年水平，下游额济纳旗不再保留耕地，这是分水曲线优化的前提条件。

2）要考虑中下游不同的需水特点，中游经济社会用水要求水量过程相对稳定，额济纳绿洲生态需水需要弹性较大。

3）分水曲线优化方案要适当考虑中游生态用水和下游经济社会用水的需求。

4）分水曲线优化方案不得造成额济纳绿洲生态退化，恢复到20世纪80年代中期水平的目标不变。

7.2　现状工程条件下“97”分水方案优化研究

7.2.1　历史长系列来水条件下“97”分水方案优化研究

根据“97”分水方案自身存在的问题及背景条件的变化，提出以下三种分水优化方案（表7-1）。优化方案1：各来水年中游耗水均为6.3亿m^3；优化方案2：在90%和75%来水年分别增大中游耗水1.8亿m^3和0.6亿m^3；优化方案3：在大于90%来水年，莺落峡来水大于19亿m^3时，超过19亿m^3的水量按照中游分配40%、下游分配60%的原则划分。同时，为了保持莺落峡多年平均来水15.8亿m^3，正义峡下泄9.5亿m^3，莺落峡来水小于12.9亿m^3时，小于12.9亿m^3的水量按照中游分配60%、下游分配40%的原则划分。根据三种优化方案，利用黑河调配模型对各分水方案下水资源配置情况进行模拟。

表7-1　分水方案优化方案

项目	具体数据				
“97”分水方案					
保证率/%	90	75	50	25	10
莺落峡来水量/亿m^3	19.0	17.1	15.8	14.2	12.9
正义峡下泄水量/亿m^3	13.2	10.9	9.5	7.6	6.3
中游耗水量/亿m^3	5.8	6.2	6.3	6.6	6.6
中游用水比例/%	31	36	40	46	51
曲线斜率		1.2	1.1	1.2	1.0
优化方案1					
正义峡下泄水量/亿m^3	12.7	10.8	9.5	7.9	6.6
中游耗水增加量/亿m^3	0.5	0.1	0	-0.3	-0.3
中游用水比例/%	33	37	40	44	49
曲线斜率		1.0	1.0	1.0	1.0

续表

项目	具体数据				
优化方案 2					
正义峡下泄水量/亿 m^3	12.1	10.6	9.5	7.6	6.3
中游耗水增加量/亿 m^3	1.1	0.3	0	0	0
中游用水比例/%	36	38	40	46	51
曲线斜率		0.8	0.8	1.2	1.0
优化方案 3	莺落峡来水大于 19 亿 m^3 时，超过 19 亿 m^3 的水量按照中游分配 40%、下游分配 60% 的原则划分；同时，为了保持莺落峡多年平均来水 15.8 亿 m^3，正义峡下泄 9.5 亿 m^3，莺落峡来水小于 12.9 亿 m^3 时，小于 12.9 亿 m^3 的水量按照中游分配 60%、下游分配 40% 的原则划分				

（1）优化方案 1 模拟结果分析

利用模型模拟计算现状工程条件下长系列年优化方案 1 分水方案的完成情况。图 7-1 是现状需水条件下分水方案长系列年（1957 ~2012 年）的模拟结果，表 7-2 是正义峡断面分水指标在不同来水年的完成情况。从中可以看出，在来水特丰、偏丰、枯水和平水年份，正义峡模拟下泄量基本可以完成正义峡下泄指标，在特枯水年正义峡下泄水量比下泄指标大 0.89 亿 m^3，多年平均正义峡模拟下泄量多于正义峡下泄指标为 0.13 亿 m^3，小于调度允许偏差 5%，即 0.48 亿 m^3，可以完成"97"分水方案的分水任务。上述模拟分析表明，在现状工程条件下，中游退耕至 2000 年水平，通过对中游地表水和地下水的联合调配，以及全线闭口的优化，在多年平均条件下满足"97"分水方案正义峡下泄指标的要求。此种方案下，中游灌溉用水保证率为 52.7%，满足中游灌溉要求。但中游地下水多年平均开采量为 5.63 亿 m^3，大于中游地下水允许开采量 4.8 亿 m^3，超采 17%，属于一般超采，但仍会破坏地下水的采、补平衡，可能对中游生态环境产生不利影响。

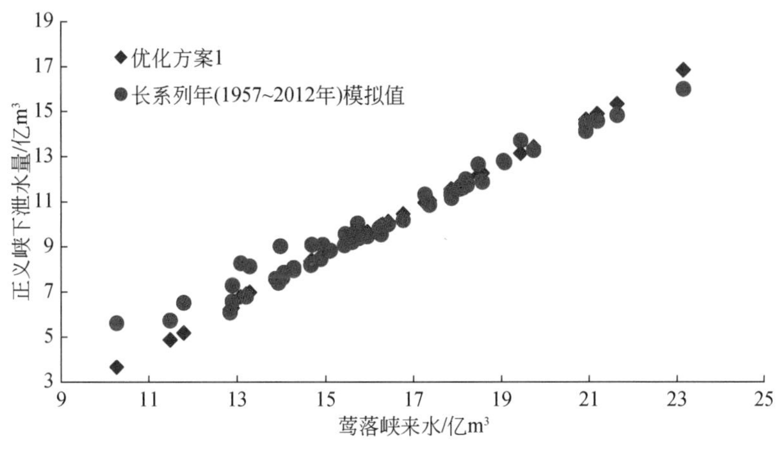

图 7-1 现状条件优化方案 1 模拟结果

表 7-2　现状工程条件下优化方案 1 不同来水年分水指标完成情况模拟　　（单位：亿 m^3）

项目	莺落峡来水	正义峡下泄指标	正义峡模拟下泄量	分水指标完成情况	中游地下水开采量	中游缺水量	中游引水量	狼心山模拟下泄量
特枯年	12.02	5.42	6.31	0.89	6.33	0.64	8.54	3.20
枯水年	14.08	7.78	8.11	0.33	5.88	0.33	9.55	4.25
平水年	15.91	9.61	9.60	-0.01	5.52	0.26	10.49	4.85
丰水年	18.08	11.78	11.66	-0.12	5.36	0.27	10.75	6.12
特丰年	20.23	13.93	13.79	-0.15	5.25	0.19	11.24	7.37
多年平均	16.16	9.83	9.96	0.13	5.63	0.28	10.22	5.18

(2) 优化方案 2 模拟结果分析

利用模型模拟计算现状工程条件下长系列年优化方案 2 分水方案的完成情况，图 7-2 是现状需水条件下分水方案长系列年（1957 ~ 2012 年）的模拟结果，表 7-3 是正义峡断面分水指标在不同来水年的完成情况。从中可以看到，在来水特丰、偏丰、枯水和平水年份，正义峡模拟下泄量基本可以完成正义峡下泄指标，在特枯水年正义峡下泄水量比下泄指标大 0.99 亿 m^3，多年平均正义峡模拟下泄量多于正义峡下泄指标为 0.04 亿 m^3，小于调度允许偏差 5%，即 0.48 亿 m^3，可以完成“97”分水方案的分水任务。上述模拟分析表明，优化方案 2 在现状工程条件下，中游退耕至 2000 年水平，通过对中游地表水和地下水的联合调配，以及全线闭口的优化，在多年平均条件下满足“97”分水方案正义峡下泄指标的要求。此种方案下，中游灌溉用水保证率为 54.5%，满足中游灌溉要求。但中游地下水多年平均开采量为 5.49 亿 m^3，大于中游地下水允许开采量 4.8 亿 m^3，超采 14%，属于一般超采，但仍会破坏地下水的采、补平衡，可能对中游生态环境产生不利影响。

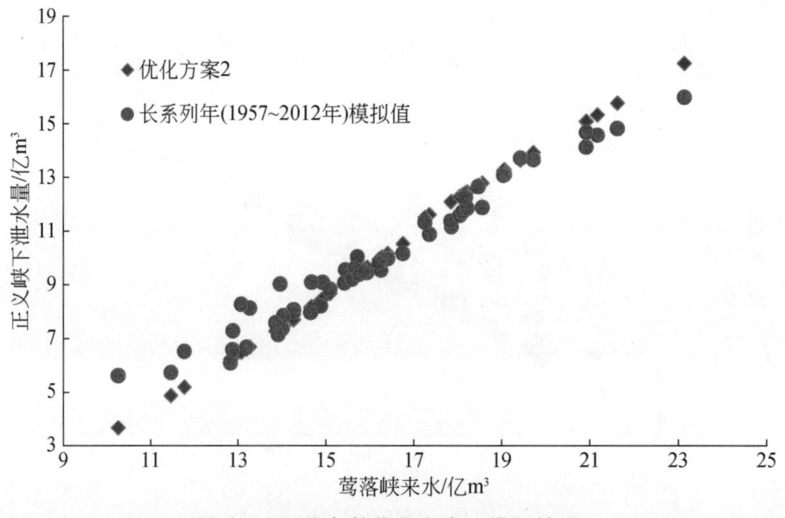

图 7-2　现状条件优化方案 2 模拟结果

表 7-3　现状工程条件下优化方案 2 不同来水年分水指标完成情况模拟　（单位：亿 m^3）

项目	莺落峡来水	正义峡下泄指标	正义峡模拟下泄量	分水指标完成情况	中游地下水开采量	中游缺水量	中游引水量	狼心山模拟下泄量
特枯年	12.02	5.42	6.41	0.99	6.43	0.40	8.54	3.20
枯水年	14.08	7.52	8.04	0.52	5.64	0.30	9.62	4.20
平水年	15.91	9.60	9.60	0.00	5.43	0.27	10.49	4.85
丰水年	18.08	12.31	11.71	-0.59	5.31	0.31	10.69	6.15
特丰年	20.23	14.41	13.91	-0.50	5.18	0.26	11.11	7.44
多年平均	16.16	9.93	9.97	0.04	5.49	0.30	10.20	5.19

(3) 优化方案 3 模拟结果分析

利用模型模拟计算现状工程条件下长系列年优化方案 3 分水方案的完成情况，图 7-3 是长系列年（1957 ~ 2012 年）模拟结果，表 7-4 是正义峡断面分水指标在不同来水年完成情况。从中可以看到，在来水特丰、偏丰、枯水和平水年份，正义峡模拟下泄量基本可以完成正义峡下泄指标，在特枯水年正义峡下泄水量比下泄指标大 0.77 亿 m^3，多年平均正义峡模拟下泄量多于正义峡下泄指标为 0.08 亿 m^3，小于调度允许偏差 5%，即 0.48 亿 m^3，可以完成“97”分水方案的分水任务。上述模拟分析表明，优化方案 3 在现状工程条件下，中游退耕至 2000 年水平，通过对中游地表水和地下水的联合调配，以及全线闭口的优化，在多年平均条件下满足“97”分水方案正义峡下泄指标的要求。此种方案下，中游灌溉用水保证率为 52.7%，满足中游灌溉要求。但中游地下水多年平均开采量为 5.41 亿 m^3，大于中游地下水允许开采量 4.8 亿 m^3，超采 12.7%，属于一般超采，但仍会破坏地下水的采、补平衡，可能对中游生态环境产生不利影响。

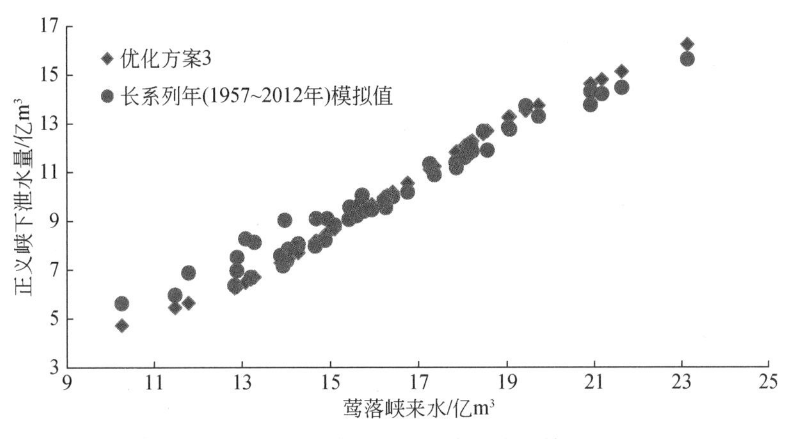

图 7-3　现状条件优化方案 3 模拟结果

表 7-4　现状工程条件下优化方案 3 不同来水年分水指标完成情况模拟　　（单位：亿 m^3）

项目	莺落峡来水	正义峡下泄指标	正义峡模拟下泄量	分水指标完成情况	中游地下水开采量	中游缺水量	中游引水量	狼心山模拟下泄量
特枯年	12.02	5.77	6.55	0.77	6.33	0.56	8.25	3.32
枯水年	14.08	7.52	8.04	0.52	5.86	0.31	9.62	4.20
平水年	15.91	9.60	9.60	0.00	5.50	0.28	10.49	4.85
丰水年	18.08	12.08	11.70	-0.38	5.34	0.31	10.71	6.14
特丰年	20.23	14.01	13.62	-0.39	5.13	0.12	11.40	7.27
多年平均	16.16	9.86	9.94	0.08	5.41	0.29	10.23	5.17

（4）优化方案选择分析

以上三种方案均可以满足正义峡下泄指标的要求，中游灌溉保证都大于 50% 的要求，把多年平均来水 16.61 亿 m^3 折算到 15.8 亿 m^3，正义峡来水量约为 9.5 亿 m^3，以上三种方案均满足“97”分水方案，即莺落峡多年平均来水 15.8 亿 m^3，正义峡下泄 9.5 亿 m^3 的要求。

从中游地下水超采情况看，优化方案 3 开采地下水 5.41 亿 m^3，超采程度最低，超采 12%，但各种方案差异不大，都属于一般超采。本书分水方案优化前提是中游退耕至 2000 年水平。对比第 5 章“97”分水方案下中游退耕至 2000 年水平模拟结果中地下水开采量为 6.3 亿 m^3，超采程度达 31%，此次优化方案显然好于“97”分水方案，更有利于采补平衡和生态环境。

优化方案 1 和优化方案 3 均考虑了调整枯水年分水曲线，导致在特枯水年份中游缺水量比优化方案 2 大，这不利于分水方案优化原则 2 确定“中游经济社会用水要求水量过程相对稳定”的要求。但从数量级上看，各方案差异不大。

优化方案 1、2、3 狼心山下泄水量分别为 5.18 亿 m^3、5.19 亿 m^3、5.17 亿 m^3，均大于中游保持现有耕地面积情况下狼心山多年平均下泄水量 4.94 亿 m^3，在中游退耕至 2000 年水平，调整分水曲线的情况下，狼心山下泄的水量更多，更有利于下游生态修复。

“97”分水方案调整不仅是一项技术工作，更是流域利益相关方协调的结果，想要改变“97”分水方案，难度很大。优化方案 1 和优化方案 2 均对“97”分水方案原有的 5 个节点做了部分调整，改变了“97”分水方案的部分内容，而优化方案 3 保留了“97”分水方案原来的 5 个节点，只是对“97”分水方案没有明确给出分水规定的来水大于 19 亿 m^3 和小于 12.9 亿 m^3 的部分进行了补充，是一种相对来说较容易实施的方案。

综上分析，本书推荐优化方案 3 作为现状工程条件“97”分水优化方案，并且中游耕地面积要退耕至 2000 年水平。

建议按分步实施的原则，当莺落峡来水大于 19 亿 m^3 和小于 12.9 亿 m^3 时，“97”分水方案中未明确给出水量分配方案先按照方案 3 在水量调度中实施。待黄藏寺工程建成运行一段时间后，视正义峡下泄水量情况，进一步考虑是否按优化方案 3 实施。

7.2.2 水文情势变化下“97”分水方案实施情况分析

2000年以来气象水文数据分析结果表明，黑河流域水文情势已经发生变化，上游出山口年径流序列出现显著增加变异。本书以1999年为分界点，对黑河流域莺落峡站和梨园堡站历史径流资料进行还现处理，莺落峡站和梨园堡站还现年径流序列多年均值比历史多年均值分别增加15%和10%，即假定未来黑河流域来水量持续保持丰水状态，对“97”分水方案的影响及优化研究。

(1) 现状需水条件下水文情势变化对“97”分水方案实施情况

利用模型模拟计算现状工程和现状需水条件下“97”分水方案的完成情况。图7-4是现状需水条件下分水方案变化水文情势下模拟结果，表7-5是正义峡断面分水指标在不同来水年完成情况。从中可以看到，多年平均正义峡模拟下泄量小于正义峡下泄指标为1.12亿m^3，远大于调度允许偏差5%，即0.55亿m^3，不能完成“97”分水方案的分水任务。在枯水、平水、丰水和特丰年份，正义峡模拟下泄量分别比下泄指标偏少0.59亿m^3、1.34亿m^3、1.9亿m^3、1.85亿m^3，不能完成正义峡下泄指标，在特枯年正义峡下泄水量小于下泄指标0.27亿m^3，上述模拟分析表明，在现状工程条件下，中游维持现状耕地面积时，通过对中游地表水和地下水进行联合调配，以及全线闭口的优化，在多年平均条件下不能满足“97”分水方案正义峡下泄指标的要求。此种方案下，中游灌溉用水保证率为58.2%，满足中游灌溉要求。但中游地下水多年平均开采量为6.3亿m^3，大于中游地下水允许开采量4.8亿m^3，超采31%，属于严重超采，破坏了地下水的采补平衡，对中游生态环境产生不利影响。

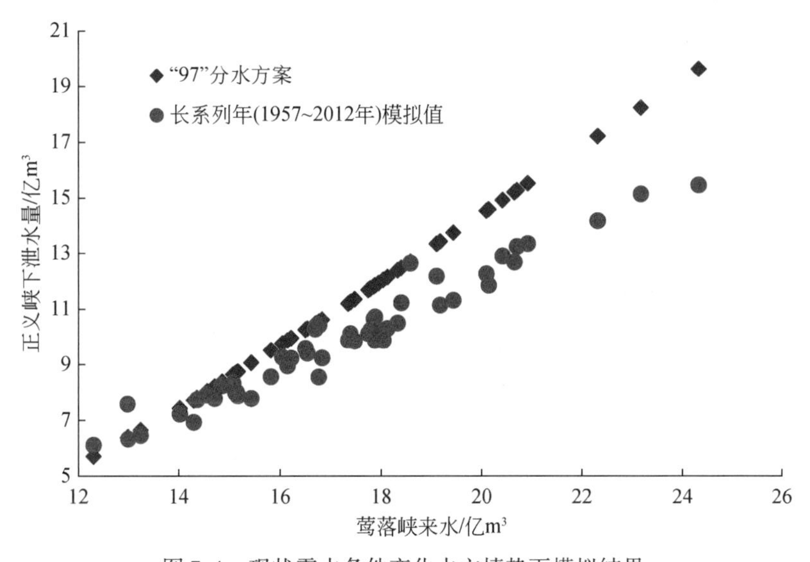

图7-4 现状需水条件变化水文情势下模拟结果

表 7-5 现状需水条件变化水文情势下不同来水年分水指标完成情况模拟 （单位：亿 m³）

项目	莺落峡来水	正义峡下泄指标	正义峡模拟下泄量	分水指标完成情况	中游地下水开采量	中游缺水量	中游引水量	狼心山模拟下泄量
特枯年	13.97	7.42	7.15	-0.27	7.05	0.35	9.51	3.73
枯水年	15.32	8.94	8.35	-0.59	6.60	0.32	10.55	4.32
平水年	17.26	11.12	9.78	-1.34	6.22	0.26	11.58	4.97
丰水年	19.08	13.29	11.39	-1.90	5.96	0.28	11.97	5.93
特丰年	20.32	14.80	12.95	-1.85	5.86	0.27	12.28	6.81
多年平均	17.26	11.19	9.97	-1.22	6.30	0.29	11.29	5.16

（2）中游退耕至2000年水文情势变化对“97”分水方案实施情况

图7-5是退耕至2000年水平时变化水文情势下长系列模拟结果，表7-6是正义峡断面分水指标在不同来水年完成情况。从中可以看到，多年平均正义峡模拟下泄量小于正义峡下泄指标为0.46亿m³，小于调度允许偏差5%，即0.55亿m³，可以完成“97”分水方案的分水任务。在丰水、特丰年份，正义峡模拟下泄量分别比下泄指标偏少0.82亿m³、0.81亿m³，不能完成正义峡下泄指标，其他来水年份可以完成“97”分水方案的指标。上述模拟分析表明，在现状工程条件下，耕地面积退耕至2000年水平时，通过对中游地表水和地下水进行联合调配，以及全线闭口的优化，在多年平均条件下可以满足“97”分水方案正义峡下泄指标的要求。此种方案下，中游灌溉用水保证率为60%，满足中游灌溉要求。但中游地下水多年平均开采量为5.6亿m³，大于中游地下水允许开采量4.8亿m³，超采17%，属于一般超采，但仍会破坏地下水的采补平衡，可能对中游生态环境产生不利影响。

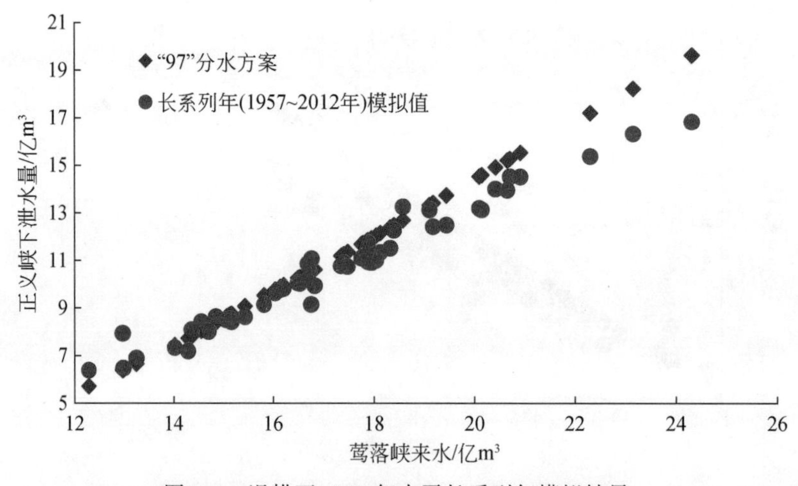

图7-5 退耕至2000年水平长系列年模拟结果

表 7-6 退耕至 2000 年水平不同来水年分水指标完成情况模拟 (单位：亿 m^3)

项目	莺落峡来水	正义峡下泄指标	正义峡模拟下泄量	分水指标完成情况	中游地下水开采量	中游缺水量	中游引水量	狼心山模拟下泄量
特枯年	13.97	7.42	7.44	0.02	6.17	0.18	9.00	3.81
枯水年	15.32	8.94	8.80	-0.14	5.80	0.14	9.89	4.51
平水年	17.26	11.12	10.64	-0.49	5.50	0.15	10.61	5.30
丰水年	19.08	13.29	12.48	-0.82	5.39	0.15	10.80	6.43
特丰年	20.32	14.80	13.99	-0.81	5.32	0.07	11.15	7.29
多年平均	17.26	11.19	10.73	-0.46	5.60	0.14	10.38	5.48

综上所述，在水文情势发生变化时，如维持中游现有耕地面积，无法完成“97”分水方案指标；在中游退耕至 2000 年水平时，可以完成“97”分水方案指标。

7.3 黄藏寺水库建成运行条件下“97”分水方案优化研究

预计 2021 年黄藏寺水库将建成运行，中游耕地面积仍采用 2000 年水平方案，考虑到 2020 水平年节水水平达到新的水平，采用 2020 水平年中等强度节水方案，分别模拟优化方案 3 和“97”分水方案。图 7-6 和表 7-7 是优化方案 3 长系列年模拟结果。在此种方案下，无论是多年平均还是不同来水年，都可以完成分水指标。地下水多年平均开采量是 5.08 亿 m^3，大于中游地下水允许开采量 4.8 亿 m^3，超采 5.8%，属于一般超采。中游灌溉保证率为 75%，满足中游灌溉用水需求。

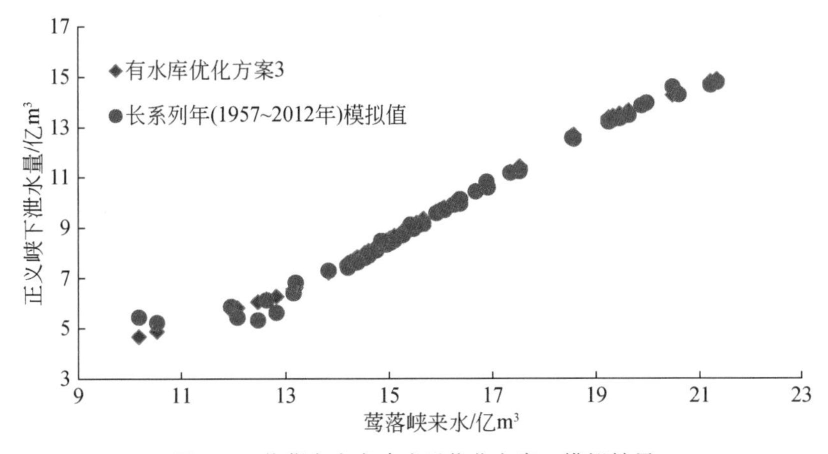

图 7-6 黄藏寺水库建成后优化方案 3 模拟结果

表 7-7　黄藏寺水库建成后优化方案 3 不同来水年分水指标完成情况模拟　（单位：亿 m^3）

项目	莺落峡来水	正义峡下泄指标	正义峡模拟下泄量	分水指标完成情况	中游地下水开采量	中游缺水量	中游引水量	狼心山模拟下泄量
特枯年	11.81	5.65	5.57	-0.08	6.29	0.53	10.00	3.07
枯水年	14.23	7.67	7.55	-0.12	5.70	0.47	11.03	3.96
平水年	15.72	9.39	9.30	-0.09	5.46	0.43	11.46	4.87
丰水年	17.62	11.53	11.46	-0.08	4.99	0.38	11.45	5.82
特丰年	20.11	14.01	13.95	-0.06	4.97	0.25	11.81	7.25
多年平均	15.88	9.59	9.50	-0.09	5.08	0.38	11.23	5.12

图 7-7 和表 7-8 是“97”分水方案长系列年模拟结果。在此种方案下，无论是多年平均还是不同来水年，都可以完成分水指标。地下水多年平均开采量是 5.17 亿 m^3，大于中游地下水允许开采量 4.8 亿 m^3，超采 5.7%，属于一般超采。中游灌溉保证率为 73%，满足中游灌溉用水需求。

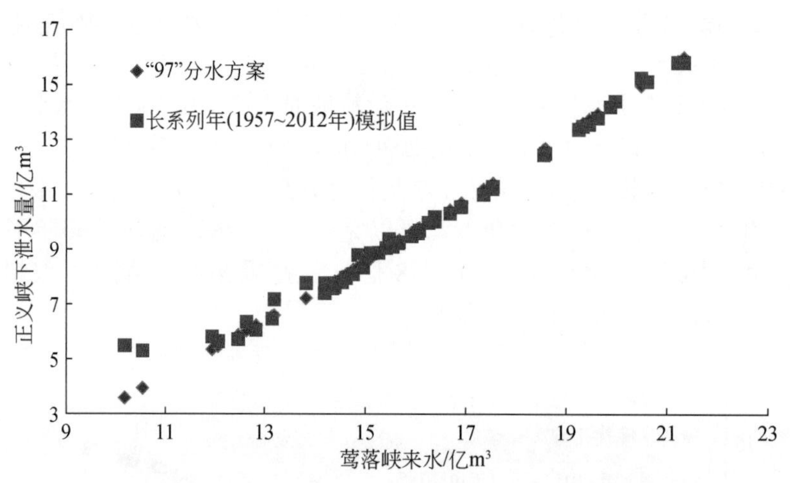

图 7-7　黄藏寺水库建成后“97”分水方案模拟结果

表 7-8　黄藏寺水库建成后“97”分水方案不同来水年分水指标完成情况模拟　（单位：亿 m^3）

项目	莺落峡来水	正义峡下泄指标	正义峡模拟下泄量	分水指标完成情况	中游地下水开采量	中游缺水量	中游引水量	狼心山模拟下泄量
特枯年	11.81	5.21	5.77	0.56	5.86	0.21	9.76	2.60
枯水年	14.23	7.67	7.64	-0.02	5.22	0.28	10.88	3.44
平水年	15.72	9.39	9.40	0.02	5.01	0.25	11.24	4.41
丰水年	17.73	11.67	11.51	-0.17	4.69	0.44	11.42	5.78
特丰年	20.11	14.55	14.49	-0.05	4.70	0.54	11.24	7.57
多年平均	15.88	9.63	9.67	0.04	5.17	0.32	10.99	5.02

综上所述，在2020水平年黄藏寺水库建成后，随着节水水平和用水效率的提高，现有“97”分水方案分水任务可以完成，中游地下水超采也控制较好，灌溉保证率达到73%，大于中游灌溉保证率50%的要求。因此，在黄藏寺水库建成后，现有“97”分水方案分水任务能够完成，无须对“97”分水方案进行优化。

7.4 本章小结

1）在现状工程条件下，中游退耕是中下游水资源合理配置的前提，退耕至2000年水平，通过对“97”分数方案优化，实现中下游水资源更合理的分配，本书推荐优化方案3，即在莺落峡来水大于19亿m^3时，超过19亿m^3的水量按照中游分配40%、下游分配60%的原则进行分配。同时，为了保持莺落峡多年平均来水15.8亿m^3，正义峡下泄9.5亿m^3，莺落峡来水小于12.9亿m^3时，小于12.9亿m^3的水量按照中游分配60%、下游分配40%的原则进行分配。

2）在黄藏寺水库建成运行后，中游耕地仍应退耕至2000年水平，通过对比分析优化方案3和“97”分水方案长系列年模拟结果，在黄藏寺水库建成后，“97”分水方案无须进行优化。

第8章 黑河流域水资源调配方案模拟结果及评价

8.1 水资源调配方案集

8.1.1 方案制订依据

黑河流域水资源配置的目的是通过协调流域生态环境和社会经济两大系统之间及系统内部用水关系，实现社会经济持续发展和生态环境的良性运转。黑河流域水资源配置问题的核心内容可以概括为：①流域社会发展模式问题，主要指以流域水资源分配为纽带的社会公平、经济发展和生态保护三者之间的协调方式；②在某一发展模式下，宏观稀缺水资源支持下的流域社会经济和生态环境各主要指标所能达到的发展程度；③在具体发展模式和特定资源条件下的流域水资源的有效配置方式。

流域水资源配置方案的设置与生成实质上是水资源配置中不同配置措施进行组合的过程，对于黑河流域水资源配置方案生成有较大影响的调控措施可以大致归为三类：一是区域水资源调控的基本准则。尽管国务院批复在黑河干流省际分水方案规定了中游和下游的分水比例，但仅仅是对中下游总量进行了约束，在这种约束条件下，不同调控准则下的配水过程对于流域和区域的生态环境保护和社会经济发展目标仍有很大影响。二是用水模式的影响，主要包括用水结构和用水水平，包括行业用水比例、行业用水产出、节水方案和节水水平等。三是重大工程的建设与布局。

黑河流域最重要的工程有正义峡水利枢纽和黄藏寺水利枢纽等，上述三类措施共同组成方案生成的条件向量因子集。而方案生成的过程就是在此三维向量空间中寻优的过程。黑河流域水资源配置方案设置主要影响因子见表8-1。

表8-1 黑河流域水资源配置方案设置影响因子

向量因子集	向量因子子集	具体措施和约束条件
调控准则	黑河干流分水方案	正义峡断面下泄水量
	下游生态供水原则	适时供水/均衡供水
	中游经济配水原则	上游调蓄、适时配水
供用水模式	用水比例调整	退耕还林还草、产业结构调整、种植结构调整、压缩水田
	农业节水工程	灌区节水改造（渠系衬砌、田间工程）、高新节水技术、口门合并、渠系调整

续表

向量因子集	向量因子子集	具体措施和约束条件
供用水模式	工业与生活节水	工艺节水、普及节水器具、
	供水结构调整	地表水地下水供水比例、污水处理回用
工程措施	黄藏寺水利枢纽	2021 年起生效
	中游平原水库	逐步废弃、部分保留

确定上述三类调控向量集合的具体指标主要考虑两大依据：一是现状依据，方案设置必须建立以现状为基础逐步进行调整，现状依据包括现状用水结构和用水水平、供水结构和工程布局、现状生态格局等；二是规划依据，包括区域社会经济发展规划、产业结构调整规划、节水规划、生态环境保护规划和水利工程规划等。本次方案设置主要以三大规划作为方案设置的依据：其一是国务院批准的黑河流域近期治理规划及其相关附件；其二是中游张掖市节水型社会建设试点方案及其相关附件；其三是各行政区制订的社会经济发展规划。

8.1.2 水资源调配方案集

（1）调配水平年和情景设置

黑河流域现状水平年、近期水平年和远期水平年分别为 2012 年、2020 年和 2030 年。根据水资源调配方案制订的依据，确定黑河流域水资源调配方案集。

根据表 8-1 方案集制订的依据，细化各控制措施如表 8-2 所示，通过组合各控制措施得到调配方案集。

表 8-2 黑河流域水资源配置方案设置影响因子细化

向量因子集	控制措施	代码
工程措施	有平原水库	A_1
	无平原水库	A_2
	有黄藏寺水库	A_3
	无黄藏寺水库	A_4
	考虑鹦-红梯级水库	A_5
	无鹦-红梯级水库	A_6
供用水模式	中游耕地维持现状	A_7
	中游退耕至 2000 年水平	A_8
	中游退耕至近期治理规划面积	A_9
	现状节水水平	A_{10}
	低强度节水	A_{11}
	中等强度节水	A_{12}

续表

向量因子集	控制措施	代码
供用水模式	高强度节水	A_{13}
	经济现状发展水平	A_{14}
	经济中等发展水平	A_{15}
	经济高发展水平	A_{16}
省际分水方案	“97”分水方案	A_{17}
	优化方案	A_{18}

黄藏寺水库是黑河流域上游控制性水利工程，2016年4月正式开工，工程总工期58个月，预计2021年1月竣工。在黄藏寺水库建成投运前，黑河流域研究区需要依靠平原水库从干流补水来满足区内各灌区灌溉用水需求。截至2012年，研究区内从干流补水的平原水库有18座。梨园河鹦-红梯级水库随着泥沙淤积，其联合调节库容逐渐减小，现状和近期联合调节库容为2679万m^3，远期联合调节库容为2394万m^3。

黑河流域研究区现状年灌溉面积为281.66万亩，2000年水平灌溉面积为239.75万亩，近期治理规划灌溉面积为219.48万亩。

生态需水水平设置一种情景，即保证正义峡多年平均下泄量达到“97”分水方案要求且满足狼心山断面下游关键期生态需水量。

灌溉节水水平主要体现在研究区平均灌溉水利用系数和平均农作物灌溉定额两个方面，社会经济发展水平主要体现在研究区平均居民生活用水定额、平均工业增长速度和平均万元增加值用水量3个方面，不同发展状态灌溉节水水平和社会经济发展水平如表8-3所示。

表8-3 不同发展状态灌溉节水水平和社会经济发展水平

发展状态	现状水平年	近期水平年			远期水平年		
		低	中	高	低	中	高
农作物灌溉定额/(m^3/亩)	416	416	376	346	376	334	314
灌溉水利用系数	0.53	0.58	0.61	0.63	0.61	0.66	0.68
居民生活用水定额/[L/(d·人)]	81	88	88	88	92	92	92
工业增长速度/%	11	9	12	15	6	8	12
万元工业增加值用水量/m^3	86	58	39	30	35	23	18

（2）水资源调配方案集及各方案需水

根据黑河流域水资源调配情景，现状水平年设置3个方案，近期和远期水平年各设置9个方案，不同水平年水资源调配方案如表8-4所示。

表 8-4　黑河流域水资源调配方案集

水平年	方案编号	黑河流域水资源调配情景要素的状态组合																	
		A_1	A_2	A_3	A_4	A_5	A_6	A_7	A_8	A_9	A_{10}	A_{11}	A_{12}	A_{13}	A_{14}	A_{15}	A_{16}	A_{17}	A_{18}
现状	1	★		★		★		★			★				★			★	
	2	★		★		★			★		★				★				★
	3	★		★		★				★	★				★			★	
近期	4		★		★	★		★				★				★		★	
	5		★		★	★		★					★				★	★	
	6		★		★	★		★						★				★	
	7		★		★	★			★			★				★			★
	8		★		★	★			★				★				★		★
	9		★		★	★			★					★				★	
	10		★		★	★				★		★				★			★
	11		★		★	★				★			★				★		★
	12		★		★	★			★				★	★			★	★	★
远期	13		★		★		★	★				★				★			★
	14		★		★		★	★					★				★		★
	15		★		★		★	★						★				★	
	16		★		★		★		★			★				★			★
	17		★		★		★		★				★				★		★
	18		★		★		★		★					★				★	
	19		★		★		★			★		★				★			★
	20		★		★		★			★			★				★		★
	21		★		★		★			★				★				★	

8.2　水资源调配方案综合评价模型

8.2.1　基于经济社会生态协调发展的水资源调配方案评价指标体系

（1）评价指标体系制定原则和评价准则

黑河流域水资源调配评价指标体系的制定遵循四大原则：科学性、完备性、独立性和可操作性。科学性原则要求每个评价指标具有特定物理意义，对水资源调配具有指导作用；完备性原则要求评价指标体系能够从不同层面和角度综合反映水资源调配状态；独立性原则要求不同评价指标相互之间没有直接关联，每个评价指标都不能被其他评价指标代替；可操作性原则要求评价指标具有确定性且可量化，不能存在模糊性和随机性。

刘恒等（2003）针对区域水资源评价设置了水资源条件、水资源开发利用率、生态环境状况、水资源合理配置和水资源管理能力5个准则；曾国熙等（2006）针对黑河流域水资源配置合理性评价提出了社会合理性、经济合理性、生态合理性、资源合理性、效率合理性和发展协调系数6个准则；黄强等（2015）从社会经济合理性、效率合理性、资源合理性和生态合理性4个准则出发建立了塔里木河流域水资源合理配置方案评价指标体系。本书在前人研究的基础上，基于流域经济社会生态协调发展目标，为黑河流域水资源调配方案设置了4个评价准则：用水效率、供水保障程度、经济社会效益和生态健康水平。其中，用水效率反映了用户用水水平；供水保障程度体现了用户需水得到满足的程度；经济社会效益代表了水资源的用户规模及产出效益；生态健康水平揭示了水资源开发与利用对生态健康的影响情况。

（2）评价指标体系构建

根据评价指标体系制订原则和评价准则，构建黑河流域水资源调配方案评价指标体系，总计23个评价指标，如表8-5所示。用水效率准则下有5个指标，分别是中游居民生活用水定额、中游农作物灌溉定额、中游林草灌溉定额、中游灌溉水有效利用系数和中游万元工业增加值用水量。供水保障程度准则下有9个指标，分别是中游灌溉多年平均缺水量、中游灌溉最大缺水深度、中游灌溉缺水最长持续时间、鼎新灌区供水保证率、鼎新灌区最大缺水深度、鼎新灌区缺水最长持续时间、东风场区供水保证率、东风场区最大缺水深度和东风场区缺水最长持续时间。经济社会效益准则下有4个指标，分别是上游梯级水电站多年平均发电量、上游梯级水电站保证出力、中游灌区面积和中游工业增长速度。生态健康水平准则下有5个指标，分别是中游地下水多年平均开采程度、中游地下水不利浅埋深最长持续时间、中游地下水不利深埋深最长持续时间、狼心山多年平均下泄水量和狼心山缺水最长持续时间。

表8-5　黑河流域水资源调配方案评价指标体系

评价目标	评价准则	评价指标
黑河流域水资源调配方案	用水效率	中游居民生活用水定额
		中游农作物灌溉定额
		中游林草灌溉定额
		中游灌溉水有效利用系数
		中游万元工业增加值用水量
	供水保障程度	中游灌溉多年平均缺水量
		中游灌溉最大缺水深度
		中游灌溉缺水最长持续时间
		鼎新灌区供水保证率
		鼎新灌区最大缺水深度
		鼎新灌区缺水最长持续时间
		东风场区供水保证率
		东风场区最大缺水深度
		东风场区缺水最长持续时间

续表

评价目标	评价准则	评价指标
黑河流域水资源调配方案	经济社会效益	上游梯级水电站多年平均发电量
		上游梯级水电站保证出力
		中游灌区面积
		中游工业增长速度
	生态健康水平	中游地下水多年平均开采程度
		中游地下水不利浅埋深最长持续时间
		中游地下水不利深埋深最长持续时间
		狼心山多年平均下泄水量
		狼心山缺水最长持续时间

关于表 8-5 中各指标物理意义及单位的解释如下：

A. 居民生活用水定额

解释：单位时间内人均生活所需要的水量，L/(人·d)。

B. 灌溉定额

解释：农作物或林草在种植前及生育期内各次灌水定额之和，m^3/亩。

C. 灌溉缺水量

解释：灌溉需水量得不到满足的缺口水量，万 m^3。中游灌溉多年平均缺水量是指所有中游灌区灌溉缺水量总和的多年均值。

D. 供水保证率

解释：用户需水得到满足的年数占总年数的比例,%。考虑到抽样误差，总年数多加 1 年。

E. 最大缺水深度

解释：在调配期内，用户缺水量占需水量的最大比例,%。中游灌溉最大缺水深度是按不同灌区面积将中游所有灌区的灌溉最大缺水深度加权平均得到。

F. 缺水最长持续时间

解释：在调配期内，用户需水得不到满足的最长持续时间，年。中游灌溉缺水最长持续时间是按不同灌区面积将中游所有灌区的灌溉缺水最长持续时间加权平均得到。鼎新灌区与东风场区缺水最长持续时间是指下游河道给它们的多年平均供水量没有达到要求水量的最多连续年数。狼心山缺水最长持续时间是指狼心山断面下泄水量小于多年平均应下泄水量的最多连续年数。

G. 梯级水电站多年平均发电量

解释：梯级水电站各级电站多年平均发电量总和，亿 kW·h。

H. 梯级水电站保证出力

解释：在一定保证率下，梯级水电站各级电站枯水期平均出力之和，MW。

I. 灌区面积

解释：有灌溉保证的耕地面积，万亩。中游灌区面积是指中游所有灌区的总面积。

J. 工业增长速度

解释：以工业增加值作为总量指标计算得出，反映一定时期内全国或某一地区工业生产增减变动的相对数,%。

K. 地下水多年平均开采程度

解释：某一地区多年地下水平均开采量占年地下水允许开采量的比例,%。中游地下水多年平均开采程度是指中游所有灌区地下水多年平均开采总量占中游年地下水允许开采量的比例。

L. 灌溉水有效利用系数

解释：渠系水利用系数与田间水利用系数的乘积，无量纲。

M. 万元工业增加值用水量

解释：工业用水量与工业增加值的比值，m^3/万元。

N. 地下水不利浅埋深最长持续时间

解释：某地区地下水埋深小于生态地下水埋深阈值下限的最长持续时间，旬。中游地下水不利浅埋深最长持续时间是按不同灌区面积将中游所有灌区的地下水不利浅埋深最长持续时间加权平均得到。

O. 地下水不利深埋深最长持续时间

解释：某地区地下水埋深大于生态地下水埋深阈值上限的最长持续时间，旬。中游地下水不利深埋深最长持续时间是按不同灌区面积将中游所有灌区的地下水不利深埋深最长持续时间加权平均得到。

P. 狼心山多年平均下泄水量

解释：为维持黑河下游生态健康，狼心山断面在调配期内的多年平均下泄水量，亿 m^3。

8.2.2 评价指标权重

评价指标权重表征该指标相对于他指标的重要程度，直接影响实践方案的综合评价结果。从哲学的角度讲，指标权重是一个对立统一的概念，既反映了主体对客体属性的重视程度，也体现了客体属性对主体的影响程度。只有当主体对客体属性重视程度与客体对主体影响程度统一时，主体才能按照客观规律发挥主观能动性，在实践中成功，否则就会遭遇挫折甚至失败。

指标赋权方法有三种类型，分别是主观赋权法、客观赋权法和主客观综合赋权法。主观赋权法能够体现主体的意志和偏好，具有很大的随意性，包括德尔菲法、AHP 法等；客观赋权法具有较强的数学理论依据，能够减少主体决策的任意程度，却不能反映主体的偏好和意愿，也未必完全体现出客体属性对主体的影响程度，主要有熵权法、最大离差法等；主客观综合赋权法兼顾了主观赋权法和客观赋权法的优点，是目前评价问题常采用的赋权方法。本书分别利用 AHP 法和熵权法确定指标主观权重和客观权重，通过主客观综合赋权法将主观权重和客观权重统一形成综合权重。

（1）AHP法

根据评价问题实际情况，从目标层到指标层自上而下建立层次分析结构；利用9级标度法确定同层要素相对重要程度，构造判断矩阵；确定下层要素对于上层要素相对重要程度的排序权重，检验各判断矩阵的一致性；确定各层要素相对目标层要素的相对重要程度，检验各判断矩阵的一致性。一致性检验模型如下：

$$\min \mathrm{CIF}(n)=\frac{\sum_{i=1}^{n}\left|\sum_{j=1}^{n}[f(i,j)w_j]-nw_i\right|}{n} \tag{8-1}$$

式中，CIF（n）为一致性指标函数；n为同层要素个数；f（i，j）为同层中第i要素相对第j要素的重要程度；w_j（$w_j>0$，$j=1$，…，n）为第j单排序权值变量，同层中所有要素单排序权值变量之和为1。

当CIF（n）小于0.1时，认为判断矩阵具有一致性。当所有构造矩阵都满足一致性要求时，计算指标层各要素总排序权值。

（2）熵权法

熵权法认为，在评价指标体系中，指标的信息熵越小，提供的信息量就越多，在综合评价中贡献越突出，因而也应被赋予越大的权重。熵权法考虑了指标体系的内在特点，不受评价主体的主观影响，摆脱了指标权重赋值的任意性，是一种很好的客观赋权法。熵权法主要公式如下：

$$g_{ij}=\frac{y_{ij}}{\sum_{j=1}^{n}y_{ij}} \tag{8-2}$$

$$\mathrm{ENT}_i=-\frac{1}{\ln n}\left[\sum_{j=1}^{n}g_{ij}\ln g_{ij}\right] \tag{8-3}$$

$$w_i=\frac{\sum_{k=1}^{m}\mathrm{ENT}_k+1-2\mathrm{ENT}_i}{\sum_{l=1}^{m}\left(\sum_{k=1}^{m}\mathrm{ENT}_k+1-2\mathrm{ENT}_l\right)} \tag{8-4}$$

式中，y_{ij}为方案j（$j=1$，…，n）指标i（$i=1$，…，m）的归一化值；ENT_i为i指标的熵值，$0\leqslant \mathrm{ENT}_i\leqslant 1$，若$g_{ij}=0$，则规定$g_{ij}\ln g_{ij}=0$；$w_i$为指标$i$的熵权。

（3）主客观综合赋权法

设层次分析法确定的指标主观权重为W^{sub}，熵权法确定的指标客观权重为W^{obj}，则指标综合权重W^{int}计算如下：

$$\alpha=\sum_{j=1}^{m}\sum_{i=1}^{n}W_b^{\mathrm{sub}}y_{ij}\Big/\left(\sum_{j=1}^{m}\sum_{i=1}^{n}W_i^{\mathrm{sub}}y_{ij}+\sum_{j=1}^{m}\sum_{i=1}^{n}W_i^{\mathrm{obs}}y_{ij}\right) \tag{8-5}$$

$$W^{\mathrm{int}}=\alpha W^{\mathrm{sub}}+(1-\alpha)W^{\mathrm{obs}} \tag{8-6}$$

式中，α为主观权重分配系数。

8.2.3 综合评价方法

（1）指标归一化

评价指标具有越大越优（type1）、越小越优（type2）和适度（type3）三种优化方向。为消除指标优化方向和量纲差异，对指标进行如下归一化处理：

$$y_{ij}=\begin{cases}[x_{ij}-\min(x_{ij})]/[\max(x_{ij})-\min(x_{ij})],\text{if } x_{ij}\in \text{type1}\\ [\max(x_{ij})-x_{ij}]/[\max(x_{ij})-\min(x_{ij})],\text{if } x_{ij}\in \text{type2}\\ 1-|x_{ij}-x_i^*|/[\max(x_{ij}-x_j^*)-\min(x_{ij}-x_i^*)],\text{if } x_{ij}\in \text{type3}\end{cases} \tag{8-7}$$

式中，x_{ij}为方案j（$j=1$，…，n）指标i（$i=1$，…，m）的原始值；x_i^*为指标i的适中值。

（2）综合评价指标

评价指标体系中各项指标都属于单项评价指标，每个单项评价指标只能从某一角度或某一方面体现评价对象的局部特征，却不能反映评价对象的整体状况。因此，有必要将各单项评价指标合理组织起来，形成包含不同角度和方面的综合评价指标，表达通式如下：

$$R=f(W,Y) \tag{8-8}$$

式中，R为m个单项评价指标构成的综合评价指标；f为单项评价指标到综合评价指标的映射；W为单项评价指标的权重向量，$W=(w_1, \cdots, w_m)$，$w_i(i=1, \cdots, m)$为指标i的权重；Y为单项评价指标的归一化向量，$Y=(y_1, \cdots, y_m)^{\mathrm{T}}$，$y_i(i=1, \cdots, m)$为指标$i$的归一化值。

综合评价指标有许多种形式，如AHP法的加权均值、TOPSIS法的相对贴近度、灰靶理论的靶心度、投影寻踪法的投影值、非负矩阵分解法的权值等，以上5种综合评价指标计算如下。

1）加权均值：

$$R_j=\sum_{i=1}^{m} w_i y_{ij} \tag{8-9}$$

式中，R_j为方案j的加权平均值。

2）相对贴近度：

$$R_j=\frac{D_j^-}{D_j^+ +D_j^-} \tag{8-10}$$

$$\begin{cases}D_j^+ =\sqrt{\sum_{i=1}^{m}[w_i(y_i^+ - y_{ij})]^2}\\ D_j^- =\sqrt{\sum_{i=1}^{m}[w_i(y_i^- - y_{ij})]^2}\end{cases} \tag{8-11}$$

式中，R_j为方案j与正理想解的相对贴近度；y_i^+和y_i^-分别为指标i的最优值和最劣值；D_i^+和D_i^-分别为方案j与正理想解和负理想解的距离。

3）靶心度：

$$R_j=\sum_{i=1}^{m} \omega_i \gamma(y_{i,0}, y_{ij}) \tag{8-12}$$

$$\gamma(y_{i,0},y_{ij})=\frac{\min\limits_{l=1\sim m}[\min\limits_{k=1\sim n}(y_{l,0}-y_{lk})]+0.5\max\limits_{l=1\sim m}[\max\limits_{k=1\sim n}(y_{l,0}-y_{lk})]}{y_{i,0}-y_{ij}+0.5\max\limits_{l=1\sim m}[\max\limits_{k=1\sim n}(y_{l,0}-y_{lk})]} \tag{8-13}$$

式中，R_j为方案 j 的靶心度；γ（$y_{i,0}$，y_{ij}）为方案 j 指标 i 的靶心系数；$y_{i,0}$为指标 i 的参考值。

4）投影值：

$$R_j = \sum_{i=1}^{m} a_i(w_i y_{ij}) \tag{8-14}$$

式中，R_j为方案 j 的投影值；a_i为最佳投影方向 a 的 i 分坐标。

求解最佳投影方向的模型如下：

$$\max Q(a) = S_R D_R \tag{8-15}$$

$$S_R = \sqrt{\frac{\sum_{j=1}^{n}(R_j - E_R)^2}{n-1}} \tag{8-16}$$

$$D_R = \sum_{k=1}^{n}\sum_{l=1}^{n}(0.1S_R - |R_k - R_l|)u \tag{8-17}$$

$$u=\begin{cases}1, & 若\ 0.1S_R-|R_i-R_j|\geq 0\\ 0, & 若\ 0.1S_R-|R_i-R_j|<0\end{cases} \tag{8-18}$$

$$\sum_{i=1}^{m} a_i^2 = 1 \tag{8-19}$$

式中，Q（a）为投影指标函数；E_R为方案集投影值均值；S_R为方案集投影值标准差；D_R为方案集投影值局部密度；u 为一单位阶跃函数。

5）权值：

$$R_j = \frac{\sum\limits_{i=1}^{m} w_i y_{ij} v_i}{\sum\limits_{i=1}^{m} v_i^2} \tag{8-20}$$

式中，R_j为方案 j 的权值；v_i为最优基向量的 i 元素值。

求解最优基向量的模型如下：

$$\min f = \sum_{i=1}^{m}\sum_{j=1}^{n}(w_i y_{ij} - v_i \cdot R_j)^2 \tag{8-21}$$

$$v_i = \frac{\sum\limits_{j=1}^{n} w_i y_{ij} R_j}{\sum\limits_{j=1}^{n} R_j^2} \tag{8-22}$$

$$\sum_{i=1}^{m} v_i^2 = 1 \tag{8-23}$$

式中，f 为方案指标矩阵非负分解的偏差平方和。

在以上 5 种综合评价指标中，R_j越大，对应的方案越优，按照 R_j可对黑河流域不同水资源调配方案进行优劣排序。

(3) 均衡优化分析

均衡和优化是系统发展的理想状态，也是系统科学和系统工程一直研究的重要问题之一。均衡反映出系统各项功能或属性协调稳定的状态，要求不同功能或属性的优化程度相当；优化代表了系统各项功能或属性健康发展的方向，要求不同功能或属性达到各自最大优化程度。均衡和优化具有密切的联系，当外界环境和资源供给稳定时，系统逐渐达到均衡状态，保持系统既有的优化程度。当外界环境和资源供给变动时，系统通过优化打破原来的均衡状态，以适应变化的环境和资源，再次形成新的均衡状态。若外界环境和资源供给剧烈变化，系统无论怎样优化都无法适应这种变化，则系统会陷入紊乱状态甚至逐渐消亡。因此，均衡和优化是系统可持续发展的根本要求。

均衡优化分析就是研究系统在特定外界环境和资源供给条件下的均衡状态和优化程度。本书初步提出一种均衡优化分析的方法，并将之应用于黑河流域水资源调配方案评价中。

假设某系统具有 m 项功能或属性，将其各项功能和属性量化为 y_i（$0 \leqslant y_i \leqslant 1$，$i=1$，…，$m$），$y_i$对维持系统可持续发展的贡献权重为 w_i（$0 \leqslant w_i \leqslant 1$ 且 $\sum w_i = 1$），y_i越大越有利于系统可持续发展，w_i越大则表明该属性对维持系统可持续发展的贡献越大。若该系统要完全适应给定的外界环境和资源供给约束，则 y_i应达到理想状态值 y_i^*。

功能或属性 i 的优化程度 h_i（$0 \leqslant h_i \leqslant 1$）：

$$h_i = \frac{y_i}{y_i^*} \tag{8-24}$$

系统优化程度 φ（$0 \leqslant \varphi \leqslant 1$）：

$$\varphi = \sum_{i=1}^{m} w_i h_i \tag{8-25}$$

系统各项功能或属性的优化程度差异程度 D：

$$D = \frac{2}{m^2 h_{\max}} \sum_{i=1}^{m} \sum_{k=1}^{m} | h_i - h_k | \tag{8-26}$$

式中，$h_{\max}$为系统单项功能或属性的最大优化程度，$h_{\max} = \max \{h_i | i = 1 \sim m\}$，数学上可以证明：$0 \leqslant D \leqslant 1$。

根据系统均衡状态要求，D 越小越好。因此，构建系统均衡度 ψ（$0 \leqslant \psi \leqslant 1$）如下：

$$\psi = 1 - \frac{2}{m^2 h_{\max}} \sum_{i=1}^{m} \sum_{k=1}^{m} | h_i - h_k | \tag{8-27}$$

为考察系统优化和均衡综合程度，构建均衡优化度 EOD（$0 \leqslant \text{EOD} \leqslant 1$）如下：

$$\text{EOD} = \sqrt{\varphi^2 + \psi^2} \tag{8-28}$$

在式（8-25）中，φ 越大，系统功能或属性综合优化程度越高；在式（8-27）中，ψ 越大，系统各项功能或属性协调程度越高；在式（8-28）中，EOD 越大，越有利于系统可持续发展。利用均衡分析法计算黑河水资源系统在每种水资源调配方案下的均衡优化度，均衡优化度越高的方案越优。

8.3 黑河流域水资源调配方案计算结果

8.3.1 现状水平年

在现状水平年，黑河流域尚未建成黄藏寺水库，故水资源调配模型决策变量为河道闭口时间。现状水平年各方案（方案 1 ~ 方案 3）的生态关键期旬闭口率优化值及河道闭口总天数如表 8-6 所示，各方案评价指标计算结果如表 8-7 所示。

表 8-6　黑河现状水平年各方案生态关键期旬闭口率及河道闭口总天数

方案编号	4 月上旬	4 月中旬	4 月下旬	8 月上旬	8 月中旬	8 月下旬	闭口总天数/d
方案 1	1.0	0.0	1.0	1.0	1.0	1.0	51
方案 2	1.0	1.0	0.0	1.0	1.0	1.0	51
方案 3	1.0	1.0	0.0	1.0	1.0	1.0	51

表 8-7　黑河现状水平年各方案评价指标计算结果

黑河水资源调配评价指标	指标编码	方案 1	方案 2	方案 3
多年平均发电量/(亿 kW · h)	D_1	22.76	22.76	22.76
保证出力/MW	D_2	107.93	107.93	107.93
灌溉多年平均缺水量/万 m^3	D_6	7 599	6 456	5 955
居民生活和工业多年平均缺水量/万 m^3	D_7	46	46	46
地下水多年平均开采程度	D_{10}	1.52	1.21	1.09
地下水最大超采量/万 m^3	D_{11}	36 312	21 016	14 350
地下水超采最长持续时间/年	D_{12}	56	40	21
鼎新多年平均取水量/万 m^3	D_{13}	9 000	9 000	9 000
东风多年平均取水量/万 m^3	D_{14}	5 679	6 000	6 000
正义峡多年平均下泄量/万 m^3	D_{15}	83 063	93 346	98 313
狼心山生态关键期多年平均下泄水量/万 m^3	D_{16}	25 250	26 209	26 635
狼心山生态关键期最大缺水深度/%	D_{17}	23.7	20.8	20.5
狼心山生态关键期最长连续缺水时间/年	D_{18}	1	1	1

8.3.2 近期水平年

在近期和远期水平年，黄藏寺水库参与黑河水资源调配，故水资源调配模型决策变量为河道闭口时间和黄藏寺水库水位。近期水平年各方案（方案4～方案12）生态关键期旬闭口率优化值及河道闭口总天数如表8-8所示，各方案黄藏寺水位优化水位过程如图8-1所示，各方案待定指标计算结果如表8-9所示。

表8-8　黑河近期水平年各方案生态关键期旬闭口率及河道闭口总天数

方案编号	4月上旬	4月中旬	4月下旬	8月上旬	8月中旬	8月下旬	闭口总天数/d
方案4	1.0	0.0	0.0	1.0	1.0	0.0	31
方案5	0.8	0.0	0.0	1.0	0.0	0.9	27
方案6	0.5	0.4	0.0	1.0	0.0	0.7	26
方案7	0.3	1.0	0.0	1.0	0.0	1.0	33
方案8	1.0	0.0	0.0	0.8	1.0	0.4	32
方案9	0.6	0.6	0.4	0.7	0.9	1.0	43
方案10	0.7	0.0	0.3	0.0	1.0	1.0	31
方案11	0.9	0.8	0.3	0.8	0.8	0.8	45
方案12	0.6	0.8	0.4	0.7	1.0	1.0	46

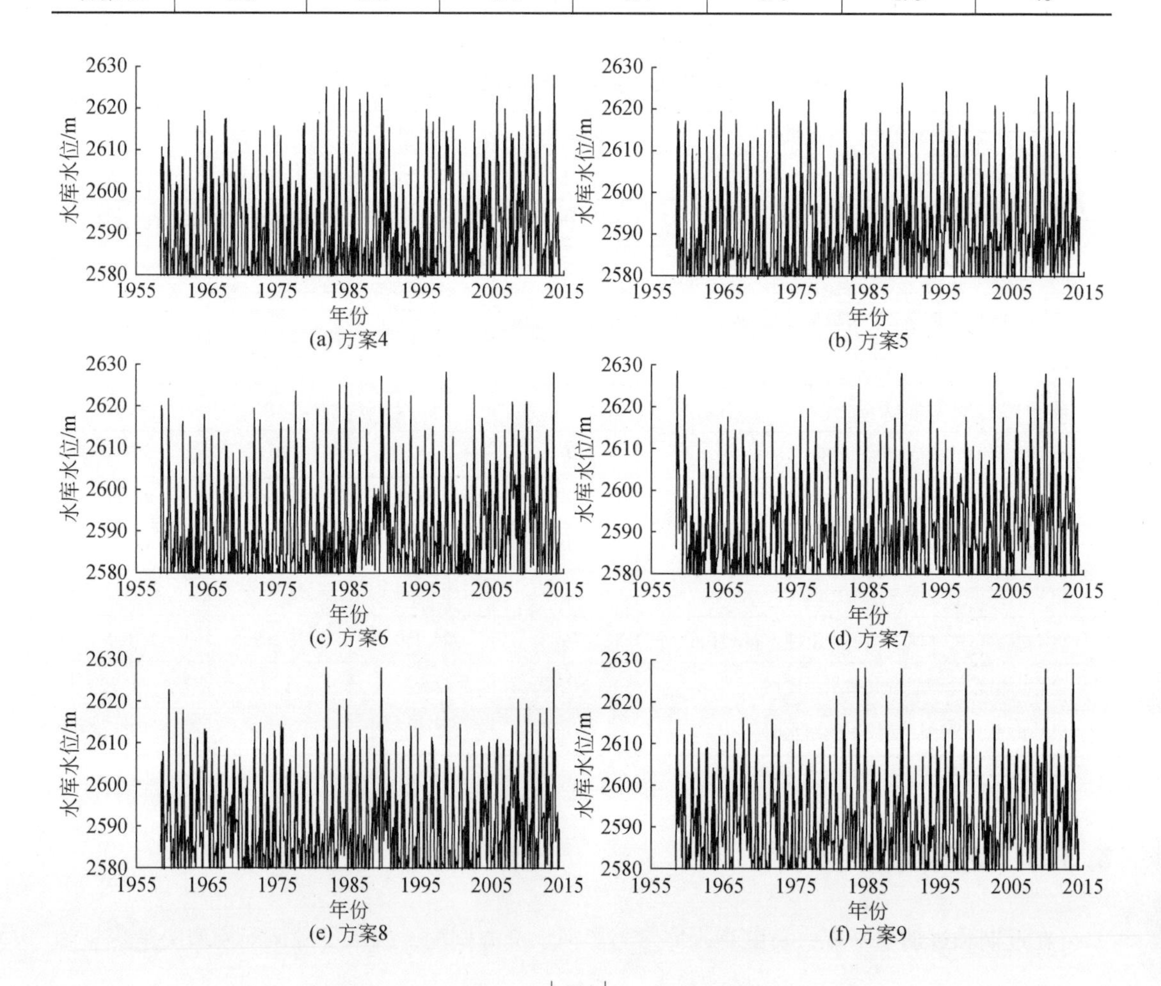

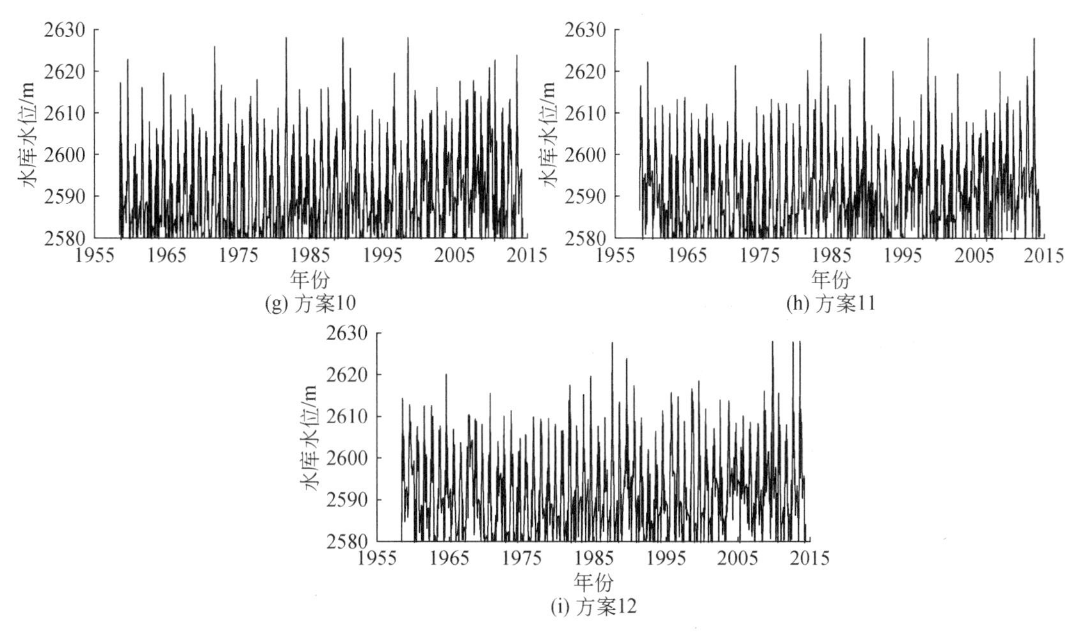

图 8-1　黑河近期水平年各方案黄藏寺水库水位优化过程

表 8-9　黑河近期水平年各方案待定指标计算结果

指标编码	方案 4	方案 5	方案 6	方案 7	方案 8	方案 9	方案 10	方案 11	方案 12
D_1	22.81	23.00	23.62	23.36	23.87	24.33	23.55	23.92	24.39
D_2	118.95	120.36	118.61	126.47	122.19	118.48	118.06	121.09	124.00
D_6	7 801	7 196	6 725	6 665	6 172	5 783	6 194	5 746	5 387
D_7	59	52	50	59	52	50	59	52	50
D_{10}	1.46	1.20	1.04	1.18	1.00	0.98	1.07	1.00	0.93
D_{11}	37 627	19 296	8 174	24 990	7 683	8 378	13 486	12 198	5 984
D_{12}	56	40	11	43	9	5	9	3	3
D_{13}	9 000	9 000	9 000	9 000	9 000	9 000	9 000	9 000	9 000
D_{14}	5 893	6 000	6 000	6 000	6 000	6 000	6 000	6 000	6 000
D_{15}	82 274	92 227	98 803	92 472	102 434	109 777	96 986	107 849	113 912
D_{16}	22 287	23 042	22 366	24 391	24 680	27 582	24 848	27 117	28 345
D_{17}	0.2	1.1	7.3	0.0	7.0	9.2	14.2	8.2	5.7
D_{18}	1	1	2	1	1	1	1	1	1

8.3.3　远期水平年

远水平年各方案（方案 13 ~ 方案 21）生态关键期旬闭口率优化值及河道闭口总天数

如表8-10所示，各方案黄藏寺水位优化水位过程如图8-2所示，各方案待定指标计算结果如表8-11所示。

表8-10　黑河远期水平年各方案生态关键期旬闭口率及河道闭口总天数

方案编号	4月上旬	4月中旬	4月下旬	8月上旬	8月中旬	8月下旬	闭口总天数/d
方案13	0.3	0.0	1.0	0.1	1.0	0.8	32
方案14	0.5	0.0	0.0	1.0	0.0	0.8	24
方案15	0.6	0.0	1.0	0.0	0.4	1.0	30
方案16	0.3	0.3	0.0	1.0	0.0	0.8	24
方案17	0.3	0.2	1.0	0.9	0.7	0.9	42
方案18	0.3	0.6	1.0	0.7	1.0	0.6	42
方案19	0.7	1.0	0.3	1.0	0.9	0.1	40
方案20	0.6	0.7	0.0	1.0	0.8	1.0	42
方案21	0.3	0.7	0.2	1.0	1.0	1.0	42

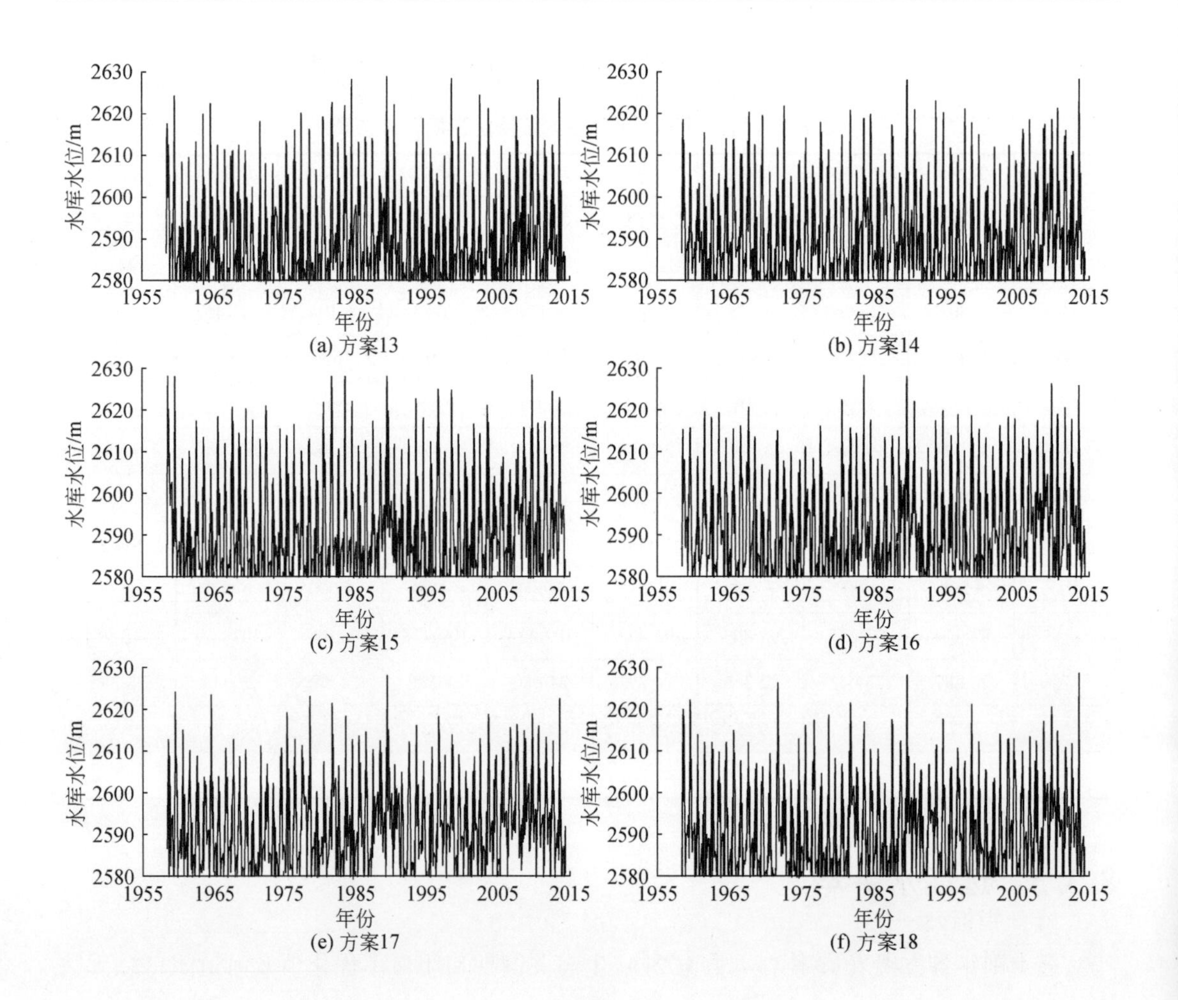

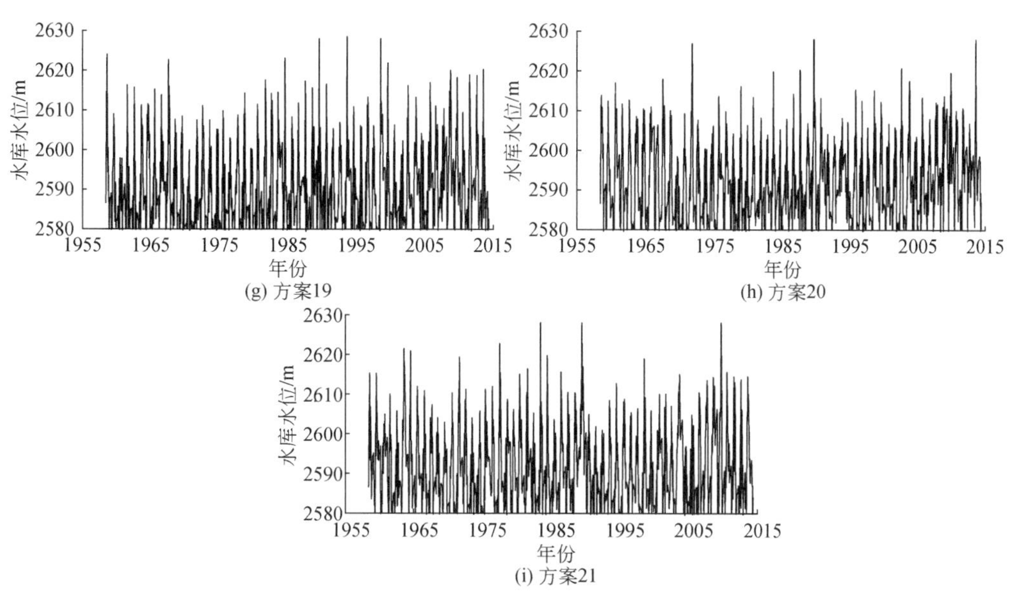

(g) 方案19

(h) 方案20

(i) 方案21

图 8-2　黑河远期水平年各方案黄藏寺水库水位优化过程

表 8-11　黑河远期水平年各方案待定指标计算结果

指标编码	方案 13	方案 14	方案 15	方案 16	方案 17	方案 18	方案 19	方案 20	方案 21
D_1	22.85	23.47	23.42	23.41	24.28	24.18	23.82	24.39	24.51
D_2	117.28	123.96	125.62	119.29	122.20	123.59	122.68	120.42	119.93
D_6	7 495	6 852	6 516	6 471	5 955	5 664	6 038	5 574	5 305
D_7	53	49	63	53	49	63	53	49	63
D_{10}	1.29	1.03	1.02	1.04	0.98	1.00	0.99	0.96	0.99
D_{11}	22 646	12 358	8 510	17 965	11 779	7 711	6 866	5 224	9 008
D_{12}	52	13	9	9	6	5	5	3	7
D_{13}	9 000	9 000	9 000	9 000	9 000	9 000	9 000	9 000	9 000
D_{14}	6 000	6 000	6 000	6 000	6 000	6 000	6 000	6 000	6 000
D_{15}	89 361	101 357	103 167	98 630	111 365	112 385	103 512	115 525	116 061
D_{16}	22 785	23 430	23 616	22 483	26 580	26 154	24 457	27 997	29 021
D_{17}	11.4	15.2	29.4	10.8	1.6	3.6	10.1	3.5	0.7
D_{18}	2	2	1	1	1	2	1	1	1

8.4　黑河流域水资源调配方案评价

8.4.1　指标归一化与权重计算

(1) 指标归一化

对不同水平年各方案的评价指标进行归一化，结果如表 8-12 ~ 表 8-14 所示。

表 8-12　现状水平年各方案的评价指标归一化结果

指标编码	方案 1	方案 2	方案 3
D_1	1.000	1.000	0.000
D_2	1.000	1.000	0.000
D_3	1.000	0.416	0.000
D_4	1.000	1.000	1.000
D_5	1.000	1.000	1.000
D_6	0.000	0.695	1.000
D_7	1.000	1.000	1.000
D_8	1.000	1.000	1.000
D_9	1.000	1.000	1.000
D_{10}	0.000	0.721	1.000
D_{11}	0.000	0.696	1.000
D_{12}	0.000	0.457	1.000
D_{13}	1.000	1.000	1.000
D_{14}	0.000	1.000	1.000
D_{15}	0.000	0.674	1.000
D_{16}	0.000	0.693	1.000
D_{17}	0.000	0.906	1.000
D_{18}	1.000	1.000	1.000

表 8-13　近期水平年各方案的评价指标归一化结果

指标编码	方案 4	方案 5	方案 6	方案 7	方案 8	方案 9	方案 10	方案 11	方案 12
D_1	0.000	0.120	0.513	0.348	0.671	0.962	0.468	0.703	1.000
D_2	0.106	0.273	0.065	1.000	0.491	0.050	0.000	0.360	0.706
D_3	1.000	1.000	1.000	0.416	0.416	0.416	0.000	0.000	0.000
D_4	0.000	0.571	1.000	0.000	0.571	1.000	0.000	0.571	1.000
D_5	0.000	0.600	1.000	0.000	0.600	1.000	0.000	0.600	1.000
D_6	0.000	0.251	0.446	0.471	0.675	0.836	0.666	0.851	1.000
D_7	0.000	0.811	1.000	0.000	0.811	1.000	0.000	0.811	1.000
D_8	0.000	0.500	1.000	0.000	0.500	1.000	0.000	0.500	1.000
D_9	0.000	0.679	1.000	0.000	0.679	1.000	0.000	0.679	1.000
D_{10}	0.000	0.565	0.913	0.609	1.000	0.957	0.848	1.000	0.848
D_{11}	0.000	0.579	0.931	0.399	0.946	0.924	0.763	0.804	1.000

续表

指标编码	方案 4	方案 5	方案 6	方案 7	方案 8	方案 9	方案 10	方案 11	方案 12
D_{12}	0.000	0.302	0.849	0.245	0.887	0.962	0.887	1.000	1.000
D_{13}	1.000	1.000	1.000	1.000	1.000	1.000	1.000	1.000	1.000
D_{14}	0.000	1.000	1.000	1.000	1.000	1.000	1.000	1.000	1.000
D_{15}	0.000	0.315	0.522	0.322	0.637	0.869	0.465	0.808	1.000
D_{16}	0.000	0.124	0.013	0.347	0.395	0.874	0.423	0.797	1.000
D_{17}	0.986	0.923	0.486	1.000	0.507	0.352	0.000	0.423	0.599
D_{18}	1.000	1.000	0.000	1.000	1.000	1.000	1.000	1.000	1.000

表 8-14　远期水平年各方案的评价指标归一化结果

指标编码	方案 13	方案 14	方案 15	方案 16	方案 17	方案 18	方案 19	方案 20	方案 21
D_1	0.000	0.373	0.343	0.337	0.861	0.801	0.584	0.928	1.000
D_2	0.000	0.801	1.000	0.241	0.590	0.757	0.647	0.376	0.318
D_3	1.000	1.000	1.000	0.416	0.416	0.416	0.000	0.000	0.000
D_4	0.000	0.677	1.000	0.000	0.677	1.000	0.000	0.677	1.000
D_5	0.000	0.714	1.000	0.000	0.714	1.000	0.000	0.714	1.000
D_6	0.000	0.294	0.447	0.468	0.703	0.836	0.665	0.877	1.000
D_7	0.710	1.000	0.000	0.710	1.000	0.000	0.710	1.000	0.000
D_8	0.000	0.333	1.000	0.000	0.333	1.000	0.000	0.333	1.000
D_9	0.000	0.706	1.000	0.000	0.706	1.000	0.000	0.706	1.000
D_{10}	0.000	0.897	0.931	0.862	0.931	1.000	0.966	0.862	0.966
D_{11}	0.000	0.591	0.811	0.269	0.624	0.857	0.906	1.000	0.783
D_{12}	0.000	0.796	0.878	0.878	0.939	0.959	0.959	1.000	0.918
D_{13}	1.000	1.000	1.000	1.000	1.000	1.000	1.000	1.000	1.000
D_{14}	1.000	1.000	1.000	1.000	1.000	1.000	1.000	1.000	1.000
D_{15}	0.000	0.449	0.517	0.347	0.824	0.862	0.530	0.980	1.000
D_{16}	0.046	0.145	0.173	0.000	0.627	0.562	0.302	0.843	1.000
D_{17}	0.627	0.495	0.000	0.648	0.969	0.899	0.672	0.902	1.000
D_{18}	0.000	0.000	1.000	1.000	1.000	0.000	1.000	1.000	1.000

（2）指标权重计算

根据黑河流域水资源调配评价指标体系，构造判断矩阵如下：

$$f\ (A \sim B_i) = \begin{bmatrix} 1 & 1/6 & 1/7 \\ 6 & 1 & 1 \\ 7 & 1 & 1 \end{bmatrix},\ i=1 \sim 3 \tag{8-29}$$

$$f\ (B_1 \sim C_1) = 1 \tag{8-30}$$

$$f\left(B_2 \sim C_i\right)=\begin{bmatrix}1 & 1/5 & 3\\ 5 & 1 & 7\\ 1/3 & 1/7 & 1\end{bmatrix},\ i=2\sim4 \tag{8-31}$$

$$f\left(B_3 \sim C_i\right)=\begin{bmatrix}1 & 1/3\\ 3 & 1\end{bmatrix},\ i=5\sim6 \tag{8-32}$$

$$f\left(C_1 \sim D_i\right)=\begin{bmatrix}1 & 1/3\\ 3 & 1\end{bmatrix},\ i=1\sim2 \tag{8-33}$$

$$f\left(C_2 \sim D_i\right)=\begin{bmatrix}1 & 3 & 3 & 1/3\\ 1/3 & 1 & 1/2 & 1/5\\ 1/3 & 2 & 1 & 1/5\\ 3 & 5 & 5 & 1\end{bmatrix},\ i=3\sim6 \tag{8-34}$$

$$f\left(C_3 \sim D_i\right)=\begin{bmatrix}1 & 5 & 5\\ 1/5 & 1 & 1\\ 1/5 & 1 & 1\end{bmatrix},\ i=7\sim9 \tag{8-35}$$

$$f\left(C_4 \sim D_i\right)=\begin{bmatrix}1 & 5 & 3\\ 1/5 & 1 & 1/3\\ 1/3 & 3 & 1\end{bmatrix},\ i=10\sim12 \tag{8-36}$$

$$f\left(C_5 \sim D_i\right)=\begin{bmatrix}1 & 1/2\\ 2 & 1\end{bmatrix},\ i=13\sim14 \tag{8-37}$$

$$f\left(C_6 \sim D_i\right)=\begin{bmatrix}1 & 1/5 & 1/2 & 1/3\\ 5 & 1 & 4 & 3\\ 2 & 1/4 & 1 & 1/5\\ 3 & 1/3 & 5 & 1\end{bmatrix},\ i=15\sim18 \tag{8-38}$$

上述判断矩阵的最大一致性指标函数值 $CIF_{max}=0.02<0.1$，故构造的判断矩阵都满足一致性要求。在判断矩阵基础上，利用 AHP 法计算各评价指标主观权重，结果如表 8-15所示。此外，表 8-15 还给出了不同水平年各评价指标的客观权重和综合权重计算结果。

表 8-15　黑河流域水资源调配评价指标主观权重、客观权重及综合权重计算结果

指标编码	主观权重	现状水平年		近期水平年		远期水平年	
		客观权重	综合权重	客观权重	综合权重	客观权重	综合权重
D_1	0.0179	0.0567	0.0366	0.0555	0.0367	0.0553	0.0371
D_2	0.0536	0.0567	0.0551	0.0557	0.0547	0.0555	0.0546
D_3	0.0212	0.0573	0.0386	0.0563	0.0388	0.0563	0.0392
D_4	0.0062	0.0536	0.0291	0.0561	0.0312	0.0561	0.0318
D_5	0.0097	0.0536	0.0309	0.0561	0.0330	0.0561	0.0335
D_6	0.0478	0.0568	0.0521	0.0553	0.0515	0.0552	0.0516

续表

指标编码	主观权重	现状水平年		近期水平年		远期水平年	
		客观权重	综合权重	客观权重	综合权重	客观权重	综合权重
D_7	0.2378	0.0536	0.1488	0.0560	0.1467	0.0561	0.1444
D_8	0.0476	0.0536	0.0505	0.0562	0.0519	0.0564	0.0521
D_9	0.0476	0.0536	0.0505	0.0561	0.0518	0.0561	0.0519
D_{10}	0.0220	0.0568	0.0388	0.0551	0.0386	0.0550	0.0390
D_{11}	0.0035	0.0568	0.0292	0.0551	0.0294	0.0552	0.0301
D_{12}	0.0089	0.0572	0.0322	0.0553	0.0322	0.0550	0.0326
D_{13}	0.0298	0.0536	0.0413	0.0546	0.0422	0.0546	0.0426
D_{14}	0.0893	0.0567	0.0735	0.0550	0.0721	0.0546	0.0715
D_{15}	0.0218	0.0568	0.0387	0.0553	0.0386	0.0552	0.0390
D_{16}	0.1921	0.0568	0.1268	0.0559	0.1239	0.0560	0.1221
D_{17}	0.0376	0.0567	0.0468	0.0553	0.0465	0.0551	0.0466
D_{18}	0.1057	0.0536	0.0805	0.0550	0.0803	0.0560	0.0802
合计	1.0000	1.0000	1.0000	1.0000	1.0000	1.0000	1.0000

8.4.2 不同水平年方案评价

分别利用 TOPSIS 法、均衡优化分析法、灰色关联分析法、非负矩阵分解法和投影寻踪法对黑河流域不同水平年水资源调配方案进行初步评价，采用多方法联合评价模式对不同水平年水资源调配方案做出最终评价。

(1) 现状水平年

黑河现状水平年不同方案综合评价指标值如表 8-16 所示，不同方案评价排序如表 8-17 所示。由表 8-17 可以看出，方案 2 和方案 3 并列排序第 1，都为最优方案；方案 3 相比方案 2 缩减灌溉面积更大，对中游农业现状冲击更严重。考虑到社会可接受性，推荐方案 2。

表 8-16 黑河现状水平年不同水资源调配方案综合评价指标值

综合评价指标	方案 1	方案 2	方案 3
相对贴近度	0.302	0.736	0.698
均衡优化度	0.397	0.747	0.691
灰色关联度	0.708	0.847	0.913
权值	0.177	0.243	0.251
投影值	0.173	0.482	0.482

表 8-17　黑河现状水平年不同水资源调配方案评价排序

评价方法	方案 1	方案 2	方案 3
TOPSIS	3	1	2
均衡优化分析	3	1	2
灰色关联分析	3	2	1
非负矩阵分解	3	2	1
投影寻踪	3	2	2
多方法联合评价	3.0	1.6	1.6

(2) 近期水平年

黑河近期水平年不同方案综合评价指标值如表 8-18 所示，不同方案评价排序如表 8-19 所示。多方法联合评价结果表明，近期水平年最优为方案 12。

表 8-18　黑河近期水平年不同水资源调配方案综合评价指标值

综合评价指标	方案 4	方案 5	方案 6	方案 7	方案 8	方案 9	方案 10	方案 11	方案 12
相对贴近度	0.288	0.574	0.555	0.417	0.654	0.801	0.406	0.727	0.857
均衡优化度	0.264	0.494	0.494	0.337	0.610	0.732	0.306	0.608	0.823
灰色关联度	0.471	0.646	0.725	0.570	0.682	0.861	0.551	0.723	0.945
权值	0.048	0.176	0.173	0.107	0.197	0.245	0.107	0.214	0.258
投影值	0.082	0.305	0.300	0.185	0.340	0.424	0.185	0.371	0.447

表 8-19　黑河近期水平年不同水资源调配方案评价排序

评价方法	方案 4	方案 5	方案 6	方案 7	方案 8	方案 9	方案 10	方案 11	方案 12
TOPSIS	9	5	6	7	4	2	8	3	1
均衡优化分析	9	6	6	7	3	2	8	4	1
灰色关联分析	9	6	3	7	5	2	8	4	1
非负矩阵分解	9	5	6	8	4	2	8	3	1
投影寻踪	9	5	6	8	4	2	8	3	1
多方法联合评价	9.0	5.4	5.4	7.4	4.0	2.0	8.0	3.4	1.0

(3) 远期水平年

黑河远期水平年不同方案综合评价指标值如表 8-20 所示，不同方案评价排序如表 8-21 所示。多方法联合评价结果表明，远期水平年最优为方案 20。

表 8-20　黑河远期水平年不同水资源调配方案综合评价指标值

综合评价指标	方案 13	方案 14	方案 15	方案 16	方案 17	方案 18	方案 19	方案 20	方案 21
相对贴近度	0.358	0.533	0.446	0.461	0.758	0.468	0.531	0.764	0.559
均衡优化度	0.283	0.474	0.479	0.359	0.700	0.548	0.413	0.662	0.615
灰色关联度	0.491	0.644	0.710	0.578	0.783	0.715	0.626	0.809	0.827
权值	0.103	0.166	0.132	0.149	0.227	0.135	0.170	0.233	0.174
投影值	0.202	0.324	0.259	0.291	0.444	0.265	0.332	0.455	0.341

表 8-21 黑河远期水平年不同水资源调配方案评价排序

评价方法	方案 13	方案 14	方案 15	方案 16	方案 17	方案 18	方案 19	方案 20	方案 21
TOPSIS	9	4	8	7	2	6	5	1	3
均衡优化分析	9	6	5	8	1	4	7	2	3
灰色关联分析	9	6	5	8	3	4	7	2	1
非负矩阵分解	9	5	8	6	2	7	4	1	3
投影寻踪	9	5	8	6	2	7	4	1	3
多方法联合评价	9.0	5.2	6.8	7.0	2.0	5.6	5.4	1.4	2.6

方案 2、方案 12 和方案 20 分别为现状、近期和中期水平年优选方案，方案 2 无黄藏寺水库调蓄黑河上游来水，灌溉面积退耕至 2000 年水平（239.75 万亩），灌溉节水强度为现状水平，灌溉水利用系数为 0.53；居民生活和工业生产用水为现状水平，省级分水方案采用“97”分水方案优化方案 3；方案 12 灌溉面积退耕至 2000 年水平（239.75 万亩），灌溉水利用系数为 0.61，省级分水方案采用“97”分水方案；方案 20 灌溉面积退耕到 2000 年水平（239.75 万亩），灌溉水利用系数为 0.66，省级分水方案采用“97”分水方案。

8.5 黑河流域水资源调配方案结果分析

8.5.1 黑河流域水资源调供需平衡分析

不同水平年推荐方案下中游灌区地下水和河段水量平衡分析结果如表 8-22 ~ 表 8-24 所示。

表 8-22 方案 2 中游灌区多年平均供需平衡分析 （单位：万 m^3）

灌区	需水	地表水供水	平原水库供水	地下水	缺水
上三灌区	5 460	8 952	279	0	214
大满灌区	14 293	12 008	414	8 028	919
盈科灌区	18 632	16 519	557	9 635	991
西浚灌区	18 006	19 521	656	7 318	914
沙河灌区	3 207	4 029	125	0	245
板桥灌区	4 455	4 248	23	2 699	214
平川灌区	5 207	4 893	26	2 858	220
鸭暖灌区	2 041	93	0	2 191	184
蓼泉灌区	2 788	1 084	0	2 441	204
六坝灌区	2 225	172	26	2 356	92
罗城灌区	3 245	1 179	167	2 832	245
友联灌区	19 654	17 539	2 215	11 469	1 077
梨园河灌区	11 345	11 836	0	5 182	802
合计	110 558	102 073	4 496	58 562	6 321

表 8-23　方案 12 中游灌区多年平均供需平衡分析　　（单位：万 m^3）

灌区	需水	地表水供水	地下水供水	缺水
上三灌区	5 309	9 972	0	183
大满灌区	13 915	12 827	7 516	783
盈科灌区	18 203	17 941	8 960	844
西浚灌区	17 512	21 240	6 530	779
沙河灌区	3 129	4 488	0	209
板桥灌区	4 328	4 071	2 651	183
平川灌区	5 062	4 720	2 800	187
鸭暖灌区	1 984	64	2 144	157
蓼泉灌区	2 709	982	2 413	174
六坝灌区	2 164	163	2 296	78
罗城灌区	3 156	1 345	2 631	209
友联灌区	19 107	20 656	9 090	918
梨园河灌区	11 021	11 404	5 080	683
合计	107 599	109 874	52 111	5 387

表 8-24　方案 20 中游灌区多年平均供需平衡分析　　（单位：万 m^3）

灌区	需水	地表水供水	地下水供水	缺水
上三灌区	5 397	9 989	0	189
大满灌区	14 134	12 987	7 505	810
盈科灌区	18 452	18 074	8 067	874
西浚灌区	17 799	21 390	6 453	806
沙河灌区	3 174	4 496	0	216
板桥灌区	4 402	4 216	2 657	189
平川灌区	5 146	4 869	2 806	194
鸭暖灌区	2 017	81	2 172	162
蓼泉灌区	2 755	1 054	2 422	180
六坝灌区	2 199	191	2 317	81
罗城灌区	3 208	1 372	2 665	216
友联灌区	19 424	20 589	8 710	950
梨园河灌区	11 209	11 655	5 145	707
合计	109 316	110 962	50 919	5 574

由表 8-22 ~ 表 8-24 可知，各灌区多年平均都有一定的缺水量，灌区农业保证率各方案分别为 51%、72% 和 69%；地下水多年平均开采量现状年、2020 水平年、2030 水平年分别为 58 562 万 m^3、52 111 万 m^3 和 50 919 万 m^3，地下水开采量趋于合理。

8.5.2 黑河流域干支流水库蓄泄规律

(1) 黄藏寺水库

方案12和方案20的黄藏寺水库旬末最高、最低和平均水位过程如图8-3所示。根据最高水位过程，黄藏寺水库在多年运行中能够蓄满兴利库容，方案12和方案20的年内最大库容利用率（年内最高水位与死水位之间的蓄水量占兴利库容的百分比）多年均值分别为54.9%和52.5%。从最低水位过程看，黄藏寺水库7月上旬至9月中旬（除8月下旬以外）水位都在死水位以上。由平均水位过程得出，黄藏寺水库一年有三次调蓄过程：4月上旬至8月中旬，8月下旬至11月中旬和11月下旬至次年3月下旬。

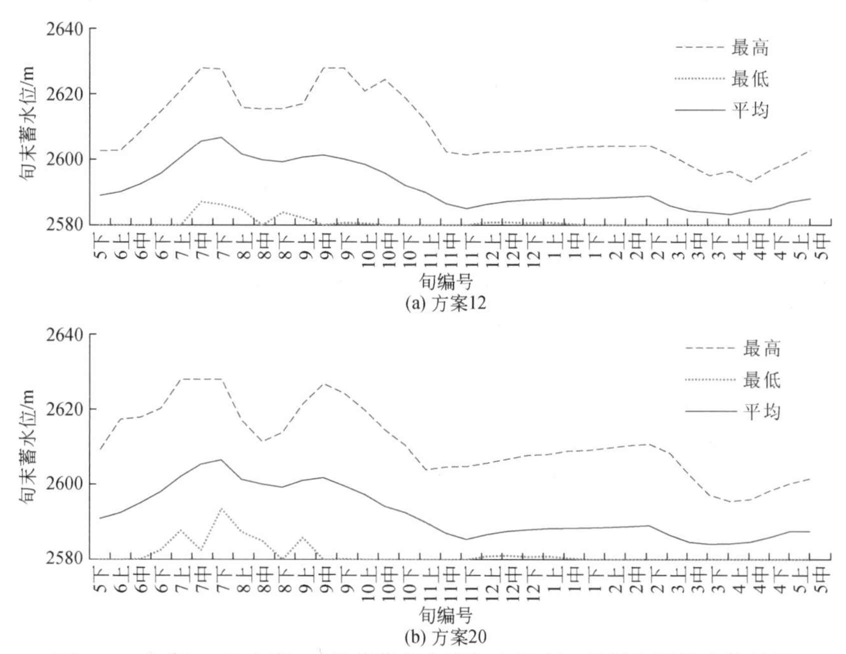

图8-3 方案12和方案20的黄藏寺水库旬末最高、最低和平均水位过程

方案12和方案20的黄藏寺水库旬均最大、最小和平均出库流量过程如图8-4所示。黄藏寺最大、最小和平均出库流量过程可以分为4个阶段：缓增阶段（3月上旬至7月中旬）、陡变阶段（7月下旬至9月上旬）、缓减阶段（9月中旬至11月下旬）和基流阶段（12月上旬至2月下旬）。黄藏寺出库陡变阶段是中游灌区与下游生态区需水的主要矛盾时期，灌溉和生态需水量在此阶段（尤其8月）都很大，故要求水库旬均出库流量也大。黄藏寺水库在基流阶段基本保持$9m^3/s$的旬均下泄流量，灌溉和生态在此阶段的用水矛盾最小。黄藏寺水库其他两个出库阶段都是中游灌溉与下游生态用水矛盾由大到小或由小变大的过渡阶段。

(2) 鹦-红梯级水库

鹦-红梯级水库联合调节库容随不同水平年泥沙淤积量而变化，在现状水平年和近期水平年都为2679万m^3，在远期水平年为2349万m^3。不同水平年推荐方案的鹦-红梯级水库蓄水总量过程如图8-5所示。

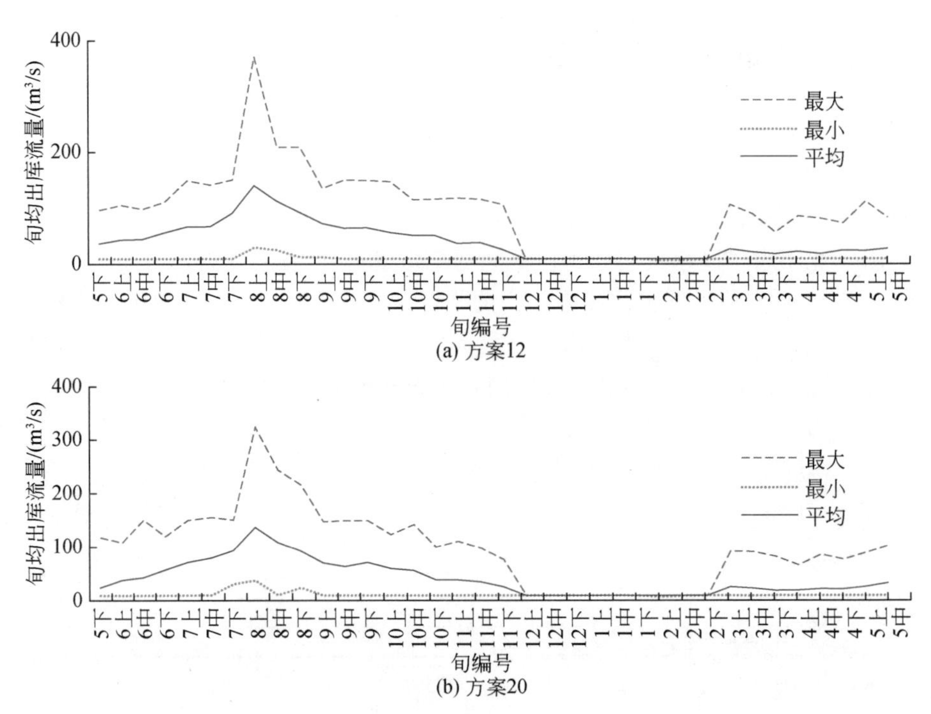

(a) 方案12

(b) 方案20

图 8-4　方案 12 和方案 20 的黄藏寺水库旬均最大、最小和平均出库流量过程

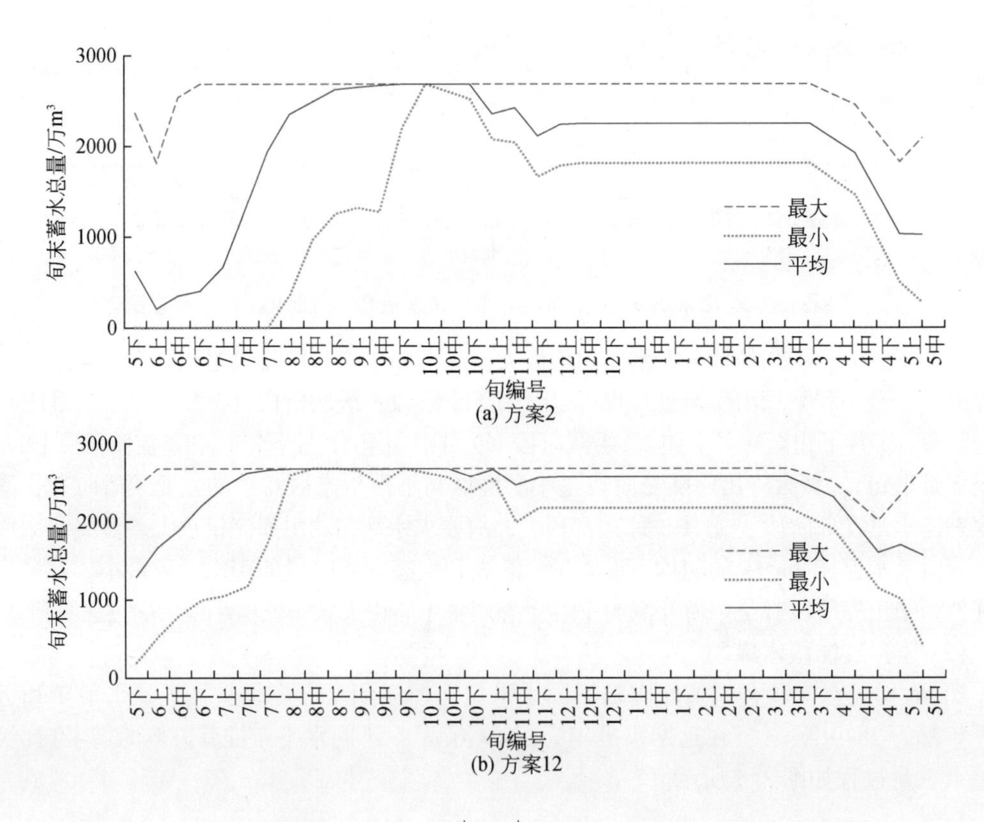

(a) 方案2

(b) 方案12

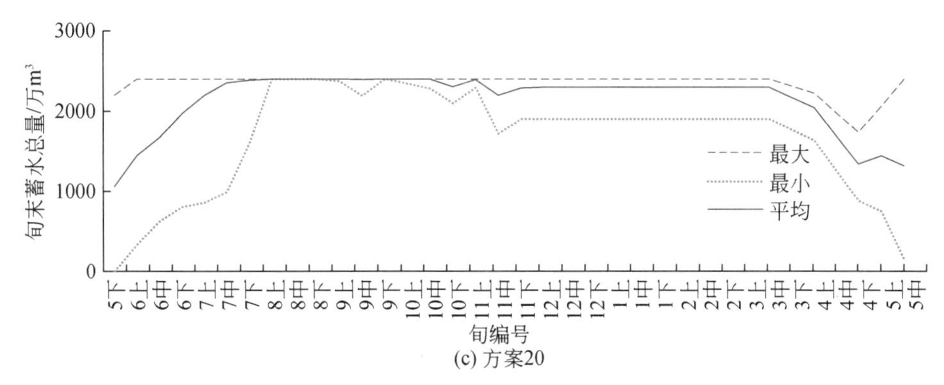

(c) 方案20

图 8-5　不同水平年推荐方案的鹦-红梯级水库旬末蓄水总量

中游灌区面积缩减和黄藏寺水库投运对鹦-红梯级水库丰水期（5 月下旬至 10 月上旬）蓄水总量变化过程影响较大，而对枯水期（10 月中旬至次年 5 月中旬）蓄水总量变化过程影响较小。方案 2 的鹦-红梯级水库最大蓄水总量在 6 月下旬达到最大，而方案 12 和方案 20 的最大蓄水总量在 6 月上旬达到最大；方案 2 的鹦-红梯级水库最小蓄水总量在 10 月上旬达到最大，而方案 12 和方案 20 的最大蓄水总量在 8 月上旬达到最大；方案 2 的鹦-红梯级水库平均蓄水总量在 9 月中旬达到最大，而方案 12 和方案 20 的最大蓄水总量在 7 月下旬达到最大。因此，中游灌区面积缩减和黄藏寺水库投入运行后，鹦-红梯级水库丰水期蓄水总量会提前达到最大。

鹦-红梯级水库在满足梨园河灌区需水且蓄满水后，将剩余水量汇入黑河干流高平河段。在不同水平年推荐方案下，鹦-红梯级水库泄流汇入黑河干流的旬最大、最小和平均水量过程如图 8-6 所示。鹦-红梯级水库一般在丰水期将剩余来水量汇入黑河干流，在枯水期基本不往黑河干流放水。方案 2、方案 12 和方案 20 鹦-红梯级水库泄水汇入黑河干流的多年平均水量分别为 7171 万 m^3、9677 万 m^3 和 9798 万 m^3。因此，尽管支流梨园河修建了鹦-红梯级水库，但随着梨园河灌区灌溉需水的缩减，梨园河在丰水期仍会将大量剩余水量汇入黑河干流。

8.5.3　黑河流域上游梯级水电站发电规律

不同水平年推荐方案的梯级水电站保证出力和多年平均发电量如表 8-25 所示。方案 2 没有黄藏寺水电站，宝瓶河至龙首一级 7 座梯级水电站保证出力相对设计值提高 31.4%，梯级多年平均发电量与设计值基本相当。方案 12 和方案 20 有黄藏寺水电站，方案 12 和方案 20 的梯级保证出力相比设计值分别提高 40.4% 和 36.3%，梯级多年平均发电量相比设计值都减少 1.6%。两种方案的黄藏寺水电站多年平均发电量相比设计值都减少 30.4%，主要原因在于黄藏寺水库主要服务于水量调度，从而牺牲了黄藏寺水电站发电效益。

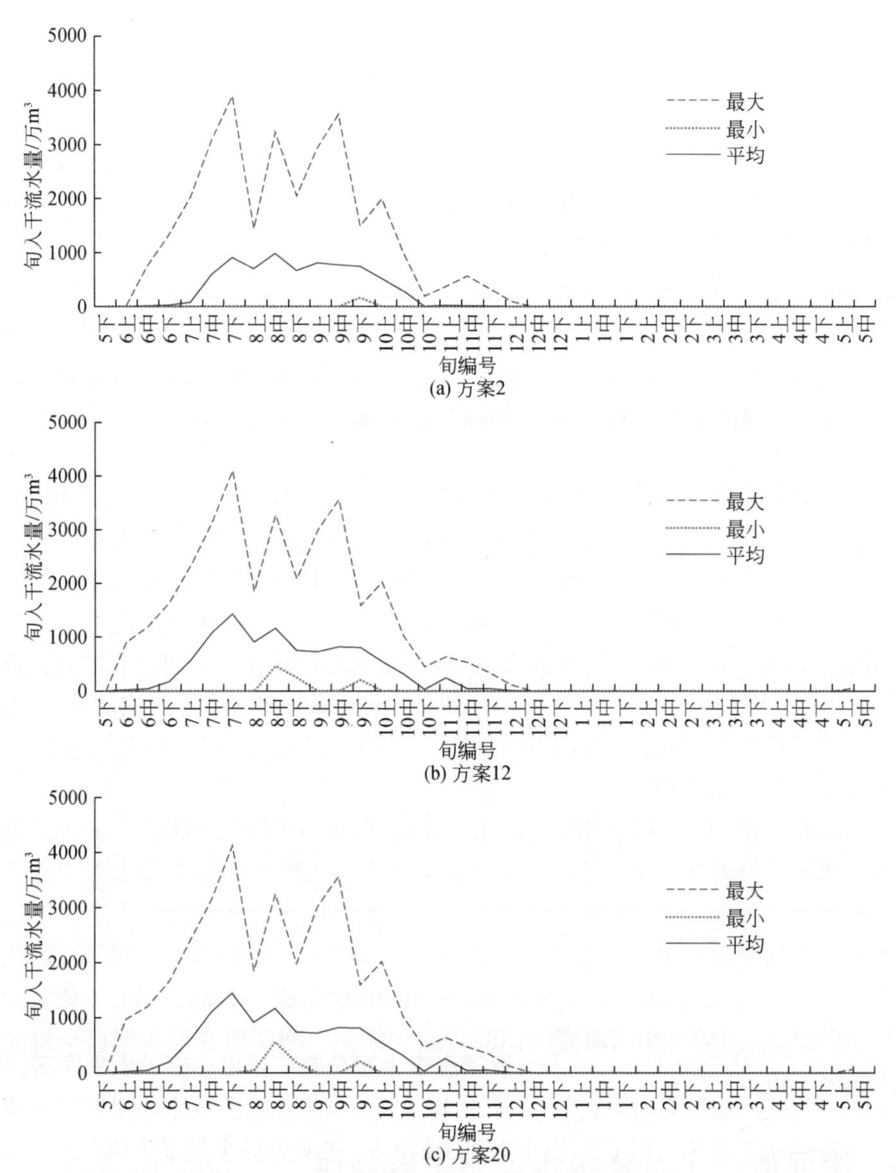

图 8-6　不同水平年推荐方案下鹦-红梯级水库各旬汇入黑河干流的最大、最小和平均水量

表 8-25　不同水平年推荐方案的梯级水电站保证出力和多年平均发电量

上游水电站	保证出力/MW				多年平均发电量/(亿 kW · h)			
	设计值	方案 2	方案 12	方案 20	设计值	方案 2	方案 12	方案 20
黄藏寺	6.20	—	8.18	7.74	2.08	—	1.45	1.45
宝瓶河	14.90	18.74	19.91	19.12	4.14	4.04	4.05	4.06
三道湾	13.94	19.02	20.14	19.53	4.00	4.01	4.02	4.03
二龙山	6.03	8.36	8.94	8.63	1.74	1.77	1.78	1.78
大孤山	8.60	10.21	11.02	10.61	2.01	2.19	2.21	2.21

续表

上游水电站	保证出力/MW				多年平均发电量/(亿 kW・h)			
	设计值	方案 2	方案 12	方案 20	设计值	方案 2	方案 12	方案 20
小孤山	14.09	18.30	19.70	19.32	3.71	3.64	3.65	3.64
龙首二级	17.70	24.70	26.77	26.30	5.28	5.31	5.40	5.39
龙首一级	6.88	8.59	9.33	9.17	1.84	1.80	1.83	1.83
合计	88.34	107.93	124.00	120.42	24.80	22.76	24.39	24.39

图 8-7 表明，黑河上游梯级水电站年发电量和莺落峡断面年下泄水量具有良好的正相关关系，利用二次函数进行拟合，3 个推荐方案下的拟合度都在 0.85 以上。因此，莺落峡断面下泄水量是影响黑河上游梯级水电站发电量的主要因素。

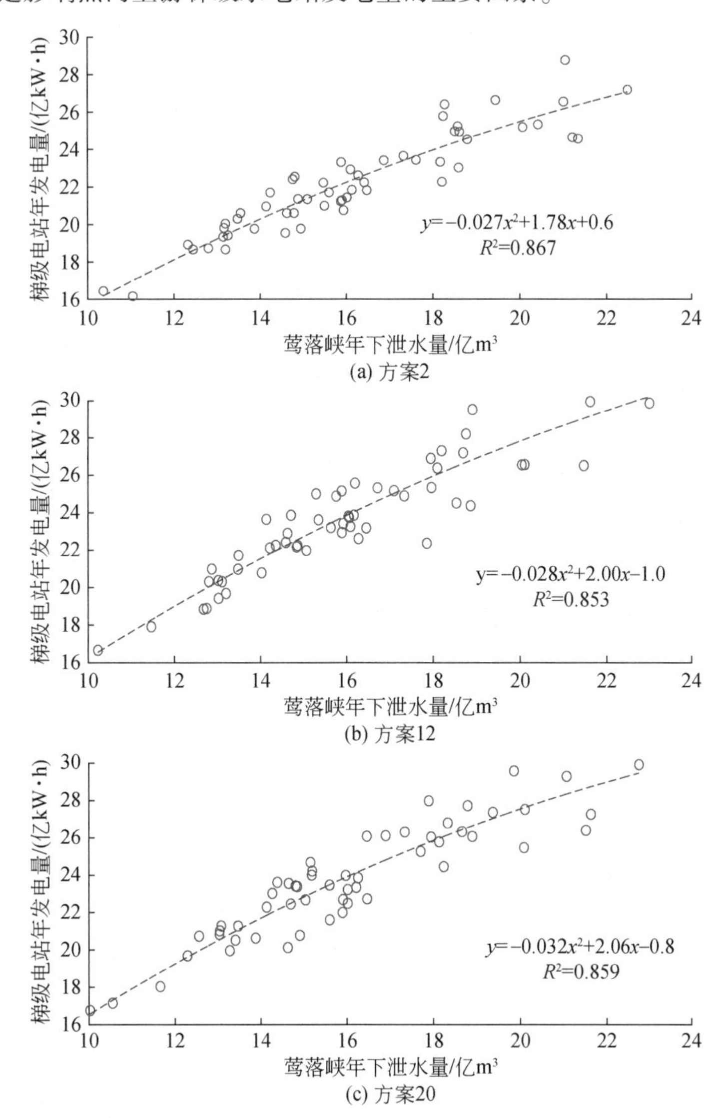

图 8-7　不同推荐方案下黑河上游梯级水电站年发电量与莺落峡断面年下泄水量关系

黑河上游梯级水电站旬发电量与莺落峡旬下泄水量具有很好的一致性，如图 8-8 所示。丰水期莺落峡断面泄水量大，上游梯级水电站发电量大；枯水期莺落峡断面泄水量小，上游梯级水电站发电量也小。从年内分配看，莺落峡断面丰水期泄水量约占全年泄水量的 70%，上游梯级水电站丰水期发电量约占全年发电量的 66%，两者年内分配比例基本相当。

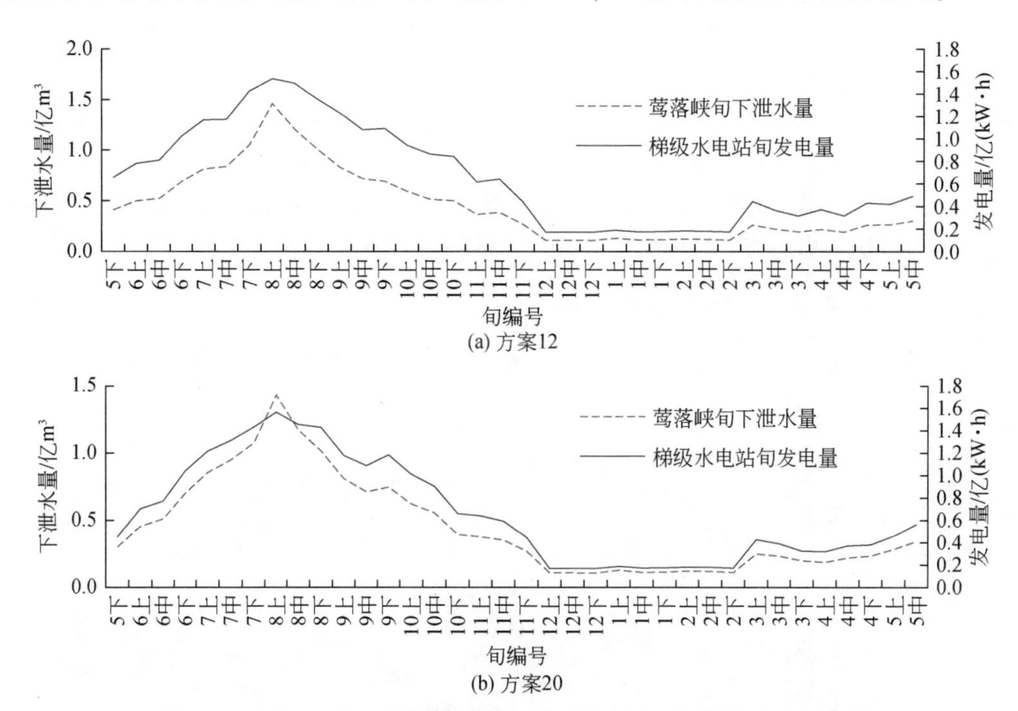

图 8-8 方案 12 和方案 20 黑河上游莺落峡断面旬均下泄水量与梯级水电站旬发电量关系

黑河上游梯级水电站与黄藏寺水电站平均出力之间存在良好的正相关性，如图 8-9 所示。利用二次函数进行拟合，枯水期拟合度高于丰水期拟合度。根据平均出力拟合关系，可以调节黄藏寺水库出库流量，控制黑河上游梯级水电站出力。

8.5.4 黑河流域下游生态关键期供水分析

河道闭口是指关闭黑河干流河道引水闸门，禁止中游灌区、鼎新片区和东风场区从河道引水，保证河道水量集中输入下游生态区。本书研究在下游生态关键期实施河道闭口措施，尽量满足下游生态区关键期用水需求。

通过优化计算得到不同推荐方案下生态关键期各旬闭口天数，如表 8-26 所示。黑河下游额济纳绿洲 8 月需水量比 4 月需水量多出近 3000 万 m^3，所以 8 月河道闭口天数比 4 月河道闭口天数多，其中方案 2 多 8d，方案 12 多 9d，方案 20 多 15d。中游灌区面积缩减后，河道闭口天数减少，方案 12 比方案 2 减少 2d。中游灌区节水强度提高后，河道闭口天数也减少，方案 20 比方案 12 减少 6d。因此，缩减中游灌区面积和提高节水强度有利于减少黑河干流河道闭口天数。

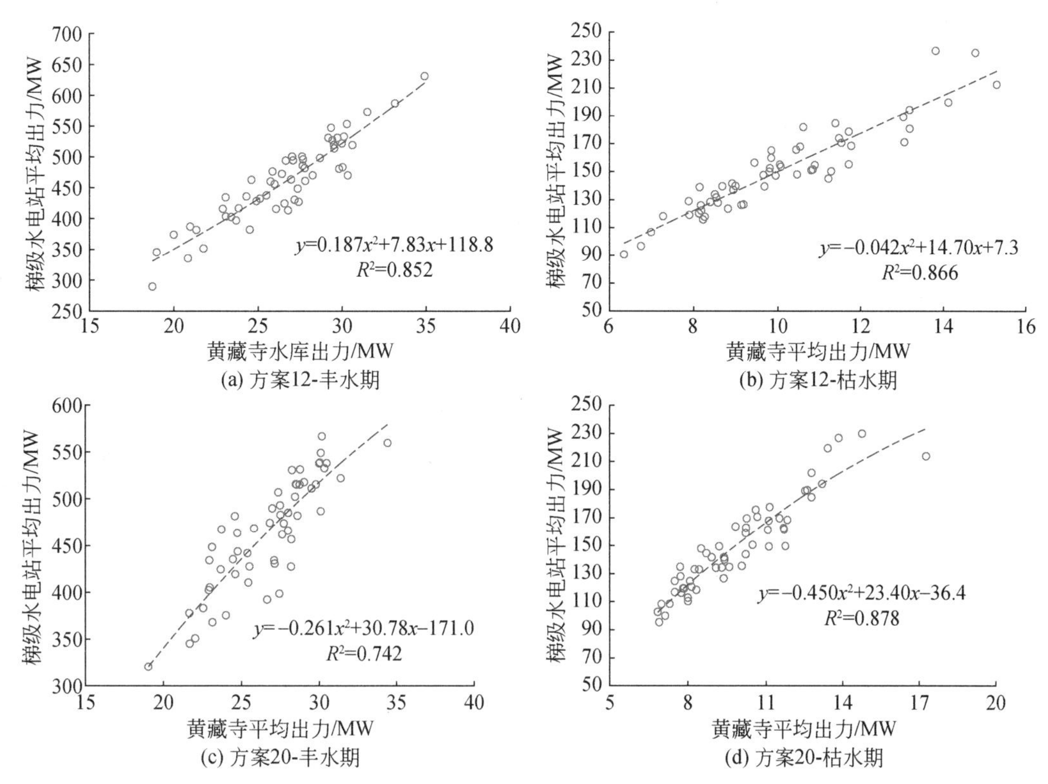

图 8-9 方案 12 和方案 20 下黑河上游梯级水电站与黄藏寺水电站旬均出力关系

表 8-26 不同水平年推荐方案生态关键期河道闭口天数优化值 (单位：d)

推荐方案	4 月上旬	4 月中旬	4 月下旬	8 月上旬	8 月中旬	8 月下旬	闭口总天数
方案 2	10	10	0	10	10	8	48
方案 12	6	8	4	7	10	10	46
方案 20	6	7	0	10	8	10	42

不同水平年推荐方案在实施河道闭口措施后，狼心山断面生态关键期泄水量及其占全年泄水量比例都比较高，如图 8-10 所示。狼心山断面生态关键期泄水量要求为 1.88 亿 m^3（需水线），方案 2、方案 12 和方案 20 的狼心山生态关键期需水保证率分别为 77%、98% 和 96%，狼心山生态关键期泄水量占全年泄水量比例（平均线）分别为 50%、49% 和 47%。因此，不同水平年推荐方案实施河道闭口后，狼心山生态关键期需水保证率都超过 50%，泄水量比例也在 50% 左右，能够有效保障狼心山下游生态关键期需水。

在生态关键期 4 月和 8 月，黄藏寺水库各旬下泄水量潜力不同，8 月上旬潜力最大，4 月潜力最小，如表 8-27 所示。方案 12 的黄藏寺水库 4 月平均出库流量相比天然平均入库流量减少 1.9m^3/s，方案 20 减少 2.9m^3/s。方案 12 和方案 20 的黄藏寺水库 8 月各旬平

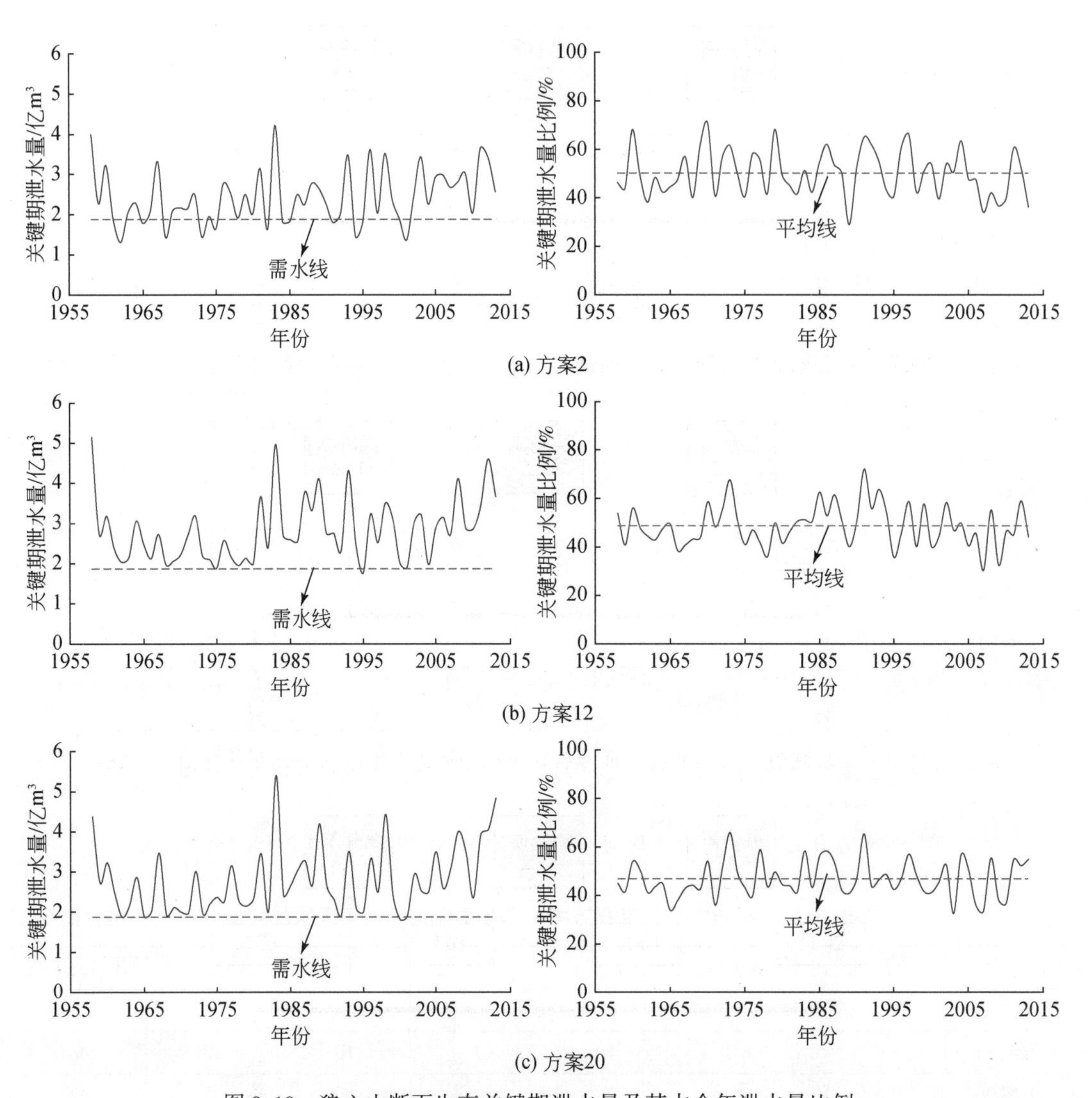

图 8-10 狼心山断面生态关键期泄水量及其占全年泄水量比例

均出库流量都比天然平均入库流量大，其中 8 月上旬平均出库流量可超出平均入库流量 42.5m³/s。因此，黑河流域应在每年 8 月各旬同时采取黄藏寺水库集中下泄和干流河道闭口措施实现下游生态关键期输水目标。

表 8-27 黄藏寺水库生态关键期各旬多年平均入库和出库流量 （单位：m³/s）

旬均流量	4 月上旬	4 月中旬	4 月下旬	8 月上旬	8 月中旬	8 月下旬
天然入库	18.8	23.3	27.5	95.8	100.3	87.7
方案 12 出库	21.8	17.9	24.2	140.0	112.3	91.8
方案 20 出库	18.6	21.3	21.0	136.6	108.5	92.5

8.5.5 黑河干流关键断面水量变化规律

(1) 关键断面年内水量过程

莺落峡断面和正义峡断面是黑河干流两个关键断面，不同水平年推荐方案的两个关键断面旬均最大、最小和平均流量分别如图 8-11 和图 8-12 所示。

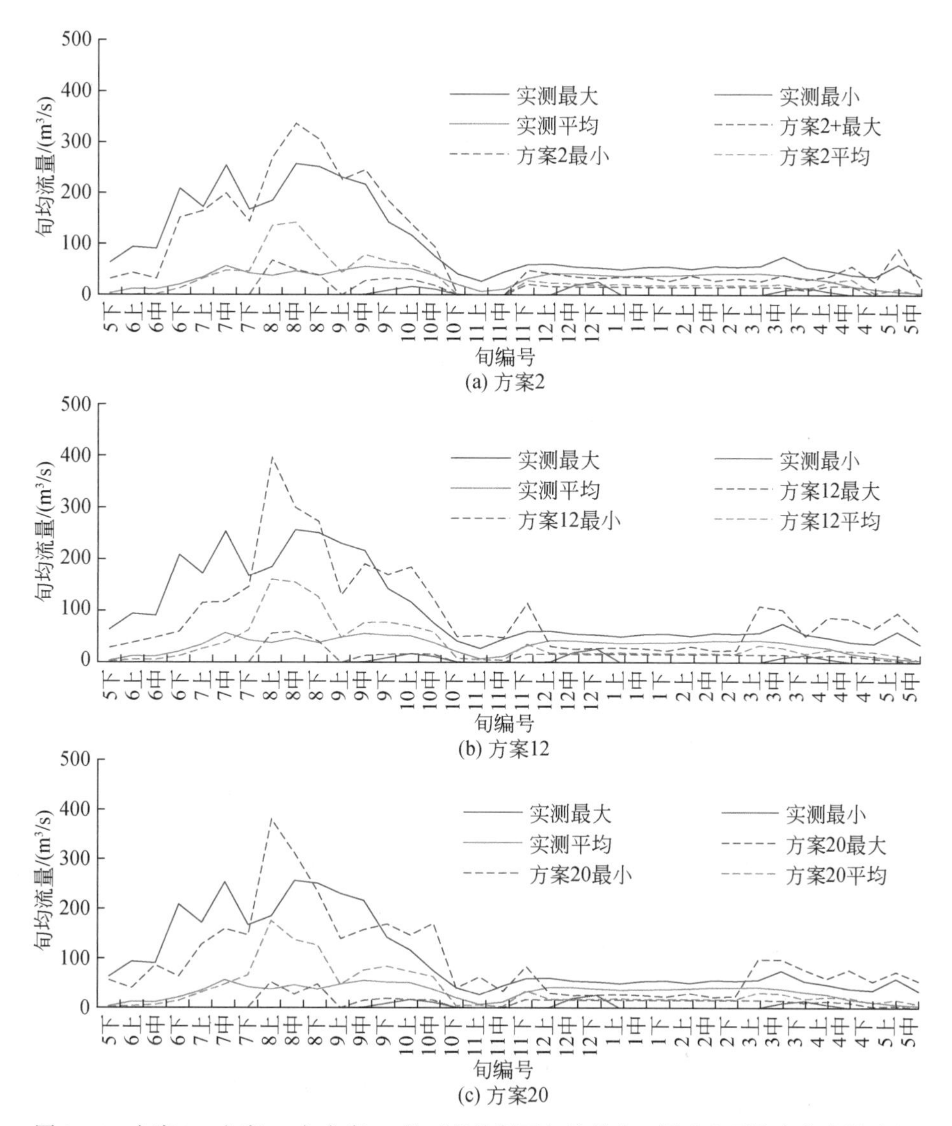

图 8-11　方案 2、方案 12 与方案 20 的正义峡断面旬均最大、最小和平均出库流量过程

从图 8-11 和图 8-12 的两个关键断面旬均最大、最小和平均流量过程看，方案 12 和方案 20 的水资源优化调配过程与实测流量过程差异显著。8 月和 4 月是下游生态需水关键期；同时 8 月还是中游灌溉用水的集中期，故两个关键断面在 8 月和 4 月的调控下泄水量

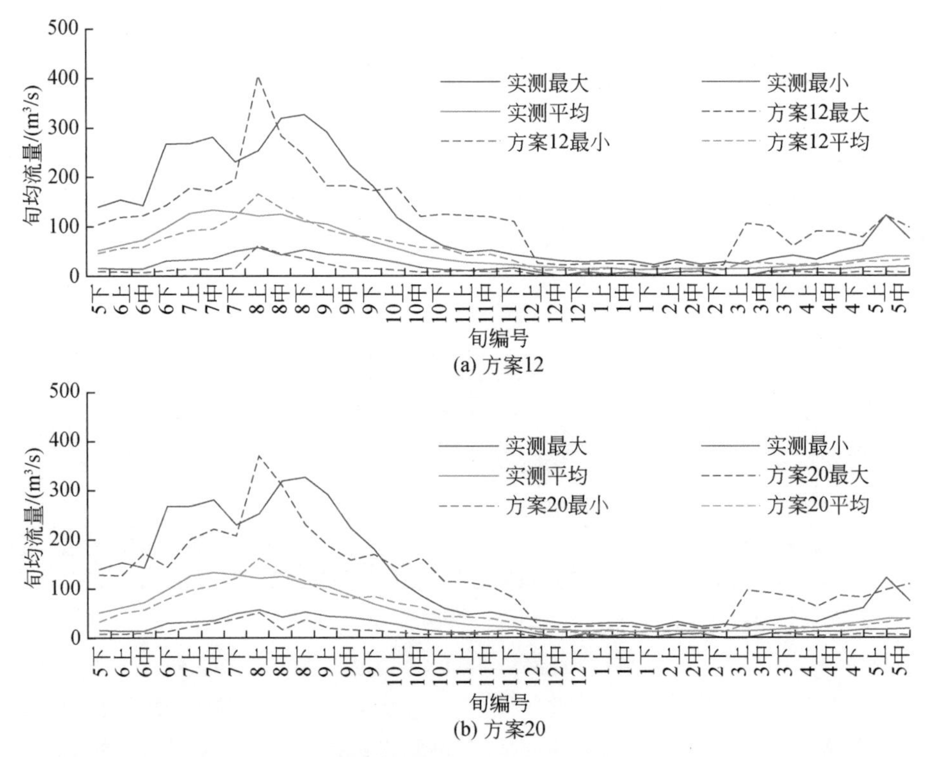

图 8-12　方案 12 与方案 20 的莺落峡断面旬均最大、最小和平均出库流量过程

相比实测水量要大一些。两个关键断面在 10 月上旬至 11 月下旬和 3 月的调控下泄水量相比实测水量也大一些，这与中游灌区冬储罐和春灌用水有关。

由图 8-11 还可以看出，方案 2 的正义峡断面调控下泄水量在 8 月上旬至 10 月中旬比实测水量大一些，而在其他时期基本上比实测水量要小一些。

(2) 关键断面年水量关系

黑河“97”分水方案基于 1994 年之前的水文气象及用户需水资料制订，是黑河流域目前水资源调配的主要依据。根据黑河流域不同水平年推荐方案的模拟结果，得到正义峡与莺落峡年下泄水量之间的新关系曲线（莺-正水量曲线），如图 8-13 所示。在 3 种推荐方案下，正义峡与莺落峡年下泄水量之间具有良好的非线性关系，拟合度都大于 0.91。

相比黑河“97”分水曲线，不同水平年推荐方案优化得到的莺-正水量曲线都出现了“下端上翘、上端下滑”的显著现象。具体而言，莺-正水量曲线下端普遍高于“97”分水曲线下端，而上端又比“97”分水曲线上端低。产生这种现象的原因在于：枯水年中游灌区从河道引水量的减小量大于中游灌区地下水补给河道水量的减少量，而丰水年中游灌区从河道引水量的增加量又大于中游灌区地下水补给河道水量的增加量。此外，方案 2 莺-正水量曲线与“97”分水曲线发生交叉，方案 12 和方案 20 莺-正水量曲线整体高于“97”分水曲线位置，统计 3 种推荐方案“97”分水保证率依次为 46%、95%、98%，曲线位置关系和统计结果保持一致。分析原因在于：方案 2，方案 12 和方案 20 灌溉面积缩减和节水强度的提高导致中游灌溉需水量大幅度减少，从中游河道的渠引水量也相应减少。

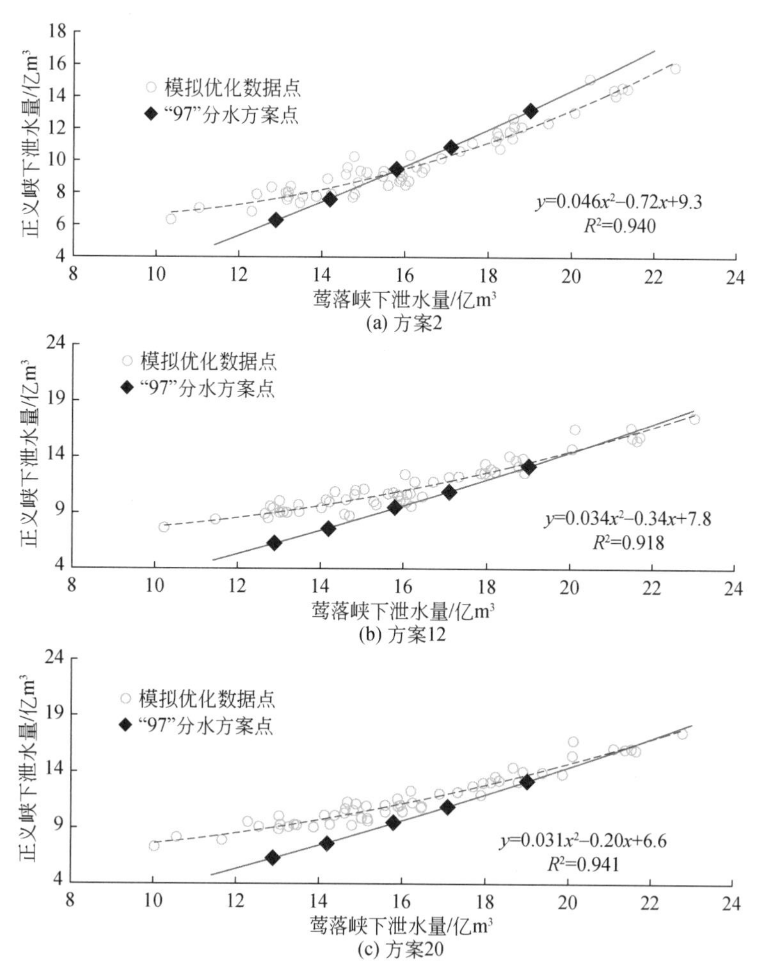

图 8-13　莺落峡断面与正义峡断面年下泄水量关系

8.5.6　主要控制断面多年平均旬径流过程变化

(1) 多年平均旬径流过程的变化

图 8-14 是莺落峡有无黄藏寺水库多年平均旬径流变化过程，从图中可以看到，无黄藏寺水库时，莺落峡旬径流过程基本上为天然径流过程，在黄藏寺水库建成运行后，为了完成"97"分水方案、满足下游生态用水需求，黄藏寺水库有几次大流量下泄过程，同时为提高中游灌溉保证程度，也要适度加大放水。

图 8-15 是正义峡有无黄藏寺水库多年平均旬径流变化过程，从图中可以看到，正义峡旬水量过程也体现了黄藏寺运行方式，年内有几次大流量下泄过程。在每年 4 月初，是下游生态需水一个关键期，在无黄藏寺水库时，由于中游灌溉用水的影响，正义峡下泄水量很少，有黄藏寺水库后，通过黄藏寺水库闭口期间大流量下泄，把水输送到额济纳绿洲，满足生态用水需求。

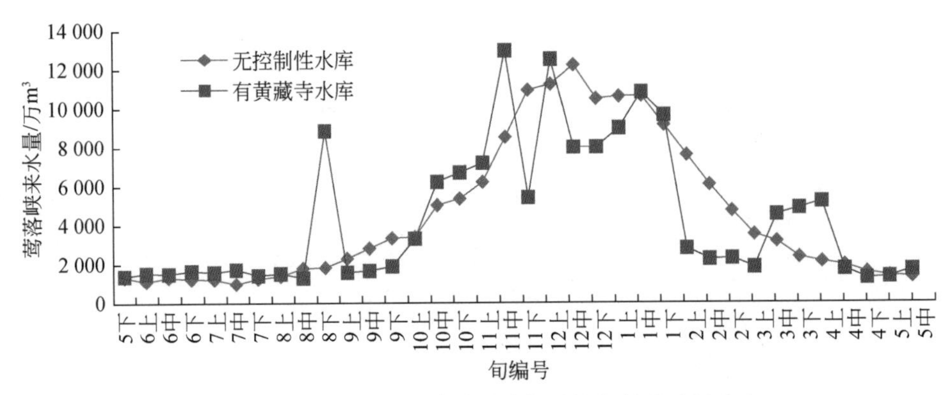

图 8-14　有无控制工程莺落峡多年平均旬径流过程对比

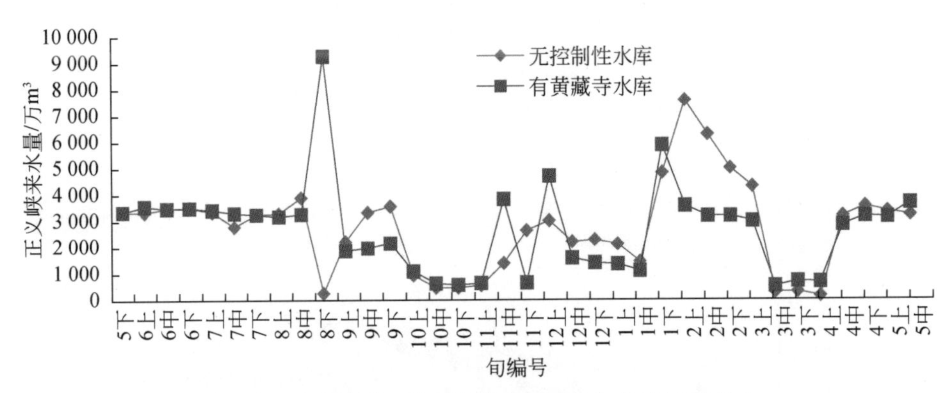

图 8-15　有无控制工程正义峡多年平均旬径流过程对比

黄藏寺水库的建成运行改变了年内径流过程，使径流变化过程与中下游经济社会和生态需水过程更适应，但黄藏寺水库大流量下泄过程也改变了原有的水文过程，必将对中下游生态水文过程产生重要影响。

（2）莺落峡水文站各旬超越频率变化

图 8-16 为无控制性工程时莺落峡断面不同时期径流量的旬径流量超越频率曲线图，从图中可以看出，不同来水频率的情况下，6～9 月汛期莺落峡断面来水量较大，10 月至次年 5 月非汛期莺落峡断面来水量较小。

图 8-17 为有黄藏寺水库时莺落峡断面不同时期径流量的旬径流量超越频率曲线图，从图中可以看出，由于黄藏寺水库的调节及大流量下泄的影响，与无控制性水库时相比，不同频率下旬径流过程变化较大，4 月上旬、7 月上旬、9 月上旬旬来水较大，显著改变了原有的水文过程。

（3）黄藏寺水库建成前后莺落峡和正义峡各时段径流对比

表 8-28 和表 8-29 分别为有无黄藏寺水库莺落峡和正义峡各时段径流对比，从表中可以看到，在 4～5 月下游生态需水关键期，莺落峡和正义峡的水量有黄藏寺水库明显大于无黄藏寺水库的水量，而在汛期 6～9 月，无黄藏寺水库时莺落峡和正义峡下泄的水量大于有水库的水量。

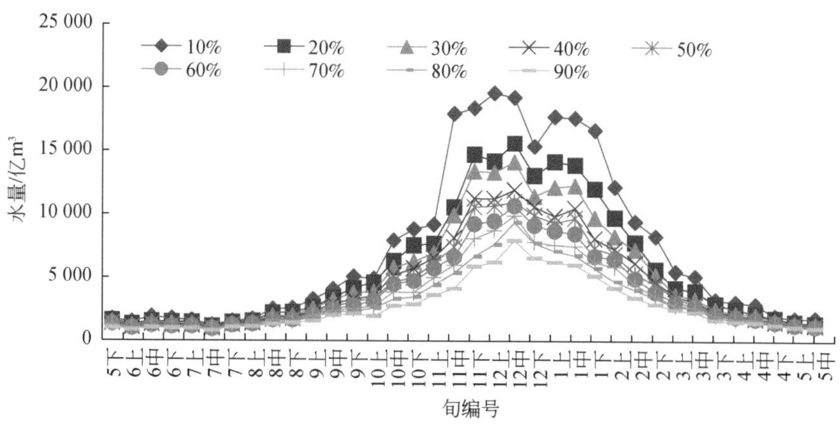

图 8-16　无控制工程莺落峡旬径流超越频率曲线

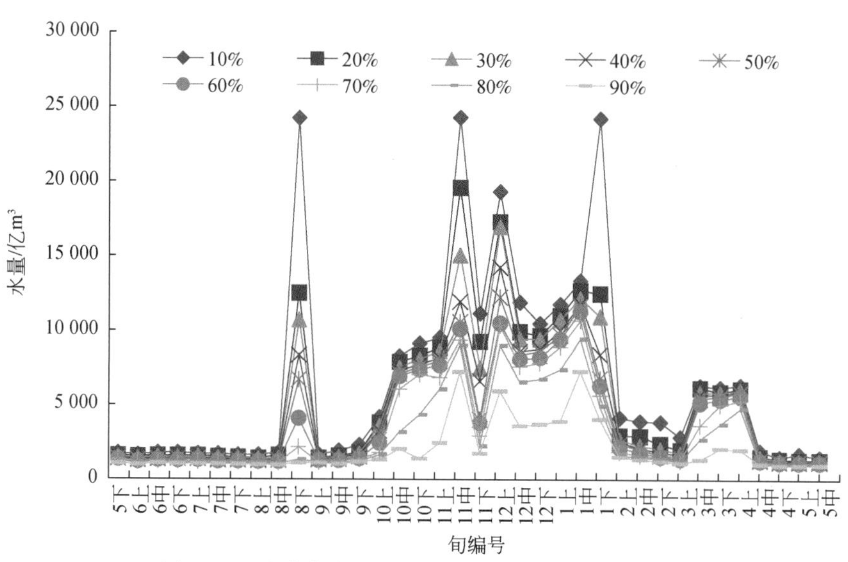

图 8-17　有黄藏寺水库莺落峡旬径流超越频率曲线

表 8-28　有无黄藏寺水库莺落峡各时段多年平均径流对比　（单位：万 m³）

项目	12 ~ 3 月	4 ~ 5 月	6 ~ 9 月	10 ~ 11 月
无黄藏寺水库	16 093	18 805	108 971	17 871
有黄藏寺水库	18 156	23 557	95 004	20 514

表 8-29　有无黄藏寺水库正义峡各时段多年平均径流对比　（单位：万 m³）

项目	12 ~ 3 月	4 ~ 5 月	6 ~ 9 月	10 ~ 11 月
无黄藏寺水库	40 440	10 836	34 684	13 222
有黄藏寺水库	40 386	16 948	28 318	10 952

综上分析，黄藏寺水库建成会显著改变黑河中下游水文过程，并影响中下游原有的水循

环特征，表8-30是有无控制工程时莺落峡至狼心山各河段入流和损失水量，可以看到，有水库时各河段损失水量少于无水库时水量损失，有水库时大流量下泄过程输水效率更高。

表8-30　有无控制工程各断面区间入流及损失对比　　（单位：亿 m^3）

项目	莺-高间水量损失	莺-高间引水量	高崖水量	高-平间区间入流	平川水量	平-正区间来水	平-正区间供水	正义峡水量	正-狼区间水量损失	狼心山水量
无水库	-2.72	6.12	7.22	4.44	10.55	1.73	1.89	9.94	-3.45	5.17
有水库	-2.57	6.65	6.94	4.57	10.20	1.74	2.22	9.72	-3.23	5.13

8.5.7　分水方案水量指标完成情况

根据配置方案集评价结果，从图8-18～图8-20，表8-31～表8-33来看，方案2分水指标多年平均超额完成，在丰水年份有欠账，枯水年份能超额完成分水指标；其他方案多年平均情况下均可完成分水指标的任务。

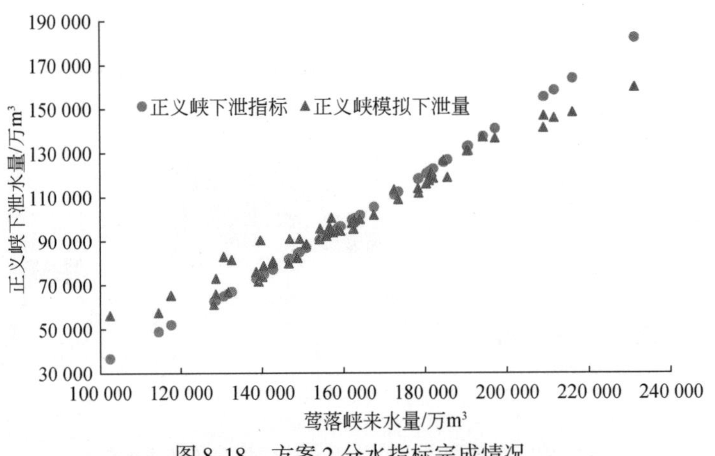

图8-18　方案2分水指标完成情况

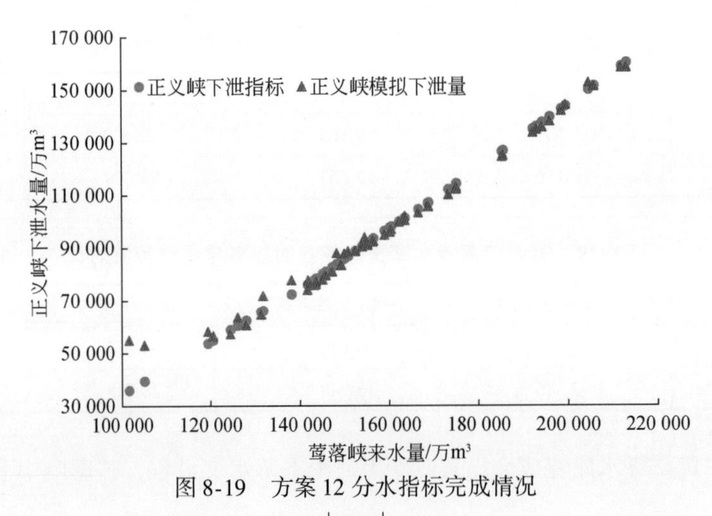

图8-19　方案12分水指标完成情况

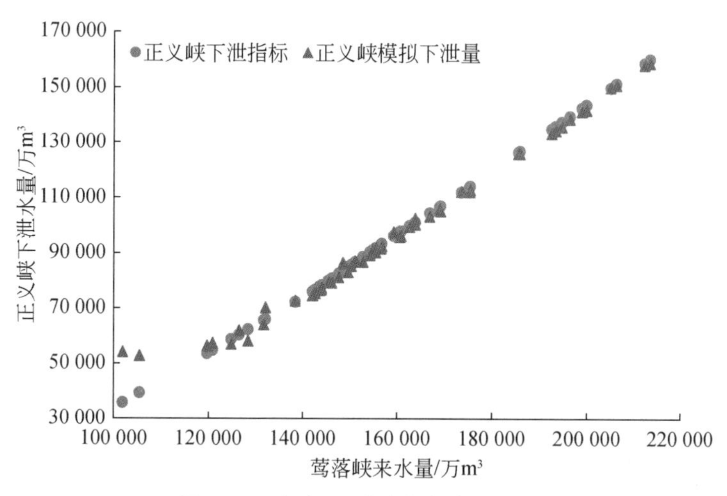

图 8-20 方案 20 分水指标完成情况

表 8-31 方案 2 分水指标完成情况 (单位：万 m³)

来水年份	莺落峡来水	正义峡下泄指标	正义峡模拟下泄量	分水指标完成情况	中游地下水开采量	狼心山模拟下泄量
特丰年	202 344	146 938	139 094	-7 844	54 840	74 385
丰水年	180 764	120 815	116 975	-3 840	55 866	61 448
平水年	159 053	95 996	95 965	-32	57 500	48 547
枯水年	140 841	75 180	80 358	5 179	61 137	42 042
特枯年	120 244	54 244	63 127	8 883	65 642	31 987
多年平均	161 607	99 466	99 689	224	58 562	51 893

表 8-32 方案 12 分水指标完成情况 (单位：万 m³)

来水年份	莺落峡来水	正义峡下泄指标	正义峡模拟下泄量	分水指标完成情况	中游地下水开采量	狼心山模拟下泄量
特枯年	118 146	52 146	57 703	5 557	61 066	26 003
枯水年	142 287	76 665	76 415	-250	54 653	38 207
平水年	157 211	93 858	94 017	159	52 571	51 709
丰水年	177 344	116 740	115 090	-1 651	49 387	69 054
特丰年	201 117	145 452	144 931	-521	49 491	91 307
多年平均	158 838	96 289	96 681	392	52 111	53 174

表 8-33 方案 20 分水指标完成情况 (单位：万 m³)

来水年份	莺落峡来水	正义峡下泄指标	正义峡模拟下泄量	分水指标完成情况	中游地下水开采量	狼心山模拟下泄量
特丰年	201 117	145 452	144 388	-1 064	49 354	90 964
丰水年	176 187	115 349	114 433	-916	49 166	68 660

续表

来水年份	莺落峡来水	正义峡下泄指标	正义峡模拟下泄量	分水指标完成情况	中游地下水开采量	狼心山模拟下泄量
平水年	157 211	93 858	93 474	-384	51 701	51 411
枯水年	142 287	76 665	75 863	-802	53 909	40 207
特枯年	118 146	52 146	56 870	4 724	60 197	26 016
多年平均	158 838	96 289	96 257	-32	50 919	52 941

8.6 本章小结

本章按照流域发展可持续性、经济技术可行性等原则和《黑河流域近期治理规划》《黑河水资源综合规划》等依据，考虑不同水平年水资源调配控制因子，建立了黑河流域水资源调配方案集；根据科学性、完备性等原则，从用水效率、供水保障程度、经济社会效益和生态健康水平等方面构建了基于经济社会生态协调发展的黑河流域水资源调配方案评价指标体系；利用层次分析法和熵权法分别计算评价指标的主观权重和客观权重，通过主客观综合赋权法确定评价指标的综合权重；建立了加权平均值、相对贴近度等5个综合评价指标，提出了一种均衡优化分析方法，采用5种综合评价指标和均衡优化度对黑河流域不同水资源调配方案进行评价和优选。

方案2、方案12和方案20分别为现状、近期和中期水平年优选方案，方案2无黄藏寺水库调蓄黑河上游来水，灌溉面积退耕至2000年水平（239.75万亩），灌溉节水强度为现状水平，灌溉水利用系数为0.53；居民生活和工业生产用水为现状水平，省级分水方案采用“97”分水方案优化方案3；方案12灌溉面积退耕至2000年水平（239.75万亩），灌溉水利用系数为0.61，省级分水方案采用“97”分水方案；方案20灌溉面积退耕到2000年水平（239.75万亩），灌溉水利用系数为0.66，省级分水方案采用“97”分水方案。

第9章 黑河经济社会生态协调发展的水资源调控措施分析

根据水资源配置方案评价结果,提出现状工程条件下和黄藏寺水库建成运行后黑河经济社会生态协调发展的水资源调控措施。

9.1 现状工程条件下水资源调控措施

9.1.1 中游不同来水年闭口方案

中游实施闭口的目的是为了协调黑河中下游用水矛盾，完成“97”分水方案向正义峡的调水任务。中游闭口时机选择应遵循以下原则：一是尽可能选择中游灌区年内灌溉用水相对较小的时段，减小灌溉和集中输水之间的矛盾；二是满足下游额济纳绿洲天然生态用水关键期需水要求。

自2000年实施黑河分水方案以来，黑河干流通过实施“全线闭口，集中下泄”的统一调度，以保障正义峡下泄水量满足下游的用水需求。分析调度以来闭口时间及调度方式，统计2001~2013年黑河中游各次闭口时间、天数、莺落峡和正义峡水量及水量损失情况，如表9-1所示。根据历史上各年度黑河中游各次闭口时间、天数分布，按照4~5月、7~8月和9~10月三个时期进行统计，得到各年份在此三个时期的闭口天数变化情况（图9-1）。由图可知，4~5月的闭口是从2002年开始，该时期的闭口天数在黑河统一调度以来基本呈现增加趋势，在2012年达到40d；7~8月的闭口一直存在，2001~2007年都在20~30d，近些年采用连续调度模式，使得8月的闭口天数有所减少；9~10月的闭口天数为各时期最多，从2001年的18d增加到2004年的48d，随后基本维持在50d左右。闭口时间的长短与莺落峡来水相关，在丰水年份，12月至次年3月正义峡下泄水量的比例占全年应下泄水量的比例小，为了满足正义峡下泄水量，闭口时间长；而在平水和枯水年份，11月至次年3月正义峡下泄水量的比例占全年应下泄水量的比例相对较大，闭口时间相对短一些，见表9-2。

表9-1 黑河干流闭口时间及闭口期水量统计

年份	闭口时间	天数/d	莺落峡过水量/亿 m^3	正义峡过水量/亿 m^3	水量损失/亿 m^3	水量损失率/%
2001~2002	7月8日~7月23日	15	3.04	2.46	0.58	0.19
	8月15日~8月25日	10	0.76	0.38	0.38	0.50
	9月10日~10月12日	32	1.57	1.67	-0.10	-0.06

续表

年份	闭口时间	天数/d	莺落峡过水量/亿 m^3	正义峡过水量/亿 m^3	水量损失/亿 m^3	水量损失率/%
2002 ~ 2003	4 月 1 日 ~5 月 15 日	45	—	—	—	—
	7 月 10 日 ~7 月 20 日	10	0. 85	0. 51	0. 34	0. 40
	8 月 9 日 ~8 月 25 日	16	2. 58	2. 05	0. 53	0. 21
	9 月 8 日 ~10 月 19 日	41	3. 85	3. 95	-0. 10	-0. 03
2003 ~ 2004	4 月 1 日 ~4 月 10 日	10	—	—	—	—
	7 月 11 日 ~7 月 20 日	9	0. 63	0. 30	0. 33	0. 52
	8 月 8 日 ~8 月 23 日	15	1. 59	1. 14	0. 45	0. 28
	9 月 8 日 ~10 月 26 日	48	2. 54	2. 39	0. 15	0. 06
2004 ~ 2005	4 月 6 日 ~4 月 15 日	10	—	—	—	—
	7 月 7 日 ~7 月 21 日	14	1. 52	1. 12	0. 40	0. 26
	8 月 9 日 ~8 月 24 日	15	2. 00	1. 64	0. 36	0. 18
	9 月 6 日 ~10 月 24 日	49	3. 87	3. 44	0. 43	0. 11
2005 ~ 2006	4 月 2 日 ~4 月 16 日	15	—	—	—	—
	7 月 12 日 ~7 月 26 日	14	2. 13	1. 68	0. 45	0. 21
	8 月 14 日 ~8 月 22 日	8	1. 09	0. 86	0. 23	0. 21
	9 月 6 日 ~10 月 18 日	42	3. 27	3. 04	0. 23	0. 07
2006 ~ 2007	4 月 6 日 ~4 月 20 日	15	—	—	—	—
	7 月 6 日 ~7 月 22 日	16	2. 36	1. 67	0. 69	0. 29
	8 月 8 日 ~8 月 20 日	12	1. 09	0. 49	0. 60	0. 55
	9 月 4 日 ~10 月 26 日	52	5	4. 05	0. 95	0. 19
2007 ~ 2008	4 月 2 日 ~4 月 21 日	20	—	—	—	—
	7 月 15 日 ~7 月 22 日	7	0. 76	0. 12	0. 64	0. 84
	8 月 6 日 ~8 月 16 日	10	1. 43	0. 96	0. 47	0. 33
	9 月 4 日 ~10 月 23 日	49	4. 65	3. 72	0. 93	0. 20
2008 ~ 2009	4 月 1 日 ~4 月 24 日	23	—	—	—	—
	7 月 10 日 ~7 月 18 日	8	1. 14	0. 49	0. 65	0. 57
	8 月 7 日 ~8 月 15 日	8	0. 85	0. 33	0. 52	0. 61
	9 月 2 日 ~10 月 25 日	53	6. 41	5. 61	0. 80	0. 12
2009 ~ 2010	4 月 8 日 ~5 月 4 日	26	—	—	—	—
	7 月 8 日 ~7 月 17 日	8	1. 46	0. 94	0. 52	0. 36
	8 月 9 日 ~8 月 15 日	6	0. 57	0. 15	0. 41	0. 73
	9 月 6 日 ~10 月 25 日	49	3. 17	3. 09	0. 08	0. 03
2010 ~ 2011	4 月 3 日 ~5 月 8 日	35	0. 98	0. 95	0. 03	0. 03
	7 月 5 日 ~7 月 15 日	10	1. 14	0. 53	0. 61	0. 53
	8 月 25 日 ~10 月 25 日	61	4. 43	3. 81	0. 62	0. 14
2011 ~ 2012	4 月 1 日 ~5 月 10 日	40	1. 59	1. 36	0. 23	0. 14
	7 月 8 日 ~7 月 15 日	7	0. 84	0. 46	0. 38	0. 45
	8 月 25 日 ~10 月 25 日	61	4. 06	3. 41	0. 65	0. 16

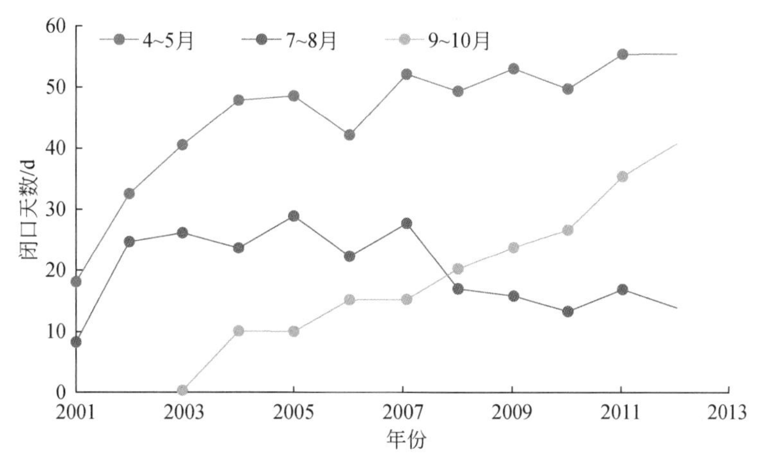

图 9-1　闭口年份各时期闭口天数分布

表 9-2　冬 5 月下泄水量与闭口期间下泄水量对比

年份	莺落峡来水量/亿 m^3	正义峡实际下泄量/亿 m^3	正义峡 12 月至次年 3 月下泄水量/亿 m^3	占正义峡下泄水量比例/%	闭口天数/d	闭口期间下泄水量占比/%
2000	14.62	6.5	3.52	56.7	33	32.2
2001	13.13	6.48	3.65	59.6	27	29.4
2002	16.11	9.23	3.37	36.9	57	48.9
2003	19.03	11.61	3.93	32.6	67	56.1
2004	14.98	8.55	3.28	41.7	82	44.8
2005	18.08	10.49	4.18	37.2	88	59.1
2006	17.89	11.45	3.85	34.0	79	48.7
2007	20.65	11.96	4.04	33.1	95	51.9
2008	18.87	11.82	4.45	38.7	93	40.6
2009	21.3	11.98	4.11	34.8	92	53.7
2010	17.45	9.57	4.13	42.7	91	43.7
2011	18.06	11.27	4.28	38.8	105	46.9
2012	19.35	11.13	4.49	39.3	108	47.0

现状年优选方案 2 中游退耕至 2000 年水平，闭口模拟按照 4～5 月、7～8 月和 9～10 月三个时期分别闭口一次，丰水年多年平均闭口天数为 101d，平水年为 81d，枯水年为 49d。图 9-2～图 9-4 分别为丰水年、平水年和枯水年典型年正义峡和莺落峡下泄过程线和闭口过程线，在丰水年、平水年和枯水年闭口期间下泄流量占正义峡总下泄流量分别为 50.2%、41.3% 和 36.5%，丰水年、平水年和枯水年冬 5 月下泄流量占正义峡总下泄流量分别为 32.5%、42.8% 和 50.9%。

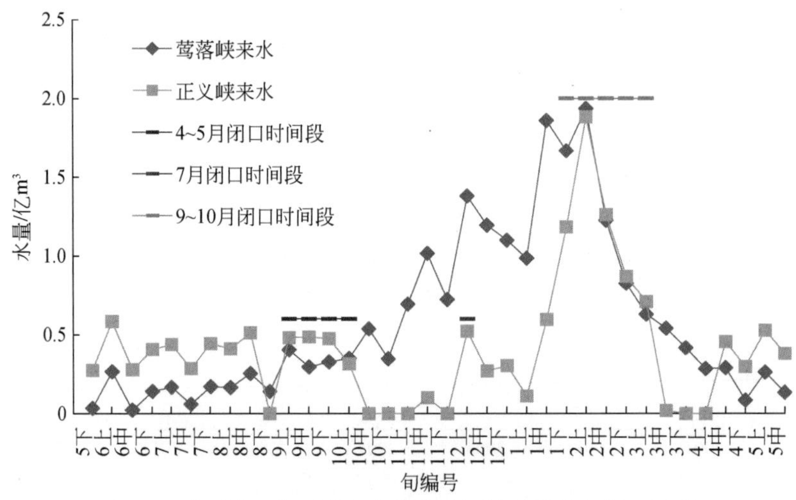

图 9-2　典型丰水年正义峡和莺落峡下泄过程线和闭口过程

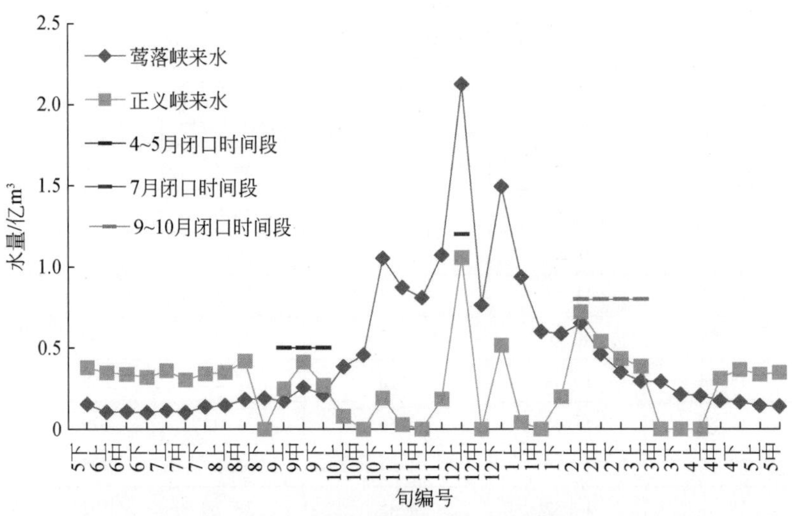

图 9-3　典型平水年正义峡和莺落峡下泄过程线和闭口过程线

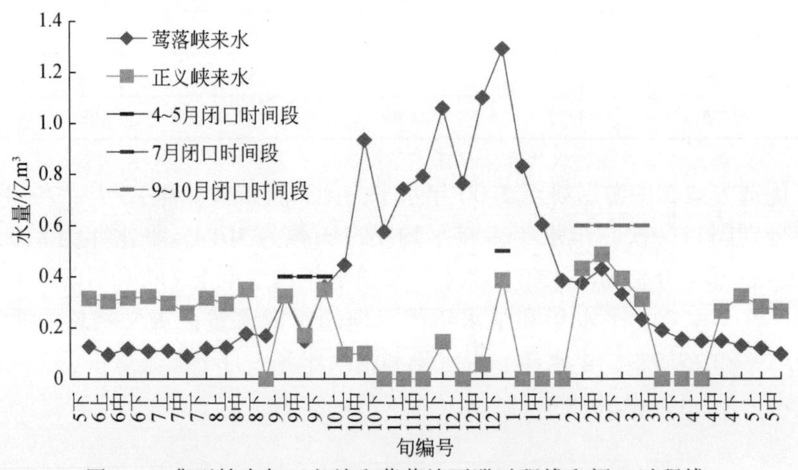

图 9-4　典型枯水年正义峡和莺落峡下泄过程线和闭口过程线

9.1.2 中游水资源管理措施

（1）调整产业结构，发展第二、第三产业，提高节水水平

黑河中游经济社会的发展和对水资源需求从根本上影响水资源在黑河中下游的分配，从 20 世纪 70 年代以来水量在中下游分配的变化过程可以印证这一点。2000 年以来，“97” 分水方案的实施虽然规范了黑河水资源管理，但 2000 年以来黑河经济社会快速增长使中下游供需矛盾依然存在。

2015 年，黑河中游张掖市国内生产总值达到 252.88 亿元，三次产业比例由 2000 年的 42 : 28 : 30 调整到 2015 年的 25 : 30 : 45，第二、第三产业的比例显著增加，种植业结构趋于合理，产业结构进一步优化。但总体来看，仍面临艰巨的结构调整任务，产业结构不合理，第一产业比例仍然过高，第二产业发展严重滞后，2011 年我国三次产业比例为 10.1 : 43.1 : 46.8，第二产业比例比黑河流域高出 13.1 个百分点。从用水结构来看，农业用水比例从 1999 年的 78.4% 降低到 2015 年 59.7%，生态环境用水从 1999 年的 16.6% 增加到 2015 年的 35.9%，用水总量从 1999 年的 31.46 亿 m^3 增加到 2015 年的 36.09 亿 m^3，农业用水总量从 1999 年的 24.65 亿 m^3 减少到 2015 年的 21.54 亿 m^3，但农业用水总量依然很大，占经济社会用水总量的 90% 以上。

黑河流域属资源性缺水地区，当前及今后相当长的时期，流域内的社会经济发展必须立足于当地的水资源条件，合理调整产业结构，张掖市的甘州、临泽、高台三县（区）的耕地面积应退耕至 2000 年水平，借助国家“一带一路”倡议，积极发展第二、第三产业，合理安排生活、生产和生态用水，实现流域水资源合理分配，支撑流域经济社会和生态环境的协调发展。在积极发展第二、第三产业的同时，应继续提高农业节水水平，提高高新农业节水面积。图 9-5 是中游维持现状耕地面积、退耕至 2000 年水平及退耕并且强力节水三种情况下对水资源配置格局的影响。由图看到，在现状耕地面积和退耕至 2000 年水平时，分水指标不能完成，中游地下水存在超采；在退耕+节水情况，分水指标能够完成，中游地下水超采状况和狼心山下泄水量有很好的改善。

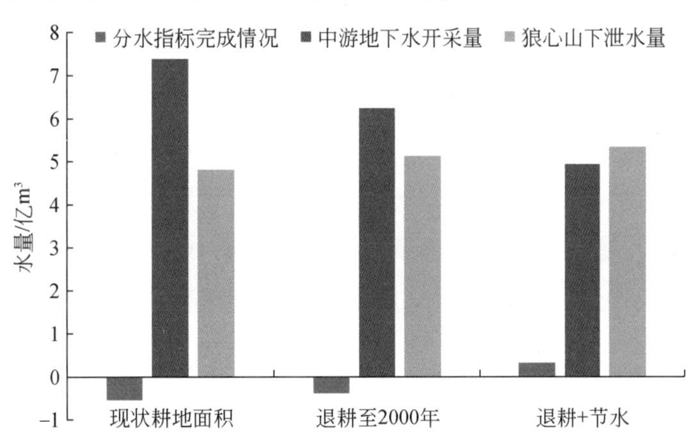

图 9-5 中游不同耕地面积和节水状况对水资源配置的影响

(2) 根据中游地表水与地下水转换特点，合理配置和利用地下水

黑河中游地下水是农业灌溉的重要水源之一，黑河中游灌区地下水的主要补给来源是黑河水，黑河中游灌区地下水近年来水位埋深明显增大。2000~2012年，研究区耕地面积扩大了29.49万亩，需水量、耗水量大，已超出其承载能力，无论丰、平、枯来水年，在不超采地下水的情况下，均不能在满足用水需求的同时完成水量调度任务，使部分地区地下水超采严重。

研究区扩耕对水量调度产生了较大影响，因此，需要通过加强管理及采取工程措施压缩研究区的耕地面积，减少山前、绿洲及戈壁交界区的用水量，同时，调整井灌区开采量，保障下游生态用水，使现在地下水持续下降的区域将有较大的好转，利于中游农业生产和生态恢复。本书中现状年优选方案2是考虑中游退耕至2000年水平的方案。

为了保持中游地下水位长期动态平衡，必须考虑地下水位年际间采补平衡，在丰水年多补充地下水，少开采地下水，多用地表水，而在枯水年多开采地下水满足经济社会生态用水需求。图9-6为多年中游地表水引水和地下水开采过程线，可以看到，地下水模拟开采过程体现了上述思想。多年平均地下水开采量为5.6亿m^3，虽然仍然大于地下水多年平均允许开采量4.8亿m^3，但较现状开采量6.4亿m^3已有显著改善。中游灌溉保证率为50.9%，满足灌溉保证率的要求。

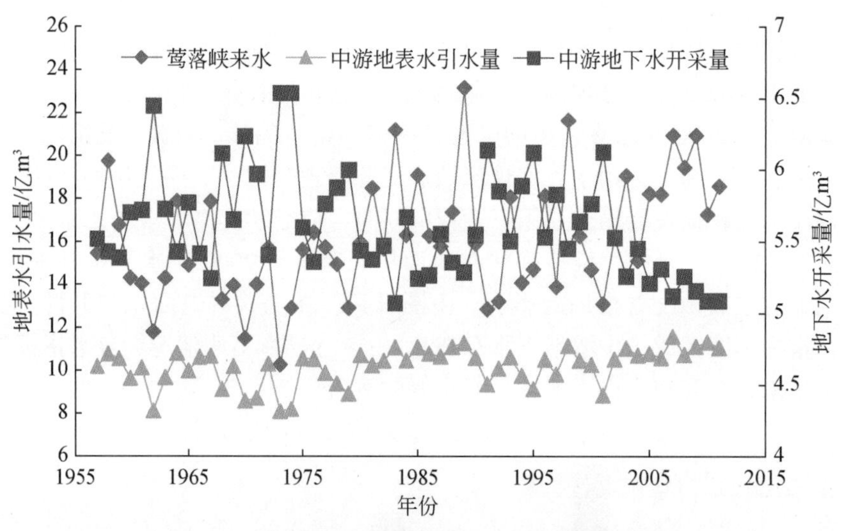

图9-6 不同来水年份地表水和地下水利用过程线

从年内季节分配上看，一年当中夏季埋藏最深，冬季埋藏最浅，与河川径流的来水情况一致。一年当中埋深最小的季节为春季，其次为冬季，夏季、秋季最大，这表明春季不开采地下水，而夏秋季节灌溉作用明显。中游农业需水量大，仅依靠地表水，不能满足灌溉用水需求。近年来，4月上旬至5月上旬由于春节调度，需要开采地下水来满足农业灌溉要求。6~8月为中游地区农业用水高峰期，农业水量需求缺口很大。同时，黑河水量很大，是水量调度的关键期，应在6~8月开采地下水置换地表水，地表水地下水联合应用，满足水量调度的要求，9～10 月闭口调度与冬灌用水仍存在一定矛盾，需要开采地下水。图 9-7 是多年平均地下水旬开采过程与中游农业需水过程对比，体现了上述的地下水年开采过程。

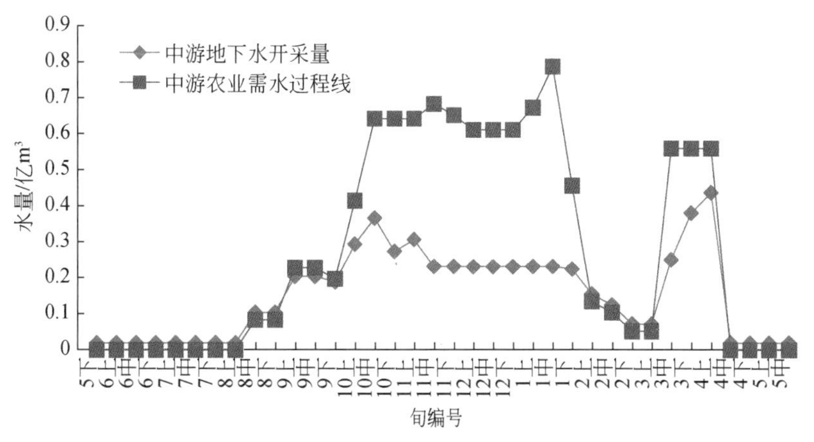

图 9-7　多年平均地下水旬开采过程与中游农业需水过程

9.1.3　狼心山以下水资源配置措施分析

自 2000 年实施黑河分水方案以来，以东居延海进水为标志的初级阶段的水量调度目标已经基本实现，随着黑河分水进一步深入，黑河水资源管理与调度的方向转向维持和改善下游及尾闾生态系统，2008 年，水利部黄河水利委员会以〔黄水调 27 号〕文件批复了关于黑河流域管理局提交的《黑河生态水量调度方案》，黑河流域管理局开始了黑河生态水量调度的实践。自 2000 年以来，狼心山多年平均下泄水量达 6.54 亿 m^3，可以满足额济纳绿洲恢复到 20 世纪 80 年代的生态需水量，但绿洲恢复面积与 80 年代绿洲面积还有一定差距。其问题在于目前调度方案中对狼心山以下水量配置还存在一定的不合理性，水量主要在西河上中段、东河上游段、东河下游段及东居延海进行配置，离河道较远的地方得不到水的滋润，生态恢复较慢。

（1）狼心山长系列年来水量分析

优选方案 2 中狼心山长系列年下泄水量过程如图 9-8 所示，从图中可以看到，20 世纪 70 年代来水连续偏枯年份，最长有连续 4 年狼心山来水少于维持现状绿洲所需要的生态水量。在 20 世纪 50～80 年代，最长有连续 23 年狼心山来水少于恢复到 80 年代中期绿洲面积所需要的生态水量。对比图 9-8 和图 9-9 可以看到，在莺落峡来水为平水年或偏枯年份，狼心山下泄水量不能满足下游额济纳绿洲恢复到 80 年代中期水平，但在来水偏丰的年份，狼心山下泄水量可以满足额济纳绿洲恢复到 80 年代中期水平用水需求。从长系列年来水看，有最长 4 年狼心山来水少于额济纳绿洲维持现状面积所需要的生态需水，可能会造成下游额济纳绿洲的生态退化。

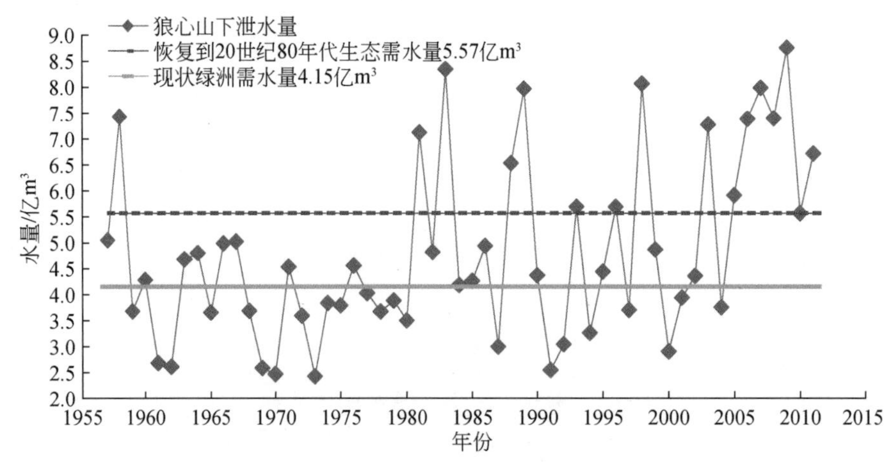

图 9-8 狼心山长系列年下泄水量及与生态需水对比

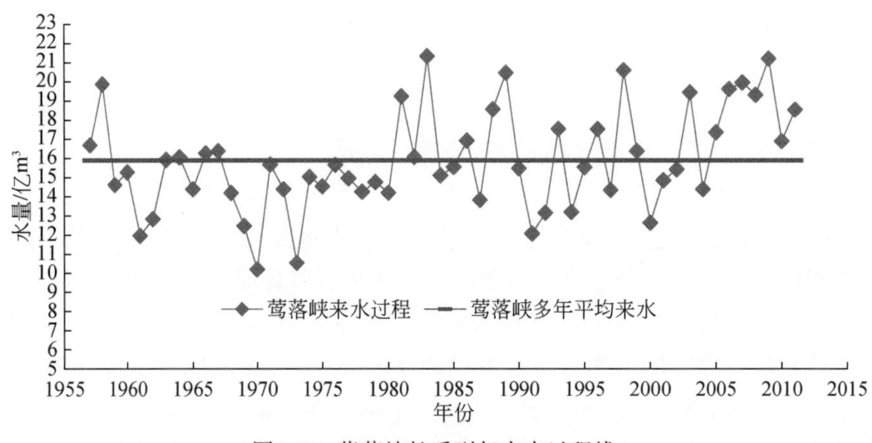

图 9-9 莺落峡长系列年来水过程线

(2）不同来水年狼心山以下各分区水资源配置分析

狼心山以下各生态分区现状年优选方案 2 水资源配置结果见表 9-3、表 9-4。从表中可以看到，丰水年下游各生态分区分配的水量可以满足恢复到 20 世纪 80 年代中期所需要的水量；平水年东河各生态分区（除东河上游区）分配的水量可以满足恢复到 80 年代中期所需要的水量，东河上游区分配的水量可满足维持现状绿洲的生态需水，西河各分区（除建国营外）分配的水量可以满足恢复到 80 年代中期所需要的水量，建国营区分配的水量可满足维持现状绿洲的生态需水；枯水年东河各分区分配的水量可满足维持现状绿洲的生态需水，其中昂茨河生态区分配的水量可满足恢复到 80 年代中期所需要的水量，西河各分区分配的水量可满足维持现状绿洲的生态需水，但均不能满足恢复到 80 年代中期所需要的水量。

表 9-3　东河不同来水年水资源配置及与生态需水对比

项目	东河上游区/亿 m^3	铁库里生态区/亿 m^3	东大河生态区/亿 m^3	昂茨河生态区/亿 m^3	班布尔生态区/亿 m^3	东居延海/亿 m^3	合计/亿 m^3	占狼心山下泄水量比例/%
丰水年	1.44	0.62	1.41	1.20	0.35	0.63	5.65	71.2
平水年	0.77	0.39	0.90	0.74	0.22	0.39	3.41	73.8
枯水年	0.59	0.31	0.74	0.59	0.17	0.20	2.59	69.7
生态需水（2010 年）	0.60	0.23	0.61	0.38	0.14	0.39	2.35	—
生态需水（1987 年）	0.83	0.31	0.84	0.52	0.19	0.53	3.23	—

表 9-4　西河不同来水年水资源配置及与生态需水对比

项目	西河上中游区/亿 m^3	中戈绿洲区/亿 m^3	建国营区/亿 m^3	合计/亿 m^3	占狼心山下泄水量比例/%
丰水年	1.03	0.27	0.99	2.29	28.8
平水年	0.77	0.17	0.49	1.43	30.9
枯水年	0.51	0.13	0.48	1.13	30.3
生态需水（2010 年）	0.44	0.11	0.44	1.00	—
生态需水（1987 年）	0.61	0.16	0.61	1.38	—

（3）不同来水年东居延海入湖水量

从表 9-3 可以看到，在平水年和枯水年多年平均入湖水量不能满足维持东居延海 35km² 所需要的 0.55 亿 m³水量。东居延海的湖盆呈浅碟状，存在着水深浅、水面面积大、蒸发损失量大、库容小、水域存在时间短等问题，东居延海库容-水域面积关系见图 9-10，东居延海现有水域面积 40 多平方千米，库容只有 8000 多万立方米。根据近年来水量调度的入湖水量情况分析，当入湖水量为 3000 万 m³左右时，水域面积约为 25 km²，至次年的 3～4 月水域消失殆尽。也就是说，当入湖水量为 3000 万 m³左右时，基本能保持东居延海不干涸。

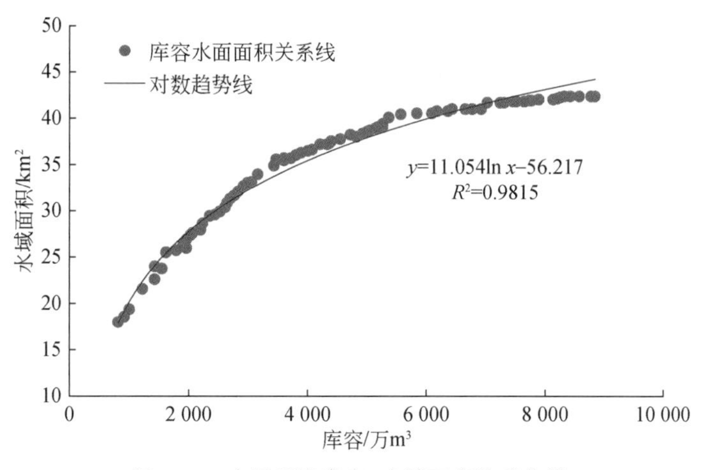

图 9-10　东居延海库容-水域面积关系曲线

图9-11是东居延海长系列年入湖水量过程，最长有连续5年入湖水量少于3000万m^3。因此，在遭遇连续枯水年时，东居延海有可能再次干涸。

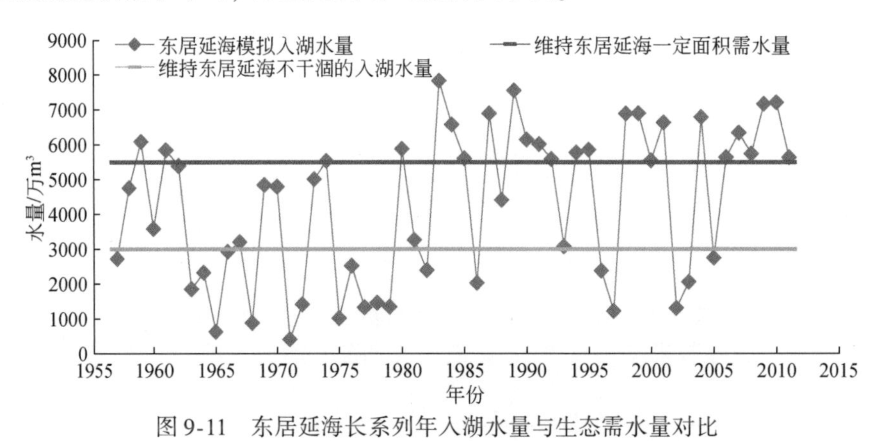

图9-11　东居延海长系列年入湖水量与生态需水量对比

9.2　黄藏寺水库建成后水资源调控措施

9.2.1　黄藏寺水库调度规则

调度图和调度函数是水库调度规则的两种常用的表达方式。调度图表达直观，根据调度时间和水库水位确定决策量，但不考虑水库入库径流预报，决策相对保守；调度函数表达精确，根据决策量与水库水位、入库流量和需水等因素的函数关系确定决策量，但考虑因素较多，对径流预报精度要求也高（解阳阳等，2015）。根据近期和远期水平年推荐方案的水资源优化调配结果，分别建立基于调度图和调度函数的黄藏寺水库调度规则，确定黄藏寺水库逐旬平均出库流量。

1. 黄藏寺水库调度图

黄藏寺水库承担黑河流域灌溉、生态供水和发电综合任务，其调度图由水位图和流量图组成，水位图和流量图的信息对应。考虑到水位图和流量图的信息对应方式，将黄藏寺水库调度图分为两种类型：任务分区型和频率分区型。

（1）任务分区型调度图

任务分区型调度图将水位图分成若干任务区，并将不同任务区的出库流量线绘制到流量图中。该类型调度图优点是调度任务明确，缺点是绘制过程复杂，具体绘制过程如下。

1）确定水位指示线和任务区。任务分区型调度图的水位图有6条水位指示线，自下往上依次为：最低水位线、发电下基本调度线、发电上基本调度线、灌生下基本调度线、灌生上基本调度线和最高水位线。最低水位线为水库死水位线，水库调度中不允许水位低于该水位线。发电下基本调度线和发电上基本调度线分别是指同时满足梯级水电站$P=85\%$保证出力和灌溉生态80%需水要求的最低水位线和最高水位线。灌生下基本调度线和灌生上基本调度线分别是指同时梯级水电站 $P=50\%$ 保证出力和灌溉生态正常需水要求的最低水位线和最高水位线。最高水位线是水库调度的最高水位线，在汛期与汛限水位保持一致，在非汛期与兴利水位相同，水库调度中不允许水位高于该线水位。

任务分区型调度图的水位图有 5 个任务区，由 6 条水位指示线分割而成。最低水位线与发电下基本调度线之间的区域为梯级水电站在 $P=85\%$ 保证出力基础上降低出力和灌溉生态需水严重破坏区（A 区）；发电下基本调度线与发电上基本调度线之间的区域为梯级水电站 $P=85\%$ 保证出力及灌溉生态 80% 需水区（B 区）；发电上基本调度线和灌生下基本调度线之间的区域为梯级水电站 $P=50\%$ 保证出力及灌溉生态 80% 需水区（C 区）；灌生下基本调度线与灌生上基本调度线之间的区域为梯级水电站 $P=50\%$ 保证出力和灌溉生态正常需水区（D 区）；灌生上基本调度线与最高水位线之间的区域为梯级水电站在 $P=50\%$ 保证出力基础上加大出力和灌溉生态正常需水区（E 区）。

2）绘制任务分区型调度图的水位图和流量图。根据近期和远期推荐方案的黄藏寺水库优化出库过程，选取若干满足 B 区（D 区）要求的年份，将这些年份黄藏寺水库旬均出库流量过程逐旬取平均值，逐旬平均出库流量过程即为发电保证需水（灌生保证需水）要求的黄藏寺水库出库流量过程；选取若干满足 A 区（E 区）要求的年份，将这些年份黄藏寺水库旬均出库流量过程逐旬取最小值（最大值），逐旬最小（最大）出库流量过程即为综合需水下限（上限）要求的黄藏寺水库出库流量过程；将 4 条黄藏寺水库出库流量过程线绘制在流量图中，按照综合需水下限<发电保证需水<灌生保证需水<综合需水上限的次序对流量图修正。

根据若干满足 B 区（D 区）要求的年份的入库流量过程和发电保证需水（灌生保证需水）对应的出库流量过程，自枯水期水库死水位起，逆时序逐旬计算，求得不同年份的水库水位过程线，取这些水位过程线的上、下包线分别作为发电（灌生）上、下基本调度线。当丰水期初的发电（灌生）上、下基本调度线水位不在最低水位时，直接将丰水期初发电（灌生）上、下基本调度线水位降至最低水位；当发电上基本调度线与灌生下基本调度线有交叉时，直接取交叉区两线的平均线作为公共线，交叉区的发电上基本调度线和灌生下基本调度线在公共线上重叠。

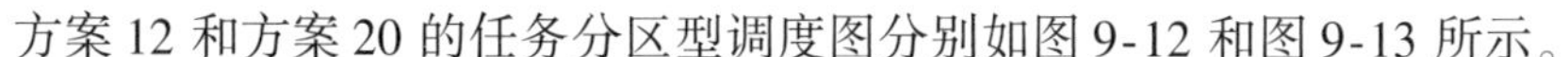
方案 12 和方案 20 的任务分区型调度图分别如图 9-12 和图 9-13 所示。

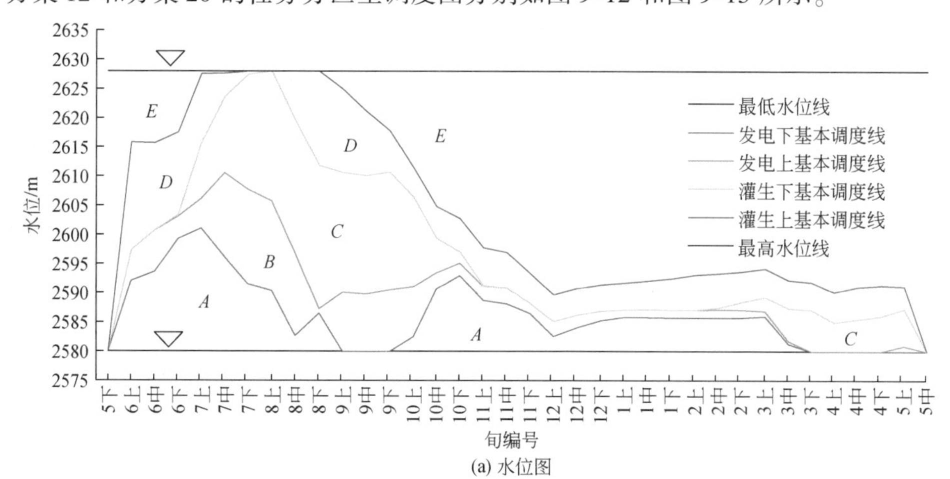

(a) 水位图

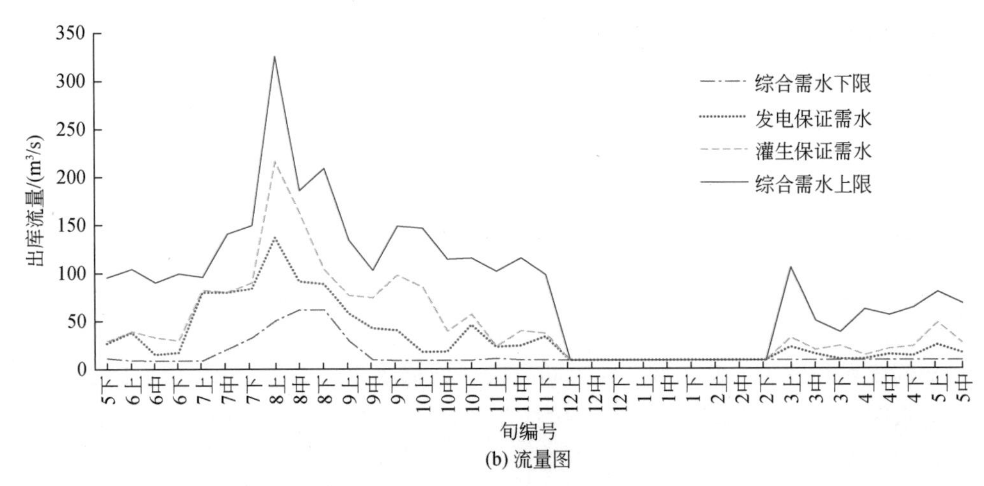

(b) 流量图

图 9-12　方案 12 的黄藏寺水库任务分区型调度图

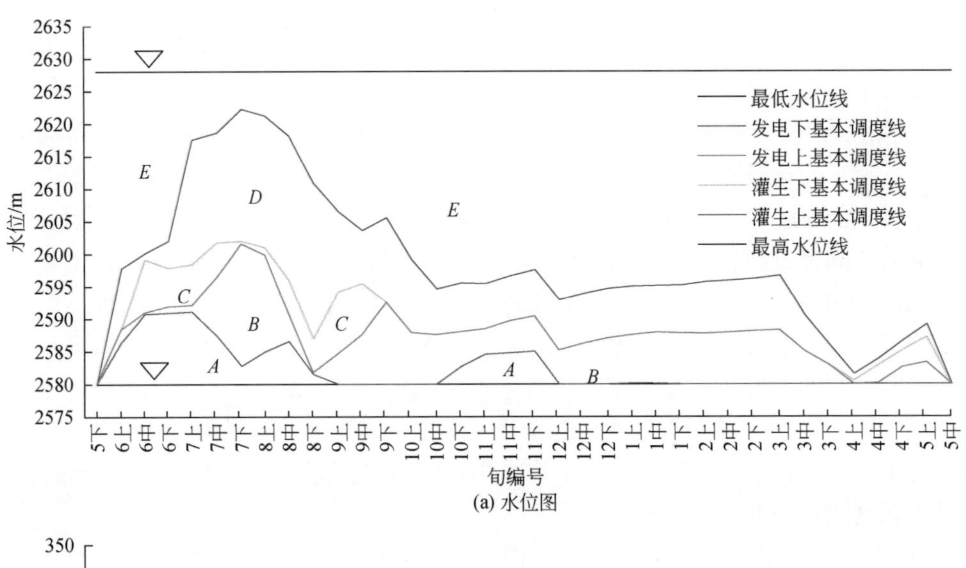

(a) 水位图

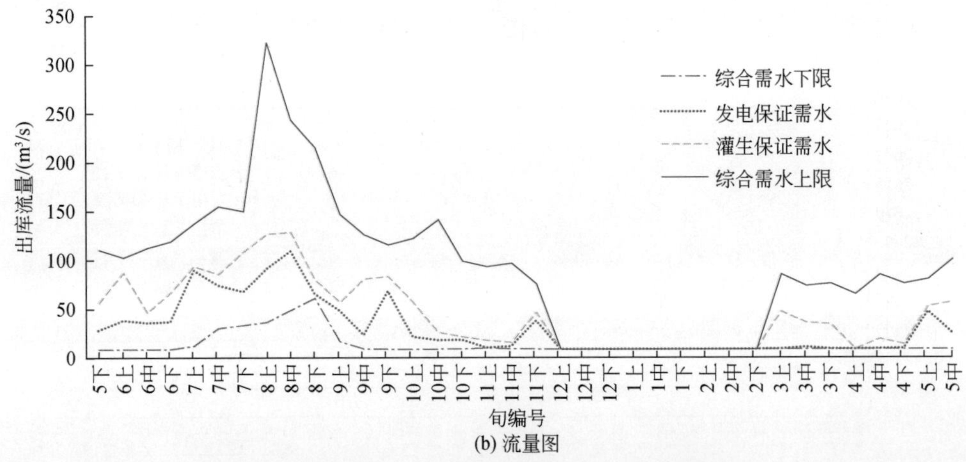

(b) 流量图

图 9-13　方案 20 的黄藏寺水库任务分区型调度图

（2）频率分区型调度图

频率分区型调度图假定水库水位和出库流量同频率发生，将水位图分成若干频率区，并将同频率的出库流量线绘制到流量图中。该类型调度图优点是意义清楚且绘制方便，缺点是不能反映调度任务，具体绘制过程如下。

1）指定水位和出库流量频率。水位指示线和出库流量线在发生频率上一一对应，即频率为 P 的水位指示线对应频率为 P 的出库流量线。一般情况下，频率间隔越大，调度操作越简便，调度效果也越差。本书指定 5 个频率：10%、25%、50%、75% 和 90%。

2）绘制频率分区型调度图的水位图和流量图。确定不同水平年推荐方案的黄藏寺水库优化旬均水位过程及对应旬均出库流量过程；逐旬挑出同旬旬均水位（旬均出库流量），对同旬旬均水位（旬均出库流量）降序排列；计算同旬旬均水位（旬均出库流量）的经验频率（序号靠前的频率越小），逐旬确定指定频率下的旬均水位（旬均出库流量）；将所有指定频率的各旬同频率旬均水位（旬均出库流量）绘制到水位图（流量图）中。

方案 12 和方案 20 的频率分区型调度图分别如图 9-14 和图 9-15 所示。

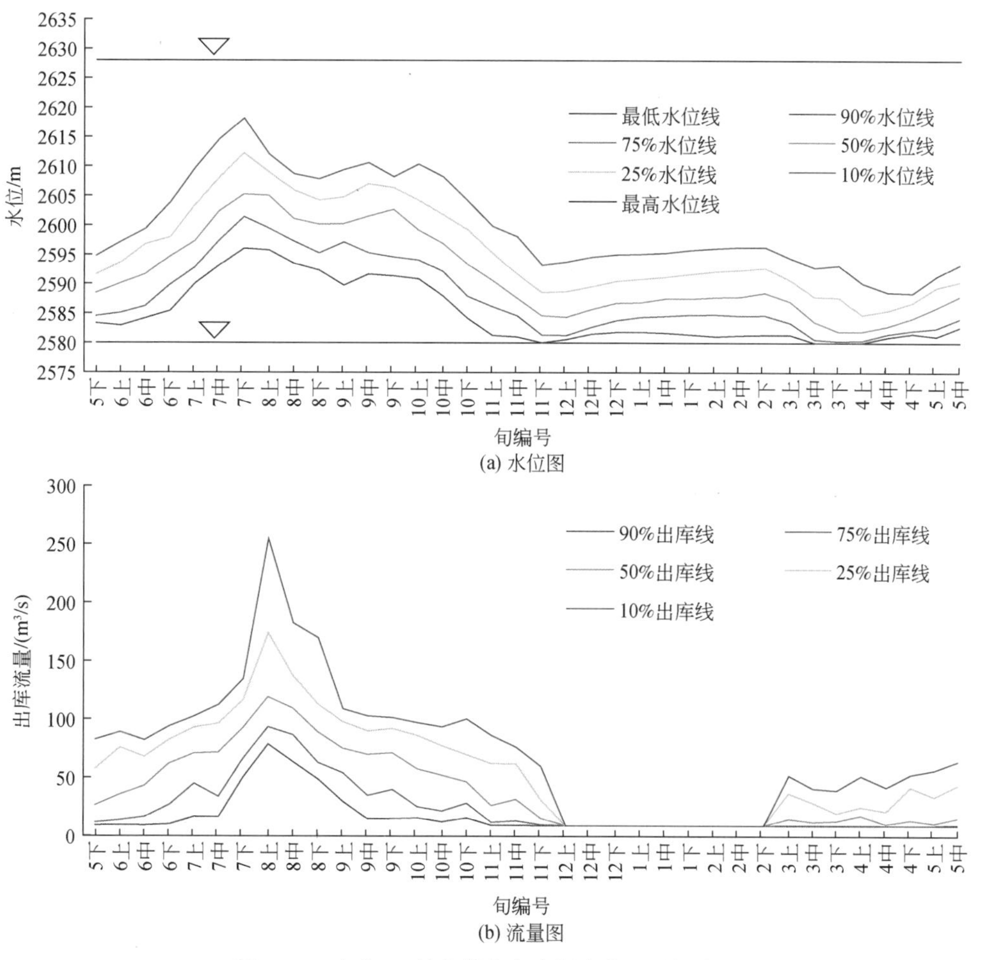

图 9-14 方案 12 的黄藏寺水库频率分区型调度图

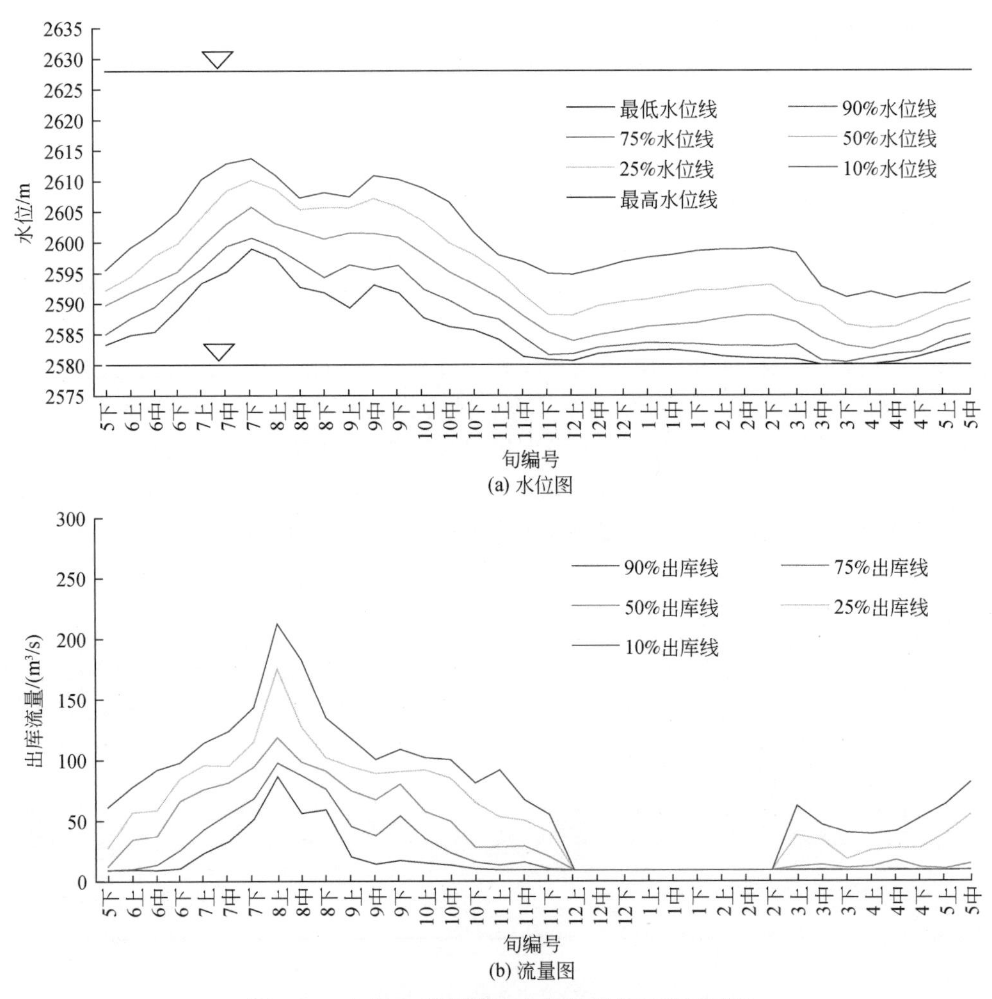

图9-15　方案20的黄藏寺水库频率分区型调度图

2. 黄藏寺水库调度函数

通过逐步回归分析得出，黄藏寺水库当旬平均入库流量、黄藏寺至莺落峡（黄–莺）区间当旬平均入流量、黄藏寺水库当旬旬蓄水位和黑河中下游当旬需水总量是黄藏寺水库当旬平均出库流量的关键影响因素。因此，采用多元线性回归函数建立黄藏寺水库调度规则。为统一影响因素的量纲，分别将黄藏寺水库旬初水位和当旬中下游灌溉生态需水总量转换成如下流量形式：

$$\mathrm{QV}=\frac{V_{\mathrm{st}}}{\Delta t} \tag{9-1}$$

$$\mathrm{QD}=\frac{\mathrm{WD}}{\Delta t} \tag{9-2}$$

式中，QV 为黄藏寺水库旬初水位转换流量，m^3/s；V_{st}为旬初库容，根据旬初水位和黄藏寺水库水位库容曲线确定，万 m^3；QD 为中下游旬需水总量转换流量，m^3/s；WD 为中下游旬需水总量，万 m^3；Δt 为一旬时间，取 87.66 万 s。

建立黄藏寺水库旬均出库流量 QO 的多元线性回归函数如下：

$$QO = a \cdot QI_H + b \cdot QI_{HY} + c \cdot QV + d \cdot QD + e \tag{9-3}$$

式中，QI_H 和 QI_{HY} 分别为黄藏寺旬均入库流量和黄–莺区间旬均入流量，m^3/s；a、b、c 和 d 为旬回归系数；e 为旬均出库流量修正系数，m^3/s。

根据推荐方案的黄藏寺水库优化调度结果，逐旬计算式（9-3）中的旬回归系数，结果如表 9-5 所示。

表 9-5　推荐方案下黄藏寺水库旬均出库流量影响因子回归系数和修正系数

调配时段	方案 12					方案 20				
	a	b	c	d	$e/(m^3/s)$	a	b	c	d	$e/(m^3/s)$
5 月下旬	0.18	0.11	0.40	-0.18	-0.23	0.48	-0.55	0.23	-0.17	-0.04
6 月上旬	0.39	-0.08	0.40	-0.25	-0.58	-0.29	0.48	0.23	0.20	0.13
6 月中旬	0.03	0.78	0.34	-0.12	-0.54	0.01	0.30	0.31	-0.05	-0.35
6 月下旬	0.30	-0.25	0.24	0.08	-0.77	0.10	0.25	0.30	-0.01	-0.81
7 月上旬	0.13	0.10	0.19	0.23	-0.39	0.22	-0.29	0.25	0.17	-0.09
7 月中旬	0.16	0.02	0.14	0.27	-0.61	0.01	0.45	0.22	0.24	-0.46
7 月下旬	-0.06	-0.21	0.11	0.92	-0.22	0.19	0.20	0.22	0.24	-0.66
8 月上旬	0.15	0.95	0.71	-0.82	-1.44	0.05	1.61	0.53	-0.40	-0.80
8 月中旬	0.67	-0.85	0.26	0.17	-0.23	0.43	0.50	0.40	-0.25	-0.60
8 月下旬	0.32	0.09	0.50	-0.32	0.32	-0.02	0.88	0.20	0.37	-0.07
9 月上旬	0.05	0.13	0.34	0.07	-0.07	0.11	0.36	0.30	-0.01	-0.26
9 月中旬	0.05	0.65	0.25	0.07	-0.06	0.61	-1.02	0.11	0.61	-0.48
9 月下旬	0.25	-0.64	0.26	0.34	-0.35	0.09	-0.22	0.24	0.89	-0.44
10 月上旬	0.59	0.13	0.24	-0.83	-0.35	0.23	-1.11	0.27	0.67	-0.18
10 月中旬	1.00	-1.91	0.10	0.97	-0.69	0.73	-0.10	0.35	-1.78	-0.40
10 月下旬	-0.25	0.66	0.27	0.18	0.14	0.87	0.79	0.29	-0.52	0.00
11 月上旬	0.87	0.22	0.37	-0.58	0.17	1.84	0.39	0.43	-1.06	0.43
11 月中旬	0.25	1.71	0.38	-0.38	0.06	0.55	0.00	0.26	-0.11	-0.25
11 月下旬	1.44	-0.17	0.42	-8.23	-0.17	-1.03	-1.70	0.27	4.72	0.17
12 月上旬	0.12	-0.01	0.00	2.47	0.07	0.12	-0.01	0.00	2.64	0.07
12 月中旬	0.07	-0.03	0.00	3.09	0.07	0.07	-0.03	0.00	3.26	0.07
12 月下旬	-0.06	0.02	0.00	4.28	0.07	-0.06	0.02	0.00	4.43	0.07
1 月上旬	-0.02	0.02	0.00	3.54	0.07	-0.01	0.02	0.00	3.64	0.07
1 月中旬	-0.01	0.04	0.00	4.36	0.07	0.00	0.04	0.00	4.42	0.07
1 月下旬	-0.04	0.06	0.00	4.19	0.07	-0.03	0.06	0.00	4.25	0.07
2 月上旬	-0.06	0.01	0.00	2.16	0.05	-0.06	0.00	0.00	2.21	0.06
2 月中旬	-0.05	-0.01	0.00	2.17	0.05	-0.03	0.01	0.00	2.17	0.07

续表

调配时段	方案 12					方案 20				
	a	b	c	d	e/(m³/s)	a	b	c	d	e/(m³/s)
2 月下旬	0.05	0.03	0.00	2.05	0.06	0.07	0.02	0.00	2.07	0.07
3 月上旬	-1.71	-0.42	0.39	0.25	-0.10	1.14	0.67	0.34	-3.08	-0.24
3 月中旬	1.01	0.59	0.31	-2.28	-0.05	0.28	-0.73	0.31	-0.90	-0.30
3 月下旬	-0.13	0.02	0.22	-0.01	-0.07	-0.30	-0.53	0.39	-0.50	-0.17
4 月上旬	0.17	1.38	0.44	-1.09	-0.10	-0.07	1.51	0.38	-0.81	-0.11
4 月中旬	0.21	0.65	0.51	-0.84	-0.17	-0.33	-0.47	0.33	0.04	-0.23
4 月下旬	-0.20	0.17	0.36	-0.09	-0.13	-0.22	0.08	0.27	0.05	-0.17
5 月上旬	0.63	0.60	0.27	-0.67	-0.30	-0.15	1.10	0.43	-0.45	-0.59
5 月中旬	-0.21	1.43	0.35	-0.20	0.08	0.26	-0.27	0.47	-0.37	-0.93

将表 9-5 中各旬的旬回归系数代入式（9-3），得到推荐方案的黄藏寺水库模拟旬均出库流量过程，如图 9-16 所示。方案 12 和方案 20 的模拟与优化旬均出库流量过程拟合较好，拟合度都在 0.7 以上。

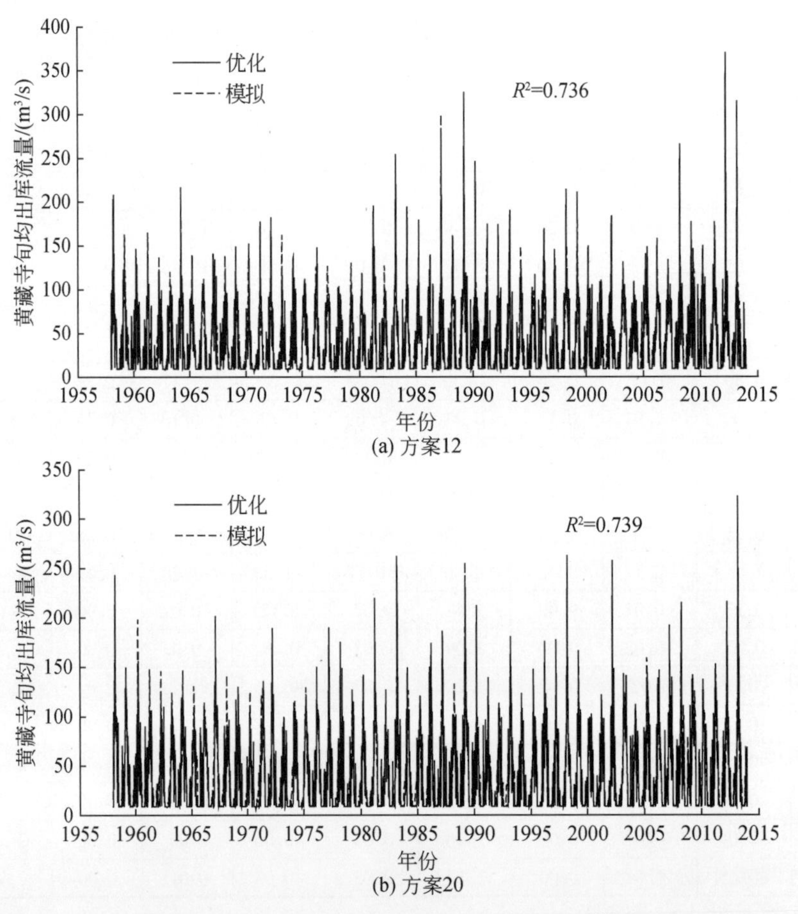

(a) 方案12

(b) 方案20

图 9-16　方案 12 和方案 20 下黄藏寺旬均优化出库流量和模拟出库流量过程

3. 不同来水年水库集中大流量输水时机、下泄水量及中游闭口选择

由于中游农业灌溉用水和下游生态需水在时间过程存在交叉和重合，根据《黑河下游天然生态水需求研究报告》，黑河下游生态关键期为4～9月，可分为复苏期、生长期和种子散播、繁殖、萌发克隆期3个阶段。中游灌溉总共有5轮次灌溉过程，如图9-17所示。

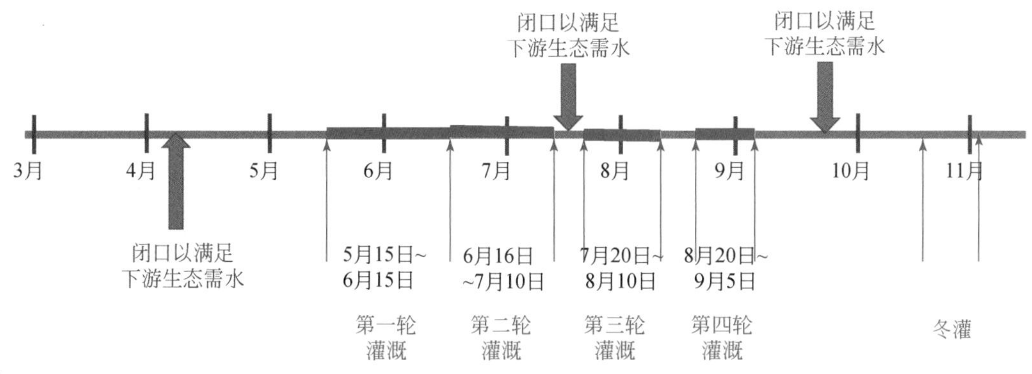

图9-17 中游灌溉用水和下游生态需水时间

根据各段生态特点，结合中游灌区用水过程分析调水时机。黄藏寺水库集中向下游输水时机为4月上旬、7月中旬、8月中旬和9月中旬。

表9-6是黄藏寺水库不同时段大流量下泄方案，通过不同方案比较选择不同来水年黄藏寺水库大流量下泄方案和时机。

表9-6 黄藏寺水库大流量下泄方案

项目	黄藏寺水库大流量下泄								
	方案1			方案2			方案3		
调水时段	4月上旬	7月、8月	9月中旬	4月上旬	7月、8月	9月中旬	4月上旬	7月、8月	9月中旬
莺落峡控制流量/(m^3/s)	400	400	400	240	400	240	110	400	110

图9-18是典型丰水年（2008年）莺落峡和正义峡旬水量下泄过程线，从图中可以看到，全年有3次中游闭口集中下泄过程，分别是4月上旬、7月上旬和9月上旬，闭口时长25d，均以400m^3/s流量下泄。在来水为丰水年时，黄藏寺水库按方案1进行下泄。

图9-19是典型平水年（1971年）莺落峡和正义峡旬水量下泄过程线，从图中可以看到，全年有两次中游闭口集中下泄过程，分别是4月上旬、7月上旬，闭口时长12d，4月以240m^3/s流量下泄，7月以400m^3/s流量下泄。在来水为平水年时，黄藏寺水库按方案2进行下泄。

图9-20是典型枯水年（1997年）莺落峡和正义峡旬水量下泄过程线，从图中可以看到，全年有两次中游闭口集中下泄过程，分别是4月上旬、7月上旬，闭口时长6d，均以110m^3/s流量下泄。在来水为枯水年时，黄藏寺水库按方案3进行下泄。

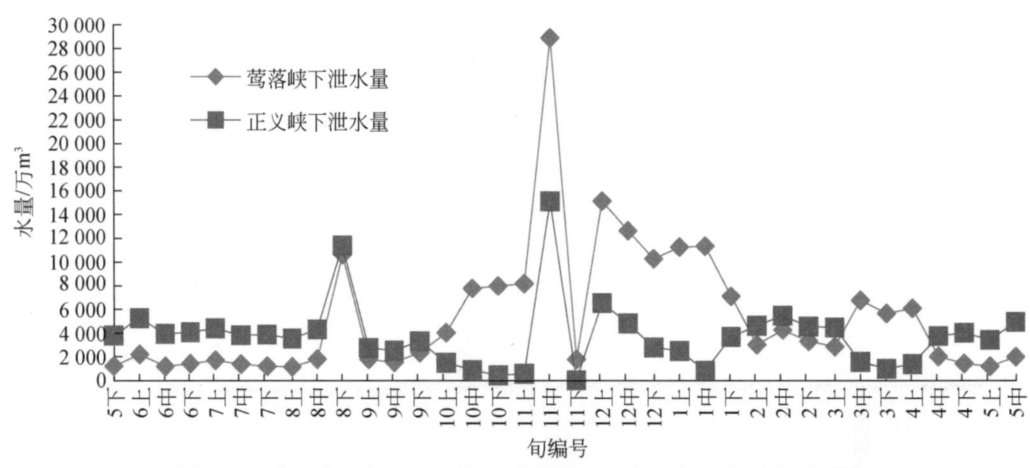

图 9-18　典型丰水年（2008 年）莺落峡和正义峡旬水量下泄过程线

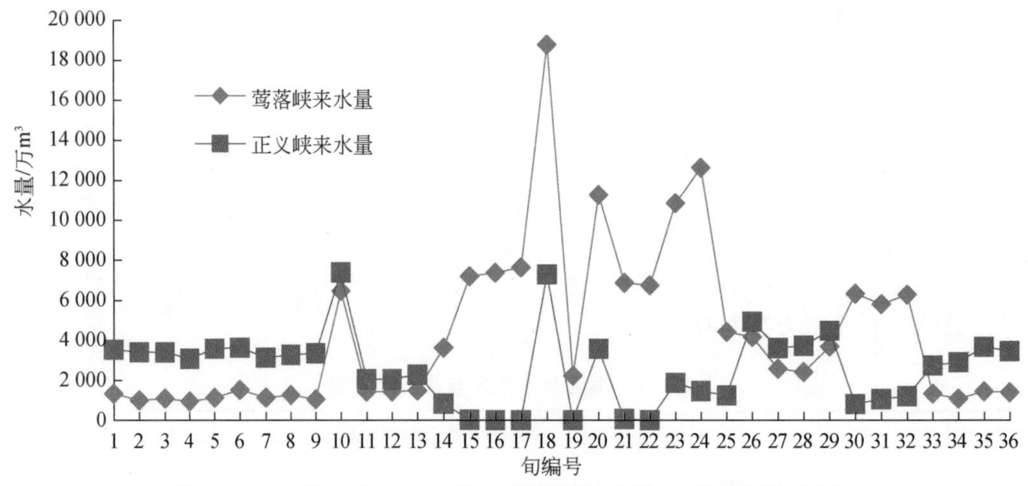

图 9-19　典型平水年（1971 年）莺落峡和正义峡旬水量下泄过程线

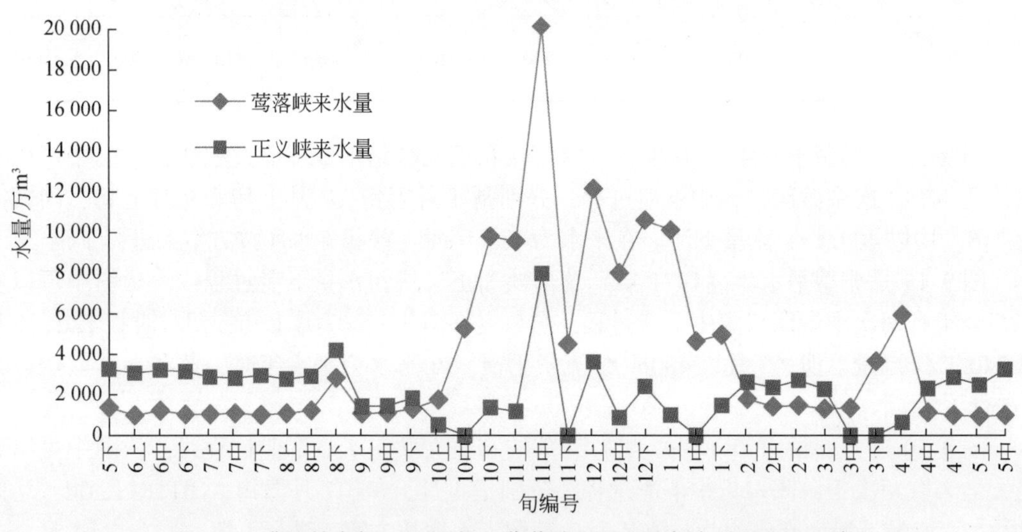

图 9-20　典型枯水年（1997 年）莺落峡和正义峡旬水量下泄过程线

9.2.2 中游地表水和地下水配置规则

黑河流域随着经济的发展，2000～2012 年，研究区灌溉面积扩大了 42.63 万亩，用水需求不断增加，使部分地区地下水超采严重，地表水过量引用，影响了干流分水方案的实施。黑河中游地表水和地下水转换频繁，利用中游水循环规律，在来水不同年份，合理规划使用地表水和地下水，可以缓解用水矛盾。在优化方案中，在丰水年份尽量减少地下水开采量，而在枯水年份，适当加大地下水开采量（图 9-21）。这样，一方面，维持中游地下水采补平衡，在丰水年份补充地下水蓄量，以满足在枯水年份对水资源的需求，多年平均地下水开采量为 5.07 亿 m^3，与地下水多年平均允许开采量 4.8 亿 m^3 基本相当。从长系列年来看，中游灌溉用水保证率达到 75%。另一方面，通过地下水和地表联合调配，优化水资源配置，可以完成“97”分水方案的目标，图 9-22 是不同来水年正义峡下泄指标和模拟下泄量对比，从图中可以看到，正义峡下泄指标和模拟下泄量吻合较好。

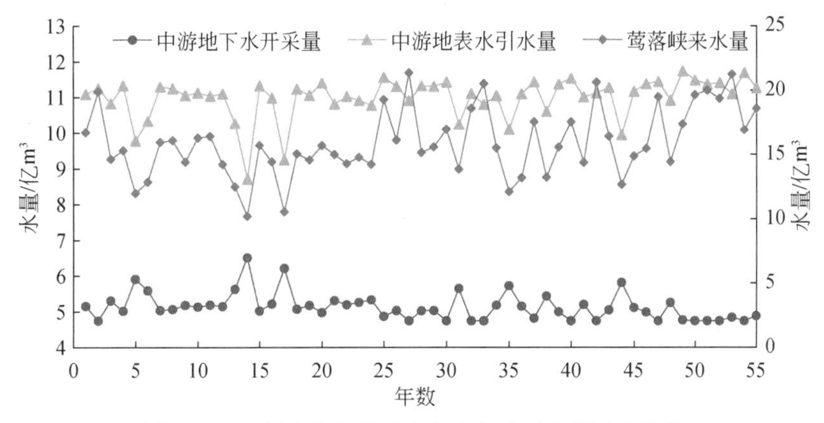

图 9-21　不同来水年数地表水和水地下水利用过程线

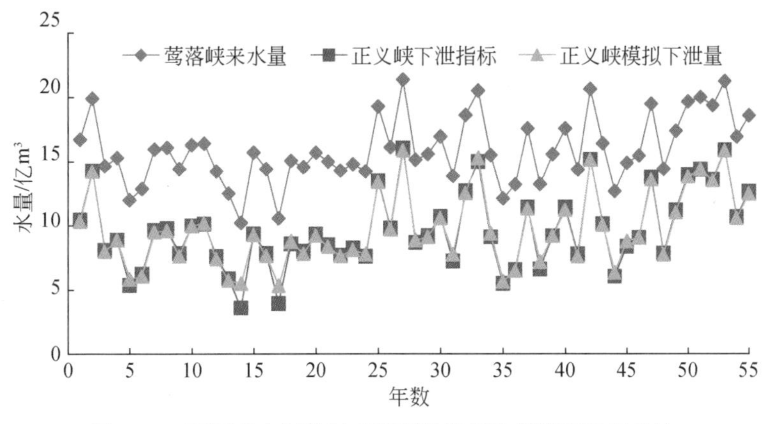

图 9-22　不同来水年数正义峡下泄指标和模拟下泄量对比

9.2.3 狼心山以下补水措施分析

(1) 狼心山长系列年来水量分析

黄藏寺建成运行后，优选方案 13 中狼心山长系列年下泄水量过程，如图 9-23 所示，在来水连续偏枯年份，由于黄藏寺水库多年调节能力有限，最长有连续 4 年狼心山来水少于维持现状绿洲所需要的生态水量，会造成绿洲面积的退化。最长有连续 23 年狼心山来水少于恢复到 20 世纪 80 年代中期绿洲面积所需要的生态需水量。在莺落峡来水为平水年或偏枯年份，狼心山下泄水量不能满足下游额济纳绿洲恢复到 80 年代中期水平，但在来水偏丰的年份，狼心山下泄水量可以满足额济纳绿洲恢复到 80 年代中期水平用水需求。

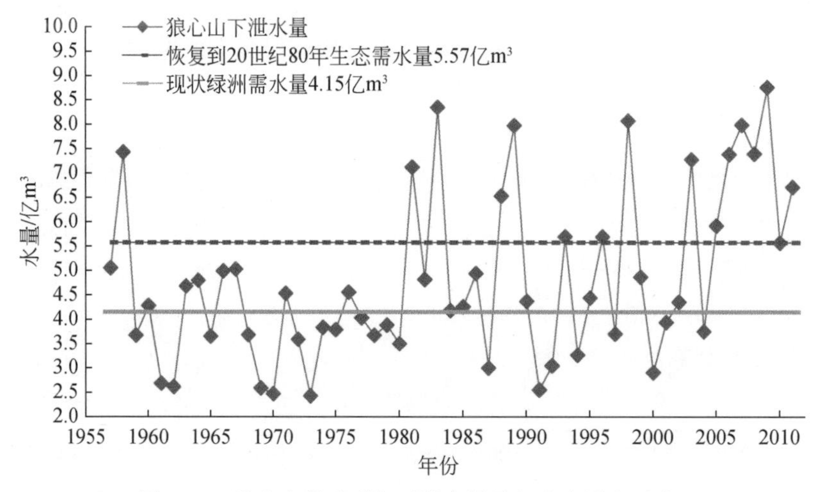

图 9-23　狼心山长系列年下泄水量及与生态需水对比

(2) 不同来水年狼心山以下各分区水资源配置

依据《黑河生态水量调度方案》〔黄水调 27 号〕，狼心山以下各生态分区 2020 水平年优选方案 5 水资源配置结果见表 9-7、表 9-8。从表中可以看到，丰水年下游各生态分区分配的水量可以满足恢复到 80 年代中期所需要的水量；平水年东河各生态分区（除东河上游区）分配的水量可以满足恢复到 80 年代中期所需要的水量，东河上游区分配的水量可满足维持现状绿洲的生态需水，西河各分区（除建国营区外）分配的水量可以满足恢复到 80 年代中期所需要的水量，建国营区分配的水量可满足维持现状绿洲的生态需水；枯水年东河各分区分配的水量可满足维持现状绿洲的生态需水，其中昂茨河生态区和班布尔生态区分配的水量可满足恢复到 80 年代中期所需要的水量，西河各分区分配的水量可满足维持现状绿洲的生态需水，其中西河上中游区和中戈绿洲区分配的水量可满足恢复到 80 年代中期所需要的水量。

表 9-7　东河不同来水年水资源配置及与生态需水对比

项目	东河上游区/亿 m^3	铁库里生态区/亿 m^3	东大河生态区/亿 m^3	昂茨河生态区/亿 m^3	班布尔生态区/亿 m^3	东居延海/亿 m^3	合计/亿 m^3	占狼心山下泄水量比例/%
丰水年	1.16	0.49	1.26	0.93	0.27	0.59	4.70	64.4
平水年	0.72	0.36	0.86	0.66	0.21	0.39	3.19	68.9
枯水年	0.59	0.27	0.76	0.63	0.19	0.15	2.58	69.3
生态需水（2010 年）	0.60	0.23	0.61	0.38	0.14	0.39	2.35	—
生态需水（1987 年）	0.83	0.31	0.84	0.52	0.19	0.53	3.23	—

表 9-8　西河不同来水年水资源配置及与生态需水对比

项目	西河上中游区/亿 m^3	中戈绿洲区/亿 m^3	建国营区/亿 m^3	合计/亿 m^3	占狼心山下泄水量比例/%
丰水年	1.36	0.36	0.89	2.60	35.6
平水年	0.77	0.21	0.49	1.47	31.7
枯水年	0.62	0.16	0.36	1.14	30.6
生态需水（2010 年）	0.44	0.11	0.44	1.00	—
生态需水（1987 年）	0.61	0.16	0.61	1.38	—

(3) 不同来水年东居延海入湖水量

在平水年和枯水年多年平均入湖水量不能满足维持东居延海 35km^2 所需要的 50 000 万 m^3 水量。图 9-24 是东居延海长系列年入湖水量，最长有连续 2 年入湖水量少于 3000 万 m^3。因此，在遭遇连续枯水年时，东居延海有可能再次干涸。

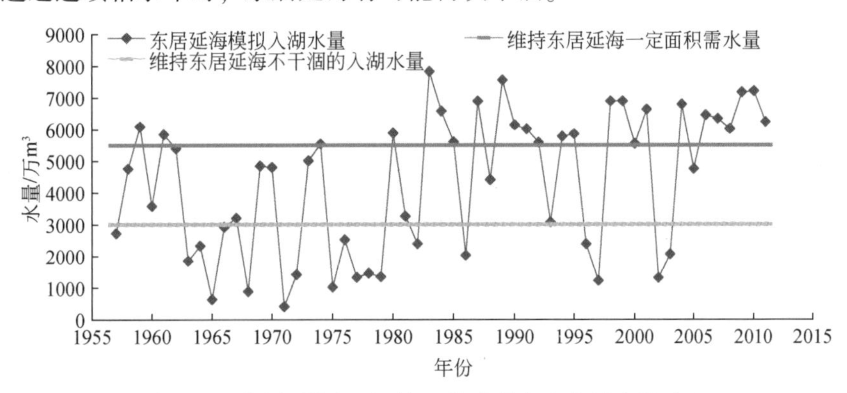

图 9-24　东居延海长系列年入湖水量与生态需水量对比

调水进入东居延海是黑河调水工作的重要标志，尾闾湖泊的恢复也是黑河下游生态恢复的标志之一，但黑河下游生态修复应以黑河下游整个绿洲生态改善为目标，修复居延海及其周边生态系统，不能甚至没有必要单一追求东居延海水面面积的扩大，应该维持有限的目标，在有限水资源的支撑下既保证东居延海一定的湖面面积，也要保证黑河下游生态的修复，实现水资源生态效益最大化。

9.3 黑河中游取水总量及各断面控制指标

2000年国家正式启动了黑河干流水量统一分配与管理工作，以莺落峡和正义峡为控制断面，基本建立了干流中游地区和下游地区的总量控制指标。黑河干流水量分配的实施，取得了显著的经济、社会和生态效益，流域群众的节水意识明显提高，下游额济纳绿洲生态环境恶化趋势得到有效遏制。但也存在一些问题：一是“97”分水方案仅对莺落峡、正义峡两个断面来水量，以及鼎新片与东风水库的取水量进行了控制，界定了中游和下游的耗水总量，对于中游地区各县（区）的总量指标，以及中游地区的取水口的取水指标没有明确，使地（市、县）级行政区域总量控制意识淡薄，多次出现中游地区超额用水的情况，影响到干流总量控制管理的有效实施和黑河水资源的精细调度。二是水利部“三条红线”明确了各县（区）要制定取水总量控制红线，根据本书水资源调配成果，结合甘肃省制定的黑河中游取水总量红线，给出了现状水平年、近期规划水平年2020年、远期规划水平年2030年的75%、50%、25%不同来水频率年黑河中游干流各断面、县（区）的控制总量（图9-25～图9-33）。

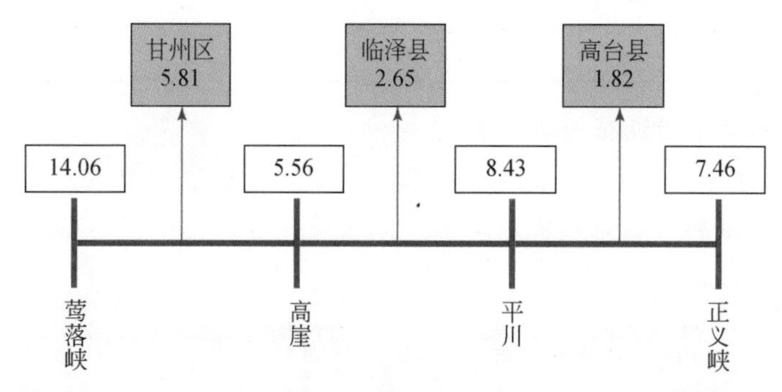

图9-25 现状水平年来水75%的枯水年黑河中游干流各断面、县（区）的控制总量（单位：亿m^3）

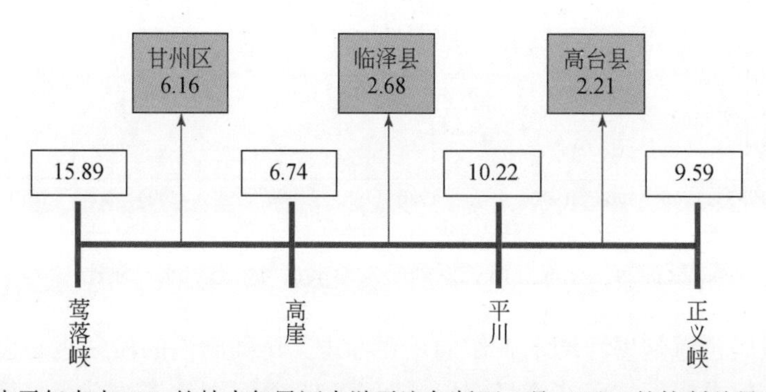

图9-26 现状水平年来水50%的枯水年黑河中游干流各断面、县（区）的控制总量（单位：亿m^3）

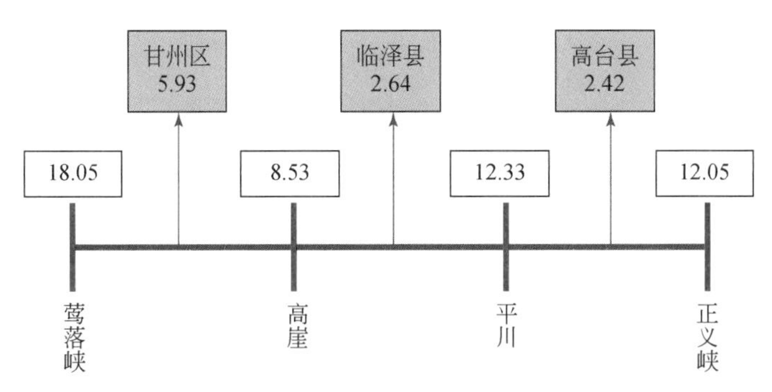

图 9-27　现状水平年来水 25% 的枯水年黑河中游干流各断面、县（区）的控制总量（单位：亿 m^3）

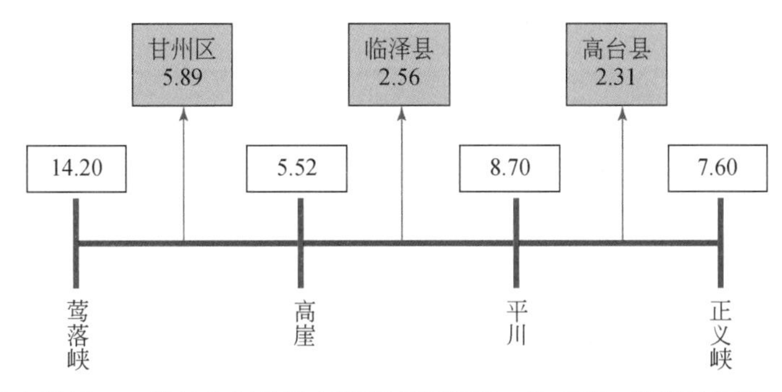

图 9-28　近期水平年 75% 的枯水年黑河中游干流各断面、县（区）的控制总量（单位：亿 m^3）

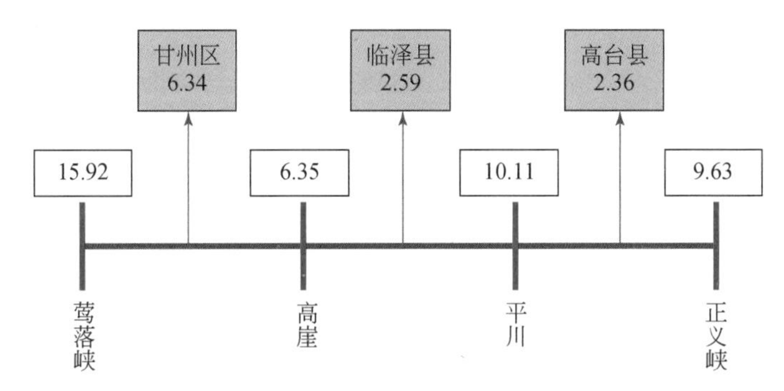

图 9-29　近期水平年 50% 的枯水年黑河中游干流各断面、县（区）的控制总量（单位：亿 m^3）

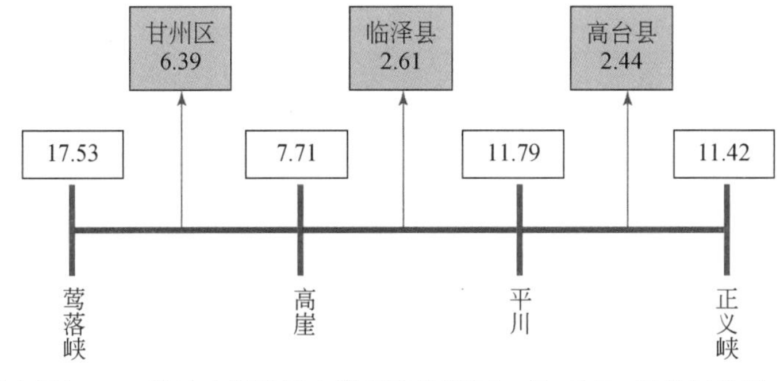

图 9-30　近期水平年 25% 的枯水年黑河中游干流各断面、县（区）的控制总量（单位：亿 m^3）

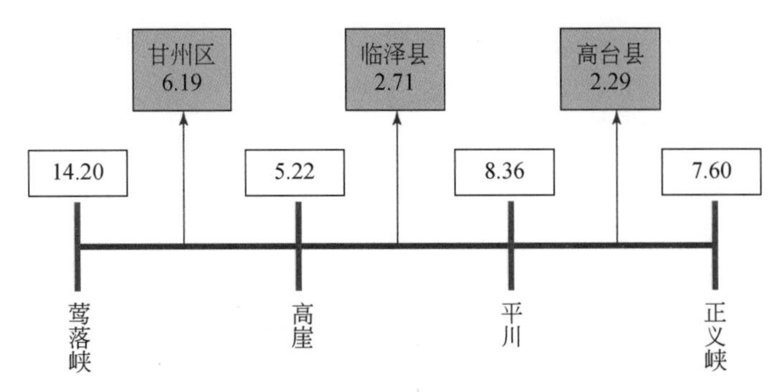

图 9-31　远期水平年 75% 的枯水年黑河中游干流各断面、县（区）的控制总量（单位：亿 m^3）

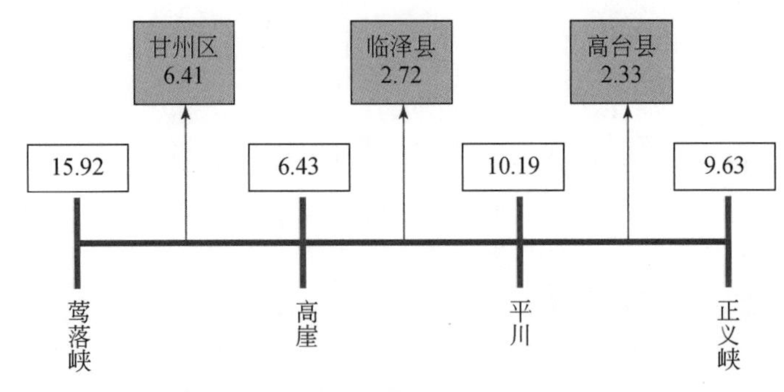

图 9-32　远期水平年 50% 的枯水年黑河中游干流各断面、县（区）的控制总量（单位：亿 m^3）

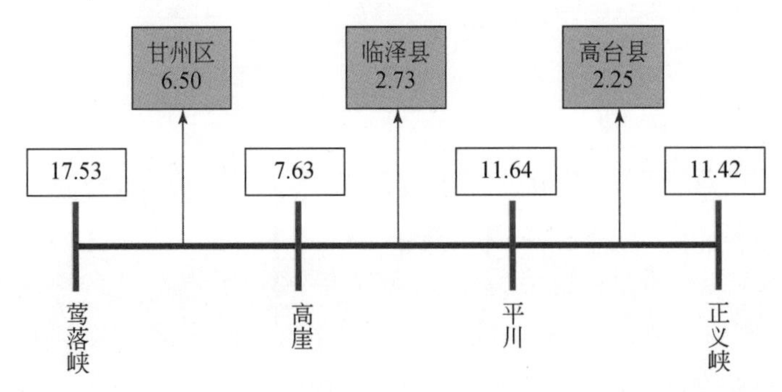

图 9-33　远期水平年 25% 的枯水年黑河中游干流各断面、县（区）的控制总量（单位：亿 m^3）

9.4　黑河下游尾闾东居延海适宜水面面积

东居延海湿地位于内蒙古高原西部，巴丹吉林沙漠西北边缘、额济纳旗境内的沙漠戈壁腹地，地理坐标为 101°12′～101°19′E，42°10′～42°20′N。属极端大陆性气候，具有干旱少雨、蒸发量大、温差大、风沙灾害性天气频繁等气候特点，自然条件极为严酷，生态环境非常脆弱。稀少的降水加之强烈的蒸发使降水很难形成地表径流，东居延海湿地需水完全由黑河水补给。历史上，东居延海是一片水草丰美的戈壁绿洲，有“大漠明珠”的美誉。但自 20 世纪 50 年代以来，随着黑河流域经济社会的快速发展，沿河地区工农业用水激增，下游入湖水量锐减甚至断流，在 1973 年和 1980 年出现几次干枯现象；到 1982 年时，水域面积缩减为 32.32km²，水深 1.4～1.8m，计算湖中蓄水量为 3640 万 m³（陈隆亨和曲耀光，1988），据刘亚传（1992）实地考察，1985 年东居延海面积为 35km²，1990 年 9 月 8 日 TM 遥感影像测算的东居延海水域面积仍有 38.02km²，之后在 1992 年完全干涸，居延海从此成为历史，湿地生态环境退化，土地沙化盐碱化加剧，成为我国西北主要的沙尘暴和碱尘暴的发源地之一。

自 2000 年起，国务院授权水利部黄河水利委员会对黑河干流正式实施水资源统一调度与管理。于 2002 年 7 月 17 日，黑河水流到达干涸 10 年之久的东居延海，这是首次通过人工调水实现黑河干流全线通水。2005 年东居延海首次实现了自 1992 年以来全年不干涸，至 2017 年东居延海已实现连续 13 年不干涸，累计入湖水量 9.63 亿 m³，年均入湖水量 0.74 亿 m³。目前东居延海水面面积基本维持在 40km² 左右，东居延海湿地及周边生态系统明显恢复改善。

东居延海连续 13 年不干涸，一方面，黑河“97”分水方案实施和黑河上游来水连续偏丰，2000～2017 年黑河出山口莺落峡年均来水 18.44 亿 m³，比莺落峡多年平均来水量 15.8 亿 m³ 多 16.7%；另一方面，黑河下游水量调度重点是确保调水进入东居延海。调水进入东居延海，恢复尾闾湖泊是黑河下游生态恢复的标志之一，但东居延海的湖盆呈浅碟状，存在着水深浅、水面面积大、蒸发损失量大、水域存在时间短等问题。在丰水年份，由于狼心山来水量大，能够同时满足额济纳绿洲植被生态用水和维持东居延海水面面积，但在枯水年份，绿洲植被和东居延海存在竞争性用水，东居延海维持较大的水面面积必将挤占额济纳绿洲植被生态用水，损害绿洲植被，而且在枯水年份，即使采取调度手段，进入东居延海的水量有限，东居延海有可能再次干涸。黑河下游额济纳绿洲的生态恢复应以绿洲整体生态恢复为目标，如何在枯水年份既能保证东居延海一定的水面面积，维持东居延海基本生态功能，又能不挤占绿洲植被生态用水，实现绿洲生态用水效益的最大化是值得研究的科学问题。叶朝霞等（2017）、张华等（2014）、穆来旺（2016）和冯起等（2015）研究了维持东居延海生态功能的需水量，刘咏梅和赵忠福（2013）、陈丽等（2011）、管新建等（2012）研究了东居延海的生态功能与价值，但上述没有研究东居延海水面面积与生态功能和价值之间的变化关系，也没有研究东居延海生态需水能否得到满足，不能为东居延海保护提供有价值的建议。因此，分析东居延海生态服务功能和价值，计算东居延海不同水面面积情况下生态价值变化过程，模拟不同来水条件下绿洲水资源配置格局和东居延海可入湖水量，寻找东居延海生态价值与绿洲植被生态之间的平衡点，提出东居延海合理的水面面积，这对于黑河下游水资源合理配置、实现有限水资源生态效益的最大化具有一定的科学和现实意义。

9.4.1 东居延海生态价值及计算方法

生态系统最终服务是生态系统对人类效益的直接贡献。本书结合东居延海湿地生态系统特征及所在区域社会经济特征，将东居延海湿地生态系统服务功能分为水分调蓄功能、气候调节功能、生物多样性维持功能及科学考察、休闲旅游功能等，其生态价值的计算可分为供给服务价值、调节服务价值和文化服务价值。供给服务价值采用市场价值法估算供给服务价值；调节服务价值包括水源涵养服务价值、气候调节价值、固碳价值和固沙价值，水源涵养服务价值和气候调节价值采用替代成本法估算，固碳价值采用造林成本法估算，固沙价值采用同面积沙漠扬沙替代法估算。科考旅游服务价值采用区域旅行费用法估算。

（1）水产资源价值

自调水以来，东居延海引来了天鹅、灰雁、黄鸭等水禽，黑河特有的大头鱼也已经在东居延海繁衍，其中大头鱼已经上市。水产品的价值为

$$L_{水产}=S\times W_{水产} \tag{9-4}$$

式中，$L_{水产}$为一定水域面积下东居延海水产品价值，元/a；S为水产面积，km^2；$W_{水产}$为单位水产品的价值量，元/ km^2。

（2）水草资源价值

东居延海水域范围内的露出水面的植物主要为芦苇，水下植物为藻类植物。目前，东居延海的水草资源价值主要由芦苇与藻类两部分组成。其水草资源价值量计算公式如下：

$$L_{水草}=S_{水草}W_{水草}C_{水草} \tag{9-5}$$

式中，$L_{水草}$为东居延海水草资源价值量，元/a；$S_{水草}$为水草资源面积，km^2；$W_{水草}$为水草资源单位面积产量，t/ km^2；$C_{水草}$为水草资源单位面积纯收入价格，元/t。

（3）科考旅游价值

东居延海科考旅游价值计算公式如下：

$$L_{旅}=l_{旅}\ B_{旅} \tag{9-6}$$

式中，$L_{旅}$为科考旅游价值费用，元/a；$l_{旅}$为东居延海水域面积，km^2；$B_{旅}$为单位水域科考旅游的价值，元/a。东居延海水域单位湿地面积科考旅游的价值以 21 万元/a 来计算，东居延海科考旅游价值为 739. 2 万元/a。

（4）调蓄价值

东居延海水域是一个巨大的蓄水库，从湿地水域到地下蓄水层可成为地下水系统的一部分。东居延海水域蓄水和供水价值计算公式如下：

$$L_{蓄供}=V_{蓄供}K_{蓄供} \tag{9-7}$$

式中，$L_{蓄供}$为蓄水与供水价值量，元/a；$V_{蓄供}$为东居延海蓄水量，m^3；$K_{蓄供}$为用水的单位价值量，元/m^3。

（5）生物多样性价值

东居延海水域生态系统的营养循环价值和作为生物的栖息地和避难所价值主要用于维持生物多样性，为下游生态的持续发展提供生态屏障作用。生态系统的营养循环功能依赖于其结构的完整性。水域生态系统的生物多样性除了可以有效地保证生态系统的稳定，发挥生态价值外，也是生态系统中物种的重要基因库，能增加种群的遗传多样性，还能创造出一个植物区系和动物区系可以协调共存的生境，提高水域生态系统的价值。

东居延海水域生态系统生物多样性价值计算公式如下：

$$L_{多样性}=W_{多样性}C_{多样性} \tag{9-8}$$

式中，$L_{多样性}$为东居延海生物多样性价值，元/a；$W_{多样性}$为东居延海水域单位面积的生态价值，元/km^2；$C_{多样性}$为水域面积，hm^2。

本书采用 Costanza 等（1997）的研究成果，这一服务功能的年生态效益为 439 美元/hm^2，折合人民币为 3424 元/ hm^2。

东居延海水域具有调节区域气候的功能，东居延海湿地周围地区一般来说比其他离东居延海较远的地区气候相对温和湿润。东居延海水域盛产芦苇等喜水植物，这些植物的存在有着固定 CO_2等生态价值。此外，东居延海湿地晨雾还可以去除大气中的扬尘和颗粒物等物质，净化空气，提高环境空气质量。

（6）固碳生态价值

根据植物光合作用原理可知，植物每生产 162g 干物质可吸收 264g CO_2，东居延海水域现状水草产量为2640t，按平均干湿比 1∶20 来计算，得出每年的植物干重为132t，因此可得出东居延海水域每年固定的 CO_2与呼出的 CO_2量的差值为 215t；根据目前国际上通用的炭税率标准和我国的实际情况，采用我国的造林成本 250 元/t 和国际炭税标准 150 \$/t 的平均值 720 元/t 作为炭税标准，计算出东居延海每年的调节气候价值为 15.48 万元。

（7）固沙生态价值

东居延海水域固沙价值计算采用下面公式：

$$V_d=Q_d \times S \times C_d \tag{9-9}$$

式中，V_d为研究区滞尘价值，元/a；Q_d为研究区林地滞尘能力，t/(km^2·a)；S 为研究区水域面积，km^2；C_d为消减粉尘成本，元/t。

9.4.2 东居延海生态价值计算分析

根据 9.4.1 节生态价值的计算方法，根据实地调查资料，东居延海的大头鱼每平方千米产量约为 2000kg，每吨大头鱼的市场价为 20 000 元，可计算得到其水产价值；根据当前东居延海水草在水域的分布状况，水草资源面积约占水域面积的 75%，根据芦苇的长势调查，芦苇面积约占水草面积的 30%，芦苇产量为 100t/km^2，每吨芦苇市场价 1000 元，可计算得到其水草价值；东居延海为额济纳旗几个重要的旅游资源之一，其旅游收入占总旅游收入的 1/4，平均每年东居延海旅游收入为 739 万元；东居延海水域以其生态用水调蓄价值为 0.67 元/ m^3；采用 Costanza 等（1997）的研究成果，生物多样性价值为 439 美元/hm^2，折合人民币为 3424 元/hm^2；由植物光合作用原理可知，植物每生产 162g 干物质可吸收 264gCO_2，根据东居延海水草产量，可计算得到固碳价值；根据观测资料，东居延海固沙量 $10^5m^3/km^2$，人为削减 $1m^3$沙尘成本为 100 元，可计算得到固沙价值。图 9-34 为计算得到东居延海水面面积与生态价值对应关系图，由图 9-34 可以看到，东居延海生态价值随着水面面积的增加而增加，在水面面积 0～18km^2变化过程中，生态价值增加显著，大于 18km^2后，生态价值增加趋势明显变缓，单位水面面积增加所产生的生态价值不显著，从生态用水效率的角度考虑，水面面积增加的边际效率不大。

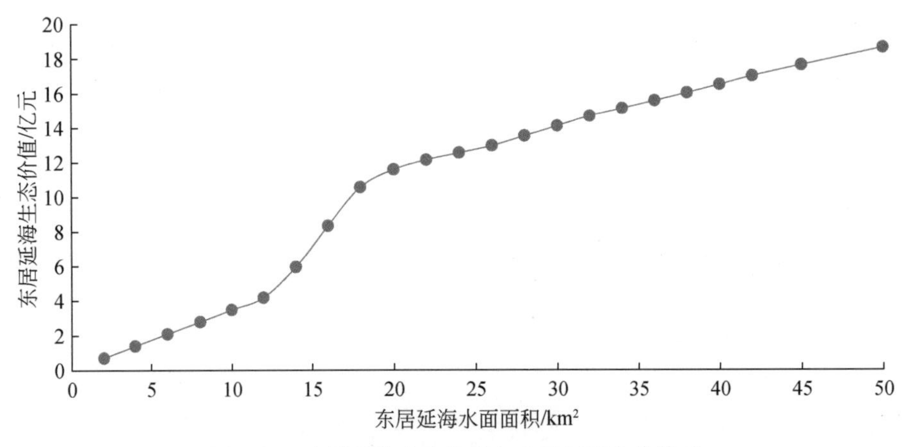

图 9-34　东居延海生态价值与水面面积变化关系

9.4.3　现状工程条件下不同来水年东居延海入湖水量及水面面积变化模拟

根据第 5 章构建的水资源配置模型，模拟现状工程条件下 1958 ~ 2012 年长系列年黑河下游额济纳绿洲水资源配置，图 9-35 为 1958 ~ 2012 年长系列年东居延海模拟月入湖水量，多年平均入湖水量为 0.48 亿 m^3。

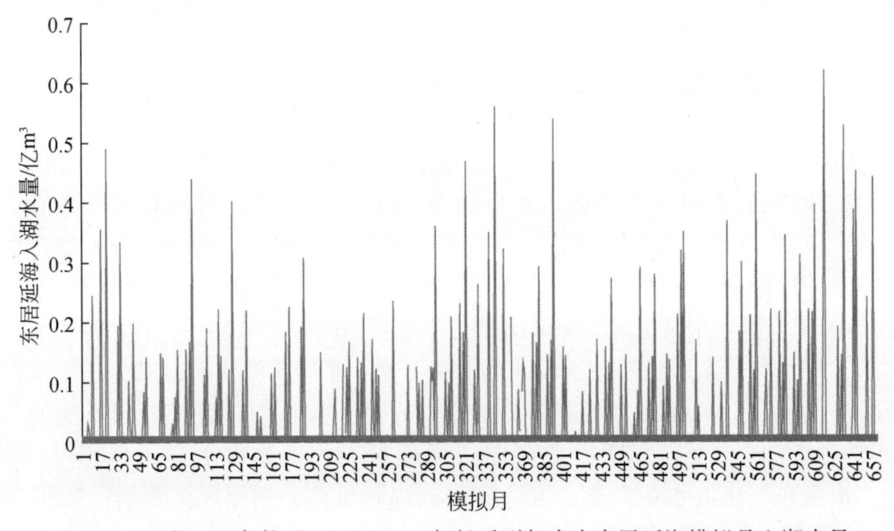

图 9-35　现状工程条件下 1958 ~ 2012 年长系列年来水东居延海模拟月入湖水量

根据冯起等（2015）研究成果，东居延海单位面积湖面蒸发和渗漏量见表 9-9。根据东居延海入湖水量、损失水量和库容水域面积关系曲线（图 9-10），计算得到现状工程条件下东居延海在长系列年（1958 ~ 2012 年）来水情况水面面积的变化（图 9-36）。根据计算结果统计，在长系列年（1958～2012 年）东居延海连续 3 个月出现干涸的次数达 11 次，最长干涸时间为 6 个月。因此，尽管实施黑河下游水资源合理配置，但在枯水年份，东居延海会再次干涸。

表 9-9　东居延海单位面积蒸发量和渗漏量　　（单位：万 m^3/km^2）

项目	1 月	2 月	3 月	4 月	5 月	6 月	7 月	8 月	9 月	10 月	11 月	12 月
蒸发量	3.658	7.333	19.812	20.493	30.072	29.698	33.615	29.171	21.677	14.993	9.697	4.357
渗漏量	0.031	0.028	0.031	0.030	0.031	0.030	0.031	0.031	0.029	0.031	0.030	0.031

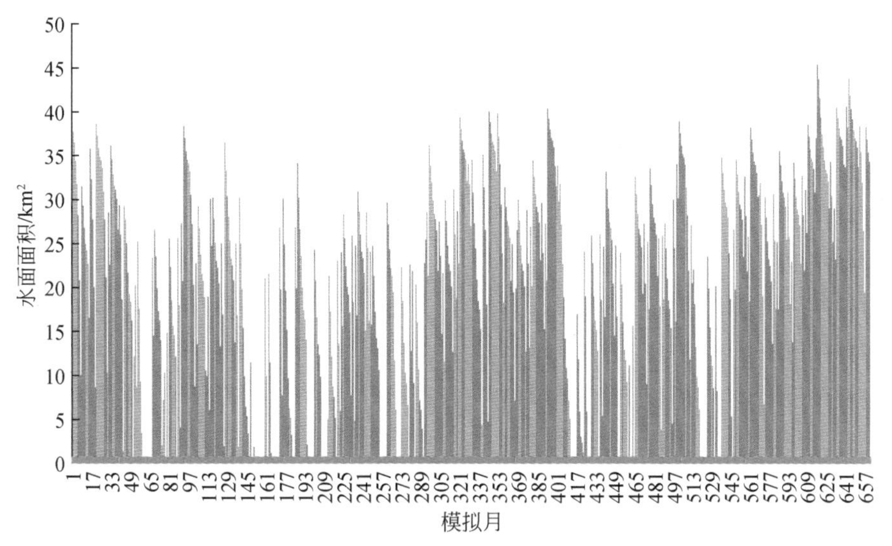

图 9-36　现状工程条件下东居延海长系列年（1958～2012 年）逐月水面面积变化

9.4.4　黄藏寺水库建成运行后不同来水年东居延海入湖水量及水面面积变化模拟

根据第 5 章构建的水资源配置模型，模拟出黄藏寺水库建成运行后 1958～2012 年长系列年黑河下游额济纳绿洲水资源配置，图 9-37 为 1958～2012 年长系列年东居延海模拟月入湖水量，多年平均入湖水量为 0.50 亿 m^3。

图 9-38 为黄藏寺水库建成运行后东居延海在长系列年（1958～2012 年）来水情况水面面积的变化。根据计算结果统计，在长系列年（1958～2012 年）东居延海连续 3 个月出现干涸的次数达 5 次，最长干涸时间为 6 个月。因此，尽管黄藏寺水库建成后，黑河水资源有了一定的调控能力，但在枯水年份，东居延海会再次干涸。

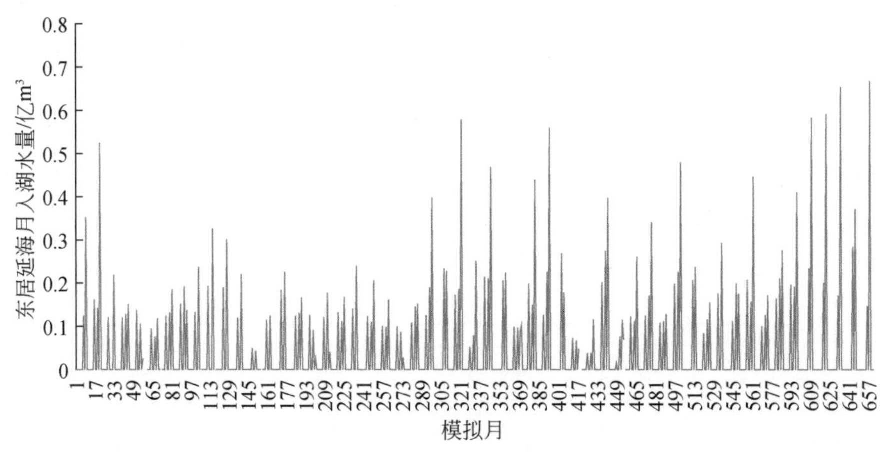

图 9-37　黄藏寺水库运行后 1958 ~ 2012 年长系列年来水东居延海模拟月入湖水量

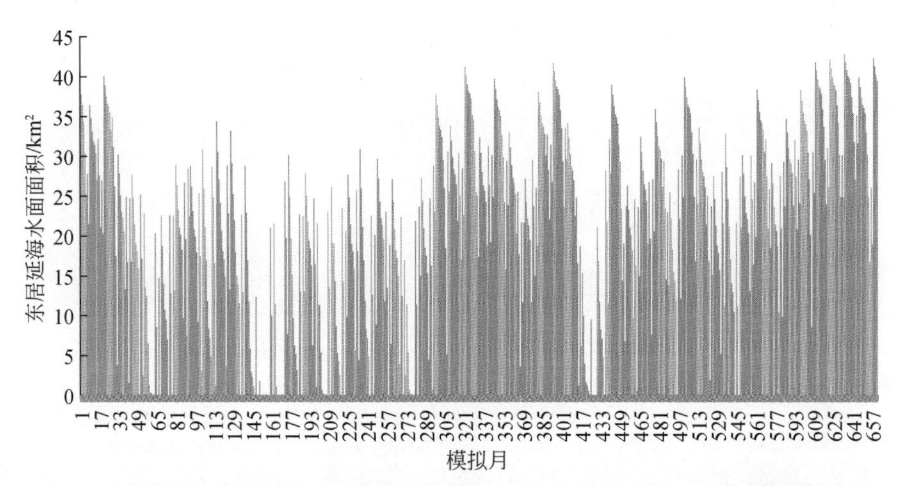

图 9-38　黄藏寺水库运行后东居延海长系列年（1958 ~ 2012 年）逐月水面面积变化

9.4.5　东居延海合理的水面面积

综上分析，东居延海在出现连续枯水年时，无论黄藏寺水库是否建成，东居延海都会出现干涸。东居延海维持一定的水面面积即是黑河调水成功的重要标志，也具有重要的生态功能。如何在有限的水资源支撑下维持东居延海一定的水面面积，实现调水和生态维持的双重目标？由 9.4.2 节中的分析可知，东居延海水面面积 0 ~ 18km² 变化过程中，生态价值增加显著，大于 18km² 后，生态价值增加趋势明显变缓，单位面积水面面积增加所产生的生态价值不显著，从生态用水效率的角度考虑，水面面积增加的边际效率不大，因此，本书认为东居延海维持 18km² 水面面积，并挖深湖底，湖深为 6m，以此湖面面积模拟黄藏寺水库建成运行后 1958 ~ 2012 年长系列年黑河下游额济纳绿洲水资源配置，图 9-39 为 1958 ~

2012 年长系列年东居延海模拟月入湖水量，多年平均入湖水量为 0.41 亿 m^3。图 9-40 为东居延海在长系列年（1958 ~ 2012 年）来水情况水深的变化。根据计算结果统计，在长系列年（1958 ~ 2012 年）东居延海没有干涸，最低水深 1.66m，平均深度 4.19m，东居延海年均入湖水量比前两种方案分别减少 0.07 亿 m^3 和 0.09 亿 m^3。因此，东居延海维持 18km^2 水面面积，湖深为 6m，既能维持东居延海不干涸，维持基本的生态功能，又能实现水资源生态效益的最大化，是比较合理的。

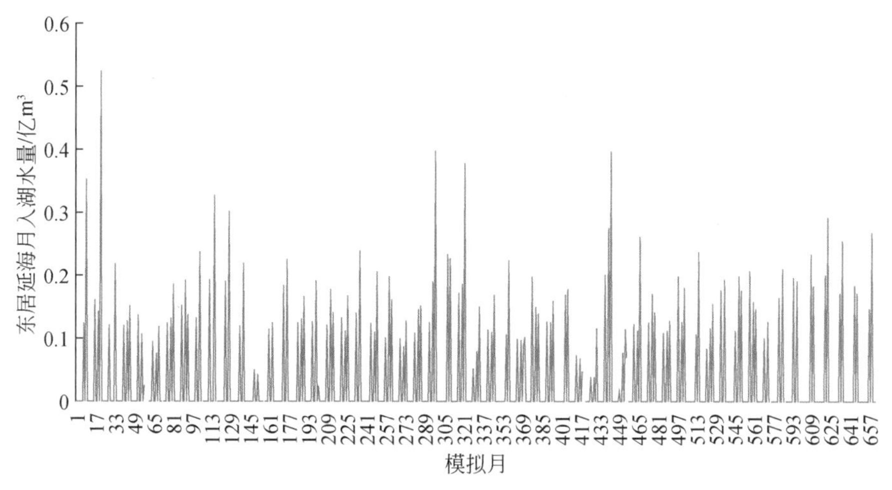

图 9-39　东居延海 1958 ~ 2012 年长系列年来水模拟月入湖水量

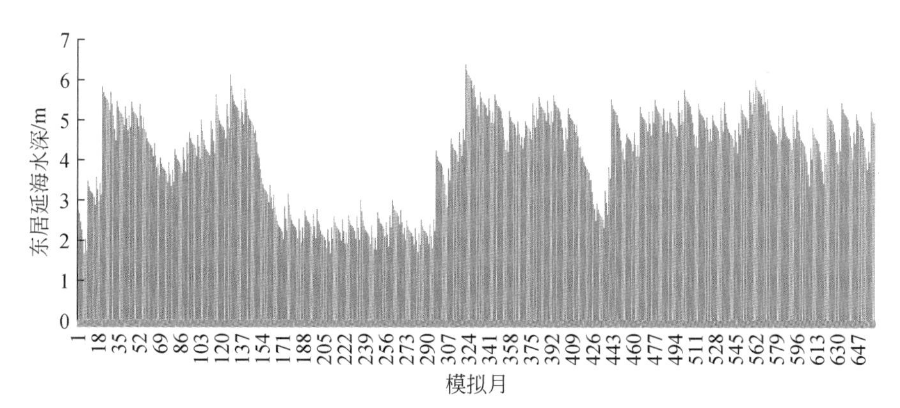

图 9-40　东居延海长系列年（1958 ~ 2012 年）逐月水深变化

本书在分析计算东居延海生态服务功能和价值的基础上，通过水资源配置模型模拟了不同来水条件下绿洲水资源配置格局和东居延海可入湖水量，提出东居延海合理的水面面积，为黑河下游水资源管理提供了建议。主要结论如下。

1）东居延海生态价值随着水面面积的增加而增加，在水面面积 0 ~ 18km^2 变化过程中，生态价值增加显著，大于 18km^2 后，生态价值增加趋势明显变缓，单位面积水面面积增加所产生的生态价值不显著，水面面积增加的边际效率不大。

2）根据额济纳绿洲各生态分区的生态用水需求，通过水资源合理配置，无论黄藏寺水库是否建成运行，东居延海在连续枯水年会再次出现干涸，且最长干涸时间会达到6个月。

3）在东居延海维持18km^{2}水面面积，湖深为6m时，既能实现维持东居延海不干涸，又能维持基本的生态功能，且东居延海年均入湖水量减少0.09亿m^3，实现了水资源生态效益的最大化。

9.5 本章小结

根据水资源调配优化方案，本章提出了有无黄藏寺水库中游地表水和地下水运用策略、中游闭口策略、狼心山以下水资源配置策略，并提出了不同来水年有黄藏寺水库运用方式和大流量集中泄水方案。提出了东居延海合理水面面积，即18km^{2}水面面积，湖深为6m。

第 10 章　主要成果和创新点

10.1　主要研究成果

本书针对黑河水资源管理的重大需求，以水库群调度和水资源配置为主线，集成并耦合经济社会生态需水模型、地下水均衡模型、中游闭口模型、水库群多目标优化调度模型、水资源合理配置模型等，建立流域水资源调配评价指标体系，优选出科学合理的流域水资源配置方案，分析评价了“97”分水方案的适应性，完善了“97”分水方案，提出了基于黑河流域经济社会与生态环境可持续发展的水资源调控措施，为黑河流域水资源管理提供技术支撑。主要研究成果如下。

（1）预测了不同水平年黑河流域经济社会和生态需水

基于用水零增长的理念，以“三条红线”为约束，建立了基于经济社会发展预测的黑河中下游经济社会需水模型，对现状年和不同水平年经济社会和生态需水进行了预测。研究结果表明，通过产业结构调整和节水型社会的建设，黑河中游需水总量由现状年的13.9 亿 m^3减少到2030 水平年的11.2 亿 m^3；同时农田灌溉需水比例由现状水平的58%减小到2030 水平年的49%左右；而生态需水比例则由现状水平的25%增加到2030 年水平的39%，中游各部门的需水结构趋于合理，实现中游需水的零增长或负增长。

（2）探明了“97”分水方案实施前后水资源在中下游分配格局的变化及实施效果

“97”分水方案实施后水资源配置更合理，在优先满足流域生活用水的同时，合理安排了中下游地区的生产和生态用水。正义峡和狼心山两断面年均下泄水量较 20 世纪 90 年代分别增加了2.41 亿 m^3和1.88 亿 m^3，下游东居延海连续 13 年不干涸，最大水面面积达到42.8km^2。中游生态整体改善；下游额济纳绿洲生态恶化趋势得到初步遏制，绿洲面积由4825 km^2增加到4920km^2。水资源支撑了流域经济社会生态环境的持续发展，匹配度总体较好。

（3）评价了“97”分水方案的适应性

“97”分水方案实施前后黑河中游背景条件发生了较大变化，黑河中游经济社会变化对水资源的需求不断增加，区间支流已基本与黑河干流失去地表水联系，支流来水情势变化已与分水曲线当初考虑不适应。背景条件的变化严重影响了分水方案的实施，调度 16 年来已累计欠下游水量 24 亿 m^3。基于 20 世纪 80 年代中期黑河经济社会和水文条件的“97”分水方案与黑河现状存在不适应性。

（4）提出了“97”分水优化方案

在统筹考虑黑河中下游经济社会和生态环境协调发展的基础上，完善了“97”分水方案，即中游退耕至2000年水平，在莺落峡来水大于19亿m^3时，超过19亿m^3的水量按照中游分配40%、下游分配60%。同时，为了保持莺落峡多年平均来水15.8亿m^3，正义峡下泄9.5亿m^3，莺落峡来水小于12.9亿m^3时，小于12.9亿m^3的水量按照中游分配60%、下游分配40%。

（5）构建了基于经济社会目标和生态目标的黑河流域水资源配置模型

构建了包括水库群调度模型、地下水均衡模型、闭口优化模型和中下游水资源配置的黑河复杂水资源系统调配模型，采用了并行粒子群算法，对模型进行求解计算。提出了基本宏观和微观目标的水资源调配目标，实现流域生态环境保护和社会经济发展两大系统之间，以及两大系统内部用水的协调关系，完成不同水平年中游和下游用水的时程分配，以及中游地区和下游地区内部各用水户之间具体分配，以流域水资源的可持续利用支撑和实现流域社会经济的可持续发展，实现社会经济效益和生态环境效益的最大化。

（6）构建了水资源调配方案集和综合评价方法，优选出了不同水平年水资源合理配置方案

根据流域发展可持续性、经济技术可行性等原则和《黑河流域近期治理规划》《黑河流域水资源综合规划》等依据，从不同水平年水资源调配供水侧和需水侧的发展状态出发，建立了黑河流域水资源调配方案集，构建了黑河流域水资源调配方案评价指标体系，采用5种综合评价指标和均衡优化度对黑河流域不同水资源调配方案进行评价和优选。通过对现状年、2020水平年和2030水平年不同配置方案的评价，选出不同水平年水资源调配优选方案。现状年为方案2，该方案下耕地退耕至2000年水平，分水方案采用“97”分水方案优化方案3；2020水平年优选方案为方案12，该方案下耕地退耕至2000年水平，分水方案采用“97”分水方案，节水强度中等，黄藏寺水库建成运行；2030水平年优选方案为方案12，该方案下耕地退耕至2000年水平，分水方案采用“97”分水方案，节水强度中等，黄藏寺水库建成运行。

（7）提出了基于流域经济社会生态协调发展的水资源调控措施

根据优选的水资源调配方案，分析提出有无黄藏寺水库中游地表水和地下水运用策略、中游闭口策略、狼心山以下水资源配置策略，并对不同来水年有黄藏寺水库运用方式和大流量集中泄水方案进行了研究，研究成果可为黑河水资源管理提供技术支撑。

（8）提出了黑河尾闾东居延海合理水面面积

在分析计算东居延海生态服务功能和价值的基础上，通过水资源配置模型模拟了不同来水条件下绿洲水资源配置格局和东居延海可入湖水量，提出东居延海合理水面面积，即维持18km^2水面面积，湖深为6m。可以实现东居延海不干涸，同时又能维持基本的生态功能，且东居延海年均入湖水量减少0.09亿m^3，实现了水资源生态效益的最大化。

10.2 主要创新点

本书在国家自然基金重大研究计划“黑河流域生态-水文过程集成研究”其他项目的

支持下，在以下方面取得创新。

(1) 构建了黑河流域“模拟—调度配置—评价—措施”为基本环节的流域水资源调配体系，为流域水资源调配研究提供较为完整的研究框架

流域水资源形成和演化依存于水循环，流域水循环过程模拟是水资源调配的科学基础。在水循环模拟的支持下，构建了从上游梯级水库群调度、中下游水资源配置的一体化多目标模型，采用了基于流域经济社会和生态环境协调发展的水资源综合评价方法，对水资源配置方案进行了评价，基于优选配置方案，提出了经济社会生态环境协调发展的水资源调控措施，形成了水资源调配研究完整的框架体系，可为其他西北内陆河研究提供范例。

(2) 评价了黑河“97”分水方案的适应性，提出了“97”分水优化方案

“97”分水方案是黑河水资源管理的基础和依据，对提高用水效率、促进区域水资源配置趋于合理高效方面有着不可替代的作用。根据“97”分水方案实施以来存在的问题，首次对“97”方案的适应性进行了详尽的研究，得出“97”方案存在一定不适应性的结论，并根据黑河经济社会和生态发展的特点，通过多种方案模拟，提出了“97”分水优化方案，该成果为“97”分水方案的完善和黑河水资源管理提供技术支撑。

(3) 在水资源调配方案评价的基础上，提出了现状年和未来不同水平年黑河经济社会生态协调发展的水资源调控策略

黑河流域处于不断的变化之中，上游水库的建设、中游经济社会的发展及下游生态用水的需求，都对黑河水资源管理提出重要挑战。基于黑河经济社会和生态的协调发展，提出了不同水平年中游闭口策略、地表水和地下水联合运用策略、下游水资源配置策略、主要断面水量总量控制方案，以及黄藏寺水库运行方式和集中下泄方案，为黑河水资源管理提供重要支撑。

10.3 建　　议

1）“97”分水方案实施的背景条件发生了较大的变化，“97”分水方案中存在的不适应性，建议按分步实施的原则，先按照方案 3 对“97”分水方案中未明确给出莺落峡来水超过 19 亿 m^3 和小于 12.9 亿 m^3 在水量调度中实施。待黄藏寺工程建成运行一段时间后，后视正义峡下泄水量情况，进一步考虑是否按方案 3 实施。

2）中游农业用水占用水总量的 60% 以上，是黑河中下游用水矛盾的根源，建议进一步调整中游产业结构，扩大第二、第三产业的比例，减少对土地依赖，逐步把中游耕地面积退至 2000 年水平。

3）黑河下游狼心山以下水资源缺乏精细配置，需按照额济纳绿洲分布格局和水利工程现状布局，合理配置狼心山以下水资源，发挥狼心山以下水资源最大生态效益。

4）黄藏寺水库运行对黑河中下游生态水文过程产生重要影响，改变了天然水文过程，径流时间和空间变化必将影响原有的生态水文过程。因此，应开展黄藏寺水库建成运行对黑河中下游生态水文过程的影响分析，提出相应的对策和措施。

5）应开展黑河水量统一调度后评估工作。黑河调水已开展17年，评估黑河水量调度目标的完成情况，科学分析“97”分水方案实施以来水量调度效果、水资源时空变化规律、水资源对经济社会生态环境的支撑能力和水土生态经济社会的协调度，总结黑河水量调度与治理经验，优化和完善黑河流域水量调度和配置。

参考文献

蔡喜明，翁文斌，史慧斌．1995．基于宏观经济的区域水资源多目标集成系统．水科学进展，2（6）：139-144.

陈丽，杨二，李莉，等．2011．东居延海湿地生态功能与价值．人民黄河，33（2）：84-85.

陈立华，朱海涛，梅亚东．2011．并行粒子群算法及其在水库群优化调度中应用．广西大学学报（自然科学版），36（4）：677-682.

陈隆亨，曲耀光．1988．河西地区水、土资源的合理开发利用．地理学报，43（1）：11-18.

陈志辉．1997．黑河干流中游平原区大气降水入渗补给潜水机制的研究．甘肃地质，1997（6）：103-108.

程国栋，肖洪浪，傅伯杰，等．2014．黑河流域生态-水文过程集成研究进展．地球科学进展，29（4）：431-437.

丁勇，梁昌勇，方必和．2007．基于 D-S 证据理论的多水库联合调度方案评价．水科学进展，18（4）：591-597.

董正钧，杨镰，张颐青．2012．居延海．北京：中国青年出版社．

都金康，周广安．1994．水库群防洪调度的逐次优化方法．水科学进展，5（2）：134-141.

冯起，司建华，席海洋，等．2015 黑河下游生态水需求与生态水量调控．北京：科学出版社．

高艳红，程国栋，刘伟，等．2007．黑河流域土壤参数修正及其对大气要素模拟的影响．高原气象，26（5）：958-966.

管新建，齐雪艳，吴泽宁，等．2012．东居延海生态系统服务功能价值的能值分析．水土保持研究，19（5）：253-256，261.

贺北方．1988．区域水资源大系统优化分配的大系统优化模型．武汉水利电力学院学报，（5）：107-117.

侯红雨，杨丽丰，李福生，等．2010．基于时间序列分析的黑河干流年径流预报．人民黄河，32（12）：49-50.

胡立堂，陈崇希．2006．黑河干流中游地区地下水多层含水系统动态仿真．系统仿真学报，2006（7）：1966-1968，1975.

胡振鹏，冯尚友．1988．大系统多目标递阶分析“分解-聚合”方法．系统工程学报，（1）：60-68.

黄强，徐海量，张胜江，等．2015．塔里木内陆河流域水资源合理配置．北京：科学出版社．

纪昌明，谢维，朱新良，等．2012．基于病毒进化粒子群算法的梯级电站厂间负荷优化分配．水力发电学报，31（2）：38-43.

蒋云钟，鲁帆，雷晓辉，等．2009．水资源综合调配理论与技术研究．北京：中国水利水电出版社．

刘恒，耿雷华，陈晓燕．2003．区域水资源可持续利用评价指标体系的建立．水科学进展，14（3）：265-270.

刘赛艳，解阳阳，黄强，等．2017．流域水文年及丰、枯水期划分方法．水文，37（5）：49-53.

刘亚传．1992．东居延海的演变与环境变迁．干旱区资源与环境，6（2）：9-18.

刘咏梅，赵忠福．2013．额济纳旗东居延海水域面积变化对周边区域生态环境的影响．农村经济与科技，（9）：15-16.

卢华友，沈佩君，邵东国，等．1997．跨流域调水工程实时优化调度模型研究．武汉大学学报（工学版），（5）：11-15.

罗玉峰，毛怡雷，彭世彰，等．2013．作物生长条件下的阿维里扬诺夫潜水蒸发公式改进．农业工程学报，29（4）：102-109.
马斌，解建仓，汪妮，等. 2001. 多水源引水灌区水资源调配模型及应用. 水利学报，(9)：59-63.
梅亚东，熊莹，陈立华. 2007. 梯级水库综合利用调度的动态规划方法研究. 水力发电，(2)：1-4.
穆来旺. 2016. 东居延海生态补水量的确定. 内蒙古水利，(6)：54.
申建建，程春田，廖胜利，等. 2009. 基于模拟退火的粒子群算法在水电站水库优化调度中的应用. 水力发电学报，28（3）：10-15.
水利电力水文局. 1987. 中国水资源评价. 北京：水利电力出版社.
田峰巍，解建仓. 1998. 用大系统分析方法解决梯级水电站群调度问题的新途径. 系统工程理论与实践，18（5）：111-115.
万俊，陈惠源. 1996. 水电站群优化调度分解协调-聚合分解符合模型研究. 水力发电学报，(2)：41-50.
王宁练，张世彪，贺建桥，等. 2009. 祁连山中段黑河上游山区地表径流水资源主要形成区域的同位素示踪研究. 科学通报，54（15）：2148-2152.
王庆峰，张廷军，吴吉春，等. 2013. 祁连山区黑河上游多年冻土分布考察. 冰川冻土，35（1）：19-29.
王少波，解建仓，汪妮. 2008. 基于改进粒子群算法的水电站水库优化调度研究. 水力发电学报，27（3）：12-15，21.
吴保生，陈惠源. 1991. 多库防洪系统优化调度的一种解算方法. 水利学报，(11)：35-40.
吴志勇，郭红丽，金君良，等. 2010. 气候变化情景下黑河流域极端水文事件的响应. 水电能源科学，28（2）：7-9.
仵彦卿. 2010. 中国西北黑河流域水文循环与水资源模拟. 北京：科学出版社.
武强，徐军祥，张自忠，等. 2005. 地表河网-地下水流系统耦合模拟Ⅱ：应用实例. 水利学报，(6)：754-758.
解建仓，田峰巍，黄强，等. 1998. 人系统分解协调算法在黄河干流水库联合调度中的应用. 西安理工大学学报，14（1）：1-5.
解阳阳，黄强，张节潭，等. 2015. 水电站水库分期调度图研究. 水力发电学报，34（8）：52-61.
谢新民，岳春芳，阮本清，等. 2003. 珠海市优化配置的水资源安全保障体系综合规划. 北京：中国水利水电科学研究院.
熊斯毅，邴风山. 1985. 湖南柘、马、双、凤水库群联合优化调度.//张勇传. 优化理论在水库调度中的应用. 长沙：湖南科学技术出版社.
徐刚，马光文，梁武湖，等. 2005. 蚁群算法在水库优化调度中的应用. 水科学进展，16（3）：397-400.
叶秉如，许静仪，潘慧玲，等. 1985. 水电站库群的年最优化调度.//张勇传. 优化理论在水库调度中的应用. 长沙：湖南科学技术出版社.
叶朝霞，陈亚宁，张淑花. 2017. 不同情景下干旱区尾闾湖泊生态水位与需水研究——以黑河下游东居延海为例. 干旱区地理，40（5）：951-957.
尹明万，谢新民，王浩，等. 2003. 安阳市水资源配置系统方案研究. 中国水利，(14)：14-16.
曾国熙，裴源生，梁川. 2006. 流域水资源合理配置评价理论及评价指标体系研究. 海河水利，(4)：35-39，46.
占腊生，何娟美，叶艺林，等. 2006. 太阳活动周期的小波分析. 天文学报，47（2）：166-174.
张光辉，刘少玉，谢悦波. 2005. 西北内陆黑河流域水循环与地下水形成演化模式. 北京：地质出版社.
张华，张兰，赵传燕. 2014. 极端干旱区尾闾湖生态需水估算——以东居延海为例. 生态学报，34（8）：

2102-2108.
张双虎，黄强，黄文政，等. 2006. 基于模拟遗传混合算法的梯级水库优化调度图制定. 西安理工大学学报，22（3）：229-233.
张颖，余新晓，谢宝元，等 . 2004. 水资源合理配置研究现状与发展趋势 . 中国水土保持科学，2（4）：92-97.
张勇传，李福生，熊斯毅，等. 1981. 水电站水库群优化调度方法的研究. 水力发电，（11）：50-54.
周晓阳，张勇传 . 2000. 水库系统的辨识型优化调度方法 . 水力发电学报，（2）：74-86.
朱金峰，王忠静，郑航，等 . 2015. 黑河流域中下游全境地表-地下水耦合模型与应用 . 中国环境科学，35（09）：2820-2826.
左其亭，赵衡，马军霞，等 . 2014. 水资源利用与经济社会发展匹配度计算方法及应用 . 水利水电科技进展，34（6）：1-6.
Abed-Elmdoust A, Kerachian R . 2012. Water resources allocation using a cooperative game with fuzzy payoffs and fuzzy coalitions. Water Resources Management, 26 (13): 3961-3976.
Afshar M H, Shahidi M. 2009. Optimal solution of large-scale reservoir-operation problems: Cellular-automata versus heuristic-search methods. Engineering Optimization, 41 (3): 19.
Afzal J, Noble D H, Weatherhead E K. 1992. Optimization model for alternative use of different quality irrigation water. Journal of Irrigation and Drainage Engineering, 118 (2): 218-228.
Ahmed I. 2001. On the determination of multi-reservoir operation policy under uncertainty. Tucson, Arizona: The University of Arizona.
Antle J M, Capallo S M. 1991. Physical and economic model integration for measurement of environmental impacts of agriculture chemical use. Agricultural and Resource Economics, 20 (1): 68-82.
Aslew A J. 1974. Optimum reservoir operating policies and the imposition of a reliability constraint. Water Resources Research, 10 (6): 51-56.
Becker L, William W-G Yeh. 1974. Optimization of real time operation of a multiple-reservoir system. Water Resources Research, 10 (6): 1107-1112.
Buras N. 1972. Scientific Allocation of Water Resources. New York: American Elsevier Publication Co. Inc.
Costanza R D, Arge R, De Groot R, et al. 1997. The value of the worlds ecosystem services and natural capital. Nature, 387 (6630): 253-260.
Delipetrev B, Jonoski A, Solomatine D . 2012. Cloud computing framework for a hydro information system. Ohrid: BALWOIS 2012.
Foufoula E, Kitanidis P K. 1988. Gradient dynamic programming for stochastic optimal control of multi-dimensional water resources systems. Water Resources Research, 24 (8): 1345-1359.
Frederick N-F Chou, Hao-Chih Lee, William W-G Yeh. 2013. Effectiveness and efficiency of scheduling regional water resources projects. Water Resources Management, 27 (3): 665-693.
Haimes Y Y, Hall W A, Freedman H T . 1975. Multiobjective Optimization in Water Resources Systems: The Surrogate worth Trade-Off Method. Amsterdam: Elsevier Science.
Howard R A. 1960. Dynamic Programming and Markov Processes. Cambridge: MIT Press.
Huang Q, Peng S Z, Du Z D, et al. 2012. An optimization model of groundwater resources allocation for agriculture in well irrigation district of North China. Journal of Food Agriculture and Environment, 10 (3): 1173-1177.

Huang Y, Li Y P, Chen X, et al. 2013. A multistage simulation-based optimization model for water resources management in Tarim River Basin, China. Stochastic Environmental Research and Risk Assessment, 27 (1): 147-158.

Karamouz M, Vasiliadis H. 1992. *v*-Bayesian stochastic optimization of reservoir operating using uncertain forecast. Water Resources Research, 28 (5): 1221-1232.

Kenndy J, Eberhart R. 1995. Particle swarm optimization. Washington D. C.: Proceedings of IEEE International Conference on Neural Networks.

Kucukmehmetoglu M. 2012. An integrative case study approach between game theory and Pareto frontier concepts for the transboundary water resources allocations. Journal of Hydrology, 450-451: 308-319.

Kucukmehmetoglu M, Guldmann J M. 2010. Multi-objective allocation of transboundary water resources: Case of the Euphrates and Tigris. Journal of Water Resources Planning and Management, 136 (1): 95-105.

Li F W, Niu J, Zeng H. 2012. Research on the influence of rainstorm duration distribution to the multi-water resources allocation of artificial lake. Energy Procedia, 16 (A): 397-402.

Little J D C. 1955. The use of storage water in a hydroelectric system. Journal of the Operations Research Society of America, 3 (2): 187-197.

Loucks D P, Stedinger J R, Haith D A. 1981. Water Resources Systems Planning and Analysis. Englewood Cliffs: Prentice-Hall.

Loucks D P, Falkson L M. 1970. A comparison of some dynamic, linear and policy iteration methods for reservoir operation. Journal of the American Water Resources Association, 6 (3): 384-400.

Moeini R, Afshar A, Afshar M H. 2011. Fuzzy rule-based model for hydropower reservoirs operation. International Journal of Electrical Power and Energy Systems, 33 (2): 171-178.

Neelakantan T R, Pundarikanthan N V. 2000. Neural network-based simulation-optimization model for reservoir operation. Journal of Water Resources Planning and Management, 126 (2): 57-64.

Oliveira R, Loucks D P. 1997. Operating rules for multi-reservoir systems. Water Resources Research, 33 (4): 839-852.

Pearson D, Walsh P D. 1982. The derivation and use of control curves for regional allocation of water resources. Water Resources Reserch, (7): 275-283.

Rani D, Moreira M M. 2010. Simulation-optimization modeling: A survey and potential application in reservoir systems operation. Water Resources Management, 24 (6): 1107-1138.

Sharma V, Jha R, Naresh R. 2007. Optimal multi-reservoir network control by augmented Lagrange programming neural network. Applied Soft Computing Journal, 7 (3): 783-790.

Teasley R L, McKinney D C. 2011. Calculating the benefits of transboundary river basin cooperation: The Syr Darya Basin. Journal of Water Resources Planning and Management, 137 (6): 1943-5452.

Turgeon A. 1981. Optimum short-term hydro scheduling from the principle of progressive optimality. Water Resources Research, 17 (3): 481-486.

Wang S, Huang G H. 2012. Identifying optimal water resources allocation strategies through an interactive multi-stage stochastic fuzzy programming approach. Water Resources Management, 26 (7): 2015-2038.

William W-G Yeh. 1985. Reservoir management and operations models: A State of the art review. Water Resources Research, 21 (12): 1797-1818.

Willis R, William W-G Yeh. 1987. Groundwater System Planning and Management. Upper Saddle River:

Prentice Hall.

Wong H S, Sun N Z. 1997. Optimization of conjunctive use of surface water and groundwater with water quality constraints. Proceedings of the Annual Water Resources Planning and Management Conference. Apr 6-9, Sponsored by ASCE.

Wu Z Y, Khaliefa M. 2012. Cloud Computing for High Performance Optimization of Water Distribution Systems. World Environmental and Water Resources Congress 2012: Crossing Boundaries.

Yazdi J, Neyshabouri S A A S. 2012. A simulation-based optimization model for flood management on a watershed scale. Water Resources Management, 26 (15): 4569-4586.

索　　引